ANGERS, IMPRIMERIE A. BURDIN ET Cie, RUE GARNIER, 4

MISSION SCIENTIFIQUE

EN

PERSE

PAR

J. DE MORGAN

TOME TROISIÈME

ÉTUDES GÉOLOGIQUES

PARTIE II. — PALÉONTOLOGIE

PAR

MM. G. COTTEAU, V. GAUTHIER ET H. DOUVILLÉ

PARIS
ERNEST LEROUX, ÉDITEUR
28, RUE BONAPARTE, 28.

1895

MISSION J. DE MORGAN

PALÉONTOLOGIE

PREMIÈRE PARTIE

ÉCHINIDES FOSSILES

PAR

MM. G. COTTEAU ET V. GAUTHIER

Lorsque M. de Morgan remit à Cotteau, pour les décrire, les nombreu Échinides qu'il avait recueillis dans la province du Louristân, en Perse l'éminent échinologiste, qui m'honorait du nom d'ami, me demanda m collaboration, craignant que ce nouveau travail ne retardât la descrip tion des Échinides miocènes qu'il avait entreprise dans la Paléontologi française. *Les genres et les espèces furent donc partagés entre nous ; e Cotteau avait à peu près achevé la rédaction de la part qu'il avai choisie, quand survint le fâcheux accident qui le condamna à l'immo bilité : épreuve terrible pour ce tempérament si actif et si vert encore malgré les atteintes de l'âge, et qui ne tarda pas à amener la mort l plus imprévue. Pendant sa maladie, il m'avait remis son manuscrit, m chargeant, comme c'était convenu d'avance, de ramener à une méthod uniforme ses descriptions et les miennes. Aussi, bien que cet ouvrage, l dernier qu'il ait écrit, ne paraisse que plusieurs mois après sa mort, l part qu'il y a prise est bien réelle ; et la place que son nom occupe en têt du livre n'est pas un simple hommage posthume rendu à la mémoire d'u ami regretté.*

V. GAUTHIER.

ÉTUDES GÉOLOGIQUES

PALÉONTOLOGIE

PREMIÈRE PARTIE

ÉCHINIDES FOSSILES

ÉPOQUE CÉNOMANIENNE

Genre PSEUDANANCHYS Pomel, 1883.

Test fortement convexe, quelquefois subconique à la partie supérieure, en forme d'*Echinocorys*; face inférieure plane, un peu déprimée autour du péristome. Pourtour ovale, légèrement sinueux en avant par suite de la présence d'un sillon antérieur évasé, à peine sensible au bord, et qui n'existe pas à la partie supérieure. Appareil apical allongé, intercalaire, disposé comme celui des *Echinocorys*, mais plus court. Ambulacres superficiels, tous semblables, descendant jusqu'au bord inférieur, ou presque jusqu'au bord pour la partie pétaloïde. Pores transverses, allongés en fente, parfois égaux, le plus souvent inégaux, le plus allongé étant l'externe. Péristome antérieur, semilunaire, labié postérieurement; périprocte au bord postérieur, sur le pourtour même, ou au-dessus. Plastron étroit et méridosterne, d'ailleurs peu connu jusqu'à présent.

Ce genre n'avait encore été rencontré que dans le Cénomanien de l'Algérie, où il n'est représenté que par une espèce *Ps. algira* (Coquand)

Pomel. Il est fort intéressant de retrouver en Perse d'autres types, extrêmement voisins pour la forme et la taille, et n'en différant que par quelques caractères spécifiques peu considérables.

PSEUDANANCHYS PERSICA Cotteau et Gauthier, 1895.

Pl. I, fig. 1.

Longueur, 52 millimètres.	Largeur, 46 millimètres.	Hauteur, 36 millimètres.
— 43 —	— 41 —	— 31 —

Espèce ovoïde, à bord entier, renflée et subconique à la partie supérieure, bombée sur les flancs et un peu rétrécie à la base; face inférieure à peu près plane, déprimée en avant autour du péristome. Apex légèrement excentrique en avant.

Appareil apical intercalaire, allongé, assez étroit, montrant de chaque côté les pores génitaux et ocellaires sur la même ligne, sauf les ocellaires postérieurs qui rentrent légèrement. Le corps madréporiforme, porté par la plaque génitale antérieure de droite, est peu développé et ne dépasse pas les limites de cette plaque.

Aires ambulacraires superficielles, droites, s'élargissant à mesure qu'elles s'éloignent du sommet, et atteignant aux deux tiers de leur étendue supérieure la largeur de 8 millimètres, qui reste constante jusqu'en bas. La partie pétaloïde s'étend jusqu'au bord inférieur pour le trivium; elle s'arrête à quelques millimètres moins bas pour les ambulacres postérieurs, restant partout complètement ouverte, sans aucune tendance des zones à se rapprocher. Zones porifères médiocrement élargies, droites, égales entre elles, formées de paires de pores serrées, directement superposées; pores transverses, en fente, à peu près égaux dans chaque paire : c'est à peine si, avec un grossissement, on peut distinguer que le pore externe est un peu plus long. Au delà de la partie pétaloïde, les pores sont ronds, disposés par paires obliques et de plus en plus distantes jusqu'au péristome; l'état de nos exemplaires nous empêche de les suivre d'une manière plus détaillée à la face inférieure. La zone intermédiaire est aussi large que les deux zones porifères réunies, et les sutures, bien visibles sur nos exemplaires, montrent que chaque paire de pores est placée à la base d'une plaque entière, droite, haute de moins d'un millimètre aux deux tiers de la longueur des pétales, et d'un millimètre près du bord.

Aires interambulacraires lisses, couvertes sans doute à l'état normal d'une granulation plus ou moins fine qui a complètement disparu sur nos exemplaires usés par le frottement et les agents atmosphériques.

Péristome excentrique en avant, assez éloigné du bord; il n'est bien visible chez aucun de nos deux exemplaires. Périprocte ovale, placé au bas de la face postérieure, sur le bord même, un peu plus porté cependant au-dessus qu'au-dessous.

Rapports et différences. — Le *Ps. persica* est très voisin du *Ps. algira*, bien que les deux espèces soient parfaitement distinctes. Il en diffère par sa face supérieure plus conique, proportionnellement plus élevée, et sutout par ses pores ambulacraires presque entièrement égaux entre eux, tandis que l'externe est sensiblement plus allongé que l'interne dans le type algérien. Nous en possédons deux exemplaires assez bien conservés à la partie supérieure, mais tous deux mal dégagés ou brisés à la partie inférieure.

Localité. — Kebir-kouh, à 2,480 mètres d'altitude, au sommet d'un pli anticlinal (Louristân).

Pseudananchys inæquifissa Cotteau et Gauthier, 1895.

Pl. I, fig. 2-3.

Longueur, 46 millimètres. Largeur, 43 millimètres. Hauteur, 32 millimètres.

Nous possédons un troisième spécimen du genre *Pseudananchys*, malheureusement mal dégagé de la gangue calcaire très dure qui l'enveloppe; de sorte que nous n'en pouvons voir que la forme générale, qui est intacte, un ambulacre postérieur entier et une partie de l'autre; l'ambulacre antérieur pair de gauche, quelques pores de l'ambulacre impair, la moitié de l'appareil apical et le périprocte. Cet individu appartient bien certainement au genre *Pseudananchys*; et les détails des parties visibles suffisent pour nous montrer qu'il est très distinct spécifiquement du type décrit précédemment.

La forme est la même, ovoïde et légèrement conique à la partie supérieure; la partie pétaloïde des ambulacres descend également jusqu'au bord inférieur, même pour les ambulacres postérieurs; mais les pores ambulacraires sont complètement différents. L'externe est très long, en fente très étroite acuminée aux deux extrémités; l'interne est très court, en fente transverse également, et atteint à peine le tiers de la longueur de l'autre. La largeur de l'aire ambulacraire est de 11 millimètres, au lieu de 8 dans l'espèce précédente, dont l'exemplaire mesuré est plus grand que celui qui nous occupe. La différence spécifique est ainsi bien caractérisée, malgré la pauvreté de nos matériaux. Le *Ps. inæquifissa* ne peut pas non plus se confondre avec le *Ps. algira*, ce dernier ayant les pores inégaux, il est vrai, mais dans une proportion moindre. Nous connaissons donc trois espèces de ce genre intéressant, qui, en dehors de la forme plus élevée en Perse qu'en Algérie, se caractérisent facilement par la nature des pores ambulacraires :

Pores égaux, ou presque égaux, *Ps. persica* ;

Pores externes plus longs d'un tiers, *Ps. algira*;

Pores externes plus longs de deux tiers, *Ps. inæquifissa*.

Dans les espèces de Perse la partie pétaliforme des aires ambulacraires descend plus bas que dans l'espèce algérienne.

LOCALITÉ. — Kebir-kouh (Louristân); avec l'espèce précédente.

Genre HYPSASTER Pomel, 1883.

HYPSASTER Pomel, *Classification méthodique*, p. 43, 1883. — HYPSASTER Gauthier, *Description des Échinides recueillis en Tunisie par M. Thomas*, p. 9, 1889. — HYPSASTER Gauthier, *Notes sur les Échinides crétacés recueillis en Tunisie par M. Aubert*, p. 8, 1892.

Le genre *Hypsaster* est un démembrement des *Epiaster* d'Orbigny. Il comprend les espèces, ordinairement de grande taille, qui ont l'ambuacre impair presque semblable aux autres, et présentant comme eux des pores en fentes transverses.

HYPSASTER HUSSEINI Cotteau et Gauthier, 1895.

Pl. I, fig. 4-5.

Longueur, 55 millimètres. Largeur, 51 millimètres. Hauteur, 34 millimètres.

Espèce de grande taille, cordiforme, élargie en avant, rétrécie et arrondie plutôt que tronquée en arrière, peu élevée relativement, épaisse au bord; face inférieure renflée. Apex au point culminant de la face supérieure, un peu excentrique en avant, 25/55.

Appareil apical invisible sur notre exemplaire.

Aire ambulacraire impaire logée dans un sillon large, évasé, peu profond, ne produisant qu'une légère ondulation au bord inférieur du test, se poursuivant jusqu'à la bouche. Zones porifères droites, bien développées, formées de pores transverses, allongés en fente et presque égaux; elles descendent, sans se modifier, presque jusqu'au bord; espace interzonaire aussi large qu'une des zones.

Aires ambulacraires paires placées à la face supérieure dans des sillons larges et évasés, peu profonds, très longs, la partie pétaloïde s'étendant jusqu'au bord qu'elle contourne en partie, même pour les pétales postérieurs. Zones porifères plus larges que celles de l'ambulacre impair, montrant, comme elles, des pores transverses, en fente, allongés, égaux; dans les aires ambulacraires postérieures, la zone antérieure est un peu plus large que l'autre, sans que cette différence soit bien sensible. L'espace interzonaire est égal à l'une des zones. Notre unique exemplaire est trop mal conservé pour que nous puissions en décrire la granulation.

Péristome peu éloigné du bord, au quart antérieur, labié, assez grand. Périprocte placé très bas, au bord postérieur, sans aire distincte. Le plastron est renflé, comme toute la face inférieure, la dépression autour du péristome étant à peine marquée. Le test, tout corrodé, ne nous permet pas de donner de plus longs détails.

Rapports et différences. — L'*H. Husseini* se rapproche beaucoup de l'*H. Valonnei* (*Epiaster* Coquand), et l'on pourrait être porté à les réunir à première vue, car ils ont tous deux la même taille et la même physionomie. Cependant un examen attentif fait vite ressortir les différences : dans l'*H. Husseini*, les sillons ambulacraires sont moins profonds; l'impair entame beaucoup moins l'ambitus, où il ne dessine qu'une faible sinuosité; la face postérieure est moins élevée, et le périprocte est placé beaucoup plus bas; la face inférieure est aussi plus renflée. Ces détails suffisent pour établir une distinction spécifique qui ne saurait être contestée, malgré la grande ressemblance des deux types.

Localité. — Kebir-kouh.

Hypsaster longesulcatus Cotteau et Gauthier, 1895.

Pl. I, fig. 6-7.

Longueur, 62 millimètres. Largeur, 57 millimètres. Hauteur, 43 millimètres.

Espèce subcordiforme, très épaisse, renflée à la partie supérieure, arrondie en avant et montrant sa plus grande largeur un peu en arrière des ambulacres pairs antérieurs, rétrécie en arrière où elle est arrondie et non tronquée; face inférieure à peu près plane, sauf une dépression autour du péristome. Apex au point culminant, excentrique en avant, 25/62.

Appareil apical à fleur de test, subcompact, avec corps madréporiforme peu développé, s'avançant cependant au centre et séparant les plaques génitales postérieures.

Aire ambulacraire impaire logée dans un sillon large et évasé, de profondeur médiocre à la partie supérieure, entamant assez sensiblement l'ambitus et se continuant jusqu'au péristome. Zones porifères droites, longues, s'étendant presque jusqu'au bord, formées de pores allongés en fente, transverses, inégaux, les externes étant un peu plus longs; l'espace interzonaire est moins large qu'une des zones, et l'ensemble du pétale a une largeur de 8 millimètres au milieu de la longueur; les deux branches se rapprochent près du bord, sans se réunir.

Aires ambulacraires paires logées dans des sillons peu profonds, évasés, les antérieurs droits, s'étendant jusqu'au bord pour la partie pétaloïde, larges, au milieu, de 10 millimètres, se retrécissant à leur extrémité, sans se fermer. Zones porifères égales, formées de pores allongés en fente, comme dans l'aire ambulacraire impaire, les externes à peine plus longs. L'espace interzonaire, qui paraît lisse, est à peu près égal en largeur à l'une des zones. Aires ambulacraires postérieures entièrement semblables aux antérieures, sauf que la partie pétaloïde descend un peu moins bas et n'atteint pas le bord. Au delà des sillons les pores sont ronds, petits, obliques, disposés par paires assez distantes; l'aire conserve à peu près partout sa même largeur, jusqu'au péristome.

Péristome placé près du bord, subréniforme, labié. Périprocte situé assez haut dans la convexité postérieure, sans aire spéciale, ovale longitudinalement. Plastron amphisterne, la plaque 2*b* plus largement en contact avec le labrum que la plaque 2*a* ; il est couvert de tubercules petits et égaux.

Tubercules de la face supérieure médiocrement développés, assez distants, répandus partout sur les aires interambulacraires, entourés de granules très fins qui les ceignent souvent comme d'une couronne. Ils sont plus gros à la face inférieure, plus serrés, sans prendre un grand développement.

Rapports et différences. — Comparé à l'*H. Husseini*, l'*H. longesulcatus* a les ambulacres à peu près semblables, sauf que les postérieurs sont moins longs; la forme est beaucoup plus épaisse, le sillon antérieur est plus accusé au bord; le périprocte est placé bien plus haut. Ce n'est point d'ailleurs avec cette espèce qu'il a les rapports les plus étroits; il est bien plus rapproché de l'*Epiaster* (*Hypsaster*) *variosulcatus* Peron et Gauthier d'Algérie; il n'en diffère que par ses ambulacres pairs antérieurs descendant un peu plus bas, par son ambulacre impair plus large, à taille égale; par sa face postérieure non tronquée, son pourtour un peu moins polygonal. Le reste est complètement identique; et il est fort intéressant de voir deux espèces si voisines,en Algérie, *H. Vatonnei* et *H. variosulcatus*, reproduites dans le Cénomanien de la Perse par deux espèces analogues *H. Husseini*, *H. longesulcatus*. Cette dernière surtout a une physionomie tellement semblable à celle du type algérien que si on en mêlait les spécimens à des individus recueillis au Djebel Bou-Thaleb, on ne les distinguerait peut-être pas à première vue. Nous ne possédons que deux exemplaires de la Perse; tous deux ont les sillons ambulacraires peu profonds, il n'eût pas été sans intérêt d'en avoir un plus grand nombre, pour constater si, comme dans le type du nord africain, on trouve des individus à sillons plus profonds à côté d'autres qui les ont presque superficiels, sans qu'il soit possible de les séparer spécifiquement.

Localité. — Kebir-kouh.

Genre Hemiaster Desor, 1847.

Hemiaster decussatus Cotteau et Gauthier, 1895.

Pl. I, fig. 8.

Nous désignons ainsi un type nouveau représenté dans nos matériaux par un exemplaire de taille plutôt petite que moyenne, fortement empâté à la partie inférieure, écrasé et déformé en dessus. Nous croyons néanmoins pouvoir lui donner une dénomination spécifique, parce que les caractères conservés sont suffisants pour reconnaître ce type, lorsqu'on aura de meilleurs matériaux.

L'aire ambulacraire impaire est logée dans un sillon assez profondément creusé, s'étendant jusqu'au bord; les zones porifères, que nous apercevons à peine, nous paraissent formées de petits pores virgulaires ou presque ronds, obliques entre eux et séparés par un granule. Les ambulacres pairs, logés dans des sillons également bien creusés et nettement fermés à l'extrémité, sont très developpés, et les postérieurs sont aussi longs que les antérieurs. Les pores sont allongés, en fentes transverses, égaux entre eux et formant des zones égales; les externes sont placés sur la paroi du sillon et remontent jusqu'au bord. Le fasciole péripétale, dont il nous est facile de constater la présence, passe à l'extrémité des sillons ambulacraires, près du bord de l'oursin, par suite de leur longueur; il coupe le sillon antérieur assez bas et il semble traverser les aires interambulacraires latérales presque en ligne droite; nous sommes moins certains de ce dernier détail.

Il faut peut-être rapporter à la même espèce un exemplaire de taille beaucoup plus grande, presque entièrement empâté, et dont nous ne voyons que la partie antérieure, c'est-à-dire le sillon impair et les deux pétales pairs du trivium. Les sillons remplis eux-mêmes par un calcaire noir et très dur, nous ont cependant laissé voir les pores ambulacraires allongés en fente et semblables à ceux de notre petit exemplaire; le fasciole péripétale passe, en avant, à peu près à la même distance du bord; mais c'est tout ce que nous savons; nous ne connaissons pas les ambulacres postérieurs, qui nous eussent été d'un grand secours pour réunir ou séparer nos deux exemplaires, et, par conséquent, nous ne pouvons rien affirmer au sujet du dernier.

LOCALITÉ. — Kebir-kouh.

Observations sur les Échinides cénomaniens.

Les Échinides de la craie moyenne que nous venons de décrire sont bien peu nombreux, et ne suffisent pas pour nous donner une idée exacte de la faune échinitique dans le Cénomanien de la Perse. Toutefois nos sept exemplaires, représentant trois genres et cinq espèces, offrent, comme nous l'avons fait remarquer en les décrivant, une analogie très frappante avec certains types du Cénomanien de l'Algérie; il ne nous semble pas douteux que les deux pays n'aient été, à l'époque cénomanienne, couverts par la même mer, ou du moins par deux mers communiquant largement. Dans les espèces beaucoup plus nombreuses de la craie supérieure, dont nous allons nous occuper, les rapports avec la faune algérienne seront moins étroits; bien des types surgiront, inconnus en Algérie. Toutefois nous trouverons encore dans quelques genres, comme *Pyrina*, *Salenia*, *Plistophyma*, des témoignages frappants de la parenté de certains Échinides des deux pays : les deux mers, si ce n'était plus la même, communiquaient encore, ou la barrière qui les séparait, s'était élevée récemment.

ÉPOQUE SÉNONIENNE

SPATANGIDÆ

Genre HEMIPNEUSTES Agassiz, 1835.

HEMIPNEUSTES PERSICUS Cotteau et Gauthier, 1895.

Pl. II, fig. 1-6.

Longueur, 54 millimètres. Largeur, 50 millimètres. Hauteur, 25 millimètres.

Espèce médiocrement développée, un peu plus longue que large, arrondie et échancrée en avant, rétrécie et subtronquée en arrière. Face supérieure peu élevée, uniformément bombée, ayant sa plus grande largeur et sa plus grande épaisseur vers le point correspondant au sommet apical. Face inférieure plane, arrondie sur les bords, déprimée en avant du péristome, à peine renflée dans l'aire interambulacraire impaire, échancrée dans la région postérieure au-dessous du périprocte. Apex presque central, un peu rejeté en arrière.

Appareil apical allongé, intercalaire, formé de plaques régulièrement superposées, finement granuleuses; les génitales antérieures et les ocellaires latérales portent des hydrotrèmes, mais les génitales postérieures n'en montrent aucune trace.

Sillon antérieur étroit, surtout près du sommet, à peine apparent à la partie supérieure, s'élargissant au fur et à mesure qu'il s'en éloigne, renflé et subcaréné sur les bords, plus resserré vers l'ambitus qu'il entame profondément en se prolongeant jusqu'au péristome. Aire ambulacraire impaire formée de pores très petits et disposés par paires obliques, granuleuse et garnie en outre de tubercules peu développés, inégaux, épars.

Aires ambulacraires paires antérieures flexueuses, longues, très ouvertes, disparaissant à peu de distance du bord. Zones porifères très inégales, l'antérieure presque droite, étroite et linéaire près du sommet, formée alors de petits pores simples, qui s'allongent insensiblement, s'espacent vers le milieu de la zone et sont disposés en chevrons; ils diminuent de nouveau à l'extrémité de la zone, mais sont alors beaucoup plus espacés. Zone postérieure plus fluxueuse, étroite également près du sommet, mais devenant tout de suite beaucoup plus large, formée de pores très inégaux, les internes arrondis, les externes allongés en étroite fissure, unis par un sillon; chaque paire est séparée par une côte oblique, finement granuleuse, mesurant vers le milieu de la zone 4 à 5 millimètres de longueur et couverte de neuf à dix petits granules. La zone diminue ensuite de largeur, les paires de pores s'espacent, se disposent en chevrons, et sont à peu près identiques à ceux de la zone antérieure. Aires ambulacraires postérieures à peu près de même nature que les aires antérieures, un peu moins étendues, mais offrant la même inégalité dans les zones porifères. Tubercules médiocrement développés, crénelés et perforés, serrés et homogènes sur toute la face supérieure, un peu plus espacés en se rapprochant de la base ou du sommet, plus gros et plus visiblement scrobiculés sur les bords saillants et subcarénés du sillon antérieur, également bien développés à la face inférieure, dans la région inframarginale et sur le plastron interambulacraire. Granulation intermédiaire abondante et serrée, surtout très fine entre les tubercules aux approches du sillon antérieur. A quelque distance du péristome, les tubercules s'espacent, et la granulation qui les accompagne est moins homogène. Le milieu du plastron est garni de tubercules plus fins et de quelques protubérances très vagues. De chaque côté du plastron s'étendent les plaques des aires ambulacraires postérieures, larges et longues comme toujours, dépourvues de tubercules et garnies de granules épars et atténués.

Péristome excentrique en avant, fortement labié, s'ouvrant dans une dépression très marquée du test. Périprocte supramarginal, ovale, placé dans un enfoncement du test qui échancre d'une manière sensible le bord postérieur.

Nous connaissons plusieurs exemplaires de cette espèce, qui nous paraît varier un peu dans sa forme plus ou moins renflée.

Rapports et différences. — L'*Hemipneustes persicus* nous a paru se distinguer de ses congénères par sa taille relativement peu développée, par sa face inférieure plane tout en étant arrondie sur les bords; par son sommet subcentral; par son sillon antérieur presque nul sur la face supérieure, étroit et profond vers l'ambitus, se prolongeant jusqu'au péristome, muni d'un renflement qui se poursuit du sommet, où il est très atténué, jusqu'au péristome; par sa face inférieure presque plane, déprimée seulement au bord antérieur.

Localités. — Aftâb, Dèrrè-i-Chahr (Louristân).

Hemipneustes minor Cotteau et Gauthier, 1[illegible].

Pl. II, fig. 7-9.

Longueur, 32 millimètres. Largeur, 30 millimètres. Hauteur, 11,5 millimètres.

Espèce de petite taille, un peu allongée, arrondie et échancrée en avant, légèrement rétrécie en arrière. Face supérieure renflée dans la région antérieure où se trouve sa plus forte épaisseur, ayant sa plus grande largeur au point qui correspond à l'appareil apical. Face inférieure plane, presque tranchante sur les bords, déprimée en avant du péristome, à peine un peu renflée dans l'aire interambulacraire postérieure. Apex excentrique en avant.

Appareil apical allongé, intercalaire, granuleux, avec plaques génitales et ocellaires directement superposées.

Sillon antérieur nul à la partie supérieure, s'accentuant au fur et à mesure qu'il se rapproche du bord, se resserrant près de l'ambitus qu'il entame fortement et se prolongeant jusqu'au péristome. Aire ambulacraire impaire finement granuleuse, présentant quelques tubercules d'autant plus prononcés et plus largement scrobiculés qu'ils se rapprochent des bords du sillon. Zones porifères étroites près du sommet, formées de pores très petits qui s'espacent en se rapprochant du bord inférieur.

Aires ambulacraires paires antérieures flexueuses, longues, arrondies, largement ouvertes à l'extrémité. Zones porifères très inégales, l'antérieure tellement étroite qu'elle est à peine visible, même à la loupe, composée de pores simples, très petits, surtout aux approches du sommet, s'accentuant un peu au fur et à mesure qu'ils s'en éloignent. La zone postérieure, étroite également près du sommet, mais s'élargissant promptement, est composée alors de pores longs, inégaux, disposés en fissures, les externes très allongés, les internes plus courts, formant des paires obliques que séparent des bandes finement granuleuses; en se rapprochant de l'ambitus les pores s'espacent et deviennent plus courts. Aires ambulacraires postérieures affectant une disposition semblable, mais avec des pores moins développés.

Péristome semicirculaire, labié, très excentrique en avant, s'ouvrant à la base du sillon antérieur, dans une dépression bien prononcée. Périprocte ovale, supramarginal, placé dans un enfoncement du test, et muni d'un sinus assez sensible à la base.

Tubercules de petite taille, crénelés et perforés, assez uniformément répandus sur toute la face supérieure, plus développés cependant et distinctement scrobiculés sur les bords du sillon antérieur, et partout accompagnés d'une granulation fine et délicate; plus serrés à la face inférieure, dans la région inframarginale et sur le plastron interambulacraire, les tubercules sont remplacés, dans l'espace très large qu'occupent les aires ambulacraires, par une granulation fine, homogène atténuée.

Rapports et différences. — Nous connaissons plusieurs exemplaires de cette espèce; malheureusement nos échantillons, sans doute en raison de la fragilité du test, sont mal conservés, souvent écrasés, et ce n'est qu'en en comparant un certain nombre que nous sommes arrivés à la certitude qu'ils constituent une espèce particulière et nouvelle.

L'*H. minor* se distingue de l'*H. persicus* par sa taille beaucoup plus petite, constante dans tous nos exemplaires, par sa partie antérieure plus épaisse que le reste du test, par l'étroitesse singulière de la zone porifère antérieure dans les aires ambulacraires paires.

Localité. — Aftâb (Louristân).

Genre Holaster Agassiz, 1836.

Holaster Morgani Cotteau et Gauthier, 1895.

Pl. III, fig. 1-4.

Longueur, 35 millimètres. Largeur, 30 millimètres. Hauteur, 19 millimètres.

Espèce de taille moyenne, allongée, arrondie et fortement échancrée en avant, rétrécie et subacuminée dans la région postérieure qui paraît tronquée. Face supérieure renflée, uniformément bombée, ayant sa plus grande largeur en avant de l'appareil apical et sa plus forte épaisseur dans la région postérieure. Face inférieure presque plane, fortement déprimée en avant du péristome, faiblement renflée et munie de vagues protubérances dans l'aire interambulacraire postérieure, arrondie sur les bords. Apex presque central, un peu rejeté en arrière.

Appareil apical allongé, intercalaire, formé de plaques régulièrement superposées. Le pore génital antérieur de gauche paraît rejeté assez loin de l'appareil; les deux pores génitaux postérieurs sont très largement ouverts; la plaque madréporiforme est peu développée.

Aire ambulacraire impaire logée dans un sillon aigu et faiblement creusé près du sommet, s'élargissant au fur et à mesure qu'il s'en éloigne, entamant fortement l'ambitus et se prolongeant jusqu'au péristome, renflé et subnoduleux sur les bords. Zones porifères s'écartant insensiblement depuis l'apex jusqu'au péristome, formées de pores très petits, séparés par une cloison granuliforme, serrés à la partie supérieure, s'espaçant en se rapprochant du péristome. La zone intermédiaire présente quelques petits tubercules épars accompagnés de fins granules.

Aires ambulacraires paires antérieures superficielles, presque droites, assez longues, largement ouvertes, disparaissant à quelque distance du bord. Zones porifères très inégales, presque droites, régulièrement divergentes, la zone antérieure formée d'abord de pores presque microscopiques, s'allongeant insensiblement, disposés par paires horizontales et serrées jusqu'à l'extrémité, où les trois ou quatre dernières paires sont moins longues et plus espacées. Les pores deviennent ensuite très petits et rejoignent le péristome près duquel ils se montrent de nouveau, sans augmenter de dimension. Zone postérieure étroite vers le sommet, s'élargissant rapidement, formée alors de pores très longs ayant l'aspect d'étroites fissures, presque égaux, unis par un sillon, disposés par paires obliques que sépare une bande granuleuse. Vers l'extrémité, les pores, comme dans la zone antérieure, s'espacent et sont beaucoup moins longs. Aires ambulacraires postérieures à peu près de même nature que les airs antérieures, offrant la même disproportion dans les zones porifères, mais plus courtes et formant un angle plus aigu. La zone porifère postérieure est sensiblement moins large que dans les aires ambulacraires antérieures.

Péristome arrondi, un peu transverse, très excentrique en avant, s'ouvrant à la base du sillon antérieur qui est très excavé, comme nous l'avons dit. Périprocte placé au sommet de la face postérieure, qui est très étroite, sans aire distincte.

Tubercules crénelés et perforés, partout peu nombreux, inégaux et espacés, un peu plus gros sur les bords du sillon antérieur, à la face inférieure, dans la région inframarginale et sur les côtés du plastron interambulacraire, qui présente au milieu une série de protubérances atténuées, s'élevant au milieu de tubercules plus petits et peu serrés.

Rapports et différences. — Cette espèce se distingue de ses congénères par sa forme allongée, arrondie et fortement échancrée en avant, rétrécie et subacuminée en arrière; par sa face inférieure excavée en avant du péristome, à peine relevée dans l'aire interambulacraire postérieure; par la très grande largeur de la zone porifère postérieure des aires ambulacraires paires, notamment dans les antérieures; par ses tubercules petits et partout très espacés.

Par la nature de ses aires ambulacraires un peu flexueuses, par l'inégalité de ses zones porifères et surtout par la largeur très prononcée des zones porifères postérieures, l'*H. Morgani* se place dans le voisinage des *Hemipneustes*, et nous montre combien ce genre se rapproche des *Holaster* auxquels d'Orbigny avait cru devoir le réunir[1].

LOCALITÉ. — Dèrrè-i-Chahr.

HOLASTER IRANICUS Cotteau et Gauthier, 1895.

Pl. III, fig. 5-8.

Longueur, 32 millimètres. Largeur, 29 millimètres. Hauteur, 15 millimètres.

Espèce de taille moyenne, arrondie et à peine émarginée en avant, un peu rétrécie et subtronquée en arrière. Face supérieure uniformément bombée, déprimée au sommet, ayant sa plus grande épaisseur en arrière de l'appareil apical, et sa plus grande largeur vers le point qui correspond à cet appareil. Face inférieure plane, très légèrement renflée

1. Cette espèce a été décrite par Cotteau et, bien que les circonstances ne nous aient point permis de la discuter ensemble, j'ai cru devoir conserver intacte la description de mon collaborateur. Je dois faire observer néanmoins que ce type rentre dans le genre *Pseudholaster*, tel que je l'ai employé dans les *Échinides de Tunisie* (*Ps. Meslei*). Depuis, M. Lambert (*Études morphologiques*, p. 94) s'est étonné de me voir adopter un sous-genre de M. Pomel qui n'a aucune valeur; puis il m'a reproché de l'avoir modifié. Je suis plus près d'être d'accord avec M. Lambert qu'il ne le pense. Si j'ai modifié le sous-genre de M. Pomel, c'est que j'ai trouvé, en l'érigeant en genre, qu'il était insuffisamment caractérisé; en effet, deux des types, sur trois cités par M. Pomel, sont de purs *Holaster*. Pour moi, le caractère principal du genre *Pseudholaster* est d'avoir les zones porifères des ambulacres pairs antérieurs très inégales, et assez semblables à celle des *Hemipneustes* ; mais je ne crois pas, comme M. Lambert, que la forme gibbeuse soit indispensable, car il y a des *Hemipneustes* qui n'ont point cette forme. La profondeur du sillon antérieur est ordinairement accentuée, et, sous ce rapport, on trouverait peut-être plusieurs types à rapporter au genre *Pseudholaster* parmi les oursins holastériformes que les auteurs anglais regardent comme des *Cardiaster*, bien qu'ils soient dépourvus de fasciole marginal (V. GAUTHIER).

dans l'aire interambulacraire postérieure, à peine déprimée en avant du péristome, arrondie sur les bords. Apex un peu rejeté en avant.

Appareil apical apparent, très allongé, intercalaire, avec plaques génitales et ocellaires directement et régulièrement superposées, granuleuses et visiblement perforées. La plaque qui porte le corps madréporiforme est un peu plus développée que les autres.

Aire ambulacraire impaire logée dans un sillon apparent vers l'ambitus et jusqu'au péristome, mais très atténué. Zones porifères formées de paires de pores très petits, qui s'espacent en se rapprochant du bord inférieur. Des tubercules crénelés et perforés, peu nombreux, épars, accompagnés d'une granulation fine, abondante, homogène, se montrent vers la base du sillon.

Aires ambulacraires paires antérieures droites, divergentes, aiguës au sommet, s'élargissant insensiblement, très ouvertes à l'extrémité. Zones porifères inégales, la zone antérieure formée d'abord de pores très petits, puis un peu plus longs et disposés en chevrons. Zone postérieure un peu plus large que l'autre, étroite au sommet, mais composée bientôt de pores plus longs, en forme de fissures, inégaux, les internes plus courts que les externes, disposés par paires horizontales, superficielles, sans côtes ni sillons de conjugaison. Aires ambulacraires postérieures de même nature que les antérieures, mais plus courtes et formant un angle plus aigu; les zones porifères, et notamment la zone porifère postérieure, sont moins larges.

Péristome ovale, transverse, non labié, excentrique en avant, s'ouvrant dans une très faible dépresssion du test. Périprocte ovale, subtransverse, un peu anguleux à sa partie supérieure, placé au sommet de la face postérieure.

Tubercules petits, peu abondants, espacés sur la face supérieure, augmentant de nombre et de volume sur les bords de l'aire ambulacraire impaire, aux approches de l'ambitus et sur la face inférieure. Une granulation très fine, serrée, homogène accompagne les tubercules, visible surtout dans la région supramarginale, où elle prend, sur certains points, l'aspect d'un fasciole très diffus, mais n'en présente que l'apparence, car cette même granulation se montre en plusieurs autres endroits du test. Le plastron, assez étroit, est marqué de quelques protubérances couvertes de tubercules un peu moins développés que les autres. Les aires ambulacraires, assez larges sur la face inférieure, d'un aspect lisse, sont en réalité garnies de granules espacés et atténués.

Rapports et différences. — L'*H. iranicus* rappelle, au premier aspect, les individus jeunes de l'*H. nodulosus*; il s'en distingue par sa forme plus allongée, par sa face supérieure moins élevée, par son sillon antérieur encore plus atténué, par ses tubercules moins nombreux et moins saillants, par ses zones porifères plus inégales, par son périprocte ovale, subtransverse et un peu anguleux.

Localité. — Aftâb.

Holaster sepositus Cotteau et Gauthier, 1895.

Pl. III, fig. 9-11.

Longueur, 25 millimètres. Largeur, 25 millimètres. Hauteur, 10 millimètres.

Espèce de petite taille, subcirculaire, aussi large que longue, arrondie et légèrement échancrée en avant, subtronquée en arrière. Face supérieure peu élevée, uniformément bombée. Face inférieure plane, presque tranchante sur les bords, déprimée en avant du péristome, légèrement renflée dans l'aire interambulacraire postérieure, à peine émarginée au point qui correspond au péristome. Apex un peu excentrique en avant.

Appareil apical allongé, intercalaire; plaques génitales et ocellaires directement superposées, granuleuses; pores génitaux entourés d'un bourrelet; corps madréporiforme occupant la génitale antérieure de droite qui est un peu plus développée que les autres.

Aire ambulacraire impaire aiguë près du sommet, s'élargissant en descendant vers l'ambitus, logée dans un sillon insensible sur la face supérieure, large, évasé, assez profond vers l'ambitus et se prolongeant en s'atténuant jusqu'au péristome. Zones porifères formées de pores très petits, serrés, disposés par paires obliques qui s'espacent en descendant vers l'ambitus ; l'aire intermédiaire est garnie de tubercules peu développés et épars.

Aires ambulacraires paires antérieures très divergentes, aiguës au sommet, s'élargissant au fur et à mesure qu'elles s'en éloignent, médiocrement développées, très ouvertes à l'extrémité. Zones porifères inégales, l'antérieure étroite, formée de pores très petits, disposés en chevrons serrés, s'espaçant vers le bas. Zone porifère postérieure étroite également près du sommet, s'élargissant rapidement, composée de pores allongés en fissure, inégaux, les pores internes plus courts que les autres, disposés par paires horizontales, superficielles, sans côtes ni sillons. Aires ambulacraires postérieures de même nature que les aires antérieures, mais plus courtes et moins divergentes ; les zones porifères postérieures sont à peu près de même largeur que les autres.

Péristome ovale, subtransverse, non labié, excentrique en avant, s'ouvrant dans une dépression apparente du test. Périprocte large, un peu arrondi, plutôt transverse que vertical.

Tubercules petits, peu nombreux, espacés sur toute la face supérieure, augmentant sensiblement en nombre, en volume, et plus nettement scrobiculés aux approches de l'ambitus et sur la face inférieure, dans la région inframarginale, mais sur le bord seulement, car la bande tuberculeuse est peu développée, et les aires ambulacraires postérieures très larges ne présentent que de petits granules épars, espacés et atténués. Granules intermédiaires abondants, inégaux. Le plastron, relativement étroit et légèrement renflé, est marqué vers le milieu de quelques protubérances atténuées.

Rapports et différences. — Cette espèce, dont nous ne connaissons qu'un exemplaire, se place dans le voisinage de l'*H. marginalis* Agassiz ; elle nous a paru s'en distinguer par sa forme un peu plus allongée, par sa face supérieure moins renflée, par son sillon antérieur moins accusé au-dessus de l'ambitus ; par les zones porifères de ses aires ambulacraires paires plus inégales ; par son périprocte plus large, plus arrondi, moins allongé.

Localité. — Dèrrè-i-Chahr.

Holaster proclivis. Cotteau et Gauthier, 1895.

Pl. III, fig. 12-13.

Longueur, 16 millimètres. Largeur, 16 millimètres. Hauteur, 11 millimètres.

Espèce de petite taille, aussi large que longue, assez fortement émarginée en avant, subtronquée en arrière. Face supérieure renflée, ayant sa plus grande épaisseur dans la région postérieure et sa plus grande largeur au point correspondant à l'appareil apical, obliquement déclive d'arrière en avant. Face inférieure plane, déprimée près du péristome, arrondie sur les bords. Apex un peu rejeté en arrière.

Appareil apical très allongé, intercalaire, avec plaques génitales et plaques ocellaires superposées et garnies de quelques tubercules. Pores génitaux entourés de petits granules.

Aire ambulacraire impaire étroite près du sommet, s'élargissant rapidement, logée dans un sillon étroit et peu apparent à la partie supérieure, se creusant et devenant plus large en se rapprochant de l'ambitus qu'il entame très fortement, se prolongeant jusqu'au péristome, bordé à une certaine distance d'un renflement d'autant plus apparent qu'il s'éloigne plus de l'apex, et sur lequel on remarque d'assez gros tubercules et une série de protubérances atténuées. Zones porifères formées de pores très petits et serrés, qui s'espacent en descendant vers l'ambitus; la zone interporifère offre çà et là quelques tubercules peu développés, s'élevant au milieu de granules fins et homogènes.

Aires ambulacraires paires antérieures presque droites, divergentes, aiguës au sommet, s'élargissant insensiblement, ouvertes à l'extrémité, peu développées, disparaissant à une assez grande distance de l'ambitus. Zones porifères à peu près égales, composées d'abord de pores très petits, puis, un peu plus loin, de pores plus longs, en fissure, à peu près de même dimension dans les deux séries, disposés par paires transverses qui s'espacent, s'amoindrissent et disparaissent à une assez grande distance de l'ambitus. Aires ambulacraires postérieures de même nature que les antérieures, mais plus courtes et moins divergentes; les zones porifères sont égales entre elles et de même largeur que dans les aires antérieures.

Le péristome et le périprocte sont également invisibles dans le seul exemplaire que nous connaissons.

Tubercules petits, inégaux, peu abondants, espacés, se montrant sur les zones interporifères comme sur les aires interambulacraires, plus développés sur les bords du sillon antérieur, dans la région inframarginale et sur le plastron. Granulation intermédiaire plus ou moins fine et serrée.

Rapports et différences. — Cette petite espèce, bien qu'imparfaitement conservée, présente des caractères qui la distinguent nettement de ses congénères; elle sera toujours reconnaissable à sa petite taille, à sa forme carrée, aussi large que longue, à sa face supérieure un peu déclive d'arrière en avant, renflée et subgibbeuse, à son sillon antérieur large, évasé, entamant fortement l'ambitus, à ses zones porifères de même largeur, à ses tubercules petits et épars sur toute la face supérieure, plus développés sur les bords du sillon antérieur et à la face inférieure.

Localité. — Aftâb.

Genre Iraniaster Cotteau et Gauthier, 1895.

Test de moyenne ou assez grande taille, à pourtour à peu près ovale, échancré plus ou moins en avant par le sillon impair, arrondi ou subtronqué au bord postérieur. Face supérieure convexe, plus ou moins élevée, déclive de tous les côtés; bord arrondi; face inférieure bombée. La face postérieure n'est, le plus souvent, qu'une surface arrondie et mal limitée, au milieu de laquelle se trouve le périprocte. Apex à peu près central.

Appareil apical peu développé, au moins aussi large que long, subcompact; les quatre plaques génitales sont distinctes, largement perforées; les cinq plaques ocellaires sont toutes extérieures, les postérieures plus grandes que les autres. Le corps madréporiforme, rond et bien développé, occupe tout le milieu de l'appareil, et s'appuie sur les ocellaires postérieures sans les écarter.

Ambulacre impair différent des autres, présentant des paires très réduites de petits pores microscopiques; les plaques sont hautes, et par conséquent les paires assez distantes, sauf les quatre ou cinq premières.

Pétales des ambulacres pairs à peu près superficiels, parfois un peu déprimés, longs, droits, non fermés. Zones porifères égales; pores en fente transverse, inégaux, les externes plus longs et acuminés à la partie interne; les internes courts, presque ronds, également acuminés. L'espace qui sépare les zones est sensiblement déprimé, d'apparence lisse, aussi large qu'une des zones, ou moins, selon les espèces.

Péristome placé près du bord, petit, pentagonal, avec bord postérieur peu saillant. Périprocte rond ou légèrement ovale, placé très bas à la partie postérieure, au-dessus du bord.

Fasciole subpéripétale, ne touchant pas l'extrémité des pétales ambulacraires, parfois assez éloigné de cette extrémité et presque marginal en avant, plus ou moins rapproché des pétales postérieurs, mais ne les atteignant jamais.

Plastron méridosterne : la plaque sternale 2*b*, grande et subtriangulaire, occupe toute la largeur de l'interambulacre, rejetant en arrrière la plaque 2*a*, qui se trouve ainsi en face de l'épisternale 3*b*; c'est la disposition qu'affectent les *Holaster* et la plupart des *Cardiaster*.

Tubercules petits, même à la face inférieure, répandus également sur toutes les aires interambulacraires.

Rapports et différences. — Nous ne connaissons aucun type dans les Échinides de l'Europe et du nord de l'Afrique dont on puisse rapprocher le genre *Iraniaster*, et il est difficile de fixer sa place taxonomique dans la nomenclature. Il appartient à la grande famille des Spantangidæ, mais il offre la synthèse des caractères qui séparent cette famille en deux grands groupes bien distincts, les Spatangues et les Ananchites. Son ambulacre impair différent des autres, son appareil apical subcompact le placent parmi les vrais Spatangues, et la disposition de ses pétales ambulacraires, avec une zone lisse au milieu, rappelle assez bien certains *Micraster*, quoique la dépression des sillons soit peu sensible; l'absence de fasciole sous-anal et la présence d'un fasciole subpéripétale l'éloignent de ce dernier genre. Ce fasciole, qui ne touche pas l'extrémité des pétales, ressemble à celui des genres *Lambertiaster* Gauthier et *Holcopneustes* Cotteau; de sorte que la face supérieure ne présente que des caractères convenant aux vrais *Spatangues*. A la face inférieure, ces rapports sont singulièrement contrariés par l'existence d'un plastron méridosterne, analogue à celui des *Holaster*, qui ne s'allie ordinairement qu'à un appareil apical allongé et intercalcaire, de même que l'appareil subcompact ne s'allie qu'à un plastron amphisterne. Cette antinomie que présente le genre *Iraniaster* n'existe que chez le genre *Stenonia* Desor, et peut-être chez le genre *Jeronia* Seunes, encore insuffisamment connu; mais ces deux derniers types sont tellement différents par leurs caractères qu'il est superflu de pousser plus loin la comparaison.

Nous connaissons deux espèces représentées chacune par un grand nombre d'individus. Le genre *Iraniaster* est jusqu'à présent particulier à la Perse.

Iraniaster Morgani Cotteau et Gauthier, 1895.

Pl. IV, fig. 1-12.

Longueur,	18	millimètres.	Largeur,	16	millimètres.	Hauteur,	10	millimètres.
—	42	—	—	37	—	—	25	—
—	47	—	—	43	—	—	25	—
—	53	—	—	50	—	—	35	—

Espèce à pourtour ovoïde ou légèrement polygonal, arrondie ou subtronquée en arrière, fortement échancrée en avant, convexe à la partie inférieure. Face supérieure tantôt médiocrement renflée, tantôt subconique, déclive de tous côtés, avec point culminant immédiatement en arrière de l'appareil apical. Bord peu épais mais non tranchant. Face postérieure basse, constituée par un léger aplatissement de l'ambitus, à peine tronquée, limitée de chaque côté par de faibles nodosités. Apex central.

Appareil apical de dimensions médiocres, subcompact, présentant quatre pores génitaux en trapèze, les postérieurs plus écartés que les antérieurs ; ils sont portés par des plaques distinctes qui sont très granuleuses. Le corps madréporiforme occupe tout le milieu, et sépare les génitales postérieures. Plaques ocellaires situées dans les angles externes ; les deux postérieures grandes et limitant le corps madréporiforme.

Aire ambulacraire impaire logée dans un sillon peu sensible près du sommet, se creusant à mesure qu'il s'en éloigne, échancrant assez profondément et étroitement le bord inférieur. Zones porifères étroites, formées de paires de pores à peine visibles au milieu de la granulation, et assez distantes, les plaques étant hexagonales et relativement hautes. Pores ronds, très petits, obliques, séparés par une cloison granuliforme. L'espace interzonaire est couvert d'une granulation fine et serrée.

Aires ambulacraires paires superficielles, quelquefois un peu déprimées. Pétales longs, droits, n'ayant aucune tendance à se fermer ou à s'élargir à l'extrémité, les postérieurs égaux aux antérieurs, et descendant aux deux tiers de la distance du sommet au bord. Zones porifères égales, l'antérieure étant parfois un peu plus étroite que l'autre dans les aires antérieures paires. Pores allongés, en fente transverse, acuminés à la partie intérieure, les externes un peu plus longs que les internes. Une série de granules bien fournie sépare les paires, qui sont au nombre de 35 à 40 dans chaque zone. Espace interzonaire déprimé et d'apparence lisse, aussi large que l'une des zones. La largeur totale de chaque pétale atteint à peine 5 millimètres.

Péristome s'ouvrant très près du bord, petit, pentagonal, avec lèvre postérieure rehaussée mais faiblement saillante. Périprocte peu développé, ovale verticalement, placé presque au bord postérieur, mais toujours au-dessus. Le plastron, comme nous l'avons dit dans la diagnose du genre, est méridosterne : le labrum est suivi par la plaque sternale *2b* de gauche, qui occupe toute la largeur de l'aire interambulacraire ; *2a* est rejeté en arrière ; les épisternales *3a* et *3b* sont pentagonales, et à peu près aussi larges que longues ; les préanales 4 et 5 sont plus larges et moins longues. Mais en dehors de cette disposition régulière, un bon nombre de nos exemplaires, les grands surtout, nous montrent un plastron interrompu par l'intercalation des plaques ambulacraires entre la plaque 1 ou labrum et la plaque sternale 2*b*. Cette interruption qui existe moins fréquemment chez les individus moyens ou petits, autant que nous pouvons le constater, est variable dans son étendue; tantôt elle est produite par l'intrusion de deux plaques entières de l'ambulacre I et de l'ambulacre V, dont la suture médiane s'étend entre la pointe aborale du labrum et la pointe adorale de la plaque 2*b*; tantôt l'interruption est réduite de moitié, ou moins; enfin nous avons des exemplaires où elle atteint à peine un quart de millimètre. Des interruptions semblables ont déjà été signalées dans quelques espèces du genre *Stegaster* [1].

Fasciole subpéripétale étroit, mais bien marqué; il traverse le sillon impair assez près du bord, passe assez loin de l'extrémité des pétales pairs antérieurs, en face desquels il dessine, comme pour s'en éloigner, un léger sinus dont la convexité est tournée vers le bord; il passe également assez loin des pétales postérieurs, à médiocre distance au-dessus du périprocte.

Tubercules petits, nombreux, un peu plus développés à la face supérieure sur les bords des sillons ambulacraires, plus gros, mais toujours médiocres à la face inférieure. La granulation qui les entoure est fine et serrée.

LOCALITÉ. — Awasa (argiles).

IRANIASTER DOUVILLEI Cotteau et Gauthier, 1895.

Pl. V, fig. 1-6.

Longueur, 31 millimètres.	Largeur, 29 millimètres.	Hauteur, 21 millimètres.
— 44 —	— 40 —	— 31 —
— 46 —	— 43 —	— 31 —

Espèce épaisse, à pourtour ovalaire, large, à peine aplati en arrière, et

1. Lambert, *Études morphologiques sur le plastron des Spatangides*, p. 86. 1892.

ne présentant en avant qu'une sinuosité médiocre. Face supérieure enflée, également déclive de tous côtés, avec point culminant à l'apex. Face inférieure convexe, non déprimée autour du péristome ; face postérieure très basse, marquée par quelques nodosités de chaque côté. Apex central.

Appareil apical subcompact, comme dans l'espèce précédente, avec plaques distinctes ; le corps madréporiforme occupe le milieu et écarte les plaques génitales postérieures, et vient s'appuyer sur les deux ocellaires postérieures, qui sont plus développées que les autres.

Aire ambulacraire impaire logée dans un sillon à peine sensible à la partie supérieure, ne causant au bord antérieur qu'une légère ondulation, partout peu profond et évasé. Zones porifères droites, très réduites, formées par des paires de pores peu nombreuses, distantes l'une de l'autre, les plaques qui les portent étant aussi hautes que larges et hexagonales. Pores obliques, très petits, ronds, séparés par une cloison granuliforme. Toute l'aire est finement granuleuse, mais dépourvue de gros tubercules.

Aires ambulacraires paires à peu près superficielles ; les pétales logés dans des sillons presque insensibles, vagues, déprimés seulement sous l'espace interporifère, descendent jusqu'aux deux tiers de la face supérieure, sans s'élargir. Zones porifères droites, égales, formées de nombreuses paires de pores allongés en fente, inégaux, les externes étant plus longs que les internes. Les paires sont séparées par des rangées bien saillantes de quatre à cinq petits granules, et on en compte environ quarante dans chaque série. L'espace interzonaire est déprimé, comme nous l'avons dit, d'apparence lisse, presque toujours plus étroit que l'une des zones. Les pétales postérieurs sont à peu près égaux en longueur aux pétales antérieurs ; ils ne comptent que deux ou trois paires de moins.

Péristome à fleur de test, peu éloigné du bord (8/44), subpentagonal, avec lèvre postérieure peu saillante. Périprocte rond ou légèrement acuminé à la partie supérieure, presque marginal, placé dans une aire arrondie, très réduite, et entourée de nodosités. Le plastron est, dans la disposition de ses plaques, semblable à celui de l'espèce précédente, c'est-à-dire que la sternale 2*b*, triangulaire, occupe sur un grand espace toute la surface de l'aire, rejetant 2*a* en arrière ; mais nous ne connaissons aucun exemplaire qui présente l'interruption que nous avons signalée chez l'*I. Morgani*. Les plaques épisternales 3*a*, 3*b*, et les sous-anales portent chacune un renflement noduleux, formant ainsi deux lignes divergentes qui viennent rejoindre les nodosités de l'aire anale. Les aires ambulacraires postérieures, qui encadrent le plastron, sont larges et couvertes de granules très fins, et frappent les yeux par leur apparente nudité au milieu des tubercules des aires interambulacraires.

Fasciole subpéripétale peu marqué en avant, où il passe assez haut au-dessus du bord, un peu élargi à l'extrémité des pétales antérieurs, dont il n'est éloigné que de 2 ou 3 millimètres ; plus rapproché encore de l'extrémité des pétales postérieurs, quoiqu'il ne les touche jamais, il traverse l'aire interambulacraire postérieure à une assez grande distance au-dessus du périprocte. Il est moins bas et moins nettement marqué, surtout en avant, que dans l'espèce précédente, et nous avons même des exemplaires dont la surface est assez bien conservée, chez lesquels il n'apparaît que par endroits, ou même n'apparaît pas du tout. On ne peut en conclure qu'une chose, c'est qu'il s'efface facilement ; mais son existence n'est point contestable sur tous les exemplaires bien frais, et ce n'est pas un fasciole diffus formé par la réunion de quelques fins granules au milieu des tubercules du test : il est bien limité quoique très étroit, s'élargissant en face de l'extrémité des pétales, et n'étant jamais mélangé aux tubercules.

Toutes les aires interambulacraires, à la face supérieure comme à la face inférieure, sont couvertes de tubercules nombreux et serrés, toujours petits, même en dessous, où ils sont cependant plus développés qu'en dessus. Les intervalles sont occupés par une granulation homogène, très fine, qui couvre tout le test.

Rapports et différences. — L'*I. Douvillei* se distingue facilement de l'*I. Morgani* par sa forme plus renflée, par son sillon antérieur entamant beaucoup moins l'ambitus, par l'espace interzonaire de ses pétales ambulacraires plus étroit, par son fasciole moins éloigné de l'extrémité des pétales, placé plus haut au-dessus du bord, moins accusé, par son périprocte situé plus bas, par les nodosités qui font saillie sur les plaques 3, 4 et 5 de chaque série du plastron, et font défaut chez l'autre espèce, sauf autour du périprocte. On peut y joindre aussi cette particularité que, même dans les plus grands exemplaires, le plastron n'est jamais interrompu, tandis qu'il l'est presque régulièrement chez les individus de l'*I. Morgani* qui dépassent la taille moyenne.

Les deux espèces se trouvent d'ailleurs rarement dans la même couche, comme l'indique la teinte différente de la terre qui les enveloppait. Elles ont néanmoins des rapports très étroits, et certains exemplaires paraissent intermédiaires au premier aspect; mais en les examinant attentivement, on reconnait bien vite les caractères distinctifs que nous indiquons, et qui ne permettent point la moindre confusion.

Localité. — Awâsa (Louristân), argiles.

Genre Hemiaster Desor, 1847.

Hemiaster iranicus Cotteau et Gauthier, 1895.

Pl. V, fig. 7-12.

Longueur,	17	millimètres.	Largeur,	16	millimètres.	Hauteur.	11	millimètres.
—	22	—	—	21	—	—	15	—
—	34	—	—	22	—	—	22	—

Espèce de taille petite ou moyenne, subcordiforme, ayant sa plus grande largeur au tiers antérieur, rétrécie en arrière où il n'y a qu'une faible troncature, bombée à la face inférieure, sauf une légère dépression autour du péristome. Face supérieure peu élevée, ayant son point culminant en arrière de l'apex; la carène de l'ambulacre impair est assez marquée, mais non aiguë, et forme une courbe qui s'abaisse régulièrement vers l'arrière. Apex un peu excentrique en avant, 10/22.

Appareil apical très petit, subcompact; le corps madréporiforme attaché à la plaque antérieure de droite forme au centre un petit bouton n'excédant guère un demi-millimètre de diamètre dans les exemplaires moyens; il sépare fortement les plaques génitales postérieures, et vient butter contre les plaques ocellaires.

Ambulacre impair logé dans un sillon peu marqué, évasé, de largeur médiocre, produisant une légère ondulation à l'ambitus et se continuant nettement jusqu'au péristome. Zones porifères extrêmement réduites, formées d'abord par une dizaine de paires assez serrées de pores ronds, microscopiques, obliques entre eux, séparés par une cloison granuliforme; au delà, les plaques deviennent plus hautes, les paires plus distantes et très difficiles à distinguer même avec une forte loupe. Chaque plaque porte un petit tubercule, et il y en a ainsi deux rangées dans le sillon; l'espace intermédiaire est couvert de granules.

Aires ambulacraires paires logées, pour la partie pétaloïde, dans des sillons peu profonds, évasés, relativement assez larges, très divergents dans le trivium, et formant entre eux un angle de 120 degrés, rapprochés pour les postérieurs, dont l'angle ne mesure que 50 degrés. Les pétales sont droits et longs; les antérieurs comptent vingt-huit paires de pores chez les exemplaires moyens, trente-deux chez les grands; les postérieurs, presque aussi longs que les antérieurs, comptent vingt-cinq et trente paires. Pores en fente transverse, allongés, presque égaux, les externes étant un peu plus longs. Entre les paires, sur chaque plaque, se trouve une rangée de deux à quatre granules souvent inégaux. Espace interzonaire plus étroit qu'une des zones, orné de granules épars.

Péristome placé dans une légère dépression, au quart antérieur, subpentagonal, à pourtour onduleux, faiblement labié en arrière. Périprocte assez grand, placé à peu près au milieu de la hauteur totale, dans une petite aire très étroite et entourée de nodosités, qui constitue la face postérieure. Le plastron est étroit et amphisterne; le labrum, assez long, est inégalement en contact avec les deux grandes valves du second rang de plaques, 2*b* étant plus large que 2*a*.

Fasciole péripétale bien marqué, contournant les ambulacres pairs presque sans sinuosités dans les intervalles; en avant, il passe assez près du bord, et en arrière assez près du périprocte, par suite de la longueur des pétales.

Tubercules nombreux, accentués, répandus partout sur les aires interambulacraires à la face supérieure et émergeant d'une granulation abondante et très fine. Ils sont un peu plus gros en dessous, surtout aux environs du péristome.

Rapports et différences. — L'*H. iranicus* se rapproche par plusieurs de ses caractères de l'*H. indicus* Stoliczka; il en a surtout les pétales ambulacraires allongés aussi bien en arrière qu'en avant. Il s'en distingue par sa forme bien moins élevée, moins anguleuse, par ses sillons ambulacraires moins creusés et dont l'impair échancre moins l'ambitus; par son péristome moins éloigné du bord, par sa partie postérieure plus étroite, plus arrondie, non onduleuse au bord et moins nettement tronquée : ce sont deux types voisins, mais bien distincts.

Localité. — Awâsa.

Hemiaster Noemiæ Cotteau et Gauthier, 1895.

Pl. VI, fig. 1-7.

Longueur,	30	millimètres.	Largeur,	29	millimètres.	Hauteur,	17	millimètres.
—	35	—	—	34	—	—	25	—
—	41	—	—	38	—	—	28	—

Espèce atteignant une assez grande taille, polygonale au pourtour, épaisse, renflée mais à peine convexe à la partie supérieure, presque aussi large que longue, et atteignant sa plus grande largeur en arrière des ambulacres pairs antérieurs; assez large en avant, rétrécie et tronquée en arrière. Face supérieure peu déclive; l'aire interambulacraire impaire n'est point carénée, elle est même, le plus souvent moins saillante que les latérales. Face inférieure convexe, avec les sillons du trivium marqués près du péristome. Apex un peu excentrique en arrière, 22/40.

Appareil apical petit, subcompact, montrant quatre pores génitaux rapprochés, bien ouverts. Le corps madréporiforme est peu développé, bien qu'il sépare les plaques génitales postérieures ; tout l'appareil est couvert d'une fine granulation.

Aire ambulacraire impaire placée dans un sillon assez étroit, peu profond, bien accusé toutefois par suite du renflement des aires interambulacraires, se réduisant au pourtour à une faible sinuosité, qui se poursuit sans se déprimer davantage, jusqu'à la bouche. Zones porifères droites, longues, formées de pores virgulaires obliquement placés et séparés par un gros granule. Les paires restent serrées presque jusqu'au passage du fasciole, puis elles se distancent, s'effacent, et ne reparaissent qu'aux abords du péristome, toujours petites et peu nombreuses. L'espace interzonaire est couvert d'une granulation fine et serrée entre les deux rangées latérales que forment les saillies granuliformes qui séparent les pores dans chaque paire.

Aires ambulacraires paires antérieures logées dans des sillons assez larges et profonds, fermés à l'extrémité ; pétales longs, recourbés légèrement en lame de sabre dans la partie qui se rapproche du bord. Zones porifères inégales, la postérieure large et droite, l'antérieure flexueuse, très rétrécie près du sommet, ne s'élargissant qu'au milieu. Pores en fente transverse, les externes un peu plus longs que les internes ; ils sont ronds dans le tiers supérieur des zones antérieures ; il y a environ trente paires de pores dans chaque série. Une rangée horizontale de granules serrés sépare les paires dans les zones postérieures seulement. L'espace interzonaire est plus étroit que la moitié de l'une des zones. Pétales postérieurs beaucoup plus courts que les antérieurs, dont ils n'atteignent guère que la moitié. Les zones porifères sont larges, les antérieures flexueuses ; les pores sont allongés et semblables à ceux des pétales antérieurs, sauf qu'il n'y en a pas d'atrophiés.

Les aires interambulacraires latérales présentent deux carènes noduleuses bien accentuées, le test se déprimant entre elles, ce qui lui donne son aspect polygonal. L'interambulacre impair, peu relevé à la face supérieure, comme nous l'avons dit, forme une aire anale allongée, ovale, bordée de fortes nodosités dont les deux lignes se réunissent au delà du bord inférieur en se terminant par une protubérance plus forte que les autres, contre laquelle viennent s'appuyer les deux grandes valves du plastron amphisterne, 2*a* et 2*b*, qui sont à peu près égales.

Péristome au tiers antérieur, semilunaire, assez fortement labié. Périprocte au sommet de l'aire postérieure, évidée par suite de la saillie de ses bords noduleux.

Fasciole péripétale large et sinueux, passant en avant aux deux tiers de la distance de l'apex au bord inférieur. Il s'élargit sensiblement à l'extrémité de chaque pétale, et au milieu des interambulacres latéraux. Un de nos exemplaires, de grande taille, présente même cet élargissement aussi accentué que chez certains *Schizaster* tertiaires et vivants. La partie supérieure du test est couverte dans tous les interambulacres de tubercules assez rapprochés, qui augmentent de volume dans la région marginale et en dessous. Entre ces tubercules, le test est couvert d'une granulation très fine et très serrée, qui s'étend même, comme nous l'avons dit, sur les plaques de l'appareil apical.

Un de nos exemplaires jeunes a conservé les plaques anales, et nous n'avons pas souvenir d'avoir jamais rencontré la description de cet appareil chez les *Hemiaster* fossiles. Il est formé d'abord de sept à huit plaques pentagonales occupant le pourtour intérieur du périprocte ; les plus grandes de ces plaques sont à la partie supérieure, et elles sont ornées de granules. Elles s'imbriquent toutes sur d'autres petites plaques étroites et dressées les unes au-dessus des autres, et leur faisceau forme une protubérance conique à l'extrémité de laquelle se montre l'ouverture anale. La structure de cet appareil est naturellement la même chez les *Hemiaster* vivant dans les mers actuelles.

Rapports et différences. — Nous ne connaissons aucun type qui se rapproche étroitement de l'*H. Noemiæ*. Sa forme pentagonale caractérisée, les carènes verticales noduleuses qui ornent les aires interambulacraires lui donnent une physionomie particulière. Ces arêtes noduleuses rappellent un peu l'*H. latigrunda* Peron et Gauthier, du Sénonien d'Algérie, mais c'est le seul point commun entre les deux espèces: l'aspect du test et les dispositions des aires ambulacraires sont très différents. L'*H. sexangulatus* d'Orb. offre dans ses ambulacres quelque analogie avec notre espèce ; mais il est très différent de forme et moins polygonal ; l'*H. cristatus* Stoliczka ne soutient guère non plus une comparaison suivie ; il est plus déclive en arrière ; ses ambulacres postérieurs sont plus longs, son sillon impair entame bien plus fortement l'ambitus ; il est inutile de les comparer plus longuement.

LOCALITÉ. — Awâsa.

HEMIASTER OPIMUS Cotteau et Gauthier, 1895.

Pl. VI, fig. 8-11.

Longueur, 29 millimètres.	Largeur, 28 millimètres.	Hauteur, 21 millimètres.
— 35 —	— 35 —	— 26 —

Espèce renflée, subcirculaire, à peu près aussi large que longue, sans sinuosités au pourtour, sauf un léger aplatissement à la partie postérieure. Face supérieure uniformément bombée, inclinée d'arrière en avant, le point culminant se trouvant à mi-distance entre l'apex et le périprocte. Face postérieure arrondie plutôt que tronquée ; face inférieure convexe, sauf une légère trace, autour du péristome, des sillons du trivium. Apex excentrique en arrière, 22/35.

Appareil apical petit, subcompact, les pores génitaux étant écartés en largeur. Le corps madréporiforme n'occupe qu'une place restreinte au milieu des granules dont toutes les plaques sont couvertes ; il ne disjoint pas les deux plaques génitales postérieures, qui sont en contact.

Aire ambulacraire impaire placée dans un sillon étroit, n'atteignant pas 3 millimètres dans sa partie la plus large, peu profond, s'effaçant à l'endroit où il est traversé par le fasciole péripétale, et n'entamant pas le bord ; il se dessine de nouveau, très légèrement, en avant du péristome. Zones porifères assez longuement régulières, formées de pores ronds, très petits, séparés par un fort granule ; elles s'étendent jusqu'aux deux tiers de la distance du sommet au fasciole ; au delà les plaques deviennent plus hautes, et les paires de pores s'écartent ou cessent d'être visibles. L'espace entre les deux zones est couvert d'une granulation fine et dense, bordée de chaque côté par la rangée de gros granules qui séparent les pores dans chaque paire.

Aires ambulacraires paires inégales, les postérieures mesurant à peine les deux tiers des antérieures, qui s'arrêtent à mi-distance entre le sommet et le bord. Les sillons qui les contiennent, étroits et peu creusés près de l'apex, s'élargissent et se creusent jusqu'à leur extrémité qui est arrondie et bien fermée ; leur plus grande largeur est de 3 millimètres ; ils sont droits et assez divergents, les antérieurs formant un angle de 115 degrés, et les postérieurs de 75. Dans les pétales antérieurs les zones porifères sont inégales, les postérieures assez larges montrant des pores en fente transverse ; les antérieures un peu plus étroites vers le milieu, puis, de là jusqu'au sommet, n'offrant que des paires atrophiées et formées de pores ronds et très serrés ; il y a une quinzaine de paires ainsi réduites dans la partie supérieure de la zone. Une rangée horizontale de granules très fins sépare les paires ; l'espace interzonaire est de la même largeur que la zone antérieure et paraît complètement lisse. Dans les pétales postérieurs il n'y a pas de paires atrophiées ; les zones sont égales, et chacune compte vingt-cinq paires au lieu de trente-cinq dans les autres ; l'espace interzonaire est lisse et moins large qu'une des zones.

Aires interambulacraires renflées, uniformes, sans nodosités saillantes et sans dépressions, même à la face postérieure.

Péristome petit, placé un peu en avant du tiers antérieur, semilunaire, labié. Périprocte ovale, au sommet de la face postérieure, sans aire spéciale. Toutefois, près du bord inférieur, on trouve quelques nodosités plus ou moins marquées, selon les individus.

Tubercules nombreux à la partie supérieure, couvrant tous les interambulacres, petits, disséminés sans ordre apparent ; ils sont un peu plus gros à la face inférieure, sur les côtés et en avant du plastron. Fasciole péripétale bien marqué, passant en avant assez loin du bord, et traversant les ambulacres latéraux presque en ligne droite.

Cette espèce, avec ses pores atrophiés dans les pétales pairs antérieurs, et son bord non entamé par le sillon impair devrait appartenir au genre

Leucaster Gauthier, dont elle serait un des meilleurs types. Mais depuis longtemps l'auteur a cessé de regarder ces deux caractères comme ayant une valeur suffisante pour être générique, et il ne voit aujourd'hui dans ces types qu'il avait séparés du genre *Hemiaster* qu'une simple section de ce genre. Il y a sans doute d'autres genres dont les caractères distinctifs sont à peu près les mêmes, et n'ont certainement pas plus de valeur, comme, par exemple, *Brissopsis* et *Brissoma*, *Agassizia* et *Anisaster*; on arrivera peut-être un jour à réduire ces genres récents à leur juste valeur, et à ne les regarder que comme une section du premier type dont on les a distraits.

Rapports et différences. — Malgré la grande différence de forme qui existe entre l'*H. opimus* et l'*H. Noemiæ*, c'est cependant de ce dernier qu'il faut surtout rapprocher notre nouvelle espèce. Ils ont l'un et l'autre de très grandes analogies dans la disposition des aires ambulacraires, car l'*H. Noemiæ* fait aussi partie de la section *Leucaster*, ayant un grand nombre de paires de pores atrophiées, et le bord antérieur entier ; les autres détails ambulacraires sont presque identiques. Toutefois l'*H. opimus* a l'apex plus excentrique en arrière, les pétales postérieurs un peu plus longs, le sillon antérieur un peu moins large et moins profond, les pétales pairs antérieurs plus étroits, droits et non légèrement recourbés à l'extrémité. A la partie inférieure, le plastron est plus large, de sorte que ces caractères suffiraient déjà pour distinguer les deux espèces ; l'aspect si différent de la face supérieure, la présence chez le premier de carènes noduleuses qui manquent chez l'autre, la forme plus allongée ajoutent considérablement à ces différences et séparent nettement les deux types.

Localité. — Awâsa.

Hemiaster longus Cotteau et Gauthier, 1895.

Pl. VII, fig. 1-5.

Longueur,	38 millimètres.	Largeur,	33 millimètres.	Hauteur,	21 millimètres.
—	41 —	—	34 —	—	21 —
—	47? —	—	35 —	—	22 —

Espèce allongée, à pourtour presque ovale, assez large relativement et amincie en avant, plus étroite, plus épaisse et coupée très obliquement en arrière. Face supérieure déclive d'arrière en avant, depuis le point culminant qui est à mi-distance entre l'apex et le périprocte. Face inférieure convexe, sans dépression autour du péristome. Apex à peu près central.

Appareil apical médiocrement étendu ; les quatre pores génitaux en trapèze élargi en arrière ; le corps madréporiforme occupe le milieu, sépare les plaques génitales postérieures, et vient butter contre les plaques ocellaires. Dans les jeunes, le corps madréporiforme est très réduit et ne s'intercale pas entre les plaques génitales postérieures.

Aire ambulacraire impaire logée dans un sillon bien marqué, de largeur moyenne, s'étendant jusqu'au bord qu'il entame légèrement. Zones porifères formant une longue série, s'étendant jusqu'au fasciole, de paires de pores assez distantes, les plaques étant plus hautes que d'ordinaire dans le genre ; au delà du fasciole, les pores sont imperceptibles. Espace interzonaire orné d'une granulation fine et homogène.

Pétales ambulacraires pairs placés dans des sillons de profondeur et de largeur moyennes, bien circonscrits, inégaux, les postérieurs n'atteignant guère que les trois quarts de la longueur des autres. Les antérieurs s'arrêtent aux deux tiers de la distance de l'apex au bord ; ils sont assez divergents, et forment un angle de 120 degrés, tandis que les postérieurs, beaucoup plus rapprochés, s'écartent très peu de la carène médiane. Zones porifères plaquées contre les parois du sillon, assez larges, égales, présentant des pores égaux en fente horizontale, formant environ trente-quatre paires dans chacune des branches des ambulacres antérieurs, et vingt-six dans les postérieurs. L'espace interzonaire est lisse et à peu près aussi large que l'une des zones.

Les aires interambulacraires présentent, à la face supérieure, deux carènes noduleuses peu marquées, sauf dans les interambulacres antérieurs, où les nodosités s'accentuent près du bord.

Péristome situé assez loin du bord, presque au tiers de la longueur, à ras du test, grand, ovalaire, avec lèvre postérieure un peu relevée, mais médiocrement développée. Périprocte ovale, grand, placé au sommet de l'aire oblique et bordée de nodosités qui occupe toute la face postérieure. Le plastron amphisterne, large et très allongé, est formé, à la suite du labrum, par deux plaques à peu près égales, longues de 20 millimètres chez notre second exemplaire mesuré.

Fasciole péripétale passant en avant assez près du bord, légèrement sinueux dans les interambulacres latéraux, droit en arrière et peu éloigné du périprocte ; il est partout large et bien marqué.

Tubercules nombreux, mais peu développés à la partie supérieure, à l'intérieur du fasciole ; ils sont plus gros au bord et le long du sillon impair. A la partie inférieure, ils forment sur les interambulacres et surtout sur le plastron des lignes régulières en quinconce ; ils sont alors assez distants, entourés d'une petite ceinture scrobiculaire, hexagonale, formée de très fins granules, bien plus distincte ici que chez les espèces précédentes, où elle existe cependant.

Rapports et différences. — Ce type allongé a une physionomie toute particulière parmi les autres espèces du genre *Hemiaster*, qui ne permet de le confondre avec aucun autre. Sa face postérieure très oblique, ses pétales postérieurs presque parallèles, sa partie antérieure noduleuse près du bord concourent encore à le distinguer de tous ses congénères. A la face inférieure, l'écartement et la régularité des gros tubercules, sur les aires interambulacraires, offrent un aspect tout particulier.

Localité. — Awâsa.

Genre Opissaster Pomel, 1883.

Ce genre a été établi pour des espèces ayant toute la physionomie des *Schizaster*, mais dépourvues de fasciole latéro-sous-anal. Elles sont ordinairement de petite ou moyenne taille, et, jusqu'à présent, on ne les connaissait que dans le terrain tertiaire. Nous en avons deux espèces crétacées.

Opissaster Morgani Cotteau et Gauthier, 1895.

Pl. VII, fig. 6-9.

Longueur, 13 millimètres. Largeur, 13 millimètres. Hauteur, 9 millimètres.
— 15 — — 15 — — 10 —

Espèce de petite taille, aussi large que longue, amincie et rétrécie en avant, épaisse et relevée en arrière, avec face postérieure légèrement aplatie plutôt que tronquée. Face supérieure déclive d'arrière en avant, à partir du point culminant qui est en arrière de l'apex et tout près du bord postérieur, fortement évidée par le sillon de l'ambulacre impair. Face inférieure plate ou légèrement convexe. Apex très excentrique en arrière, 12/15.

Appareil apical relativement large, mais extrêmement réduit en longueur, la distance qui sépare au sommet les deux pointes des interambulacres antérieurs et latéraux n'excédant pas un millimètre. Il n'y a que les deux pores génitaux d'arrière. Le corps madréporiforme, très petit, allongé au milieu du système, écarte les plaques génitales postérieures, mais non les ocellaires. Les cinq pores ocellaires sont visibles.

Aire ambulacraire impaire logée dans un sillon très large, qui occupe à lui seul presque la moitié de la face supérieure. Ses bords relevés sont formés, près de l'apex, par deux carènes aiguës, qui représentent les aires interambulacraires antérieures. La crête porte de gros tubercules, qui se changent plus bas en deux rangées de nodosités. Le fond du sillon est plat, couvert d'une fine granulation qui est remplacée par de petits tubercules à la partie inférieure. Le sillon cause une large échancrure au bord antérieur. Zones porifères situées de chaque côté sur la partie plate du sillon, montrant une dizaine de paires de pores virgulaires très petits, séparés par un gros granule.

Pétales pairs antérieurs obliques en avant, sinueux et très étroits près du sommet, plus larges et recourbés en arrière à leur extrémité ; ils descendent environ aux deux tiers de la distance qui, en suivant leur direction, s'étend de l'apex au bord. Zones porifères très différentes : le sillon ambulacraire dans sa partie supérieure est tellement resserré par les bourrelets interambulacraires qu'il ne reste qu'un espace très exigu, et la zone antérieure se trouve réduite à de petites paires microscopiques appliquées contre la paroi ; la zone s'élargit plus bas et égale presque la zone postérieure. Celle-ci, bien entière, occupe une grande partie du sillon; les pores sont transverses, en fente, égaux, et les paires assez rapprochées sont séparées par une rangée parallèle de fins granules. Au delà de la partie pétaloïde, les pores deviennent très petits, les paires plus distantes, et il nous est presque impossible de les suivre ; ils ne reparaissent guère qu'aux approches du péristome, où les deux rangées se voient nettement. Pétales postérieurs très divergents, presque transverses, très courts, ne comptant guère que cinq ou six paires de pores dans chaque zone ; ils n'ont guère que 2 millimètres de long, atteignant à peine le quart des pétales antérieurs.

Aires interambulacraires élevées au-dessus des sillons interambulacraires, les antérieures réduites, comme nous l'avons dit, à une simple crête dans le voisinage du sommet, les latérales larges, montrant dans chaque aire deux séries verticales de nodules, semblables à celles que nous avons indiquées à la base des interambulacres antérieurs.

Péristome placé au quart antérieur, semilunaire, labié en arrière. Périprocte situé aux deux tiers de la hauteur totale, au sommet de l'aire postérieure, qui est ovale et entourée de nodosités. Plastron large, amphisterne, les deux grandes plaques 2*a* et 2*b* occupant à la suite du labrum toute la partie étalée sur la face inférieure ; 2*a* a le contact un peu plus large que 2*b*. Ce plastron est couvert de tubercules égaux au milieu, les plus gros placés sur les bords latéraux.

Fasciole péripétale passant en avant près du bord, remontant, dans les interambulacres latéraux, le long du sillon ambulacraire, pour couvrir les deux nodosités supérieures, arrondi en arrière. Il est plus large à l'extrémité des pétales, et plus étroit entre les nodosités.

Tubercules assez gros relativement et nombreux à la partie supérieure, où les plus marqués couvrent les bourrelets interambulacraires qui bordent les sillons ; un peu plus développés à la face inférieure.

Rapports et différences. — L'espèce que nous venons de décrire est un des types les plus parfaits du genre *Opissaster*, bien qu'elle ait été recueillie dans le crétacé supérieur. Elle se distingue des espèces tertiaires en général, par la très grande largeur de son sillon ambulacraire impair, par la zone antérieure des ambulacres II et IV atrophiée en grande partie, faute d'espace pour se développer, par l'extrême excentricité de son apex qui ne laisse à la face supérieure qu'une longueur de 3 millimètres à peine pour l'aire interambulacraire impaire. Sa taille nous paraît très réduite, si nous ne sommes pas induits en erreur par les trois exemplaires que nous possédons, car il pourrait en exister de plus grands que ceux qui ont été recueillis. Le genre, d'ailleurs, même dans les terrains tertiaires, n'atteint guère que de modestes proportions, sauf quelques types exceptionnels de l'étage miocène[1].

Localité. — Awâsa.

Opissaster centrosus Cotteau et Gauthier, 1895.

Pl. VII, fig. 10-15.

Longueur, 20 millimètres. Largeur, 20 millimètres. Hauteur, 15 millimètres.

Espèce à pourtour ovale, aussi large que longue, rétrécie en avant et en arrière, la plus grande largeur étant au milieu. Face supérieure déclive en avant sur les deux tiers de la longueur, assez épaisse encore au bord antérieur, élevée en arrière, renflée sur les côtés. Face inférieure convexe. Apex central, 11/20.

Aire ambulacraire impaire logée dans un sillon profond, à fond plat, excavé sous les bords qui sont relevés et formés en partie par les plaques des aires interambulacraires. Ce sillon s'élargit assez vite près du sommet, et se rétrécit un peu à l'ambitus pour se continuer, toujours

1. Nous avons rapporté avec doute à ce genre, et décrit dans le 10e fascicule des *Échinides fossiles de l'Algérie* un *Opissaster Bleicheri*, dont la taille dépasse les proportions ordinaires; il nous est revenu depuis un exemplaire beaucoup plus grand encore, recueilli par M. Welsch, qui montre très nettement la présence du fasciole latéro-sous-anal; c'est donc un vrai *Schizaster*, et il devra s'appeler *S. Bleicheri*.

bien marqué, jusqu'au péristome ; les crêtes du bord, à la face supérieure, sont couvertes de tubercules. Zones porifères insuffisamment visibles sur nos deux exemplaires, formées de paires de pores peu développées, avec pores virgulaires obliques et séparés par une cloison granuliforme.

Aires ambulacraires paires antérieures obliques en avant, suivant la direction du sillon impair. Pétales logés dans des sillons assez étroits, assez creusés, flexueux près du sommet, recourbés en arrière à l'extrémité. Zones porifères inégales, la postérieure complète, occupant en partie le fond du sillon, présentant des pores transversaux, allongés en fente ; chaque paire est séparée par une rangée de granules. La zone antérieure est appliquée contre la paroi dont elle suit les sinuosités ; assez développée à l'extrémité, elle se réduit à partir du milieu, par suite du manque de place, et jusqu'au sommet elle n'offre plus que des paires atrophiées, formées de pores de plus en plus petits. Pétales postérieurs courts, n'atteignant que la moitié de la longueur des autres, soit 4 millimètres ; ils sont très divergents, assez larges ; les zones porifères sont égales et régulières, formées de pores allongés en fente ; nous en comptons douze paires par série.

Les aires interambulacraires sont fortement relevées au-dessus des ambulacres ; les antérieures sont très étroites, formant dans leur moitié supérieure un bourrelet arrondi qui entoure le sillon impair ; elles ne s'élagissent que médiocrement dans leur moitié inférieure, où elles présentent quelques nodosités peu sensibles. Les interambulacres latéraux sont bien développés et offrent deux rangées verticales de nodosités beaucoup plus développées que dans les interambulacres antérieurs.

Péristome assez éloigné du bord, au tiers antérieur, à l'extrémité du sillon impair large et bien limité. Périprocte ovale, placé au sommet de la face postérieure, aux trois quarts de la hauteur totale de l'oursin. La face postérieure est brisée dans nos deux exemplaires, et nous ne pouvons pas en donner de plus longs détails. Plastron large, amphisterne.

Fasciole péripétale passant à quelque distance du bord, puis suivant d'assez près les sillons des ambulacres pairs antérieurs, passant en arrière à l'extrémité des pétales, loin du périprocte, par suite de la position centrale de l'apex ; il s'élargit à l'extrémité des pétales.

Rapports et différences. — L'*O. centrosus* se distingue facilement de l'*O. Morgani* ; il est de plus grande taille, plus épais; son appareil apical est à peu près central, au lieu d'être très excentrique, ce qui donne un aspect tout différent à la face supérieure; ses pétales postérieurs sont plus longs; son sillon impair est relativement moins large à la face supérieure, plus long à la face inférieure ; il se rétrécit plus sensiblement à l'ambitus ; le péristome est plus éloigné du bord, et le périprocte est situé plus haut. Les deux espèces sont donc bien distinctes. Elles ont de commun l'atrophie des branches antérieures dans les pétales II et IV, et les nodosités des interambulacres latéraux ; encore sur ce point existe-t-il une différence, puisque les interambulacres antérieurs en sont presque dépourvus dans notre seconde espèce, tandis que ces nodosités sont très accentuées chez l'*O. Morgani*. Les deux espèces d'ailleurs ne proviennent pas de la même couche : l'*O. centrosus* était englobé dans un calcaire blanc assez dur, qui en a rendu le nettoyage difficile, tandis que l'autre provient de marnes gris foncé, qui nous ont fourni des exemplaires d'une grande netteté.

Localité. — Dèrrè-i-Chahr (Louristân).

Genre Ornithaster Cotteau, 1886.

Ornithaster Cotteau, *Échinides nouveaux ou peu connus*, 2e série, p. 71.

Test de taille petite ou moyenne, renflé, arrondi en avant, un peu allongé, subtronqué en arrière, bombé à la face inférieure. Apex excentrique en avant.

Appareil apical subcompact, peu développé, montrant quatre plaques génitales perforées, dont l'antérieure de droite porte le corps madréporiforme. Les cinq plaques ocellaires occupent les angles extérieurs.

Aires ambulacraires toutes superficielles et à peu près semblables, aiguës près du sommet, toujours étroites, et n'ayant aucune tendance à se fermer. Zones porifères composées de pores petits, les internes arrondis, les externes légèrement subvirgulaires, disposés par paires serrées près du sommet, très espacées en se rapprochant du bord. L'aire impaire ne se distingue des autres qu'en ce qu'elle est plus courte, et insensiblement plus étroite.

Péristome assez grand, subcirculaire, parfois ovale avec le bord antérieur droit, ce qui le rend vaguement subpentagonal; il n'y a pas la moindre apparence de lèvre saillante postérieure. L'ouverture buccale est placée dans une dépression et assez éloignée du bord antérieur. Périprocte arrondi, placé au sommet de la face postérieure. Fasciole péripétale s'étendant presque jusqu'au périprocte, descendant très bas en avant. Tubercules relativement assez saillants à la face supérieure, peu serrés.

Le genre *Ornithaster* diffère du genre *Coraster* avec lequel on le rencontre ordinairement, par l'absence de sillon antérieur, par son péristome plus grand, non labié, dans une dépression, et toujours éloigné du bord; par son fasciole plus étendu dans la partie postérieure.

Ces deux genres n'ont été rencontrés jusqu'à présent que dans les couches les plus élevées de l'époque crétacée; c'est par erreur qu'on les a attribués au terrain éocène.

Ornithaster Douvillei Cotteau et Gauthier, 1895.

Longueur, 18 millimètres. Largeur, 14 millimètres. Hauteur, 14 millimètres.

Espèce de petite taille, un peu allongée, épaisse, arrondie en avant, un peu rétrécie et subtronquée en arrière. Face supérieure élevée, très renflée, uniformément déclive sur les côtés et en avant, avec pente plus longue et moins rapide en arrière; la plus grande largeur correspond au tiers antérieur, un peu au delà des ambulacres pairs. Face inférieure bombée. Apex excentrique en avant, 5/18.

Appareil apical peu étendu, subcompact, montrant quatre pores génitaux; le corps madréporiforme occupe le milieu, sans disjoindre les plaques génitales postérieures; les plaques ocellaires occupent les angles extérieurs.

Aire ambulacraire impaire superficielle, non logée dans un sillon, à peu près semblable aux autres, mais un peu plus courte et plus étroite. Zones porifères étroites, formées de pores petits, arrondis, disposés par paires régulières, serrées jusqu'à la douzième, plus distantes ensuite, jusqu'au bord, où il n'est plus possible de les distinguer sur nos exemplaires ferrugineux ou incomplets. L'espace interzonaire est très restreint.

Ambulacres pairs superficiels, assez longs, les postérieurs à peine plus courts que les antérieurs et légèrement flexueux près du sommet; ous très étroits et n'ayant aucune tendance à se fermer à l'extrémité. Les antérieurs sont très divergents, presque perpendiculaires à l'axe antéro-postérieur; les postérieurs sont plus rapprochés et forment un angle aigu de 50° environ. Pores paraissant tous arrondis, sans doute par suite de l'empâtement d'oxyde de fer qui couvre le test, disposés par paires serrées, se distançant en se rapprochant du bord.

Péristome situé environ au tiers de la longueur totale, logé dans une dépression circulaire peu étendue, ovale ou plutôt subpentagonal, car il est tronqué en avant, sans lèvre saillante en arrière. Périprocte ovale, assez grand, au sommet de la face postérieure.

Fasciole péripétale peu visible sur nos exemplaires; il est cependant facile d'en constater la présence; il passe, en arrière, assez près du périprocte; en avant, il se rapproche beaucoup du bord, par suite de la longueur des pétales ambulacraires.

Tubercules bien marqués à la face supérieure, assez distants; l'intervalle est rempli par une fine granulation.

Rapports et différences. — Il est assez intéressant de rencontrer en Perse un genre qui n'est connu en Europe que depuis quelques années, et n'y est guère représenté jusqu'à présent que par un exemplaire recueilli en Espagne. L'*Ornithaster Douvillei* se distingue de l'*O. Evaristei* Cotteau par sa taille plus petite, sa forme plus allongée, plus convexe à la partie supérieure, plus rétrécie en arrière, plus longuement déclive entre l'apex et le bord postérieur, et par conséquent moins élevée dans cette région. Pour tout le reste, les caractères sont à peu près identiques; et, si la distinction spécifique est facile à établir, les rapports génériques sont très concordants, et il ne saurait y avoir le moindre doute sous ce rapport [1].

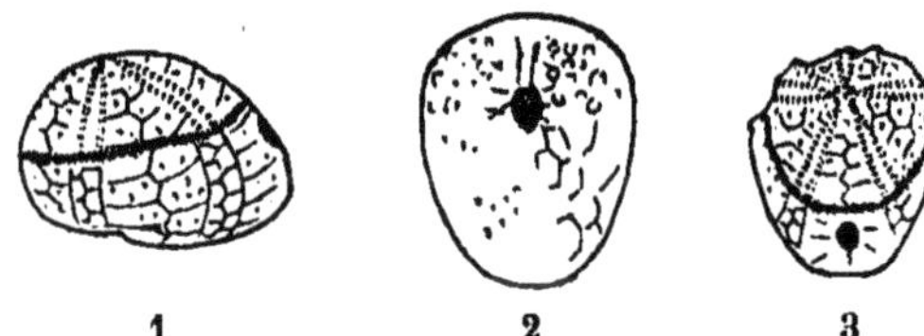

1 2 3

En Espagne, le genre *Ornithaster* a été rencontré avec le genre *Coraster* dans la partie la plus élevée de la craie; il est probable qu'il occupe le même niveau en Perse.

LOCALITÉ. — Dèrrè-i-Chahr, dans les couches à grands Cérites.

On trouve dans la même localité de petits *Hemiaster* de forme ovale, presque circulaire, avec pétales postérieurs courts, mais larges et assez profonds, comme les antérieurs. Tous sont entièrement déformés, ferrugineux, et il ne nous a pas été possible d'en donner une description suffisante. Un exemplaire paraît être un *Opissaster*; nous n'en sommes point parfaitement certains; en tous cas, il différerait des espèces que nous avons décrites.

1. Les deux exemplaires que nous venons de décrire nous étant parvenus trop tard, nous n'avons pas pu les faire figurer dans les planches qui accompagnent notre travail. Nous en donnons trois figures dans le texte : 1 et 2, exemplaire vu de profil et en dessous; 3, autre exemplaire, face supérieure.

CASSIDULIDÆ

Genre Pygurostoma Cotteau et Gauthier, 1895.

Test d'assez grande taille, généralement ovoïde, renflé à la partie supérieure, uni et déprimé en dessous, à bord arrondi. Apex plus ou moins central; appareil apical médiocrement développé, couvert tout entier par les hydrotrèmes du corps madréporiforme, montrant quatre pores génitaux en trapèze, et cinq pores ocellaires portés par des plaques extrêmement petites, enveloppées par les ponctuations marginales du corps madréporiforme.

Aires ambulacraires toutes semblables, pétaloïdes; pétales en fer de lance se fermant presque entièrement à l'extrémité. Zones porifères égales, formées de paires de pores allongées et serrées; pores en fente étroite, les externes plus longs que les internes.

Péristome plus ou moins central, pentagonal, entouré, dans les interambulacres, de protubérances très développées et portant des tubercules et, dans les aires ambulacraires, de phyllodes en forme de feuilles, dont l'ensemble forme un large floscelle. Périprocte étroit, allongé en petite fossette, inframarginal, mais dont la pointe supérieure s'étend assez pour être visible d'en haut. Une longue et large bande granuleuse s'étend au milieu des tubercules de la face inférieure, depuis le bord antérieur jusqu'au périprocte.

Rapports et différences. — La forme ovoïde de notre nouveau genre, son périprocte en fossette, le feraient rapprocher des grands *Bothriopygus* (*Parapygus*), si tout d'abord le périprocte ne se trouvait au-dessous du bord, au lieu d'être au milieu de la face postérieure; les protubérances du péristome et les phyllodes sont, en outre, beaucoup plus développés que chez les *Bothriopygus*, même le *B. Cotteauanus* d'Orbigny, dont nous avons de bons exemplaires sous les yeux. Ses pétales ambulacraires en fer de lance, et les ornements de son péristome le rapprochent des vrais *Pygurus*, dont il s'éloigne par sa forme, par la position moins inférieure de son périprocte, et par sa face inférieure plane, sans ondulations ni sillons. Il se distingue des *Astrolampas* Pomel par la position de son périprocte, par son péristome, par ses pétales ambulacraires moins développés ; des *Hypopygurus* Gauthier qui n'ont également point de sillons à la face inférieure, par son péristome de vrai *Pygurus*, par ses pétales en fer de lance et tendant à se fermer, au lieu d'être presque droits et très ouverts ; des *Plesiolampas* Duncan et Sladen par la position plus relevée de son périprocte, par la présence d'une bande granuleuse longitudinale à la face inférieure, par la forme de ses pétales ambulacraires, par son péristome enfin, tellement différent que ce seul caractère suffirait pour empêcher de réunir les deux genres. Notre *Pygurostoma* présente un type particulier, très constant, facile à distinguer de tous ceux auxquels nous venons de le comparer ; prenant naturellement place à côté d'eux dans la grande famille des *Cassidulidæ*. Par sa taille et par sa forme, c'est des *Hypopygurus* du Cénomanien de Tunisie qu'il se rapproche le plus ; mais il ne nous paraît pas possible de les assimiler.

PYGUROSTOMA MORGANI Cotteau et Gauthier, 1895.

Pl. VIII, fig. 1-5.

Longueur,	47	millimètres.	Largeur,	38	millimètres.	Hauteur,	20	millimètres.
—	54	—	—	43	—	—	20	—
—	60	—	—	50	—	—	26	—

Espèce de forme ovoïde, arrondie et un peu rétrécie à la partie antérieure, élargie en arrière, la plus grande largeur étant aux deux tiers de la longueur totale ; face supérieure renflée, bord arrondi et épais ; face inférieure déprimée autour du péristome, convexe dans la région marginale. Apex légèrement excentrique en avant, 28/60.

Appareil apical en trapèze, à plaques non distinctes, les pores génitaux postérieurs un peu plus écartés que les antérieurs ; toute la surface st occupée par les ponctuations du corps madréporiforme ; les plaques cellaires elles-mêmes sont très difficiles à distinguer.

Aires ambulacraires toutes semblables, superficielles, les antérieures aires plus divergentes que les autres. Pétales en fer de lance, presque entièrement fermés à l'extrémité, bien développés surtout chez es individus de forte taille, inégaux, l'impair et les deux postérieurs étant à peu près de même longueur, les deux antérieurs pairs plus courts et plus élargis ; dans quelques grands exemplaires les postérieurs sont plus longs que tous les autres. Zones porifères courbées, égales, formées de paires de pores très rapprochées, longues. Pores en fente, obliques, acuminés à la partie interne, les externes beaucoup plus longs que les autres. L'espace interzonaire est plus relevé que les zones qui sont légèrement déprimées, et il est couvert de tubercules semblables à ceux des aires interambulacraires. Au delà des pétales les aires ambulacraires s'élargissent médiocrement, et les petites paires de pores qu'elles portent à la face supérieure ne sont visibles que sur les exemplaires usés ; les plaques sont larges et peu élevées ; à la face inférieure les plaques sont plus hautes que larges, et par conséquent les paires de pores sont plus distantes, jusqu'au floscelle dont nous parlerons bientôt.

Péristome placé directement sous l'apex, pentagonal, entouré, à l'extrémité des aires interambulacraires de cinq grosses protubérances allongées, très rapprochées, et ne laissant qu'un étroit intervalle pour le passage des aires ambulacraires. Ces protubérances sont granuleuses comme le reste du test, et portent même deux rangées de tubercules semblables à ceux de la face inférieure, scrobiculés ; les deux rangées convergent et se terminent par un seul tubercule. Floscelle très développé : les phyllodes, en forme de feuilles, sont longs et larges; de chaque côté ils sont bordés par une ligne serrée de petites fossettes porifères ; à l'intérieur se trouvent encore deux autres rangées courbes, régulières; puis, au milieu de celles-ci, deux rangées droites allant jusqu'à l'extrémité du phyllode; on aperçoit encore quelques fossettes moins régulièrement alignées, entre les rangées externes et le premier rang des internes. Le phyllode impair est un peu plus étroit que les autres et renferme quelques fossettes éparses de moins. Périprocte longitudinal, étroit, en fossette comme celui des *Bothriopygus*, inframarginal, remontant assez sur le bord pour qu'on en aperçoive l'extrémité quand l'oursin est placé sur une table. Au-dessus du périprocte, il y a une courte et très légère dépression, formant comme un vague sillon de 10 millimètres. Une raie granuleuse, assez large, bien visible, s'étend du bord antérieur jusqu'au périprocte, interrompue seulement par le péristome.

Tubercules de la face supérieure très fins, scrobiculés, comme chez tous les oursins de la famille de *Cassidulidæ;* à la partie inférieure ils sont sensiblement plus gros, placés dans un scrobicule plus profond, dont ils n'occupent pas exactement le centre.

Rapports et différences. — Le *P. Morgani* reproduit d'assez près la forme de l'*Hypopygurus Gaudryi* Gauthier et du *Plesiolampas rostrata* Duncan et Sladen; mais il nous paraît inutile d'insister sur des rapports spécifiques, alors que la diagnose générique, comme nous l'avons montré, sépare ces différents types. Nous possédons un assez grand nombre d'exemplaires, dont beaucoup sont malheureusement écrasés ou empâtés; quelques-uns ont les pétales ambulacraires plus larges; mais ils ne sont pas assez bien conservés pour que nous puissions affirmer qu'ils n'appartiennent pas au même type spécifique; nous croyons plus volontiers que ces variations sont dues à l'âge de l'individu.

Localité. — Aftâb (Louristan).

Genre Parapygus Pomel, 1883.

M. Pomel a séparé le genre *Bothriopygus* d'Orbigny en deux parties; il a appelé *Parapygus* les espèces qui ont le péristome droit, et a laissé le nom de *Bothriopygus* à celles qui l'ont oblique. Pour nous, c'est le contraire de la pensée de d'Orbigny, qui admettait dans son genre *même* quelques espèces ayant le péristome oblique : il eût été plus rationnel de composer le genre *Parapygus* avec ces dernières. Mais nous n'insisterons pas sur cette question; nous avons déjà adopté et employé le genre *Parapygus* dans le sens indiqué par M. Pomel, pour ne pas causer de confusions dans la nomenclature.

PARAPYGUS INFLATUS Cotteau et Gauthier, 1895.

Pl. VIII, fig. 6-9.

Longueur,	39 millimètres.	Largeur,	34 millimètres.	Hauteur,	22 millimètres.
—	42 —	—	34 —	—	22 —

Espèce de forme elliptique, plus longue que large, assez épaisse; face supérieure convexe, légèrement surélevée à l'apex; bord arrondi; face postérieure verticale, non tronquée; face inférieure offrant une médiocre dépression autour du péristome, presque plane ou bombée partout ailleurs. Apex excentrique en avant, 15/39.

Appareil apical petit, en trapèze, les pores génitaux postérieurs plus écartés que les autres. Le corps madréporiforme couvre tout l'appareil; mais les ponctuations hydrotrèmes s'arrêtent aux pores génitaux, et laissent nue la partie externe de la plaque où se trouvent ces pores, de sorte que ceux-ci paraissent portés par des plaques spéciales; nous ne croyons pas cependant qu'il en soit ainsi, et les sutures ne sont pas assez apparentes pour que nous concluions à la multiplicité des plaques. Sur un de nos exemplaires, le pore génital antérieur de gauche est rejeté dans l'interambulacre; peut-être en est-il de même pour le postérieur de droite. Les plaques ocellaires sont très petites, mais distinctes.

Aires ambulacraires étroites dans la partie pétaloïde, s'élargissant un peu au delà et jusqu'au bord; pétales à fleur de test, tous semblables, ayant une tendance à se fermer à leur extrémité, sans que les zones se rejoignent complètement, surtout dans l'impair. Les trois antérieurs sont égaux, et atteignent à peine le milieu de la distance de l'apex au bord; les postérieurs sont un peu plus longs. Zones porifères égales, étroites, légèrement infléchies, portant de nombreuses paires de pores inégaux, les internes presque ronds, les externes allongés et acuminés;

l'espace interporifère est aussi large que les deux zones réunies, et porte des tubercules très petits, semblables à ceux de toute la partie supérieure de l'oursin.

Péristome excentrique en avant, un peu moins cependant que l'apex, situé dans une légère dépression, pentagonal, assez large, marqué de cinq fortes protubérances granuleuses à l'extrémité des interambulacres, et de phyllodes relativement bien développés, à l'extrémité des aires ambulacraires. Périprocte dans une fossette étroite et allongée, placée au milieu de la face postérieure.

Tubercules très petits, uniformes sur toute la face supérieure, un peu plus gros, mais toujours fins, à la face inférieure; une raie granuleuse, peu marquée, s'étend du péristome au périprocte.

Rapports et différences. — Nous aurons lieu, plus loin, de comparer le *P. inflatus* avec un autre type de la même région; pour le moment, si nous le rapprochons des espèces européennes, nous n'en voyons qu'une qui ait avec lui quelques rapports : c'est le *P. Cotteaui* d'Orbigny, du Sénonien des Bouches-du-Rhône, notre espèce est moins allongée et plus renflée; elle a le péristome moins excentrique en avant que l'apex, quand c'est le contraire dans le type français; mais chez l'une et chez l'autre, ce péristome est entouré de protubérances assez fortes; le périprocte occupe la même position, et il est relié au péristome par une raie granuleuse; les pétales ambulacraires n'offrent point de différences bien appréciables, et la finesse des tubercules est la même. Le *P. Toucasi* d'Orbigny, dont la ressemblance avec le *P. Cotteaui* est si étroite, peut aussi être comparé au *P. inflatus*; il présente les mêmes rapports et les mêmes différences.

Localité. — Endjir-kouh, district d'Aftâb.

Parapygus Vaslini Cotteau et Gauthier, 1895.

Pl. VIII, fig. 10-12.

Longueur, 28 millimètres.	Largeur, 24 millimètres.	Hauteur, 14 millimètres.
— 29 —	— 25 —	— 14 —

Espèce de taille moyenne, de forme elliptique, assez large en avant et en arrière, médiocrement élevée; face supérieure très largement convexe; bord arrondi et épais; face inférieure plane, sauf une dépression autour du péristome. Apex excentrique en avant, 10/29.

Appareil apical en trapèze; les pores génitaux sont rejetés sur les premières plaques des aires interambulacaires, et le corps madréporiforme qui occupe tout l'espace, se prolonge par une petite pointe de ponctuations jusqu'aux pores, sauf pour l'antérieur de gauche qui est entièrement détaché. Les pores ocellaires sont portés par de très petites plaques triangulaires qui touchent les hydrotrèmes.

Aires ambulacraires superficielles; pétales en fer de lance, assez larges, presque fermés à leur extrémité, égaux dans le trivium, où ils s'avancent jusqu'à mi-distance du sommet au bord, un peu plus longs dans la partie postérieure. Zones porifères très légèrement déprimées, toutes égales, assez larges relativement, présentant de nombreuses paires de pores conjugués, inégaux, les internes ronds, les externes allongés en fente et acuminés. L'espace interporifère est plus large qu'une des zones et plus étroit que les deux réunies; il est couvert de tubercules semblables à ceux de toute la face supérieure.

Péristome un peu moins excentrique en avant que l'apex, dans une dépression du test, pentagonal, entouré, à l'extrémité des aires interambulacraires, de bourrelets bien marqués et, à l'extrémité des aires ambulacraires de phyllodes en forme de feuilles, assez bien développés, formés de deux rangées externes de fossettes porifères et de deux internes. Périprocte dans une fossette allongée et étroite, placée au pourtour postérieur qu'elle échancre en haut et en bas, sans aire anale appréciable.

Tubercules très petits et très serrés à la partie supérieure, un peu plus gros et aussi rapprochés à la partie inférieure. Une bande finement granuleuse suit la suture de l'aire interambulacraire impaire, du péristome au bord postérieur.

Rapports et différences. — Le *P. Vaslini* se distingue du *P. inflatus* par sa taille plus petite, par son ensemble moins renflé, par sa partie supérieure moins convexe, par sa partie antérieure plus élargie. Ces caractères distinctifs ressortent surtout quand on compare les individus aux jeunes de l'autre espèce qui offrent la même taille; ces derniers sont beaucoup plus renflés et moins étalés.

LOCALITÉ. — Dèrrè-i-Chahr.

PARAPYGUS PETALODES Cotteau et Gauthier, 1895.

Pl. IX, fig. 4-5.

Longueur, 27 millimètres. Largeur, 21 millimètres. Hauteur, 14 millimètres.

Espèce de forme elliptique, allongée, à côtés presque parallèles, également arrondie en arrière et en avant. Partie supérieure convexe, bord assez épais; face inférieure plane. Apex excentrique en avant, 11/27.

Appareil apical semblable à celui des espèces précédentes, montrant les pores génitaux rejetés dans les aires interambulacraires, et le corps madréporiforme occupant tout l'espace intermédiaire.

Pétales ambulacraires superficiels, très inégaux, les trois antérieurs courts et étroits, les deux postérieurs non moins étroits, mais très longs, et infléchis en dehors à leur extrémité. Zones porifères légèrement inégales en largeur dans les pétales pairs, la zone antérieure dans ceux du trivium, et la zone postérieure dans ceux du bivium étant plus étroite que les autres.

Le péristome nous est inconnu, la place qu'il occupe étant fortement empâtée sur notre unique exemplaire. Périprocte dans une petite fossette longitudinale occupant le milieu du bord postérieur.

RAPPORTS ET DIFFÉRENCES. — Nous ne possédons, comme nous venons de le dire, qu'un exemplaire de cette espèce; mais il nous a paru se distinguer facilement des précédents par sa forme plus régulièrement elliptique, et surtout par ses pétales postérieurs plus longs et infléchis en dehors; ces différences sont assez accusées pour ne point nous permettre de n'y voir qu'une simple variation individuelle.

LOCALITÉ. — Aftâb.

PARAPYGUS ACUTUS Cotteau et Gauthier, 1895.

Pl. IX, fig. 1-3.

Longueur, 24 milllimètres. Largeur, 18 millimètres. Hauteur, 13 millimètres.

Espèce de taille moyenne, subelliptique, allongée, arrondie en avant, très rétrécie et pincée à la partie postérieure; bord épais; face inférieure plane, sauf une dépression autour du péristome. Apex excentrique en avant, 10/24.

Appareil apical petit, en trapèze, occupé tout entier par le corps madréporiforme, aux angles duquel s'ouvrent les pores génitaux; les pores ocellaires sont bien visibles, mais le test n'est pas assez net pour que nous distinguions les plaques qui les portent.

Aires ambulacraires superficielles, pétaloïdes, toutes semblables; pétales en fer de lance, courts, relativement assez larges, presque fermés à leur extrémité, à peu près tous égaux, les postérieurs n'excédant que d'une ou deux paires de pores la longueur des autres. Zones porifères légèrement déprimées, formées de paires de pores inégaux, les externes en fente et acuminés, les internes ronds; l'espace qui sépare les zones n'est guère plus large que l'une d'elles, et porte des tubercules semblables à ceux de toute la face supérieure.

Péristome excentrique en avant, moins que l'apex et presque central; il est certainement pentagonal et entouré de bourrelets et d'un floscelle; mais l'état de notre exemplaire ne nous permet pas d'en étudier les détails. Périprocte dans une fossette allongée, étroite, verticale, placée au milieu de la partie saillante et très étroite qui termine la face postérieure.

Tubercules très serrés et très fins en dessus, un peu moins petits en dessous.

RAPPORTS ET DIFFÉRENCES. — Le *P. acutus* n'est représenté jusqu'ici que par un exemplaire; mais il se distingue si nettement des types précédents que nous avons hésité un moment à le rapporter au même genre. Sa partie postérieure étroite et légèrement saillante lui donne une physionomie particulière; néanmoins le périprocte y étant placé bien conformément à celui des *Parapygus*, et le reste du test rentrant parfaitement dans ce genre, il ne nous a point paru possible d'établir un genre nouveau pour un simple rétrécissement de la partie postérieure, et nous n'attribuons à cette particularité qu'une valeur spécifique.

LOCALITÉ. — Dèrrè-i-Chahr.

Genre CATOPYGUS Agassiz, 1837.

CATOPYGUS MORGANI Cotteau et Gauthier, 1895.

Pl. IX, fig. 6-9.

Longueur, 31 millimètres. Largeur, 26 millimètres. Hauteur, 22 millimètres.

Espèce d'assez grande taille, ovoïde, haute, épaisse, un peu moins large en avant qu'en arrière. Face supérieure convexe, ayant son point culminant à l'apex; bord arrondi; face inférieure plate. Apex excentrique en avant, 12/31.

Appareil apical en trapèze allongé; la plaque génitale antérieure de droite est reliée au corps madréporiforme; les deux postérieures, plus écartées que les antérieures, sont bien distinctes; le pore génital antérieur de gauche sort de l'alignement et se trouve projeté sur l'interambulacre. Les cinq plaques ocellaires sont très petites.

Aires ambulacraires superficielles, se continuant, après la partie pétaloïde, sans s'élargir, jusqu'au pourtour. Pétales en fer de lance, presque fermés à l'extrémité, assez larges, à peu près égaux, les deux antérieurs pairs étant un peu plus courts que les autres. Zones porifères bien développées, présentant des paires serrées de pores inégaux, les externes en fente et acuminés, les internes ronds; les paires sont séparées par des lignes parallèles de trois à quatre granules. L'espace interzonaire est renflé, un peu moins large que les deux zones réunies.

Péristome à fleur de test, sans aucune dépression, excentrique en avant, mais moins que l'apex, pentagonal, entouré, dans les aires interambulacraires, de grosses protubérances très saillantes et très rapprochées, granuleuses à la partie externe, et portant deux rangées divergentes de tubercules; les aires ambulacraires se terminent par un floscelle dont les phyllodes, en forme de feuille, sont larges et très développés : outre les deux rangées externes de fossettes porifères, il y en a encore quatre à l'intérieur; de petites lignes de granules, semblables à celles des pétales supérieurs, séparent les fossettes. Périprocte petit, ovale, placé au sommet de la face postérieure qui est élevée, entouré d'un rebord saillant.

RAPPORTS ET DIFFÉRENCES. — Le *C. Morgani*, par sa grande taille, par sa forme élevée et peu allongée, présente une physionomie particulière, qui le distingue des types européens. L'espèce qui s'en rapproche le plus est peut-être le *Catopygus gibbus* Gauthier, du Sénonien de Tunisie; il est facile cependant de les reconnaître, ce dernier ayant les pétales ambulacraires beaucoup plus allongés et la partie antérieure plus rétrécie. Le *C. Ebrayanus* d'Orbigny, qui atteint une grande taille, a l'apex moins excentrique, les pétales postérieurs plus longs, la partie antérieure du test plus resserrée; le *C. Arnauid* Cotteau est beaucoup plus court et plus gibbeux. Il nous paraît inutile de pousser plus loin la comparaison, les autres types s'éloignant encore davantage de l'espèce recueillie en Perse.

LOCALITÉ. — Dèrrè-i-Chahr.

CATOPYGUS OVALIS Cotteau et Gauthier, 1895.

Pl. IX, fig. 10-12.

Longueur, 21 millimètres. Largeur, 18 millimètres. Hauteur, 12 millimètres.

Espèce allongée, ovoïde, un peu écourtée en avant, prolongée par un faible rostre en arrière, renflée et subcarénée à la partie supérieure, plate en dessous. Bord épais, arrondi, apex au tiers antérieur, 7/21.

Appareil apical en trapèze, montrant quatre pores génitaux dont les postérieurs sont plus écartés que les antérieurs, et cinq pores ocellaires très petits; le corps madréporiforme occupe le milieu.

Aires ambulacraires superficielles; pétales en fer de lance, presque fermés à leur extrémité, sauf l'antérieur qui reste plus ouvert; inégaux, les deux antérieurs pairs étant moins longs et plus larges que les autres. Zones porifères assez étroites, formées de pores petits, presque égaux, les internes ronds et les externes un peu plus allongés. Espace interzonaire aussi large que les deux zones réunies, dans les pétales pairs antérieurs, moins large dans les trois autres.

Péristome à fleur de test, presque central, un peu excentrique en avant, pentagonal, entouré de bourrelets saillants, à l'extrémité des aires interambulacraires, et de phyllodes en forme de feuille, à l'extrémité des aires ambulacraires. Périprocte petit, ovale, placé au sommet de la face postérieure, qui se termine par un petit rostre; un sillon peu profond se dessine au-dessous jusqu'au bord inférieur.

Rapports et différences. — Par sa forme ovale, par sa taille moindre, son élévation plus faible, le *Catopygus ovalis* se distingue parfaitement du *C. Morgani*; ce sont deux types bien différents. Il se rapproche davantage du *C. gibbus* Gauthier, du Sénonien de Tunisie, mais son apex est plus excentrique en avant, sa partie postérieure plus rétrécie; ses pétales ambulacraires sont beaucoup plus courts. Il est plus allongé que le *C. obtusus* Desor, moins large en arrière; la face postérieure est moins élevée en général que chez toutes les espèces européennes, ce qui permet de l'en distinguer facilement.

Localité. — Dèrrè-i-Chahr.

Genre Pseudocatopygus Cotteau et Gauthier, 1895.

Nous désignons ainsi des Échinides de taille médiocre, qui ont une physionomie voisine de celle des *Catopygus*, l'apex excentrique en avant, la face inférieure plate, le périprocte au sommet de la partie postérieure. Ils diffèrent de ce genre par la forme de leur périprocte, étroit et allongé verticalement; par leur péristome, pentagonal, il est vrai, et bordé de bourrelets, mais ces bourrelets ne sont pas serrés et saillants comme ceux de l'autre genre. Leurs pétales ambulacraires, presque fermés et peu développés, pourraient les rapprocher du genre *Cassidulus*; mais leur périprocte, placé au sommet d'une aire postérieure bien verticale et bien limitée, s'y oppose, et la face inférieure ne présente ni le péristome, ni la bande granuleuse des *Cassidulus*. Nous avons mieux aimé faire un genre nouveau que de faire entrer ces oursins dans une coupe générique dont ils n'ont pas tous les caractères. Nous en connaissons deux espèces.

PSEUDOCATOPYGUS DECLIVIS Cotteau et Gauthier, 1895.

Pl. IX, fig. 13-17.

Longueur, 26 millimètres. Largeur, 21 millimètres. Hauteur, 15 millimètres.

Espèce de petite taille, à pourtour subelliptique, tronqué en arrière; à peu près aussi large aux deux extrémités; face supérieure assez renflée, déclive d'arrière en avant sur les deux tiers de la longueur; bord arrondi; dessous plat. Apex excentrique en avant, 10/26.

Appareil apical en trapèze, offrant quatre pores génitaux portés par des plaques distinctes, dont l'antérieur de gauche est un peu plus avancé que les autres. Les cinq plaques ocellaires sont très petites et difficiles à discerner; tout l'intérieur de l'appareil est couvert par le corps madréporiforme.

Aires ambulacraires superficielles, ne s'élargissant que très peu au delà de la partie pétaloïde; pétales étroits, en fer de lance, presque fermés, sauf l'impair, courts, tous égaux; l'extrémité des postérieurs atteint à peine les deux tiers de la longueur du test. Zones porifères légèrement déprimées, flexueuses, très étroites, présentant des paires assez serrées de pores conjugués, petits, les externes à peine allongés, les internes ronds; les paires de pores sont séparées par un bourrelet portant deux granules peu distincts. L'espace interzonaire, renflé, est égal en largeur aux deux zones réunies.

Péristome excentrique en avant, un peu moins que l'apex, à fleur de test, plutôt déprimé que saillant, pentagonal, avec protubérances interambulacraires peu marquées et écartées relativement l'une de l'autre; floscelle assez complet, avec petits phyllodes en forme de feuille. Périprocte s'ouvrant au sommet de la face postérieure, dans une fossette allongée et étroite, suivie jusqu'au bord inférieur d'un sillon lisse, peu sensible. Il n'y a point de bande granuleuse entre le péristome et le bord postérieur.

LOCALITÉ. — Aftâb.

PSEUDOCATOPYGUS LONGIOR Cotteau et Gauthier, 1895.

Pl. X, fig. 1-4.

Longueur, 24 millimètres.	Largeur, 18 millimètres.	Hauteur, 12 millimètres.
— 27 —	— 20 —	— 15 —

Espèce de taille médiocre, allongée, un peu plus étroite en avant qu'en arrière, où le pourtour est légèrement tronqué. Face supérieure renflée, déclive d'arrière en avant sur les deux tiers de la longueur; bord arrondi; face inférieure plate. Apex très excentrique en avant, au tiers antérieur, 9/27.

Appareil apical semblable à celui de l'espèce précédente, avec corps madréporiforme renflé en bouton au milieu des plaques génitales et ocellaires.

Aires ambulacraires superficielles; pétales à peu près égaux, les deux antérieurs pairs un peu plus courts que les autres; en fer de lance, presque fermés à leur extrémité. Zones porifères flexueuses, présentant des paires de pores serrées, séparées par un petit bourrelet granuleux; pores conjugués, inégaux, les externes en fente allongée, acuminés, les internes ronds; l'espace interzonaire est aussi large que les deux zones réunies, et couvert de tubercules.

Péristome très excentrique en avant, sous l'apex, dans une dépression presque insensible, pentagonal, entouré de protubérances moyennes, et de phyllodes simples. Périprocte dans une fossette étroite, placé en haut de la face postérieure qui est verticale; un petit sillon s'étend au-dessous jusqu'au bord, où il cause une légère sinuosité.

Tubercules très fins en dessus, un peu plus gros à la face inférieure; il n'y a point de raie granuleuse entre le péristome et le bord postérieur.

Rapports et différences. — Le *P. longior* se distingue bien facilement du *P. declivis* par sa forme plus allongée, plus rétrécie en arrière qu'en avant, par son apex et son péristome plus excentriques, par ses pétales ambulacraires un peu plus larges; il se rapproche un peu par sa physionomie du *Catopygus cylindricus* Desor, de l'Albien; il est de plus grande taille, et les autres détails spécifiques ne concordent nullement.

Localité. — Aftâb.

Genre Vologesia Cotteau et Gauthier, 1895.

Test ovale, presque circulaire, régulièrement convexe à la partie supérieure, mais très surbaissé; face inférieure entièrement plate; bord anguleux.

Appareil apical en trapèze, couvert tout entier par le corps madréporiforme, avec quatre pores génitaux aux angles, et cinq pores ocellaires très petits.

Pétales ambulacraires droits, mal fermés à leur extrémité, à zones porifères égales.

Péristome très excentrique en avant, pentagonal, plus large que long, avec bourrelets médiocres et faux phyllodes. Périprocte transverse, complètement inframarginal, mais touchant le bord postérieur. Une raie granuleuse s'étend du péristome au périprocte.

Rapports et différences. — L'appareil apical, la disposition des pétales ambulacraires, la forme du périprocte et du péristome sont conformes aux mêmes caractères chez les *Echinolampas*; notre genre nouveau s'en distingue par ce même péristome très excentrique en avant, par sa face inférieure entièrement plate, sans aucune dépression ni renflement; par ses pétales ambulacraires dont les zones sont complètement égales. Sa face inférieure plate et son bord anguleux rapprochent encore le genre *Vologesia* du genre *Hypsoclypeus* Pomel; il s'en éloigne par sa forme très surbaissée, par son péristome très excentrique, par l'absence de sillons à la face inférieure, par son périprocte touchant le bord postérieur. Notre genre crétacé est peut-être le prototype du genre tertiaire, mais nous ne croyons pas qu'en l'état actuel on puisse les réunir. Toutefois nous n'en possédons qu'un exemplaire, de taille peu développée, et peut-être de plus grands, s'il en existe, pourraient apporter quelque modification à la diagnose générique.

Vologesia Tataosi Cotteau et Gauthier, 1895.

Pl. X, fig. 5-8.

Longueur, 27 millimètres. Largeur, 24 millimètres. Hauteur, 13 millimètres.

Espèce de taille médiocre, largement subelliptique, arrondie également en avant et en arrière, où elle est un peu rétrécie. Face supérieure convexe, mais peu élevée; face inférieure complètement plate; pourtour arrondi d'en haut, anguleux d'en bas, comme unissant une surface courbe à une surface plate. Apex légèrement excentrique en avant, 12/27.

Appareil apical en trapèze, comme nous l'avons dit dans la diagnose générique; couvert entièrement par le corps madréporiforme, avec les quatre pores génitaux aux angles et les cinq pores ocellaires en dehors et très petits.

Aires ambulacraires superficielles, étroites, s'élargissant à peine au delà de la partie pétaloïde, invisibles à la face inférieure, sauf aux environs du péristome. Pétales longs, les antérieurs descendant jusqu'aux deux tiers de la distance de l'apex au bord, les postérieurs plus étendus encore. Zones porifères presque droites, l'une des deux étant plus tendue que l'autre qui se courbe légèrement, égales en longueur, étroites, formées de paires assez serrées de pores inégaux, l'externe allongé et acuminé, l'interne rond. Les deux zones ne se réunissent pas à leur extrémité; il y a cependant une tendance à se rapprocher, et cette partie du pétale est un peu moins large que le milieu. L'espace interzonaire est un peu plus large que les deux zones réunies.

Péristome très excentrique en avant, 8/27, complètement à fleur de test, sans aucune dépression; pentagonal, plus large que long, entouré de bourrelets médiocrement saillants, et de phyllodes incomplets : les zones porifères se dédoublent, et les péripodes forment ainsi deux rangées droites, de chaque côté, de sept ou huit paires dans les aires ambulacraires latérales, et de cinq à six dans les aires postérieures et dans l'impaire. Périprocte inframarginal, touchant le bord, transverse; une raie granuleuse s'étend sur la suture médiane entre le péristome et le périprocte.

Tubercules petits, semblables à ceux de toute la famille des Cassidulidées, peu serrés à la partie supérieure, un peu plus gros en desssus.

LOCALITÉ. — Aftâb.

ECHINOBRISSUS IRANICUS Cotteau et Gauthier, 1895.

Pl. X, fig. 9-14.

Longueur,	11	millimètres.	Largeur,	9	millimètres.	Hauteur,	6	millimètres.
—	13	—	—	12	—	—	7	—
—	14	—	—	12	—	—	9	—

Espèce de petite taille, à pourtour ovoïde, un peu plus élargie en arrière qu'en avant, assez élevée; face supérieure renflée et subcarénée au milieu, ayant son point culminant à l'apex; face postérieure déclive; pourtour épais et arrondi; face inférieure déprimée. Apex excentrique en avant, 5/14.

Appareil apical peu développé, présentant quatre pores génitaux portés par des plaques distinctes, et cinq plaques ocellaires intercalées dans les angles extérieurs; corps madréporiforme peu développé, rattaché à la plaque génitale antérieure de droite, occupant le milieu de l'appareil, sans disjoindre les plaques génitales postérieures.

Aires ambulacraires relativement assez larges, superficielles, invisibles au-delà de la partie pétaloïde; pétales de moyenne longueur, mal fermés, presque égaux entre eux, les postérieurs étant cependant plus allongés de deux ou trois paires de pores. Zones porifères droites, sauf une très légère inflexion à leur extrémité, formées de paires de pores séparées par un bourrelet saillant couvert de deux ou trois granules; pores à peu près égaux, les internes ronds, les externes peu différents, bien qu'un peu plus allongés, fortement conjugués entre eux. Espace interzonaire étroit, moins large qu'une des zones, portant quelques tubercules.

Péristome excentrique en avant, mais moins que l'apex, situé dans une dépression sensible du test, nettement pentagonal, aussi large que long, entouré de faux phyllodes à l'extrémité des aires ambulacraires, et de bourrelets tout à fait rudimentaires, avec bords granuleux. Les faux phyllodes sont en ligne droite, formés par le dédoublement de chaque zone porifère, et comptant quatre ou cinq péripodes dans chaque rangée. Périprocte placé au milieu de la distance qui sépare l'apex du bord postérieur; il est logé au sommet d'un petit sillon qui se continue, en s'atténuant, jusqu'au bord.

Tubercules ordinaires au genre, assez grossiers, plus développés à la face inférieure.

Rapports et différences.— L'*E. iranicus* est très voisin de l'*E. pseudominimus* Peron et Gauthier, du Sénonien d'Algérie; il s'en distingue par sa partie supérieure un peu plus saillante au milieu, par son sillon périproctal montant un plus haut, par son bord postérieur plus mince et ses pétales ambulacraires plus ouverts à l'extremité.

Localité. — Dèrrè-i-Chahr, Aftâb.

ECHINONEIDÆ

Genre Pyrina Des Moulins, 1837.

Pyrina orientalis Cotteau et Gauthier, 1895.

Pl. XI, fig. 1-8.

Longueur,	18 millimètres.	Largeur,	15 millimètres.	Hauteur.	13 millimètres.
—	23 —	—	19 —	—	15 —
—	32 —	—	28 —	—	22 —

Espèce atteignant une taille assez grande pour le genre, ovoïde, souvent subpentagonale par suite d'un léger élargissement du test au passage des ambulacres antérieurs, tantôt un peu plus haute, tantôt un peu plus déprimée, mais toujours renflée et convexe à la partie supérieure;

face postérieure arrondie, parfois un peu plus écourtée, moins allongée que la face antérieure; face inférieure bombée, légèrement aplatie autour du péristome. Apex central.

Appareil apical allongé, présentant quatre plaques génitales dont les deux postérieures sont un peu plus grandes que les autres. Le corps madréporiforme, rattaché à la plaque antérieure de droite, occupe le milieu de l'appareil, et ne disjoint pas les génitales postérieures. Les cinq plaques ocellaires sont toutes externes, à l'exception de la plaque latérale de gauche, assez développée, qui s'intercale entre les autres, et va toucher le madréporide[1]. Les deux postérieures, grandes et obliques, sont serrées l'une contre l'autre.

Aires ambulacraires toutes semblables, s'étendant sans interruption de l'apex au péristome. Zones porifères droites, simples, formées de petites paires de pores arrondis, serrées les unes contre les autres, moins régulièrement alignées à la face inférieure, et y formant, dans les grands exemplaires, quelques triplets ou échelons obliques peu accentués. Les plaques porifères, généralement entières, diffèrent beaucoup dans leur largeur, selon la position du tubercule qu'elles portent. Elles se groupent par trois dont l'une a le tubercule à l'extrémité interne; la seconde, au milieu; la troisième à l'extrémité externe, ce qui donne trois rangées de tubercules sur chaque moitié de l'aire ambulacraire. Pour chaque plaque, l'extrémité interne ou externe qui porte un tubercule est plus large que celle qui en est dépourvue, et il en résulte un groupement par trois plaques dont la supérieure, l'aborale, comme on dit aujourd'hui, est très mince au bord externe et large à l'autre; la médiane est à peu près égale partout, l'inférieure ou adorale est large au bord externe et très mince à l'extrémité interne.

Péristome irrégulièrement ovale, oblique de droite à gauche, à fleur de test. Périprocte assez grand, ovale, acuminé en haut, placé au milieu de la face postérieure qui est élevée, comme nous l'avons dit.

1. Ce caractère n'est pas absolu; nous avons trouvé deux ou trois exemplaires jeunes chez lesquels les plaques génitales de gauche sont contiguës; l'ocellaire se trouve alors exclue du contact avec le corps madréporiforme.

Tubercules ordinaires au genre, médiocrement serrés à la partie supérieure, plus gros en dessous.

Rapports et différences. — La spécification des Pyrines est toujours très difficile par suite de l'uniformité des organes et de la constance du type général. Le *P. orientalis* présente quelques variations dans sa forme, tantôt subpentagonale, tantôt régulièrement elliptique, entièrement renflée et se tenant à peine en équilibre, ou bien légèrement aplatie en dessous et moins convexe en dessus. L'espèce dont notre type se rapproche le plus est le *P. Bleicheri* Thomas et Gauthier, de la Craie supérieure de Tunisie ; cette dernière paraît avoir le périprocte placé un peu plus haut; mais notre comparaison reste défectueuse, parce que, jusqu'à présent, l'espèce tunisienne n'est représentée que par un exemplaire en bon état, et quelques fragments plus ou moins authentiques. Nous n'en connaissons donc pas les variations. Nous avons au contraire un grand nombre d'exemplaires provenant de Perse. Les deux espèces nous paraissent distinctes; mais la distinction ne sera définitivement établie que lorsque l'on aura pu étudier un plus grand nombre d'exemplaires du *P. Bleicheri*.

Localités. — Dèrrè-i-Chahr, Endjir-kouh.

ECHINOCONIDÆ

Genre Echinoconus Breyn, 1732.

Echinoconus Douvillei Cotteau et Gauthier, 1894.

Pl. XI, fig. 9-13.

Longueur,	25	millimètres.	Largeur,	22	millimètres.	Hauteur,	18	millimètres.
—	29	—	—	27	—	—	24	—
—	31	—	—	26	—	—	20	—
—	39	—	—	35	—	—	28	—
—	45	—	—	41	—	—	34	—

Espèce atteignant une assez grande taille, élevée, parfois subconique, renflée, plus ou moins pentagonale au pourtour, ayant sa plus grande largeur au tiers antérieur, arrondie au bord, à peu près plate en dessous. Apex central.

Appareil apical peu développé, subcompact, composé de quatre plaques génitales pentagonales, les deux du côté gauche en contact, et non séparées par la plaque ocellaire. Le corps madréporiforme, rattaché à la plaque génitale antérieure de droite, assez étendu, occupe le centre et se trouve en contact avec l'ocellaire de droite. Plaques ocellaires relativement assez grandes, occupant les angles extérieurs des plaques génitales.

Aires ambulacraires superficielles, droites, s'élargissant du sommet au pourtour, puis se rétrécissant de ce dernier au péristome. Zones porifères très étroites, légèrement déprimées, composées de pores arrondis ou subvirgulaires, séparés dans chaque paire par un renflement granuliforme; les paires, obliques, sont directement superposées à la face supérieure; à la face inférieure elles se rangent par triplets obliques de l'extérieur à l'intérieur, sans se multiplier aux abords du péristome. Les plaques ambulacraires sont très inégales : ordonnées par trois plaquettes pour chaque plaque majeure, à la partie supérieure du test, l'inférieure est étroite près de la zone porifère, s'élargit très vite, et occupe tout l'espace près de la suture médiane; la deuxième est incomplète et ne s'étend guère au delà de la paire de pores qu'elle porte; la supérieure est complète, mais plus étroite vers la suture médiane qu'à l'autre extrémité. A l'ambitus, cette disposition est un peu modifiée : la plaquette intermédiaire est toujours très petite, mais l'inférieure est moins développée près de la suture, tout en restant plus large que la supérieure, qui a regagné ce que l'autre a perdu. Espace interzonaire orné de quatre rangées de tubercules sur chaque côté : les deux externes pressées près de la zone porifère et mieux fournies que les deux internes.

Aires interambulacraires larges, portant à la face supérieure un nombre assez considérable de petits tuberbules, se rangeant très imparfaitement en séries verticales. Il sont plus développés, plus saillants, plus serrés à la face inférieure; mais là encore les séries sont peu régulières. Les plaques sont hautes et chacune d'elle correspond à sept ou huit paires de pores.

Péristome légèrement excentrique en avant, à fleur de test, irrégulièrement ovale, oblique de droite à gauche, les lèvres ambulacraires étant aussi larges que les autres. Dans les grands exemplaires le bord des aires interambulacraires est sensiblement renflé au-dessus des aires ambulacraires, qui sont au contraire légèrement déprimées dans un sillon. Périprocte grand, ovale verticalement, acuminé aux extrémités, placé au bord postérieur, mais en plus grande partie au-dessus; il paraît un peu plus élevé chez les exemplaires très jeunes, tandis que dans deux ou trois autres d'assez grande taille et de forme pentagonale très accentuée, il est au contraire presque inframarginal.

Notre nouvelle espèce, étant représentée par un très grand nombre d'individus, offre les variations ordinaires aux espèce du genre *Echinoconus* : la forme pentagonale est très variable, tantôt plus prononcée, tantôt plus faible ou même presque insensible; la hauteur, toujours assez considérable, présente des différences plus rares; nous avons cependant signalé dans les dimensions indiquées (n° 3) un exemplaire plus allongé et plus bas proportionnellement que tous les autres : il est seul à s'écarter si sensiblement du type; mais tous ses autres caractères sont conformes à la description de l'espèce et nous n'avons pas cru devoir l'en séparer.

Rapports et différences. — L'*E. Douvillei* n'est pas sans rapports assez étroits avec l'*E. mazunensis* Thomas et Gauthier, recueilli dans le Crétacé supérieur de la Tunisie; les détails des ambulacres et des tubercules sont à peu près les mêmes, sauf que dans l'espèce tunisienne il ne faut que treize plaquettes ambulacraires pour égaler la hauteur de deux plaques interambulacraires, tandis qu'il y en a quinze dans notre nouvelle espèce; celle-ci est moins étalée à la base, moins conique, plus renflée au pourtour, et n'atteint pas d'ailleurs une taille aussi considérable; elle a en outre le périprocte placé un peu plus haut. Elle est plus voisine, pour sa taille et sa physionomie, de l'*E. tumidus* Peron et Gauthier, de l'Albien supérieur d'Algérie; ce dernier atteint une taille plus grande ; il est un peu moins haut dans son profil, plus renflé sur les côtés; son périprocte est placé plus bas; ses tubercules ambulacraires sont moins nombreux. Parmi les espèces européennes, nous ne voyons guère que l'*E. gigas* Cotteau qui puisse être comparé à notre type : il atteint aussi une taille plus considérable ; il est plus large, moins anguleux; le péristome est plus central, le périprocte plus bas, et les tubercules sont plus serrés à la face supérieure.

Localités. — Dèrrè-i-Chahr, Aftâb.

HOLECTYPOIDÆ

Genre Holectypus Desor, 1842.

Holectypus inflatus Cotteau et Gauthier, 1894.

Pl. XII, fig. 1-4.

Diamètre, 41 millimètres. Hauteur, 27 millimètres.

Espèce d'assez grande taille, de forme circulaire ou subpentagonale, épaisse, renflée, presque hémisphérique à la partie supérieure, arrondie au pourtour, pulvinée en dessous, avec une légère dépression dans la région du péristome.

Appareil apical petit, montrant au centre le corps madréporiforme en bouton; autour, cinq plaques génitales, toutes perforées, et, dans les angles extérieurs, les cinq plaques ocellaires.

Aires ambulacraires légèrement saillantes, aiguës près du sommet, assez larges au pourtour où elles atteignent 7 millimètres, droites dans toute leur étendue. Zones porifères paraissant un peu déprimées par suite du renflement de l'aire ambulacraire, droites, extrêmement réduites, formées de paires directement superposées de petits pores ronds, séparés par une cloison granuliforme, un peu plus obliques à la face inférieure. Les plaques qui portent les paires de pores sont toutes entières, très étroites et très régulières; il y en a trois et demie pour une plaque interambulacraire. L'espace interzonaire est occupé à l'ambitus par six rangées verticales de tubercules, et quelques gros granules irrégulièrement disposés au milieu, et tendant à former les rudiments de nouvelles rangées.

Aires interambulacraires moins saillantes que les aires ambulacraires, offrant sous les rangées principales de tubercules, dans chaque interambulacre, comme deux carènes mousses et effacées; elles sont presque trois fois aussi larges que les aires ambulacraires (19 millimètres), et comptent quatorze rangées verticales de tubercules, dont celles du milieu sont moins régulières; une seulement, de chaque côté, la quatrième, monte jusqu'à l'apex.

Péristome dans une légère dépression de la face inférieure, subdécagonal, petit, atteignant à peine 10 millimètres de diamètre; il est marqué de très légères entailles. Périprocte ovale, allongé, aigu, très réduit, séparé à peine du péristome par une bande de test ayant moins de 2 millimètres de largeur; il ne s'avance pas jusqu'au milieu de la distance entre le péristome et le bord. Les tubercules sont plus développés et plus serrés à la face inférieure, et forment des cercles concentriques autour du péristome.

Rapports et différences. — Les *Holectypus* à partie supérieure subhémisphérique et à bord renflé ne sont point rares, dans toutes les périodes géologiques : ainsi l'*H. hemisphæricus* Desor, du Bajocien et du Bathonien; l'*H. sarthacensis* Cotteau, du Callovien; et, dans les terrains crétacés, l'*H. crassus* Cotteau, l'*H. subcrassus* Peron et Gauthier, l'*H. corona* Gauthier, nous en offrent de nombreux exemples. Mais aucune de ces espèces ne peut se confondre avec le type que nous venons de décrire. Le développement relativement si restreint de son périprocte, et la position de cet organe si éloigné du bord et touchant presque le péistome, suffiront pour distinguer notre espèce nouvelle de toutes celles déjà connues.

LOCALITÉ. — Aftâb.

HOLECTYPUS CIRCULARIS Cotteau et Gauthier, 1895.

Pl. XII, fig. 5-7.

Diamètre,	21 millimètres.	Hauteur,	8 millimètres.
—	27 —	—	10 —

Espèce de taille moyenne, circulaire, peu élevée, bombée ou subconique à la face supérieure, avec bord assez épais et face inférieure déprimée. Les deux seuls exemplaires que nous ayons entre les mains sont d'ailleurs médiocrement conservés.

Appareil apical peu développé, présentant cinq plaques génitales qui entourent le corps madréporiforme placé au centre, en petit bouton, et se rattachant à la plaque antérieure de droite; les cinq plaques ocellaires occupent les angles externes.

Aires ambulacraires superficielles, droites, assez élargies au pourtour où elles atteignent 4 millimètres. Zones porifères droites, étroites, formées de paires de pores très petites, directement superposées, un peu plus obliques à la face inférieure. Les pores sont ronds, séparés par un renflement granuliforme. Espace interzonaire portant à l'ambitus quatre rangées verticales de tubercules, dont les deux externes seules montent jusqu'au sommet.

Aires interambulacraires égalant en largeur deux fois et demie les aires ambulacraires, présentant dix rangées verticales de tubercules, cinq de chaque côté, dont la troisième est plus développée que les autres et atteint seule le sommet. Les tubercules sont plus accentués à la face inférieure et forment des cercles concentriques autour du péristome.

Péristome de médiocre grandeur, dans une légère dépression, d'ailleurs peu visible sur nos deux exemplaires. Périprocte petit, assez large, peu éloigné du péristome, n'atteignant guère que les deux tiers de la distance de la bouche au bord extérieur.

RAPPORTS ET DIFFÉRENCES. — L'*H. circularis* est très distinct de l'*H. inflatus* par sa forme moins élevée, moins renflée, subconique au lieu d'être subhémisphérique; par son bord moins épais; ce sont deux type bien différents. On trouverait peut-être plus d'affinités entre notre nouvelle espèce et l'*H. serialis* Deshayes, qui a la même taille et le même aspect; le bord est un peu plus épais chez les individus venant de Perse, et le périprocte est plus petit et très sensiblement éloigné du bord.

LOCALITÉ. — Dèrrè-i-Chahr.

Genre COPTODISCUS Cotteau et Gauthier, 1895.

Test de taille moyenne, circulaire, légèrement renflé en dessus et subconique au sommet, arrondi au pourtour, presque plat en dessous, sauf une faible dépression autour du péristome, apex central.

Appareil apical compact, composé de cinq plaques génitales perforées et de cinq plaques ocellaires placées au sommet de chacune des aires ambulacraires. Le corps madréporiforme, rattaché à la plaque génitale antérieure de droite, occupe le centre de l'appareil.

Aires ambulacraires superficielles droites; zones porifères convergeant en ligne droite du sommet au péristome, formées de paires simples et directement superposées; pores petits et ronds. Tubercules ambulacraires et interambulacraires crénelés et perforés, formant des séries verticales régulières sur chacune des aires.

Toutes les plaques sont marquées, à la face supérieure, de nombreuses dépressions oblongues ou circulaires, très apparentes, disposées en lignes concentriques régulières. Vers l'ambitus et à la face inférieure, ces dépressions disparaissent, et sont remplacées par les profonds scrobicules qui entourent les tubercules.

Péristome subcirculaire, marqué de faibles entailles. Périprocte elliptique, s'ouvrant à la face inférieure, entre le péristome et le bord postérieur.

RAPPORTS ET DIFFÉRENCES. — Par sa forme générale, par la disposition de ses pores, la structure de ses tubercules, la place occupée par son péristome et son périprocte, le genre *Coptodiscus* se place dans le voisinage des *Discoidea* et des *Holectypus*, surtout de ces derniers, car le moule intérieur ne présente aucune trace des cloisons caractéristiques du genre *Discoidea*. Il se distingue très nettement des *Holectypus* par la présence, sur toutes les plaques de la face supérieure, d'impressions profondes et concentriques, qui n'existent chez aucun autre Échinide irrégulier et donnent à notre genre une physionomie toute particulière.

Nous ne connaissons qu'une seule espèce de *Coptodiscus*, recueillie en assez grande abondance par M. de Morgan, dans les couches du crétacé supérieur.

Coptodiscus Noemiæ Cotteau et Gauthier, 1895.

Pl. XII, fig. 8-14.

Diamètre,	15	millimètres.	Hauteur,	6	millimètres.
—	25	—	—	9	—
—	30	—	—	11	—

Espèce de taille moyenne, circulaire, médiocrement renflée, légèrement conique à la face supérieure, arrondie au bord. Face inférieure presque plane, faiblement concave autour du péristome. Apex central.

Appareil apical compact, granuleux, subpentagonal et médiocrement développé, composé de cinq plaques génitales largement perforées, très petites, à l'exception de l'antérieure paire de droite, qui porte le corps madréporiforme, s'élevant en bouton au milieu de l'appareil. Plaques ocellaires plus petites que les plaques génitales, finement perforées, s'ouvrant au sommet des aires ambulacraires, dans les angles extérieurs des autres plaques.

Aires ambulacraires étroites près du sommet, s'élargissant à mesure qu'elles descendent vers l'ambitus, se rétrécissant peu à peu à la face inférieure. Zones porifères descendant en ligne droite du sommet au péristome, composées sur toute la face supérieure de pores simples directement superposés, déviant un peu de la ligne droite dans la région inframarginale, sans que les paires se multiplient, même aux approches du péristome.

Aires interambulacraires beaucoup plus larges, occupant un espace qui est, vers l'ambitus, presque le triple de celui des aires ambulacraires, les unes et les autres garnies de deux rangées de petits tubercules crénelés et perforés, augmentant sensiblement de volume et beaucoup plus largement scrobiculés sur la face inférieure, les tubercules interambulacraires toujours un peu plus développés que les autres. D'autres rangées de tubercules plus petits, mais de même nature, accompagnent les principaux et forment, sur les aires interambulacraires, des séries verticales, dont le nombre varie, suivant la taille des individus; elles disparaissent au fur et à mesure qu'elles s'élèvent et laissent les rangées principales arriver seules au sommet. Sur la face supérieure, les plaques ambulacraires sont marquées d'impressions ovalaires profondes, placées sur la suture des plaques et formant des séries concentriques très régulières. Sur les plaques interambulacraires, plus larges que les plaques ambulacraires, les impressions se montrent non seulement sur les sutures, mais aussi sur le milieu des plaques. Aux approches de l'ambitus et à la face inférieure, les impressions disparaissent complètement, les tubercules sont plus gros, marqués de crénelures plus accentuées, et entourés de scrobicules plus larges, plus profonds, occupant tout l'espace et laissant seulement la place à quelques petits tubercules secondaires. Des dépressions ovalaires, rares et isolées, reparaissent aux environs du péristome.

Péristome étroit, subcirculaire, enfoncé, muni de très faibles entailles. Périprocte elliptique, acuminé à ses deux extrémités, s'ouvrant à la face inférieure, à peu près à égale distance du bord postérieur et du péristome, un peu plus rapproché du bord postérieur. Chez un de nos exemplaires de petite taille, les plaques anales sont conservées et en place; elles sont granuleuses et à peu près égales, anguleuses, et leur angle interne aboutit à l'ouverture anale, qui est presque centrale. Ces plaques, par leur structure et leur disposition, diffèrent essentiellement de celles qui ferment le périprocte du *Discoidea minima*, dont l'un de nous a donné le grossissement dans la *Paléontologie française*[1]. Ces dernières sont plus nombreuses, plus inégales, plus tuberculeuses, et l'ouverture, placée près du bord interne, est entourée de plaques moins grandes.

Test très épais, surtout à la face supérieure. Moule interne ne présentant aucune trace de cloisons intérieures.

Nous connaissons cette espèce à différents âges : les caractères principaux n'éprouvent aucune variation; seulement les impressions dont les plaques sont marquées prennent un aspect différent, selon que le test est plus ou moins usé. Beaucoup de nos exemplaires sont remarquables par la belle conservation et la délicatesse des ornements qui les recouvrent.

Localités. — Endjir-kouh, Aftâb, Kouh-Mapeul, Dèrrè-i-Chahr, Awâsa.

CIDARIDÆ

Genre Cidaris Klein, 1734.

Cidaris persica Cotteau et Gauthier, 1895.

Pl. XIII, fig. 1-5.

Diamètre, 20 millimètres.	Hauteur, 10 millimètres.
— 31 —	— 18 —
— 37 —	— 19 —
— 40 —	— 18 —

Espèce de taille variable, subcirculaire, plus ou moins pentagonale.

1. Cotteau, *Paléontologie française, terrains crétacés*, t. VII, p. 34, pl. 1012, fig. 6.

Face supérieure médiocrement renflée, presque plane; face inférieure presque plane et déprimée comme la face supérieure, arrondie sur les bords.

Appareil apical inconnu; il n'a laissé qu'une empreinte à peine pentagonale.

Aires ambulacraires étroites, subonduleuses, très sensiblement déprimées. Zones porifères à peine flexueuses, formées de pores simples, ronds, égaux, séparés par un renflement granuliforme. Espace interzonaire couvert de granules disposés en séries régulières, au nombre de six vers l'ambitus, dans notre plus grand exemplaire, et de quatre seulement dans les individus de petite taille; les deux rangées externes sont toujours plus développées que les autres; les deux séries internes, un peu moins apparentes, offrent souvent moins de régularité, et sont d'autant plus distinctes que l'exemplaire est plus grand. Aux approches du sommet, les rangées de granules se réduisent toujours à deux.

Aires interambulacraires larges, garnies de deux rangées de tubercules saillants, lisses, perforés, espacés à la face supérieure, plus serrés depuis l'ambitus jusqu'au péristome, au nombre de six ou sept par série. Scrobicules arrondis, déprimés, entourés d'un cercle saillant de granules mamelonnés, plus ou moins serrés selon la position que les scrobicules occupent sur le test. A la face supérieure près de l'appareil apical, dans l'une des rangées, la dernière plaque interambulacraire s'allonge; le scrobicule disparaît presque entièrement, et le tubercule se réduit à un petit mamelon déprimé et ovale. Zone miliaire large, surtout à la face supérieure, garnie, ainsi que l'espace qui sépare les tubercules, de granules abondants, serrés et homogènes, disposés en séries linéaires, laissant à peu près lisse la suture des plaques. Des granules de même nature couvrent la bande assez large qui s'étend entre les granules scrobiculaires et les zones porifères.

Péristome subcirculaire, à fleur de test, à peu près de même dimension que l'appareil apical ou, du moins, que l'empreinte laissée par celui-ci.

Nous connaissons de nombreux exemplaires de cette espèce, variant un peu dans leur forme plus au moins élevée, dans leur ambitus, tantôt circulaire, tantôt subpentagonal, cette dernière forme se modifiant suivant que les aires ambulacraires sont plus ou moins fortement déprimées. Les autres caractères sont constants, et nous les retrouvons dans les exemplaires les plus gros comme dans les plus petits.

Rapports et différences. — Cette belle espèce nous a paru nettement caractérisée par ses aires ambulacraires déprimées et à peine flexueuses, par ses tubercules interambulacraires espacés et peu nombreux à la face supérieure, plus rapprochés et plus petits à la face inférieure, par la couronne saillante de granules mamelonnés qui entoure les scrobicules, par la zone miliaire large, déprimée au milieu, séparant les deux rangées de tubercules interambulacraires; par la bande granuleuse assez large qui s'étend entre les zones porifères et les cercles scrobiculaires. Par l'ensemble de ces caractères, cette espèce s'éloigne de tous nos *Cidaris* crétacés.

Localités. — Aftâb, Dèrrè-i-Chahr, Endjir-kouh.

Cidaris aftabensis Cotteau et Gauthier, 1895.

Pl. XIII, fig. 6-9.

Longueur du radiole, de 25 à 30 millimètres. Diamètre, 4 millimètres.

Test inconnu.

Radiole allongé, subfusiforme paraissant à peine diminuer de diamètre à l'extrémité, qui semble être régulièrement subtronquée. Tige couverte de granules épineux, subtriangulaires, le plus souvent disposés en séries longitudinales. L'espace intermédiaire est garni de petites stries granuleuses et rayonnantes, d'un aspect chagriné. Sur certains points du radiole, les côtes perdent leur régularité et les granules sont épars et plus ou moins serrés; vers la base de la tige, les côtes sont plus faibles ou complètement absentes immédiatement au-dessus de la collerette; le sommet paraît n'être conservé sur aucun de nos nombreux exemplaires. Collerette courte, finement striée, nettement séparée de la tige; bouton médiocrement développé; anneau saillant, crénelé; facette articulaire lisse.

Rapports et différences. — Ce radiole par sa forme allongée et subcylindrique, par sa tige couverte de granules épineux et serrés, se rapproche des radioles crétacés attribués aux *Cidaris subvesiculosa* d'Orbigny, *serrata* Desor, *Faujasi* Desor, etc. Toutefois il n'est parfaitement identique à aucun d'eux, et nous ne pouvons pas le rapporter à ces espèces.

On le rencontre en grande abondance dans les mêmes localités que le *C. persica*, et il est possible qu'il soit le radiole de cette espèce; mais nous n'avons pas pu acquérir la preuve certaine de cette attribution, et nous avons mieux aimé établir une dénomination spécifique nouvelle que de faire un rapprochement contestable. Si plus tard il était reconnu que ces radioles appartiennent bien au *C. persica*, ils perdraient naturellement leur nom spécifique.

Localités. — Aftâb, Dèrrè-i-Chahr, Kolm.

Cidaris Husseini Cotteau et Gauthier, 1894.

Pl. XIII, fig. 10-12.

Longueur du radiole, 35 millimètres ? Diamètre, 7 millimètres.

Test inconnu.

Radiole allongé, cylindrique au milieu, épais, renflé, diminuant de volume à son extrémité. Tige garnie de granules plus ou moins serrés, quelquefois épineux, tantôt disposés en séries longitudinales assez régulières, tantôt épars et plus ou moins développés. Vers la base, la tige se rétrécit, et les granules n'apparaissent pas immédiatement au-dessus de la collerette, qui est bien limitée par une ligne formant bourrelet, et finement striée. Bouton étroit; anneau saillant, tranchant, crénelé ; facette articulaire lisse.

Rapports et différences. — Par sa forme épaisse et renflée, subacuminée à la partie supérieure, cette espèce rappelle certains radioles du terrain crétacé inférieur et moyen, tels que ceux du *C. hirudo*; mais il s'en distingue très nettement non seulement par sa forme plus épaisse et plus renflée, mais surtout par la nature et la disposition des granules qui recouvrent la tige. La collerette et le bouton sont également bien différents.

LOCALITÉ. — Dèrrè-i-Chahr.

SALENIDÆ

Genre SALENIA Gray, 1835.

SALENIA COSSIÆA Cotteau et Gauthier, 1895.

Pl. XIII, fig. 13-19.

Diamètre,	14	millimètres.	Hauteur,	10	millimètres.
—	22	—	—	16	—
—	22	—	—	13	—
—	26	—	—	17	—

Espèce atteignant une assez grande taille pour le genre, subrotulaire, déprimée à la partie supérieure et à la partie inférieure, renflée au pourtour, variant un peu dans sa hauteur proportionnelle.

Appareil apical de proportions moyennes, n'atteignant pas en largeur la moitié du diamètre du test (10/22), subcirculaire, légèrement festonné au pourtour. Les plaques génitales sont pentagonales et à peu près toutes de même taille, sauf la plaque latérale postérieure de droite qui est plus réduite et plus étroite; elles sont perforées au milieu, plus près du bord externe que du bord interne; la plaque suranale a les mêmes dimensions. Les plaques ocellaires sont en dehors, triangulaires et moins grandes, et la postérieure de droite sépare les plaques génitales et s'avance jusqu'au périprocte, dont elle contribue à former le pourtour. Le corps madréporiforme est placé sur la plaque génitale antérieure de droite, dans une petite déchirure irrégulière ; les plaques sont lisses ou plutôt très finement granuleuses, et les sutures, en ligne droite, très apparentes, sont marquées d'impressions, le plus souvent au nombre de trois, dont les angulaires sont les plus accentuées.

Aires ambulacraires étroites, à peine onduleuses à la partie supérieure. Zones porifères légèrement déprimées, présentant des paires serrées et directement superposées de petits pores ronds, séparés par un granule. Les plaques qui les portent sont toutes entières et indépendantes; les paires se multiplient aux abords du péristome. Espace interzonaire étroit, bordé de chaque côté par une série de gros granules, augmentant un peu de volume à la face inférieure; il y en a environ vingt-cinq par série. Entre les deux rangées, se trouvent, à la face inférieure et à l'ambitus, d'autres granules beaucoup plus petits, disposés en zigzag; il en reste à peine quelques-uns à la partie supérieure qui est plus étroite.

Aires interambulacraires larges, portant deux rangées de gros tubercules crénelés, imperforés, scrobiculés, au nombre de six à sept, selon la taille de l'individu. Le mamelon est petit, mais la base est large et massive, et, par suite, les scrobicules se confondent de haut en bas. Ces derniers sont couronnés par un cercle de gros granules, ordinairement au nombre de cinq du côté de la zone miliaire, et de deux du côté de l'aire ambulacraire, un en haut, l'autre en bas; il n'y en a pas, faute d'espace, entre les tubercules de la même série. Zone miliaire étroite, présentant entre les gros granules scrobiculaires d'autres granules, beaucoup plus petits, inégaux, épars, médiocrement serrés, visibles jusqu'à l'apex.

Péristome à fleur de test, subdécagonal, excédant un peu le tiers du diamètre total, muni de dix entailles branchiales relevées sur les bords, bien visibles, mais peu profondes. Périprocte situé dans la partie postérieure de l'appareil apical, rejeté à droite hors de l'axe antéro-postérieur, plus ou moins saillant, ovale, bien ouvert. Il est bordé par la plaque suranale, par la plaque génitale postérieure, par la plaque ocellaire postérieure de droite et la plaque génitale latérale de de droite. Chez deux ou trois de nos nombreux exemplaires, des jeunes surtout, la plaque ocellaire postérieure n'arrive pas écarter complètement les deux génitales, et alors le pourtour du périprocte n'est plus fermé que par trois plaques.

Rapports et différences. — Notre nouvelle espèce est très voisine du *S. nutrix* Peron et Gauthier, du Sénonien supérieur d'Algérie et de Tunisie. Les deux types ont les mêmes aires ambulacraires, le même appareil apical avec ocellaire intercalée, les mêmes dimensions du péristome. Nous ne trouvons quelque différence que dans les tubercules interambulacraires qui sont plus épais et plus gros à la base chez le *S. cossiæa*, et par conséquent plus serrés verticalement; aussi, à taille égale, n'y en a-t-il que six pour sept chez le *S. nutrix*; la zone miliaire ne présente guère de différences. Malheureusement nous ne connaissons que deux exemplaires de la dernière espèce, un d'Algérie, un de Tunisie, et cette pauvreté de matériaux nous met dans de mauvaises conditions pour une comparaison parfaite avec les spécimens de la Perse, qui sont nombreux et de toutes tailles. Dans l'état actuel, les deux espèces nous paraissent distinctes; mais il pourrait arriver plus tard que la rencontre d'un plus grand nombre d'exemplaires algériens ou tunisiens, en montrant que les différences établies s'atténuent chez certains individus, oblige à réunir les deux espèces, comme deux variétés d'un même type spécifique ayant vécu à de grandes distances.

Localités. — Dèrrè-i-Chahr, Endjir-kouh, Aftâb.

DIADEMATIDÆ

Genre Hemipedina Wright, 1855.

Hemipedina Noemiæ Cotteau et Gauthier, 1895.

Pl. XIV, fig. 1-5.

Diamètre, 10 millimètres. Hauteur, 3,5 millimètres.
— 17 — — 10 —

Espèce de petite taille, circulaire, assez épaisse, renflée au pourtour, déprimée à la face supérieure et légèrement concave au milieu de la face inférieure Apex inconnu, n'ayant laissé qu'une empreinte de dimensions médiocres.

Aires ambulacraires assez larges, droites de l'apex à la bouche, se rétrécissant peu aux extrémités. Zones porifères formées de petits pores simples, espacés, assez directement superposés bien que légèrement onduleux, ne paraissant pas se multiplier autour du péristome. Les plaques sont composées, et trois paires de pores correspondent à une plaque ambulacraire majeure. Espace interzonaire garni de deux rangées de tubercules relativement assez développés, perforés, non crénelés, diminuant de volume aux approches du sommet et du péristome, au nombre de treize ou quatorze par série dans notre plus grand exemplaire. Granulation intermédiaire fine, serrée, homogène.

Aires interambulacraires n'excédant guère en largeur le double des aires ambulacraires, avec suture médiane marquée et légèrement déprimée, pourvues de deux rangées de tubercules de même nature que les tubercules ambulacraires, un peu plus gros cependant, surtout vers l'ambitus et au-dessus, au nombre de douze à treize par série. Point de tubercules secondaires. Granulation intermédiaire fine, serrée, homogène comme dans les aires ambulacraires.

Péristome subcirculaire, un peu déprimé, marqué de légères entailles.

Rapports et différences. — Nous ne possédons de cette espèce que deux exemplaires, de taille très inégale, mais suffisamment conservés pour bien connaître les principaux caractères. L'*H. Noemiæ* sera toujours facile à distinguer par sa forme également déprimée en dessus et en dessous, par la structure de ses tubercules principaux, par l'absence de tubercules secondaires, et surtout par les granules fins, abondants et homogènes qui accompagnent les tubercules ambulacraires et interambulacraires. Le genre *Hemipedina* est rare à l'époque crétacée. L'un de nous a décrit récemment une autre espèce, également de petite taille et fort rare, provenant du mont Liban[1]. Elle ne saurait être con-

1. Cotteau, *Sur quelques Échinides du Liban*, p. 5. Association française, Congrès de Besançon, 1893.

fondue avec le type qui nous occupe, et s'en distingue facilement : sa face supérieure est plus bombée; ses tubercules sont plus serrés et relativement plus nombreux, et la granulation intermédiaire si délicate qui caractérise l'*Hemipedina Noemiæ* fait complètement défaut. Les deux espèces occupent du reste deux niveaux bien différents. L'*H. libanotica* paraît appartenir à l'étage cénomanien, tandis que celui que nous venons de décrire a été rencontré par M. de Morgan dans le Sénonien supérieur.

LOCALITÉ. — Endjir-kouh (district d'Aftâb).

Genre ORTHOPSIS Cotteau, 1863.

ORTHOPSIS MORGANI Cotteau et Gauthier, 1895.

Pl. XIV, fig. 6-9.

Diamètre,	17	millimètres.	Hauteur,	8	millimètres.
—	32	—	—	11	—
—	48	—	—	20	—

Espèce circulaire, très variable dans sa taille. Face supérieure peu élevée, régulièrement bombée; face inférieure plane, arrondie sur les bords, faiblement concave au milieu.

Appareil apical ordinairement persistant, pentagonal, granuleux, à fleur de test; plaques génitales anguleuses, perforées près du bord externe, la plaque latérale antérieure de droite, qui porte le corps madréporiforme plus développée et plus renflée que les autres. Plaques ocellaires pentagonales; dans les grands exemplaires, les deux postérieures font souvent partie du cercle périproctal.

Aires ambulacraires superficielles, assez développées, aiguës près du sommet, s'élargissant en descendant vers l'ambitus, pour se rétrécir à la face inférieure jusqu'au péristome. Zones porifères droites, formées de pores simples, plus ou moins directement superposés, ne se multipliant pas autour du péristome. Les pores paraissent presque toujours égaux, quelquefois cependant la ligne externe se compose de pores un peu plus petits. Espace interzonaire garni de deux rangées de tubercules perforés et non crénelés, entourés de scrobicules saillants, serrés et très régulièrement placés sur le bord des zones porifères, au nombre de vingt-sept ou vingt-huit dans les exemplaires de grande taille, et de vingt-quatre ou vingt-cinq dans les exemplaires plus petits. Comme dans tous les *Orthopsis*, toutes les plaques sont entières, ont leurs sutures rectilignes, et vont jusqu'au milieu de l'aire. Il est facile cependant d'y voir un groupement régulier : le gros tubercule couvre deux plaquettes, et, au-dessous, il y en a une troisième qui porte à chaque extrémité un gros granule semblable à ceux de la zone miliaire; ce qui donne, pour chaque tubercule, une série de trois paires de pores. Granules intermédiaires peu abondants, inégaux, formant au milieu de l'aire une ligne subsinueuse et se prolongeant entre les scrobicules.

Aires interambulacraires larges, pourvues de deux rangées de tubercules principaux, de même nature que les tubercules ambulacraires, plus gros, plus espacés, au nombre de dix-huit ou vingt par série dans les grands exemplaires, et de dix-sept ou dix-huit dans d'autres moins développés. Tubercules secondaires très abondants, presque aussi développés, vers l'ambitus et dans la région inframarginale, que les tubercules principaux, formant six rangées verticales, deux au milieu de l'aire et deux de chaque côté des tubercules principaux. Au-dessus de l'ambitus, ces tubercules, dont le nombre varie suivant la taille des individus, sont beaucoup moins saillants, plus inégaux et plus espacés, et ils tendent à se confondre avec les granules plus ou moins apparents qui les accompagnent. Les granules eux-mêmes remplissent l'espace intermédiaire, tantôt se groupant en un cercle irrégulier autour des plus grands scrobicules, tantôt se prolongeant en ligne horizontale sur le bord des plaques.

Péristome médiocrement développé, subcirculaire, muni de faibles entailles. Périprocte irrégulièrement arrondi ou plutôt ovale, s'ouvrant au milieu de l'appareil apical.

Cette espèce est représentée par de nombreux exemplaires appartenant à tous les âges; leurs caractères sont peu variables; la face supérieure est plus ou moins bombée, et les tubercules secondaires sont plus ou moins gros à la face inférieure; mais ces différences sont peu sensibles et n'altèrent point l'unité spécifique.

Rapports et différences. — On rencontre en Algérie et en Tunisie, parfois même dans le midi de la France, aussi bien dans le Cénomanien que dans le Sénonien, des *Orthopsis* de grande taille, mêlés à d'autres plus petits, et que nous avons toujours regardés comme appartenant à la même espèce. La distinction établie par l'un de nous entre l'*O. granularis* du Cénomanien et l'*O. miliaris* du Sénonien nous paraît aujourd'hui difficile à maintenir, les variations n'étant qu'individuelles, et les deux types se trouvant dans les mêmes couches. Les grands *Orthopsis* de Perse se rapprochent beaucoup de ceux dont nous parlons, et ce n'est pas sans hésitation que nous les avons séparés; on sait d'ailleurs combien est constante l'uniformité du type dans ce genre difficile. Il nous a paru que l'*O. Morgani* se distinguait de l'*O. miliaris* par ses tubercules interambulacraires plus développés relativement et plus espacés que les tubercules ambulacraires, par la granulation moins abondante qui remplit l'espace intermédiaire entre les tubercules. La forme générale est plus déprimée et moins régulièrement bombée; mais cette différence n'est pas constante, et, en somme, tout en maintenant la distinction spécifique, nous devons reconnaître que les deux espèces sont très voisines.

Localité. — Dèrrè-i-Chahr (Louristân).

Orthopsis globosa Cotteau et Gauthier, 1895.

Pl. XIV, fig. 10-14.

Diamètre,	20	millimètres.	Hauteur,	13	millimètres.
—	25	—	—	14	—
—	30	—	—	17	—
—	33	—	—	20	—

Espèce atteignant une assez grande taille, circulaire, épaisse; face supérieure globuleuse, renflée au pourtour; face inférieure subpulvinée près du bord, presque plane autour du péristome.

Appareil apical largement développé, pentagonal, à fleur de test, presque toujours conservé, offrant sur le bord interne des plaques génitales, autour du périprocte, une couronne irrégulière de granules, interrompue par la plaque qui porte le corps madréporiforme, qui en est dépourvue. Plaques génitales anguleuses, perforées près du bord externe, l'antérieure paire de droite, qui porte le corps madréporiforme, plus développée que les autres. Plaques ocellaires pentagonales, placées dans les angles extérieurs et n'atteignant pas le périprocte.

Aires ambulacraires droites de l'apex au péristome, aiguës près du sommet, s'élargissant médiocrement en descendant vers l'ambitus, où elles n'excèdent pas 5 millimètres en largeur, dans les grands exemplaires. Zones porifères linéaires, superficielles, formées de paires de pores simples, directement superposées, s'espaçant et déviant un peu de la ligne droite près du péristome. Les pores, très petits, ne sont pas ronds, mais légèrement allongés; ils sont obliques réciproquement, l'interne étant vertical, et l'externe, un peu plus développé, incliné comme un côté de chevron. Une forte cloison granuliforme les sépare quand le test est bien conservé. Espace interzonaire garni de deux rangées de tubercules perforés, non crénelés, de petite taille, espacés, affectant, aux approches du sommet et du péristome, une disposition alterne. Quelques tubercules secondaires, de même nature, mais plus petits, se montrent au milieu des aires ambulacraires, notamment vers l'ambitus, et tendent à se confondre avec les granules épars et peu abondants qui s'élèvent jusqu'au sommet. Les plaques sont disposées comme dans l'espèce précédente, c'est-à-dire que toutes sont entières et atteignent le milieu de l'aire, avec leurs sutures rectilignes; mais on peut aussi les grouper par trois, le tubercule en couvrant deux, et la troisième étant ornée d'un gros granule à chaque extrémité.

Aires interambulacraires larges, pourvues de deux rangées de tubercules principaux, semblables aux tubercules ambulacraires, espacés comme eux, mais un peu plus gros, surtout à la face supérieure. Tubercules secondaires plus petits, plus espacés, formant des rangées verticales nombreuses, irrégulières, dont quelques-unes s'élèvent jusqu'au sommet. Les moins développés se confondent avec les granules qui les accompagnent. Dans les aires interambulacraires comme dans les aires ambulacraires, le test se montre partout chagriné.

Péristome de petite dimension, subcirculaire, à fleur de test, marqué d'entailles branchiales assez profondes. Périprocte situé au milieu de l'appareil, irrégulièrement arrondi.

Rapports et différences. — L'*O. globosa* se distingue facilement de l'*O. Morgani* et de toutes les autres espèces par sa forme globuleuse, par sa face inférieure presque plane, par ses pores ambulacraires obliques et allongés, tout en restant très petits, par ses tubercules ambulacraires et interambulacraires médiocrement développés, peu saillants, assez rares et espacés; par ses tubercules secondaires abondants, inégalement disposés et s'élevant souvent jusqu'à l'appareil apical, par son test partout chagriné. Nous en connaissons un grand nombre d'exemplaires.

Localités. — Aftâb, Dèrrè-i-Chahr, versant oriental du Kouh-Mapeul (Louristân).

Genre Cyphosoma Agassiz, 1840.

Cyphosoma persicum Cotteau et Gauthier, 1895.

Pl. XV, fig. 1-2.

Diamètre, 39 millimètres. Hauteur, 15 millimètres.

Espèce de grande taille, subcirculaire, légèrement pentagonale. Face supérieure médiocrement renflée; face inférieure subconcave, arrondie sur les bords.

Appareil apical inconnu, grand, pentagonal, stelliforme, d'après l'empreinte qu'il a laissée.

Aires ambulacraires saillantes, s'élargissant du sommet à l'ambitus, où elles atteignent 9 millimètres. Zones porifères larges, formées à la partie supérieure de pores bisériés, qui se rangent par simples paires un peu plus bas, et dessinent sur le côté des tubercules des arcs de cinq à six paires. Espace interzonaire garni de deux rangées de tubercules crénelés et imperforés, bien développés, espacés, subscrobiculés, accompagnés de granules inégaux et épars, un peu plus abondants vers l'ambitus et sur la région inframarginale qu'à la face supérieure.

Aires interambulacraires atteignant une largeur à peu près double de celle des aires ambulacraires, pourvues de deux rangées de tubercules principaux de même nature que ceux des ambulacres, mais un peu plus gros et plus largement scrobiculés, surtout vers l'ambitus. En dehors de ces rangées principales, se trouvent quatre rangées de tubercules secondaires beaucoup plus petits, assez irrégulièrement disposés, et ne s'élevant pas à plus de moitié de la hauteur du test; une rangée de chaque côté des tubercules principaux, et deux rangées moins apparentes et plus irrégulières au milieu. Quelques petits granules inégaux et plus ou moins abondants se mêlent çà et là aux tubercules secondaires. La partie médiane des aires interambulacraires est déprimée et se creuse assez fortement vers la partie supérieure, surtout l'interambulacre impair; la surface est presque nue au-dessus de l'ambitus et ne présente quelques granules isolés qu'à une distance assez grande de l'apex.

Le péristome n'est pas visible sur notre unique exemplaire.

Rapports et différences — Cette espèce, par sa taille, sa forme, la disposition de ses tubercules, rappelle certaines espèces de la craie de France, et notamment le *C. Archiaci* Cotteau. Elle nous a paru s'en distinguer d'une manière certaine par ses tubercules ambulacraires et interambulacraires un peu plus développés et plus espacés, augmentant plus sensiblement de volume vers l'ambitus, par ses tubercules secondaires moins apparents et moins nombreux sur le bord des aires, plus développés au milieu des rangées principales; par ses aires interambulacraires plus déprimées près du sommet; par ses paires de pores, formant à l'ambitus des arcs plus accentués.

Localité. — Dèrrè-i-Chahr.

CYPHOSOMA SPECIALE Cotteau et Gauthier, 1895.

Pl. XV, fig. 3-8.

Diamètre, 30 millimètres. Hauteur, 13 millimètres.
— 46 — — 22 —

Espèce atteignant une grande taille, subcirculaire, légèrement pentagonale, par suite du renflement des aires ambulacraires. Face supérieure convexe, plus ou moins conique ; pourtour pulviné ; face inférieure déprimée aux abords du péristome.

Aires ambulacraires larges, renflées, garnies de deux rangées de tubercules crénelés, imperforés, scrobiculés, augmentant de volume du péristome à l'ambitus ; puis les six ou sept derniers diminuent tout à coup et de plus en plus jusqu'au sommet, par suite de l'élargissement des zones porifères en cet endroit. Il y a jusqu'à dix-huit tubercules dans notre plus grand exemplaire. Granules intermédiaires abondants, inégaux, groupés autour des scrobicules qui se touchent par la base, principalement vers l'ambitus. Quelques-uns des plus gros tubercules ont des sutures rayonnantes, surtout du côté externe, qui partent des cercles scrobiculaires et disparaissent à la base du tubercule. Zones porifères larges à la partie supérieure, où elles sont bisériées, formant plus bas, autour des tubercules, des arcs de six paires de pores.

Aires interambulacraires environ un tiers plus larges que les aires ambulacraires, garnies de deux rangées de tubercules principaux, de même nature que ceux de l'ambulacre, mais un peu plus serrés, un peu plus gros, diminuant également de volume à la partie supérieure et au même point, au nombre de dix-sept à dix-huit dans chaque série. Il y a aussi au milieu des scrobicules quelques sutures rayonnantes, mais moins nombreuses et moins marquées que dans les aires ambulacraires. En dehors de ces rangées principales, se trouvent quatre rangées de tubercules secondaires beaucoup plus petits, inégaux, irrégulièrement disposés, notamment les deux rangées internes qui se réduisent le plus souvent à une rangée sinueuse, avec tubercules alternes qui ne s'élèvent pas au-dessus de l'ambitus et tendent à se confondre avec les granules miliaires qui les accompagnent. Zone miliaire large, lisse et déprimée à la face supérieure, plus étroite et plus granuleuse vers l'ambitus et au-dessous.

Péristome subcirculaire, moins large que le tiers du diamètre total, assez enfoncé.

Nous possédons deux exemplaires, de taille sensiblement différente, comme on peut le voir aux dimensions que nous avons indiquées. Le plus grand est plus relevé que l'autre et subconique à la partie supérieure; tous les autres caractères sont identiques, à un degré naturellement moins prononcé dans le petit que dans le gros. Ainsi pour les tubercules secondaires des interambulacres, déjà peu accentués chez notre sujet de 46 millimètres de diamètre, on retrouve le même nombre de rangées sur le test de celui de 30 millimètres, mais à un état plus rudimentaire, avec des tubercules moins nombreux et plus inégaux.

Rapports et différences. — Il ne manque pas en France de Cyphosomes de grande taille auxquels on pourrait comparer notre nouvelle espèce; les *C. magnificum*, *granulosum*, *circinatum*, *Sæmanni* offrent tous des points de ressemblance, comme la partie supérieure de la zone miliaire des interambulacres, déprimée et nue, la multiplicité des rangées de tubercules secondaires, ou la grosseur des tubercules principaux ; mais aucune ne peut être identifiée avec le *C. speciale* qui se distingue particulièrement par la diminution subite du volume des tubercules presque aussitôt au-dessus de l'ambitus, et au même point pour les deux aires, par sa granulation assez grossière et peu serrée, par le nombre égal de tubercules dans les ambulacres et les interambulacres, par son péristome étroit et assez enfoncé. En outre, les gros tubercules ont, à l'ambitus, quelques sutures rayonnantes. M. Pomel a fait un groupe des deux ou trois espèces françaises qui présentent ce caractère, et l'a nommé *Cosmocyphus*. Mais ces sutures rayonnantes sont très variables ; elles ne se présentent pas d'une manière régulière et à la même place chez tous les individus de la même espèce, quelques-uns même peuvent en être complètement dépourvus ; nous ne voyons donc pas qu'il y ait lieu de séparer ces quelques espèces des véritables *Cypho-*

soma. Par contre, nous aurons à étudier plus loin une série d'oursins, où ce caractère présente une exagération tellement prononcée et tellement régulière, à tout âge, qu'il nous faudra créer une coupe générique nouvelle.

LOCALITÉS. — Awâsa, Aftâb.

Genre COPTOSOMA Desor, 1858.

COPTOSOMA GEMMATUM Cotteau et Gauthier, 1895.

Pl. XV, fig. 5.

Diamètre, 36 millimètres. Hauteur, 13 millimètres ?

Espèce de taille assez grande, subcirculaire ; face supérieure peu élevée, déprimée en dessus; face inférieure presque plane, concave autour du péristome.

Appareil apical inconnu : l'empreinte qu'il a laissée est pentagonale et de dimensions médiocres.

Aires ambulacraires étroites, même à l'ambitus, légèrement renflées, garnies de deux rangées de tubercules saillants, crénélés, imperforés, scrobiculés, assez serrés partout, mais surtout à la face inférieure, diminuant de volume près du sommet et du péristome, au nombre de dix-sept ou dix-huit par série, accompagnés de granules peu nombreux, inégaux, qui forment une série sinueuse se prolongeant çà et là entre les scrobicules. Zones porifères subonduleuses, unisériées du sommet au péristome, près duquel les pores paraissent se resserrer, Quatre ou cinq paires de pores correspondent à une plaque ambulacraire.

Aires interambulacraires deux fois plus larges que les aires ambulacraires, pourvues de deux rangées principales de tubercules de même nature et à peu près de même taille que ceux des ambulacres, un peu plus gros cependant sur la face supérieure, au nombre de dix-sept à dix-huit. Ces deux rangées sont accompagnées à droite et à gauche d'une série de tubercules secondaires, dont la taille est à peu près la même que celles des tubercules principaux vers l'ambitus, qui sont beaucoup moins développés près du péristome, et, à la partie supérieure, n'atteignent pas le sommet. La zone miliaire séparant les deux rangées principales est relativemeut étroite, non déprimée, garnie de granules assez nombreux, inégaux, espacés, un peu plus gros à l'ambitus, où ils forment comme le rudiment de rangées nouvelles de tubercules secondaires.

Péristome peu développé, subcirculaire dans une dépression peu marquée de la face inférieure.

Rapports et différences. — Le genre *Coptosoma*, quoique peu fréquent dans les terrains crétacés, y est cependant représenté par plusieurs espèces dans la faune européenne. Il n'est donc pas étonnant qu'on le rencontre dans le Sénonien supérieur de la Perse. L'espèce qui nous occupe est bien caractérisée par sa taille assez forte, par sa forme déprimée, bien que le test de notre exemplaire ait subi une compression qui exagère peut-être ce caractère ; par ses tubercules ambulacraires et interambulacraires presque égaux en taille et en nombre ; par ses quatre rangées de tubercules interambulacraires complètement semblables à l'ambitus ; par sa zone miliaire étroite, conservant la même largeur au sommet et au pourtour du test, bien que les tubercules aboutissent, à l'apex, tout près de la zone porifère.

Localité. — Dèrrè-i-Chahr.

Genre Actinophyma Cotteau et Gauthier, 1895.

Test de taille moyenne, subcirculaire, plus ou moins renflé à la partie supérieure, plan ou subpulviné à la partie inférieure, avec bord arrondi.

Appareil apical inconnu, pentagonal d'après son empreinte.

Zones porifères unisériées du sommet à la bouche, légèrement ondueuses et formant des arcs de six à sept paires autour des tubercules. Aires ambulacraires et interambulacraires presque d'égale largeur vers l'ambitus, garnies de deux rangées de gros tubercules saillants, crénelés, imperforés, fortement scrobiculés, très rapprochés les uns des autres. Les scrobicules, arrondis, subelliptiques ou même pentagonaux, selon la place qu'ils occupent, sont largement développés, souvent très déprimés, ornés, surtout vers l'ambitus, d'impressions suturales très prononcées, rayonnantes, qui partent du cercle scrobiculaire et remontent assez haut sur la base du tubercule, qu'elles traversent quelquefois, le découpant et mettant en relief les plaquettes qui le composent. Point de tubercules secondaires, du moins dans la seule espèce connue jusqu'ici, le développement des scrobicules ne laissant aucune place vide. Il n'y a que quelques granules inégaux, isolés, qui se montrent çà et là sur le bord des zones porifères, entre les scrobicules, et au milieu des aires interambulacraires entre les gros tubercules.

Rapports et différences. — Si l'on ne tenait pas compte des radiations qui se dessinent autour des tubercules, notre type serait un véritable *Coptosoma*. Mais il n'est pas possible de n'attacher aucune importance à cette radiation si prononcée, exagérée même, qui découpe tous les tubercules, et nous montre isolées, pour ainsi dire, les plaquettes qui les composent. La physionomie de ces oursins est tout à fait étrange. Nous n'avons pas cru qu'ils puissent être réunis au groupe que M. Pomel a désigné sous le nom de *Cosmocyphus*, et qui, maintenant que M. Lambert en a détaché le *Cyphosoma radiatum* Sorignet, pour en faire le type du genre *Gauthieria*, ne comprend plus que les deux espèces *C. tenuistriatum* et *C. Sæmanni*[1]; nos exemplaires ne ressemblent nullement à ces deux types; et nous avons pensé que les sujets recueillis en Perse par M. de Morgan, avec leurs aires ambulacraires si largement développées, avec leurs gros tubercules profondément scrobiculés et marqués

1. Même réduit à ces deux espèces, le sous-genre de M. Pomel n'est plus homogène, le *C. tenuistriatum* ayant les pores ordinairement unisériés, et le *C. Sæmanni* les ayant bisériés à la partie supérieure.

de sutures rayonnantes, ou plutôt composés de plaquettes saillantes si nettement accusées, devaient constituer un genre particulier.

Le genre *Actinophyma* ne renferme jusqu'à présent qu'une seule espèce.

ACTINOPHYMA SPECTABILE Cotteau et Gauthier, 1895.

Pl. XV, fig. 6-10.

Diamètre, 29 millimètres. Hauteur, 11 millimètres.

Espèce de taille moyenne, subcirculaire, plus ou moins renflée, ou même subconique à la face supérieure, déprimée en-dessus. Face inférieure plane, arrondie sur les bords, subconcave aux approches du péristome.

Aires ambulacraires étroites et resserrées près du sommet, s'élargissant au fur et à mesure qu'elles descendent vers l'ambitus, se rétrécissant de nouveau aux approches du péristome, garnies de deux rangées de tubercules saillants, crénelés et imperforés, petits et alternes près de l'apex, très gros à l'ambitus, diminuant de volume à la face inférieure. Le scrobicule, large et profond, est marqué de côtes rayonnantes très prononcées, qui ne sont que les plaquettes composant la plaque majeure, partant du cercle scrobiculaire et restant distinctes plus ou moins haut sur la base du tubercule. Grâce à cette disposition, il est facile, sur les exemplaires un peu usés, de se rendre compte du nombre et de la forme des plaquettes composant une plaque majeure. La première en bas, à la forme d'un triangle isoscèle, à large base, avec sommet aboral ; les quatre ou cinq suivantes, élargies aux deux extrémités, plus minces au milieu où elles paraissent interrompues parce que la suture n'est pas visible sur le mamelon, ressemblent à de petits coins enfoncés de chaque côté dans le tubercule ; l'avant-dernière figure de nouveau un triangle, comme la première, mais avec sommet adoral ; la dernière enfin est une plaquette entière, à bords rectilignes et parallèles, et couverte de granules.

Les cercles scrobiculaires, formés de forts granules, se touchent, et ont souvent une forme pentagonale, faute d'espace pour s'arrondir; ils laissent à peine la place à quelques granules inégaux, visibles seulement à l'angle des plaques. Zones porifères onduleuses, formées de pores unisériés, arrondis, disposés par paires assez serrées, ne paraissant pas se multiplier autour du péristome, et dessinant autour des tubercules des arcs prononcés de six à sept paires.

Aires interambulacraires un peu plus larges que les aires ambulacraires, sans que cependant la différence soit très sensible, présentant deux rangées de tubercules de même nature que les tubercules ambulacraires, plus saillants, un peu plus développés à la face supérieure, montrant, sauf les plus rapprochés du sommet, les mêmes côtes rayonnantes, très accentuées et pareilles à celles des scrobicules ambulacraires [1]. Scrobicules plus ou moins épais, entourés de granules égaux et quelquefois mamelonnés. Ces deux rangées, comprenant chacune de douze à treize tubercules, aboutissent à l'angle externe des interambulacres. Zone miliaire déprimée, nue ou munie de quelques granules à la face supérieure; étroite, resserrée par les scrobicules et presque nulle vers l'ambitus et à la face inférieure; on y distingue à peine, en dehors des gros granules scrobiculaires, quelques granules inégaux et irrégulièrement disposés. Quelques autres granules, également irréguliers, se montrent çà et là sur le bord des zones porifères.

Le péristome n'est visible sur aucun de nos exemplaires.

Cette espèce éprouve quelques variations dans sa forme, qui est plus ou moins renflée, du moins dans les trois exemplaires que nous avons entre les mains. Les côtes rayonnantes qui marquent la base des tubercules, toujours très accentuées vers l'ambitus et à la face inférieure, ne sont pas aussi saillantes à la face supérieure; l'état de nos sujets ne

1. Ce caractère, si facile à expliquer pour les plaques ambulacraires, composées de plusieurs plaquettes, ne s'explique guère dans l'interambulacre, où les plaques ne sont pas composées. Aussi, sur les exemplaires usés, n'y a-t-il point de fissures séparant les petites côtes; le tubercule est entier, et les bourrelets et sillons rayonnants ne nous paraissent être qu'une copie ornementale de ce qui existe dans l'ambulacre.

nous permet pas d'affirmer qu'elles existent toujours aux tubercules les plus rapprochés du sommet. L'*Actinophyma spectabile* étant jusqu'à présent la seule espèce du genre, nous n'avons pas à établir de comparaison avec les espèces voisines. Il sera facilement reconnaissable à ses aires ambulacraires presque aussi larges que les aires interambulacraires à l'ambitus; à ses arcs de sept paires de pores pour les plaques majeures; à sa zone miliaire à peu près nulle au milieu de la hauteur du test, tant les larges scrobicules occupent de place.

LOCALITÉ. — Endjir-kouh, district d'Aftâb.

Genre ORTHECHINUS Gauthier, 1889.

ORTHECHINUS Gauthier, *Description des Échinides recueillis en Tunisie par M. Philippe Thomas*, p. 105, pl. 6, 1889. — GAGARIA Duncan, *A revision of the genera and groups of the Echinodea*, p. 91, 1889. — ORTHECHINUS Duncan, *ibid.*, p. 305. — GAGARIA Cotteau, *Paléontologie française, Terrains éocènes*, p. 523. — ORTHECHINUS Cotteau, *ibid.*, p. 758. — ORTHECHINUS Gauthier, *Annuaire géologique universel*, t. IX, p. 850, 1894.

ORTHECHINUS CRETACEUS Cotteau et Gauthier, 1895.

Pl. XVI, fig. 1-4.

Diamètre, 29 millimètres. Hauteur, 11 millimètres.

Espèce de taille moyenne, subcirculaire. Face supérieure médiocrement renflée; face inférieure plane, pulvinée sur les bords, subconcave au milieu.

Aires ambulacraires étroites à leur partie supérieure, s'élargissant un peu en descendant vers l'ambitus, se rétrécissant de nouveau aux approches du péristome, garnies de deux rangées de petits tubercules crénelés, imperforés, scrobiculés, au nombre de treize ou quatorze par série. Granules intermédiaires peu abondants, inégaux, espacés, groupés en cercle ou demi-cercle autour des tubercules. Zones porifères droites, formées de pores petits, égaux, directement superposés, ne paraissant pas se multiplier aux approches du péristome. Il n'y a que trois paires par plaque majeure.

Aires interambulacraires occupant en largeur un espace à peu près double de celui des aires ambulacraires, garnies de deux rangées de tubercules principaux, semblables à ceux des ambulacres; présentant les mêmes dimensions et le même nombre. Tubercules secondaires plus petits, formant, du côté externe des séries principales, entre ces dernières et les zones porifères, deux rangées régulières; l'une, un peu plus forte que l'autre, s'élève sur la face supérieure et arrive en s'atténuant jusqu'aux approches du sommet; la seconde rangée, formée de tubercules plus petits, ne s'étend pas au-dessus de l'ambitus. Le milieu des aires interambulacraires ne contient pas de tubercules secondaires, mais quelques granules plus développés que les autres. Zone miliaire ornée de granules peu nombreux, inégaux, épars, laissant la partie supérieure de l'aire presque nue.

L'appareil apical manque et le péristome n'est pas visible dans l'exemplaire unique que nous connaissons.

Rapports et différences. — Le genre *Orthechinus*, assez commun à l'époque tertiaire, est jusqu'ici très rare à l'époque crétacée. L'espèce qui nous occupe se distingue de ses congénères par sa taille assez forte, par ses tubercules ambulacraires et interambulacraires bien développés et relativement nombreux; par la présence de quatre rangées extérieures de tubercules secondaires, et le petit nombre de granules qui accompagnent les tubercules.

Localité. — Dèrrè-i-Chahr.

Genre Goniopygus Agassiz, 1895.

Goniopygus superbus Cotteau et Gauthier, 1895.

Pl. XVI, fig. 5-10.

Diamètre,	19	millimètres.	Hauteur,	11	millimètres.
—	26	—	—	15	—
—	30	—	—	17	—
—	35	—	—	20	—

Espèce de grande taille, circulaire. Face supérieure renflée, plus ou moins élevée, quelquefois subconique. Face inférieure plane, subpulvinée et arrondie sur les bords.

Appareil apical solide, bien développé, couvert d'une fine granulation. Plaques génitales allongées, anguleuses, présentant à l'extrémité, et le plus souvent en dehors de l'extrémité, un pore ovale, largement ouvert. Chacune des plaques est marquée, à la base, d'un granule placé dans une dépression, correspondant aux plaques qui fermaient le périprocte, et que l'un de nous a désigné sous le nom de granule valvaire; la plaque qui porte le corps madréporiforme, de même taille que les autres, se distingue à la double bande spongieuse qui en borde l'angle externe. Plaques ocellaires plus petites, pentagonales, avec leur pore microscopique sur le bord externe.

Aires ambulacraires aiguës au sommet, restant toujours étroites, garnies de deux rangées de tubercules petits, serrés, homogènes, ni crénelés ni perforés, au nombre de vingt et un ou vingt-deux par série; placés sur le bord des zones porifères, ne paraissant pas augmenter de volume à la face inférieure. L'intervalle qui sépare les deux rangées est large et occupé par deux séries très régulières de tubercules un peu moins gros qui commencent à peu de distance du sommet et persistent jusqu'au péristome. Quelques petits granules isolés et inégaux accompagnent çà et là ces secondes rangées de tubercules. Zones porifères droites, un peu déprimées, formées de pores disposés par simples paires, se serrant et se multipliant près du péristome, où la zone dévie légèrement de la ligne droite. Chaque plaque majeure est composée de trois plaquettes, deux entières, larges, assez irrégulières, portant le tubercule principal sur la suture qui les réunit; la troisième n'est pas même une demi-plaquette; elle porte la paire de pores et finit presque aussitôt en pointe.

Aires interambulacraires larges, portant deux rangées de gros tubercules saillants, ni crénelés ni perforés, très développés, largement scrobiculés, diminuant de volume aux approches du sommet et du péristome, au nombre de onze ou douze par série. Granules intermédiaires abondants, surtout à l'ambitus, d'autant plus petits et plus serrés qu'ils se rapprochent davantage du milieu, formant entre les tubercules et la zone porifère une rangée irrégulière, dessinant un demi-cercle autour des scrobicules et s'élevant en s'atténuant jusqu'au sommet. De petites verrues peu nombreuses et éparses accompagnent çà et là les tubercules et les granules.

Péristome assez grand, circulaire, à fleur de test, muni de petites entailles relevées sur les bords. Périprocte placé au milieu de l'appareil apical, arrondi, entouré d'un bourrelet saillant, dans lequel s'ouvrent, à égale distance et comme une couronne ondulée, les cinq dépressions où sont placés les granules valvaires correspondant aux plaques anales. Sur un seul de nos nombreux exemplaires un de ces granules fait défaut, et leur nombre est réduit à quatre, ce qui donne au bourrelet entourant le périprocte un aspect plutôt carré que circulaire.

M. de Morgan a recueilli une riche série d'exemplaires bien conservés de cette espèce ; ils sont de dimensions diverses, mais ne paraissent pas varier dans leurs caractères. Certains d'entre eux sont un peu déprimés, d'autres plus renflés, quelques-uns même subconiques ; les caractères principaux restent toujours les mêmes, malgré ces variations de forme. L'appareil apical, tout en conservant une forme constante, varie aussi dans son développement ; les plus grands exemplaires n'ont pas toujours l'appareil le plus étendu.

Rapports et différences. — Cette belle espèce se distingue nettement de ses congénères : sa taille la rapproche un peu du *G. major* ; elle s'en éloigne manifestement par sa forme moins conique, par son appareil apical relativement plus étendu, par ses zones porifères plus rectilignes, par ses tubercules interambulacraires accompagnés à l'ambitus de granules plus abondants, et surtout par la présence au milieu des tubercules ambulacraires de deux rangées complètes et régulières de tubercules secondaires. La présence de ces tubercules intermédiaires rapproche notre espèce des *G. delphinensis* et *royanus*, chez lesquels se montrent des granules entre les deux rangées principales des ambulacres ; mais dans ces deux dernières espèces, de taille beaucoup plus petite, ils forment des rangées moins complètes, moins régulières et sont bien moins développés. Les granules interambulacraires sont aussi beaucoup moins abondants, et la forme des plaques de l'appareil apical est toute différente. On peut faire des remarques analogues pour le *G. Peroni*, Thomas et Gauthier, de la craie de Tunisie ; la taille est moins considérable ; les tubercules secondaires de l'ambulacre sont plus rares et moins bien alignés ; les granules valvaires sont au nombre de trois, et ce n'est que par exception qu'un exemplaire en montre quatre et un autre cinq.

LOCALITÉS. — Dèrrè-i-Chahr, Awàsa, Aftàb.

Genre PLISTOPHYMA Peron et Gauthier, 1881.

PLISTOPHYMA Peron et Gauthier, dans Cotteau, Peron et Gauthier, *Échinides fossiles de l'Algérie*, 8e fasc., p. 176, pl. XX, fig. 6-14, 1881. — PLISTOPHYMA Pomel, *Classification méthodique et générale*, p. 83, 1883.

Test de forme circulaire, ordinairement de taille moyenne ou petite, déprimé en dessus et en dessous.

Appareil apical grand, inconnu.

Aires ambulacraires étroites, portant deux rangées de tubercules, sans crénelures ni perforation. Zones porifères s'étendant en ligne droite du sommet à la bouche, composées de paires de pores bisériées près de l'apex et du péristome, simples sur le reste du test : elles forment alors de petits arcs de trois paires autour des tubercules. Les plaques sont composées d'une plaquette supérieure, large extérieurement et étroite à l'extrémité interne ; d'une plaquette médiane, élargie à l'extrémité interne ; d'une plaquette inférieure un peu moins large que les deux autres ; la supérieure et l'inférieure ont leur suture courbe, la convexité tournée vers la plaque du milieu : c'est la disposition des Diadématidées.

Tubercules interambulacraires séparés en deux parties par une bande déprimée qui suit la suture médiane, et qui s'élargit aux approches du sommet. De chaque côté, les tubercules forment un grand nombre de rangées verticales, dont celles du milieu atteignent seules le sommet.

Elles sont disposées en même temps en rangées horizontalement obliques, larges au milieu, s'amoindrissant aux extrémités.

Péristome grand, circulaire, marqué d'entailles branchiales.

Nous avons établi le genre *Plistophyma* dans les *Échinides fossiles de l'Algérie*; nous en connaissions alors deux espèces, l'une européenne, recueillie dans plusieurs localités de la Provence, l'autre algérienne. Ce genre curieux, qui rappelle à la fois les caractères des *Magnosia* et des *Cyphosoma*, se trouve aujourd'hui représenté en Perse par une espèce très voisine des deux précédentes ; le type générique est d'une constance remarquable, et son extension géographique se trouve singulièrement élargie par suite de la rencontre de l'espèce que nous allons décrire.

Plistophyma asiaticum Cotteau et Gauthier, 1895.

Pl. XVI, fig. 11-14.

Diamètre, 13 millimètres. Hauteur, 5 millimètres.
— 23 — — 11? —

Espèce circulaire, peu élevée, renflée au pourtour, déprimée et à peu près plate en dessus et en dessous.

Appareil apical inconnu, grand d'après son empreinte.

Aires ambulacraires droites, légèrement déprimées, larges au sommet, où elles montrent très nettement distinctes deux rangées de paires de pores, se réduisant vite à une seule rangée de paires directement superposées, et formant des arcs de trois paires autour des tubercules. A la partie inférieure de l'aire, les paires se multiplient de nouveau. Tubercules ambulacraires formant deux rangées régulières, sans crénelures ni perforation ; ils sont au nombre de douze à treize dans chaque série. Les six premiers, en partant du péristome, sont assez gros relativement ; ils diminuent tout à coup ensuite, en face des tubercules interambulacraires amoindris, comme nous le verrons plus loin, puis reprennent à peu près leur grosseur primitive, jusqu'en haut ; ils s'arrêtent avant d'atteindre le sommet, et sont remplacés par de petits granules, par suite de l'élargissement des zones porifères, qui occupent l'aire presque complètement. L'espace intermédiaire entre les deux rangées est occupé par une série sinueuse de granules.

Aires interambulacraires larges, séparées en deux par une raie granuleuse sur la suture médiane, plus large en haut qu'au pourtour et à la partie inférieure. Elles présentent d'abord, en partant du péristome, et de chaque côté de l'aire, quatre rangées obliques, en V très ouvert, de gros tubercules, trois, quatre ou cinq pour chaque rangée ; puis, tout à coup, les tubercules deviennent beaucoup plus petits, et on en compte sept par rangée horizontale, quatorze sur la largeur totale de l'aire. Après trois lignes semblables, les tubercules reprennent leur première grosseur, et forment, pour arriver au sommet, quatre rangées nouvelles, horizontalement obliques, la plus inférieure de quatre tubercules de chaque côté, les trois autres perdant en montant chacune un tubercule, ce qui fait que la dernière n'en a qu'un, aussi développé que les plus gros. On peut aussi considérer les tubercules comme formant des rangées verticales ; il y en a alors jusqu'à quatorze au milieu. Des granules inégaux sont disséminés entre ces tubercules, et la séparation entre les deux parties de l'aire présente, au-dessus de l'ambitus, une véritable zone miliaire, presque nue près de l'apex.

Le péristome, mal conservé sur nos exemplaires, s'ouvrait presque à fleur de test, et était assez grand.

Rapports et différences. — Le *P. asiaticum* est très voisin des deux espèces décrites antérieurement. Il est un peu plus renflé que le *P. africanum*, et la portion des zones porifères où les paires sont bisériées à la partie supérieure, s'étend moins bas, n'occupant que l'espace où les tubercules font complètemeut défaut, tandisque, dans l'espèce d'Algérie, les paires bisériées descendent le long des tubercules, qui s'élèvent jusqu'au sommet ; dans les interambulacres les séries atténuées comptent un plus grand nombre de tubercules, sept au lieu de cinq. Ce dernier caractère rapproche notre nouvelle espèce du *P. Toucasi*, qui se distingue par d'autres caractères, par ses tubercules ambulacraires plus nombreux, car nous en comptons quinze sur un exemplaire de 14 millimètres de diamètre, tandis qu'il n'y en a que treize sur notre exemplaire de 23 millimètres. Ces tubercules plus nombreux sont aussi plus régulièrement petits au-dessus du huitième. Dans l'espèce de Perse, au contraire, après avoir diminué de volume en face des rangées de tubercules interambulacraires atténués, ils grossissent de nouveau au-dessus de ces dernières.

LOCALITÉ. — Dèrrè-i-Chahr.

Toutes les espèces que nous venons de décrire ont été soigneusement confrontées avec les descriptions et les figures que Stoliczka a publiées des Échinides crétacés du sud de l'Inde. Aucun de nos types n'est entièrement conforme aux siens. Certaines espèces se prêtent sans doute à un rapprochement : ainsi l'*Hemiaster indicus* n'est pas sans analogie avec notre *H. iranicus* ; le *Catopygus sulcatellus*, dont le périprocte est en fente allongée, pourrait rentrer dans notre genre *Pseudocatopygus*, si ce même périprocte n'était surmonté d'une saillie comme dans les vrais *Catopygus*, saillie qui manque à notre genre nouveau, et si les exemplaires figurés n'étaient point des jeunes de quelque type dont les adultes ne nous sont point connus ; les radioles de *Cidaris* que cet auteur a rapprochés des *Cidaris* européens *vesiculosa*, *subvesiculosa*, *faringdonensis*, *sceptrifera*, ne concordent pas avec nos *Cid. aftabensis* et *Husseini*. En somme, il n'y a dans cette partie méridionale de l'Inde que de très faibles affinités avec nos Échinides de la Perse. Comme nous l'avons dit en commençant, ce n'est pas vers l'est qu'il faut chercher le parentage de nos oursins, mais vers l'ouest, en Algérie, en Tunisie, en Espagne et même sur le littoral de la Provence, où les strates crétacées se formèrent sous les eaux d'une immense Méditerranée qui couvrait la Palestine actuelle et, selon toute probabilité, la partie occidentale de l'Irân.

PLANCHE I

Fig. 1. — *Pseudananchys similis*, vu de profil.

Fig. 2. — *Pseudananchys inæquifissa*, exemplaire empâté dont on ne voit qu'un ambulacre.

Fig. 3. — Ambulacre postérieur du même, grossi.

Fig. 4. — *Hypsaster Husseini*, vu de profil.

Fig. 5. — Le même, face supérieure.

Fig. 6. — *Hypsaster longesulcatus*, vu de profil.

Fig. 7. — Le même, face supérieure.

Fig. 8. — *Hemiaster decussatus*, face supérieure.

1. Lorsque plusieurs échantillons d'une même espèce sont figurés, le premier échantillon figuré est le type de l'espèce, à moins d'indication contraire.

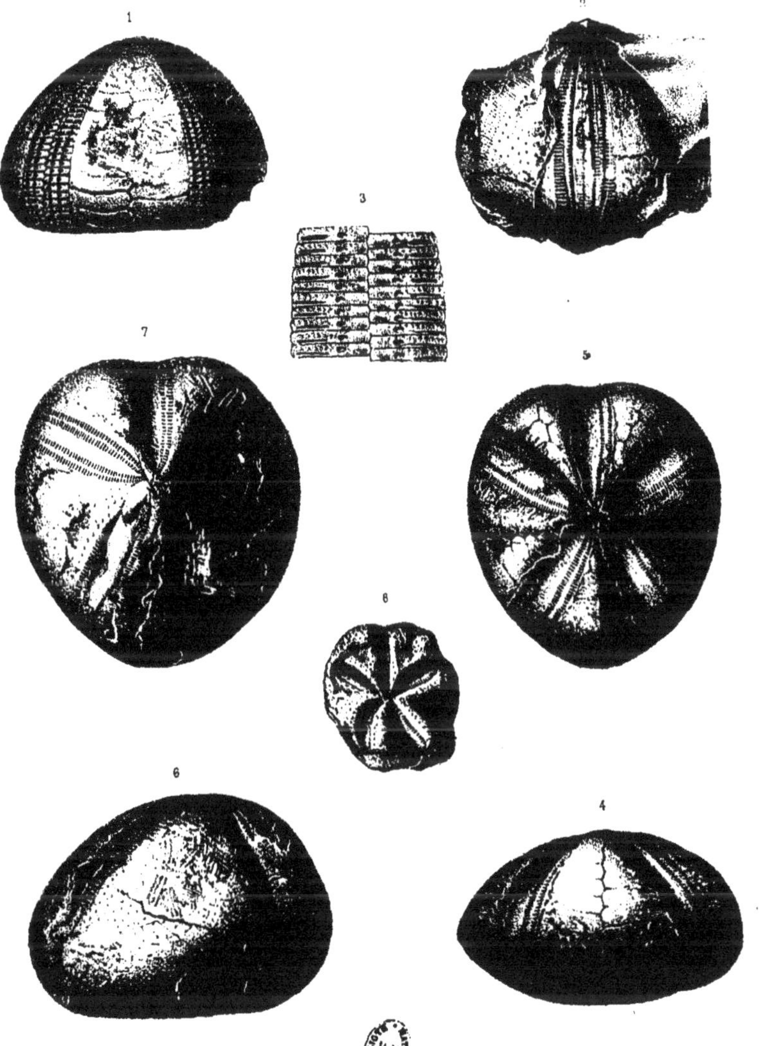

F. Gauthier del.

E. Leroux Edit., Paris.

Impies Lemercier, Paris.

Echinides. (Cénomanien)

PLANCHE II

– *Hemipneustes persicus*, vu de profil.
– Le même, face supérieure.
– Le même, face inférieure.
– Le même, partie postérieure.
– Appareil apical, grossi.
– Autre exemplaire plus élevé, vu de profil.
– *Hemipneustes minor*, vu de profil.
– Le même, face supérieure.
– Ambulacre pair antérieur, grossi.

PERSE (LOURISTAN)

Mission de Morgan.

Paléontologie. Pl. II.

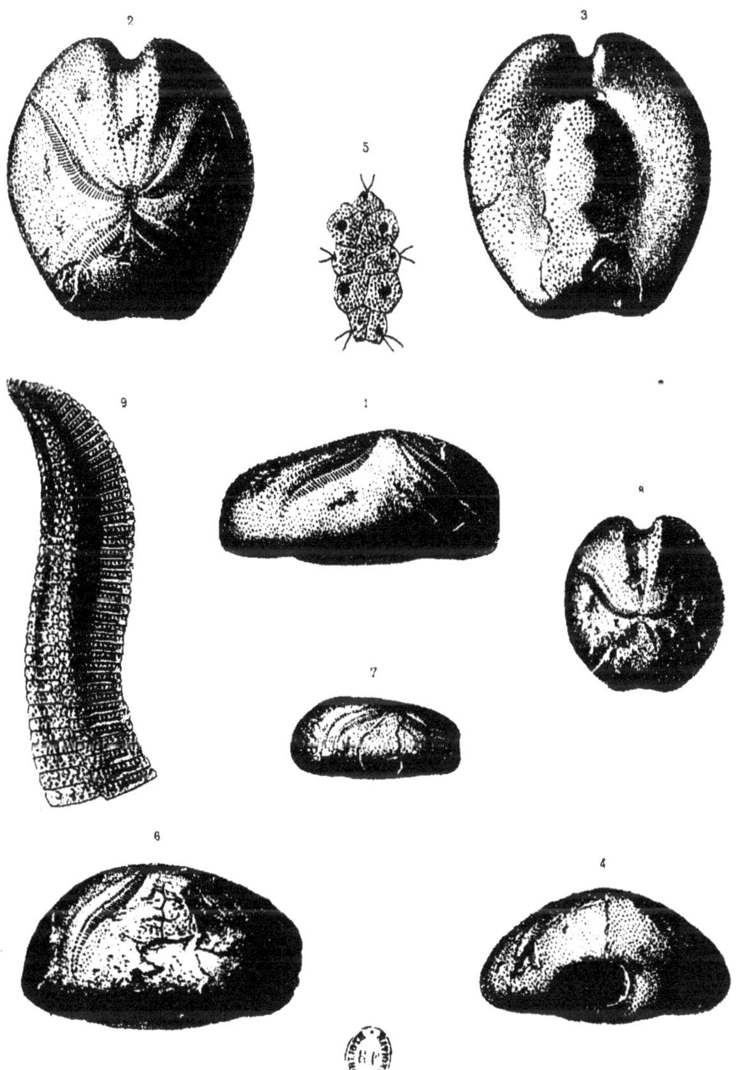

F. Gauthier del.

E. Leroux Edit., Paris.

Imp.[ie] Lemercier, Paris.

Echinides. (Sénonien.)

PLANCHE III

Fig. 1. — *Holaster Morgani*, vu de profil.
Fig. 2. — Le même, partie supérieure.
Fig. 3. — Le même, partie inférieure.
Fig. 4. — Le même, ambulacre antérieur pair, grossi.
Fig. 5. — *Holaster iranicus*, vu de profil.
Fig. 6. — Le même, face supérieure.
Fig. 7. — Le même, face inférieure.
Fig. 8. — Le même, appareil apical, grossi.
Fig. 9. — *Holaster sepositus*, vu de profil.
Fig. 10.— Le même, face supérieure.
Fig. 11.— Le même, face inférieure.
Fig. 12.— *Holaster proclivis*, vu de profil.
Fig. 13.— Le même, face supérieure.

PERSE (LOURISTAN)

Mission de Morgan.

Paléontologie Pl. III.

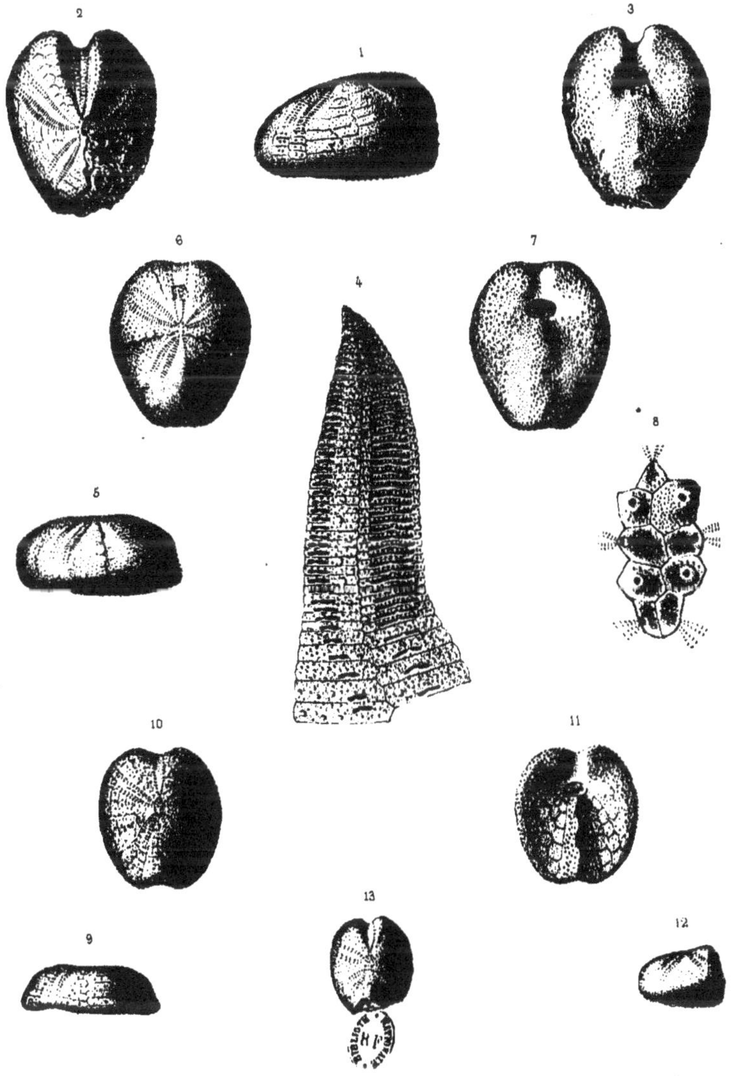

2

1

3

6

4

7

8

5

10

11

13

12

9

F. Gauthier del.

E. Leroux Edit., Paris.

Impies Lemercier, Paris.

Echinides (Sénonien)

PLANCHE IV

Fig. 1. — *Iraniaster Morgani*, vu de profil.

Fig. 2. — Le même, face supérieure.

Fig. 3. — Le même, face inférieure.

Fig. 4. — Ambulacre impair, grossi.

Fig. 5. — Ambulacre pair antérieur, grossi.

Fig. 6. — Appareil apical, grossi.

Fig. 7. — Autre exemplaire, région postérieure, montrant une partie des plaques anales conservée.

Fig. 8. — Autre exemplaire, face inférieure, montrant le plastron méridosterne, non interrompu.

Fig. 9. — Autre exemplaires montrant, dans le plastron, le *labrum* séparé de la plaque sternale par la jonction, très étroite, des pointes de deux plaques ambulacraires.

Fig. 10. — Autre exemplaire offrant une interruption du plastron beaucoup plus grande, occasionnée par l'intercalation d'une plaque ambulacraire entière, de chaque côté.

Fig. 11. — *Iraniaster Morgani*, grande taille, profil.

Fig. 12. — Le même, face supérieure.

PERSE (LOURISTAN)

Mission de Morgan.

Paléontologie. Pl. IV.

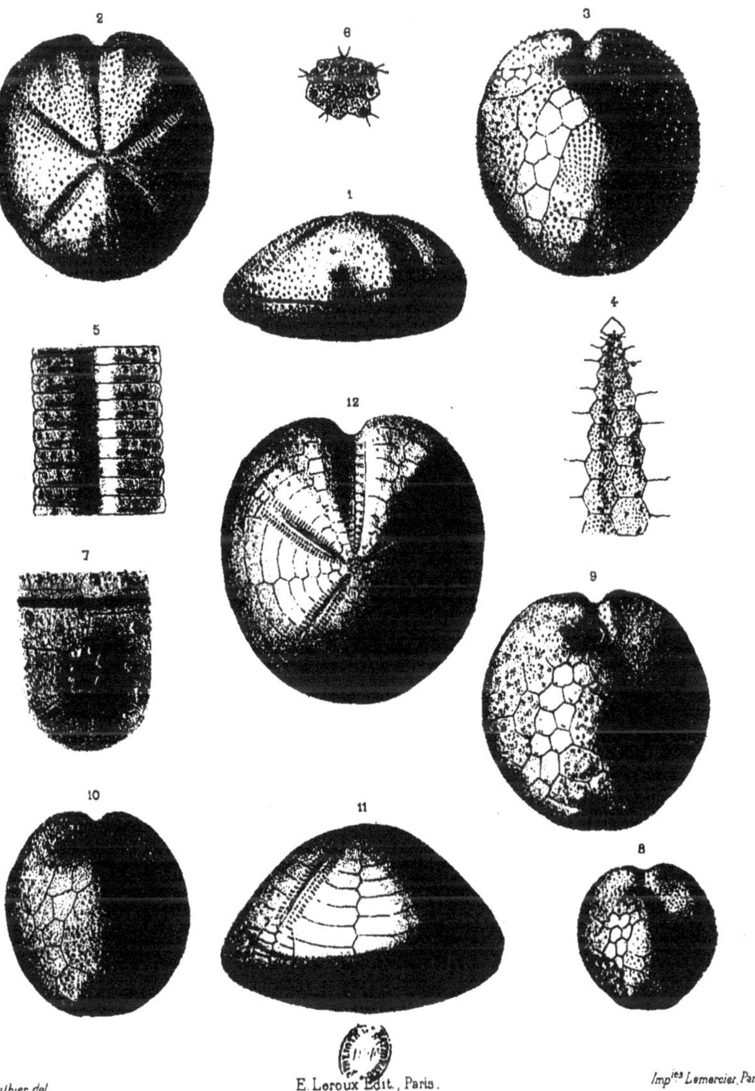

F. Gauthier del.

E. Leroux Edit., Paris.

Impies Lemercier, Paris.

Echinides. (Sénonien)

PLANCHE V

Fig. 1. — *Iraniaster Douvillei*, de taille moyenne, vu de profil.
Fig. 2. — Le même, face supérieure.
Fig. 3. — Le même, face inférieure.
Fig. 4. — Ambulacre impair, grossi.
Fig. 5. — Portion d'un ambulacre pair antérieur, grossie.
Fig. 6. — Face inférieure, montrant le plastron méridosterne, exemplaire de grande taille.
Fig. 7. — *Hemiaster iranicus*, vu de profil.
Fig. 8. — Le même, face supérieure.
Fig. 9. — Le même, face inférieure.
Fig. 10.— Autre exemplaire, vu de profil.
Fig. 11.— Le même, face supérieure.
Fig. 12.— *Hemiaster iranicus*, exemplaire de grande taille, face supérieure.

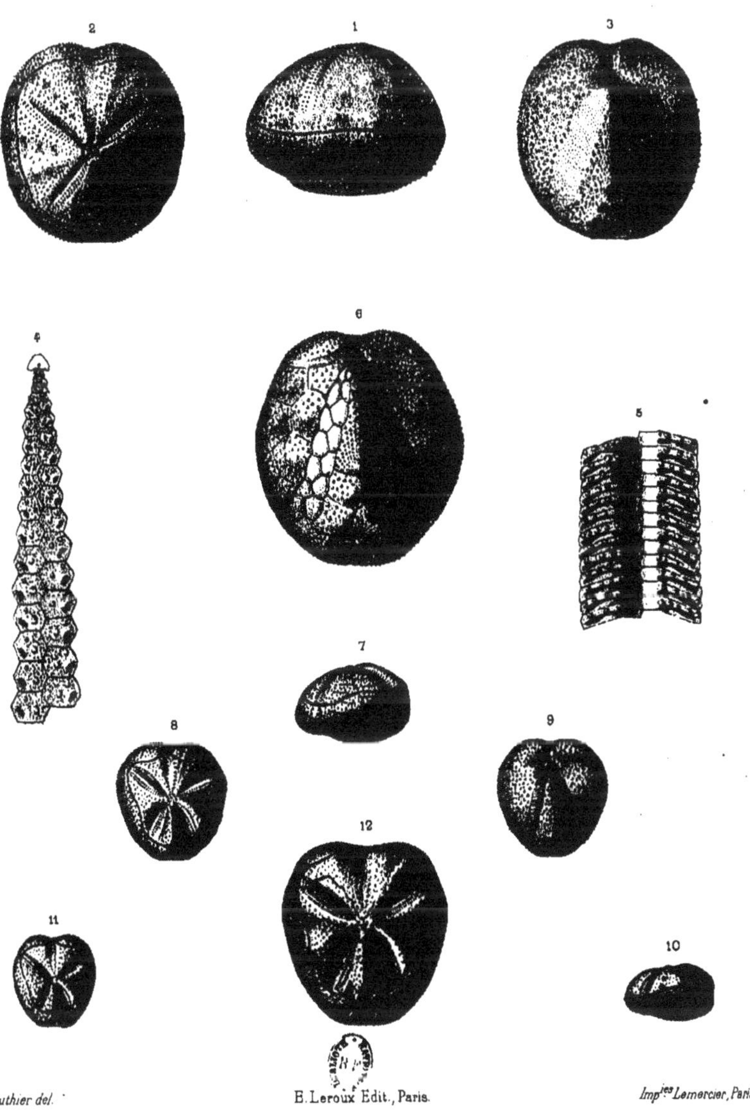

Echinides. (Sénonien)

PLANCHE VI

Fig. 1. — *Hemiaster Noemiæ*, vue de profil.

Fig. 2. — Le même, face supérieure.

Fig. 3. — Le même, face inférieure.

Fig. 4. — Le même, région postérieure, avec ses nodosités.

Fig. 5. — Autre exemplaire montrant les plaques anales conservées.

Fig. 6. — Exemplaire plus petit, vu de profil.

Fig. 7. — Le même, face supérieure.

Fig. 8. — *Hemiaster opimus*, vu de profil.

Fig. 9. — Le même, face supérieure.

Fig. 10.— Le même, face inférieure.

Fig. 11.— Ambulacre pair agrandi, montrant les paires atrophiées en haut de la branche antérieure.

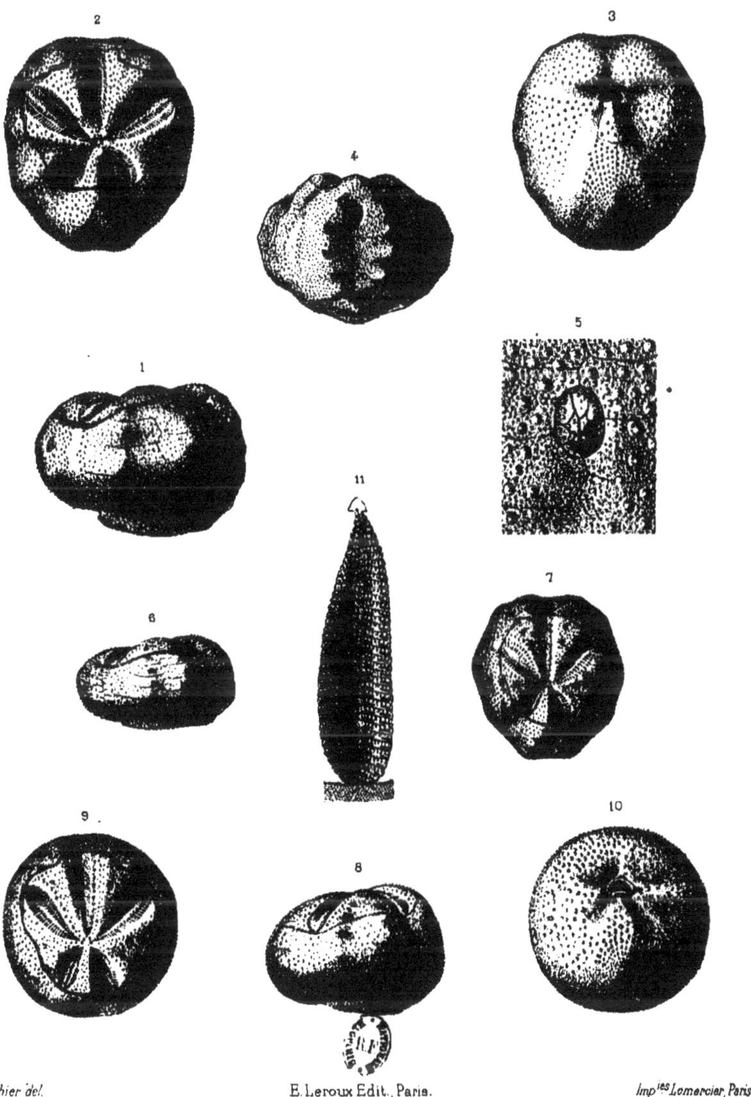

F. Gauthier del. E. Leroux Edit., Paris. Impies Lemercier, Paris.

Echinides (Sénonien)

PLANCHE VII

Fig. 1. — *Hemiaster longus*, vu de profil.
Fig. 2. — Le même, face supérieure.
Fig. 3. — Le même, face inférieure.
Fig. 4. — Appareil apical, grossi.
Fig. 5. — Autre exemplaire, de grande taille.
Fig. 6. — *Opissaster Morgani*, vu de profil.
Fig. 7. — Le même, face supérieure, grandeur naturelle.
Fig. 8. — Le même, face inférieure.
Fig. 9. — Le même, agrandissement de la figure 7.
Fig. 10.— *Opissaster centrosus*, vu de profil.
Fig. 11.— Le même, face supérieure.
Fig. 12.— Le même, face inférieure.
Fig. 13.— Autre exemplaire, face supérieure.
Fig. 14.— Le même, face inférieure.
Fig. 15.— Le même, région antérieure.

2

3

1

5

6

4

7

13

8

9

15

14

11

10

12

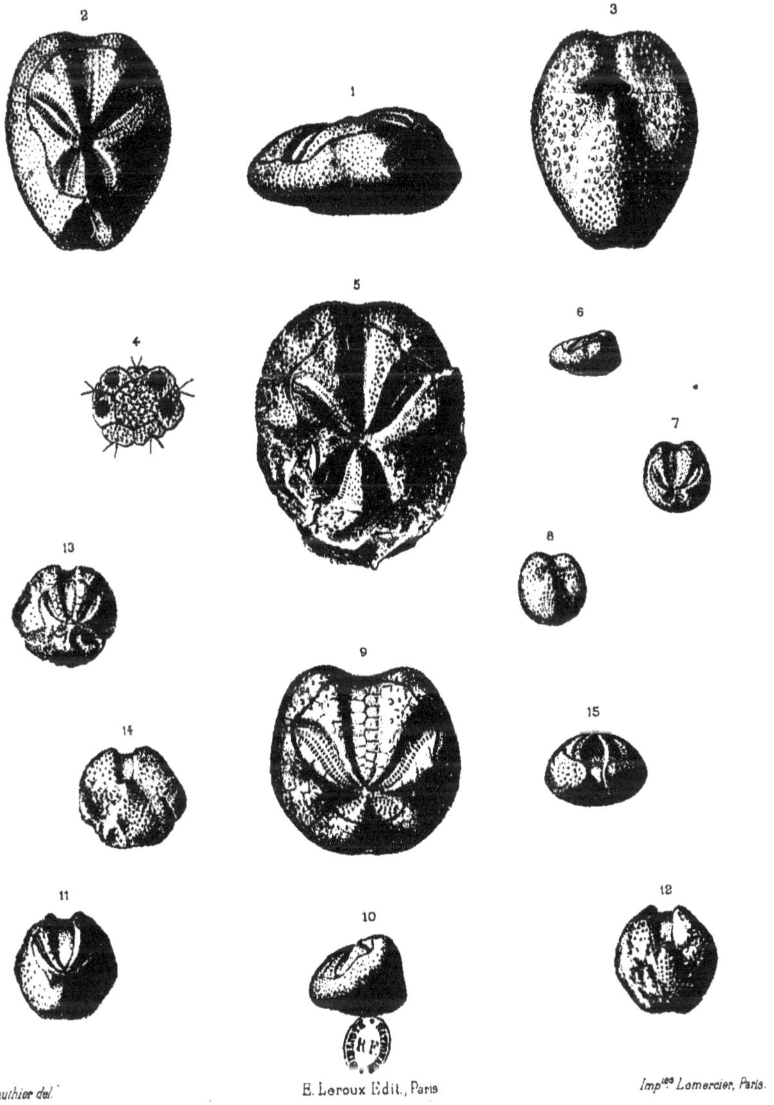

F. Gauthier del.

E. Leroux Edit., Paris

Imp.ies Lemercier, Paris.

Echinides (Sénonien)

PLANCHE VIII

Fig. 1. — *Pygurostoma Morgani*, vu de profil.
Fig. 2. — Le même, face supérieure.
Fig. 3. — Le même, face inférieure.
Fig. 4. — Péristome, grossi.
Fig. 5. — Autre exemplaire de plus grande taille.
Fig. 6. — *Parapygus inflatus*, vu de profil.
Fig. 7. — Le même, face supérieure.
Fig. 8. — Le même, face inférieure.
Fig. 9. — Péristome, grossi.
Fig. 10.— *Parapygus Vaslini*, vu de profil.
Fig. 11.— Le même, face supérieure.
Fig. 12.— Le même, face inférieure.

PERSE (LOURISTAN)

Mission de Morgan.

Paléontologie. Pl. VIII.

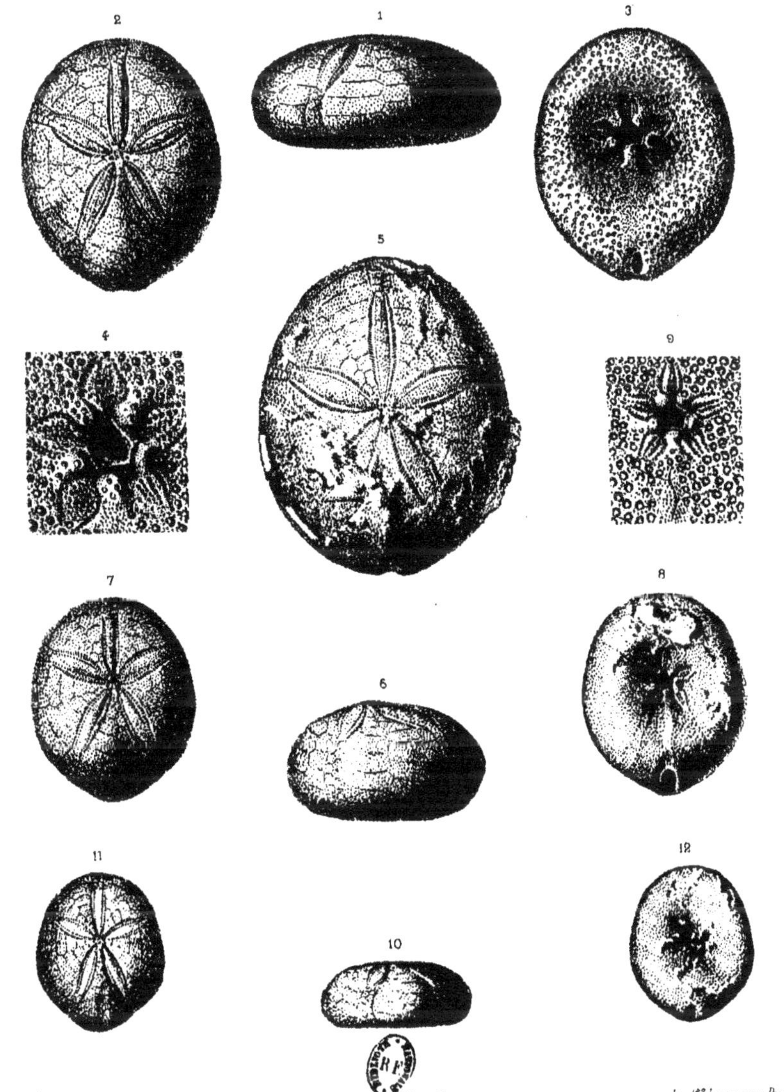

F. Gauthier del.

E. Leroux Edit., Paris.

Impies Lemercier, Paris.

Echinides (Sénonien)

PLANCHE IX

Fig. 1. — *Parapygus acutus*, vu de profil.
Fig. 2. — Le même, face supérieure.
Fig. 3. — Le même, face inférieure.
Fig. 4. — *Parapygus petalodes*, vu de profil
Fig. 5. — Le même, face supérieure.
Fig. 6. — *Catopygus Morgani*, vu de profil.
Fig. 7. — Le même, face supérieure.
Fig. 8. — Le même, face inférieure.
Fig. 9. — Péristome, grossi.
Fig. 10.— *Catopygus ovalis*, vu de profil.
Fig. 11.— Le même, face supérieure.
Fig. 12.— Le même, face inférieure.
Fig. 13.— *Pseudocatopygus declivis*, vu de profil.
Fig. 14.— Le même, face supérieure.
Fig. 15.— Le même, face inférieure.
Fig. 16.— Région postérieure, montrant l'allongement du périprocte.
Fig. 17.— Péristome, grossi.

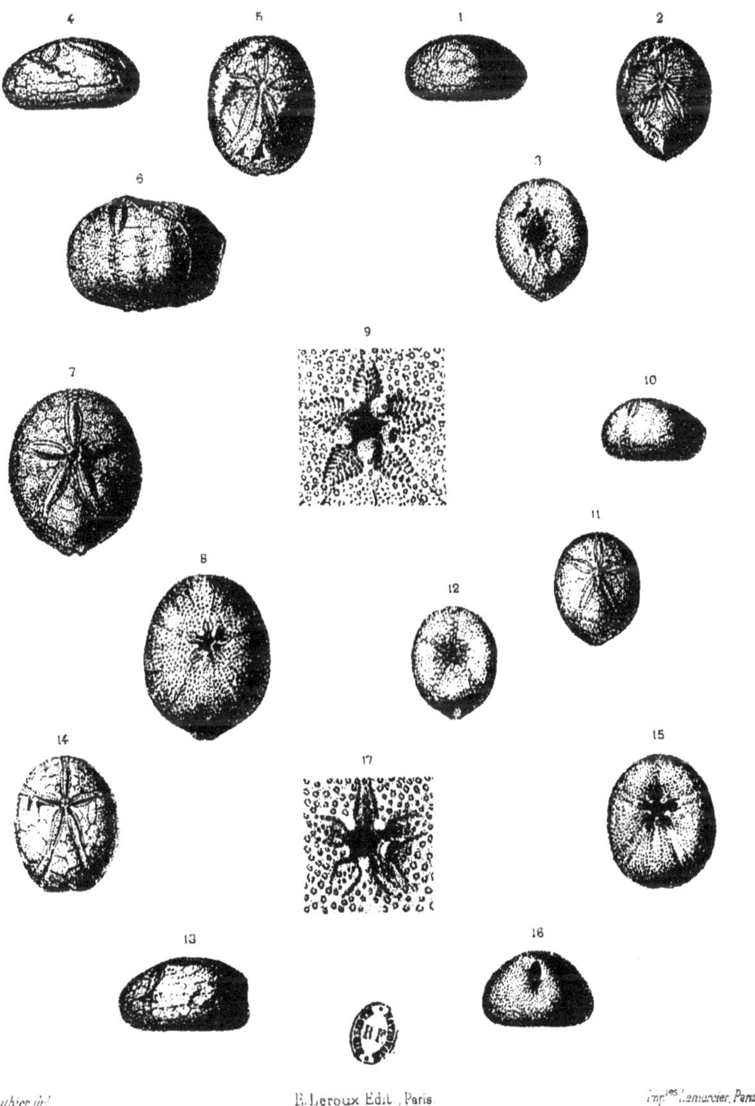

F. Gauthier del. E. Leroux Edit., Paris. Impr. Lemercier, Paris.

Echinides (Sénonien.)

PLANCHE X

Fig. 1. — *Pseudocatopygus longior*, vu de profil.
Fig. 2. — Le même, face supérieure.
Fig. 3. — Le même, face inférieure.
Fig. 4. — Région postérieure, montrant le périprocte allongé.
Fig. 5. — *Vologesia Tataosi*, vu de profil.
Fig. 6. — Le même, face supérieure.
Fig. 7. — Le même, face inférieure, entièrement plate.
Fig. 8. — Péristome grossi.
Fig. 9. — *Echinobrissus iranicus*, vu de profil.
Fig. 10. — Le même, face supérieure.
Fig. 11. — Le même, face supérieure grossie.
Fig. 12. — Autre exemplaire, face inférieure.
Fig. 13. — Le même, grossi.
Fig. 14. — Région anale.

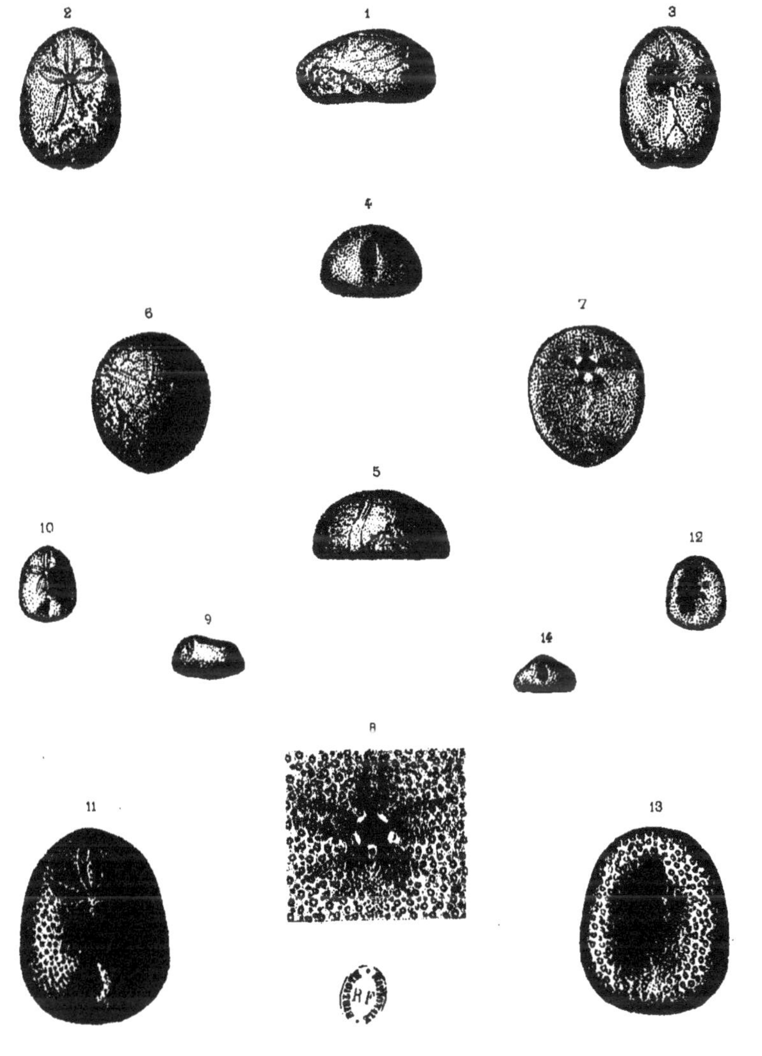

F. Gauthier del. E. Leroux Edit., Paris. Impies Lemercier, Paris

Echinides. (Sénonien)

PLANCHE XI

Fig. 1. — *Pyrina orientalis*, vu de profil.
Fig. 2. — Le même, face supérieure.
Fig. 3. — Le même, face inférieure.
Fig. 4. — Autre exemplaire, moins pentagonal, vu de profil.
Fig. 5. — Le même, face supérieure.
Fig. 6. — Autre exemplaire, plus renflé, vu de profil.
Fig. 7. — Le même, face supérieure.
Fig. 8. — Appareil apical, grossi.
Fig. 9. — *Echinoconus Douvillei*, vu de profil.
Fig. 10.— Le même, face supérieure.
Fig. 11.— Le même, face inférieure.
Fig. 12.— Partie supérieure d'un ambulacre, grossie, montrant la disposition des plaques.
Fig. 13.— Partie d'un ambulacre, prise à l'ambitus, grossie.

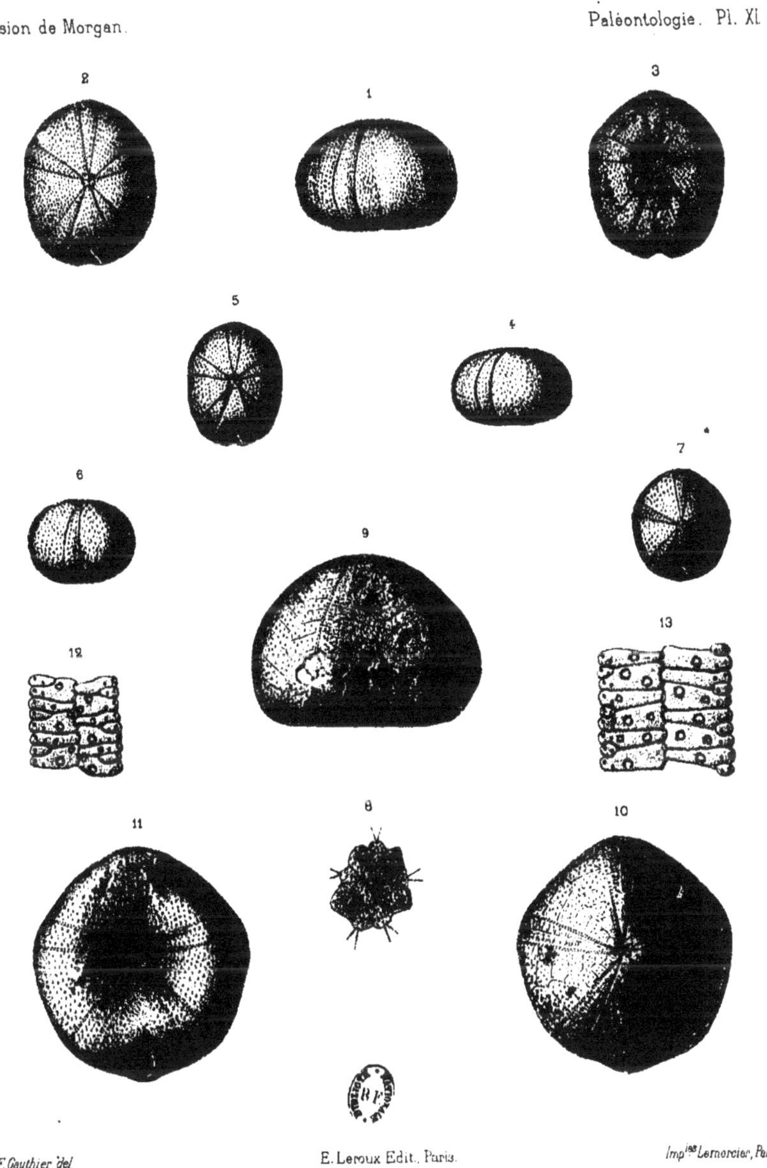

F. Gauthier del. E. Leroux Edit., Paris. Impies Lemercier, Paris.

Echinides. (Sénonien)

PLANCHE XII

Fig. 1. — *Holectypus inflatus*, vu de profil.
Fig. 2. — Le même, face supérieure.
Fig. 3. — Le même, face inférieure.
Fig. 4. — Portion d'un ambulacre, grossie.
Fig. 5. — *Holectypus circularis*, vu de profil.
Fig. 6. — Le même, face supérieure.
Fig. 7. — Le même, face inférieure.
Fig. 8. — *Coptodiscus Noemiæ*, vu de profil, exemplaire de taille moyenne.
Fig. 9. — Face inférieure.
Fig. 10.— Portion de la face inférieure, grossie.
Fig. 11.— Autre exemplaire, de plus grande taille, face supérieure.
Fig. 12.— Portion de la face supérieure, grossie, avec l'appareil apical.
Fig. 13.— Petit exemplaire, vu de profil.
Fig. 14.— Plaques anales du même.

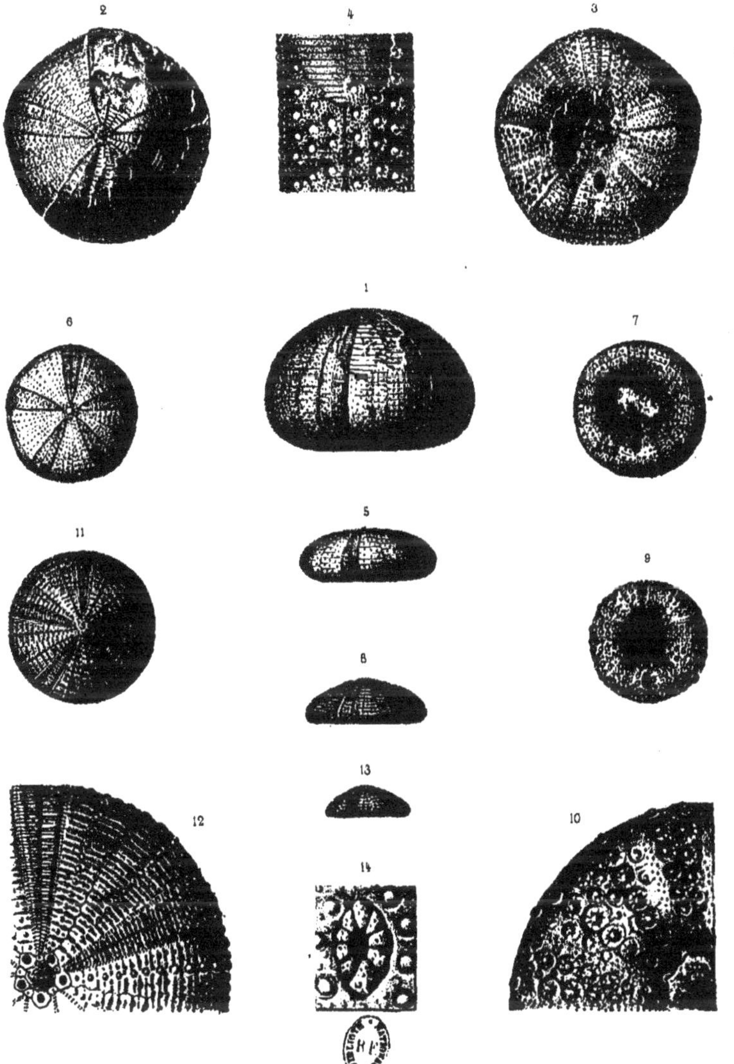

F. Gauthier del. E. Leroux Edit., Paris. Impies Lemercier, Paris.

Echinides (Sénonien)

PLANCHE XIII

Fig. 1. — *Cidaris persica*, exemplaire exceptionnellement renflé, vu de profil.

Fig. 2. — Autre exemplaire, un peu déformé, moins élevé, présentant la hauteur habituelle à l'espèce, vu de profil (type de l'espèce).

Fig. 3. — Le même, partie de l'ambulacre, grossie.

Fig. 4. — Le même, interambulacre, grossi.

Fig. 5. — Autre exemplaire plus petit et plus pentagonal ; face inférieure.

Fig. 6,7,8.— *Cidaris aftabensis*, radioles divers ; 6 montrant une section de la tige.

Fig. 9. — Partie de la tige, grossie.

Fig. 10.— *Cidaris Husseini*, radiole incomplet, côté granuleux.

Fig. 11.— Autre radiole appartenant à la même espèce.

Fig. 12.— Le même, partie inférieure et bouton grossis.

Fig. 13.— *Salenia cossiæa*, vu de profil.

Fig. 14.— Le même, face supérieure.

Fig. 15.— Le même, face inférieure.

Fig. 16.— Ambulacre, grossi.

Fig. 17.— Interambulacre, grossi.

Fig. 18.— Appareil apical, montrant l'intercalation de la plaque ocellaire I dans le cercle périproctal.

Fig. 19.— Exemplaire plus jeune ; appareil apical, montrant le cercle périproctal formé sans l'intercalation de la plaque ocellaire I.

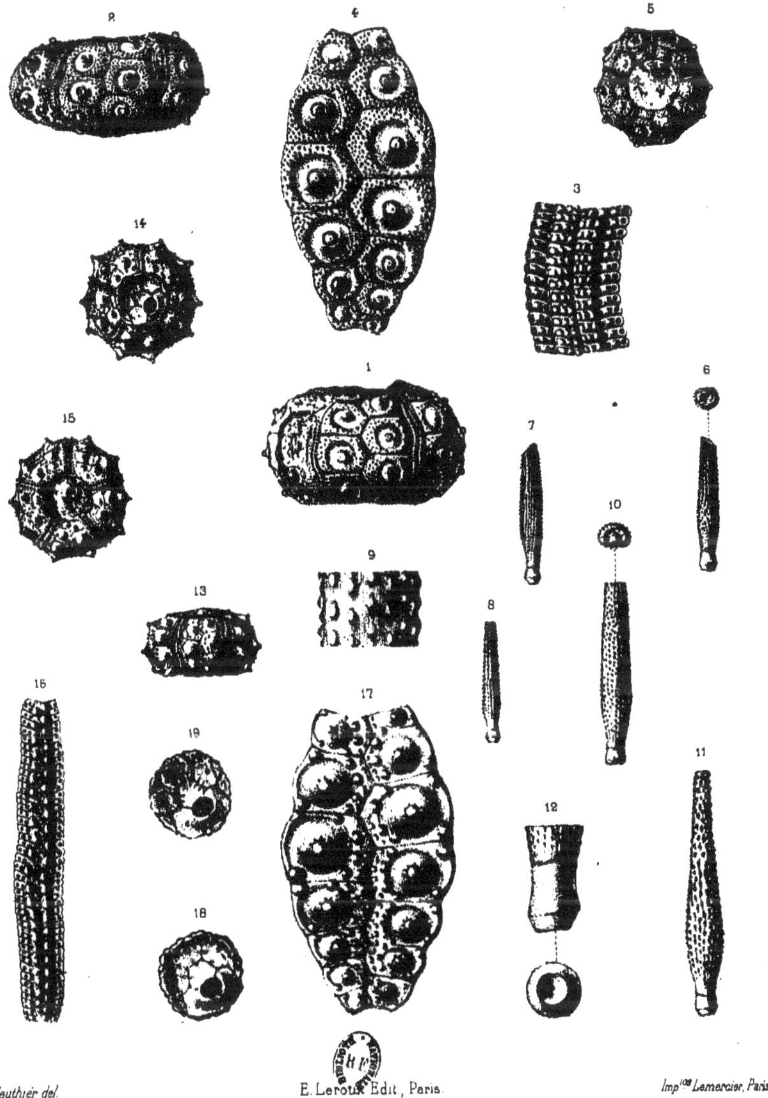

F. Gauthier del. E. Leroux Edit., Paris. Impies Lemercier, Paris.

Echinides (Sénonien)

PLANCHE XIV

Fig. 1. — *Hemipedina Noemiæ*, vu de profil, grand. nat.
Fig. 2. — Le même, face supérieure.
Fig. 3. — Le même, face inférieure.
Fig. 4. — Ambulacre, grossi.
Fig. 5. — Interambulacre, grossi, montrant la granulation régulière qui couvre le test.
Fig. 6. — *Orthopsis Morguni*, vu de profil.
Fig. 7. — Le même, face supérieure.
Fig. 8. — Portion d'un ambulacre, grossie.
Fig. 9. — Appareil apical, grossi.
Fig. 10.— *Orthopsis globosa*, vu de profil.
Fig. 11.— Le même, face supérieure.
Fig. 12.— Le même, face inférieure.
Fig. 13.— Portion d'un ambulacre, grossie.
Fig. 14.— Appareil apical, grossi.

PERSE (LOURISTAN)

Mission de Morgan.

Paléontologie. Pl. XIV.

4 2 3 5 1 7 9 14 8 13 6 11 10 12

F Gauthier del.

E. Leroux Edit., Paris.

Impies Lemercier, Paris.

Echinides (Sénonien)

PLANCHE XV

Fig. 1. — *Cyphosoma persicum*, exemplaire de grande taille (fragment), face supérieure.

Fig. 2. — Portion d'un interambulacre, montrant quelques radiations autour des tubercules.

Fig. 3. — *Cyphosoma speciale*, vu de profil.

Fig. 4. — Le même, face supérieure.

Fig. 5. — *Coptosoma gemmatum*, face supérieure.

Fig. 6. — *Actinophyma spectabile*, vu de profil.

Fig. 7. — Le même, face inférieure.

Fig. 8. — Ambulacre, grossi.

Fig. 9. — Plaques ambulacraires soumises à un grossissement plus considérable, et montrant la disposition des plaquettes rayonnantes.

Fig. 10.— Portion d'un interambulacre.

4 3 2

1

5 7

6

8

9 10

F. Gauthier del. E. Leroux Edit., Paris. Impies Lemercier, Paris.

Echinides. (Sénonien)

PLANCHE XVI

Fig. 1. — *Orthechinus cretaceus*, face supérieure.
Fig. 2. — Le même, face inférieure.
Fig. 3. — Ambulacre, grossi.
Fig. 4. — Interambulacre grossi.
Fig. 5. — *Goniopygus superbus*, vu de profil.
Fig. 6. — Le même, face inférieure.
Fig. 7. — Autre exemplaire plus grand, face supérieure.
Fig. 8. — Portion d'un ambulacre, grossie, montrant la disposition des tubercules secondaires et des plaquettes porifères.
Fig. 9. — Appareil apical, à cinq granules valvaires.
Fig. 10.— Autre appareil, n'ayant, exceptionnellement, que quatre granules valvaires.
Fig. 11.— *Plistophyma asiaticum*, vu de profil, un peu déformé.
Fig. 12.— Le même, face supérieure.
Fig. 13.— Ambulacre, grossi.
Fig. 14.— Interambulacre, grossi.

PERSE (LOURISTAN)

Mission de Morgan. Paléontologie. Pl. XVI.

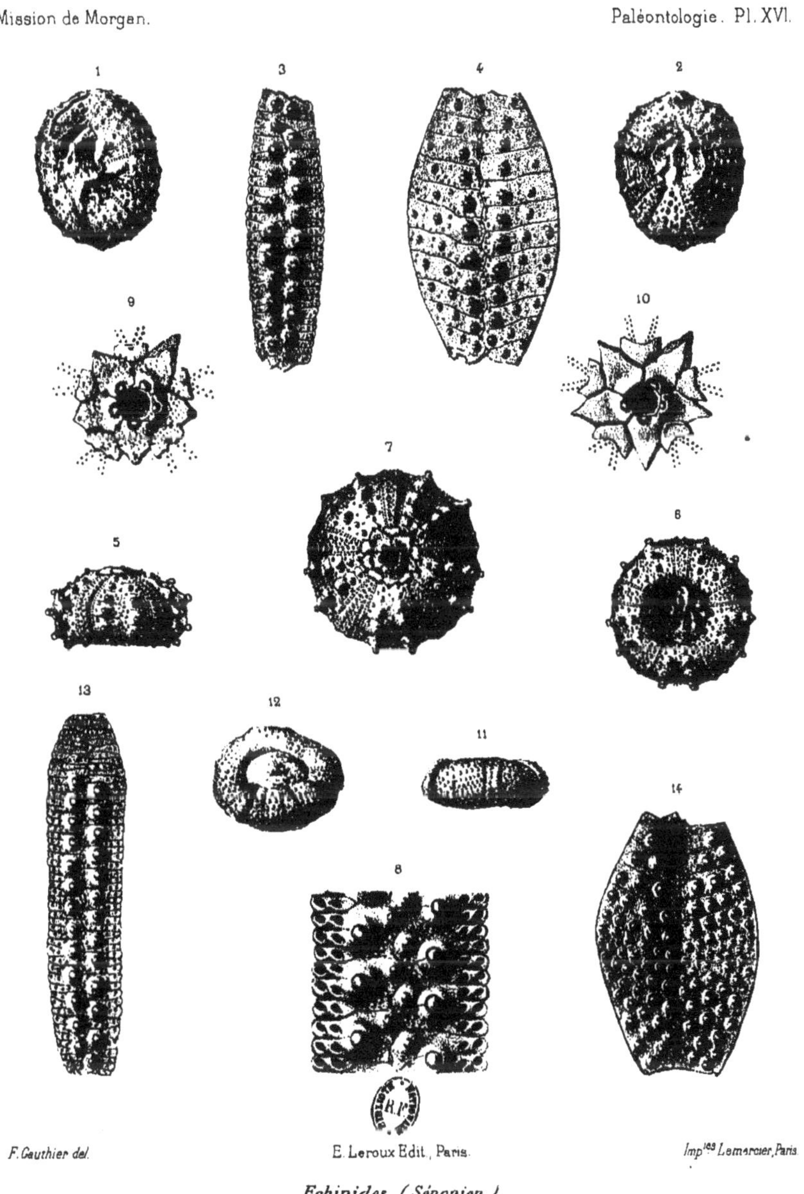

F. Gauthier del. E. Leroux Edit., Paris. Imp[ies] Lemercier, Paris.

Echinides. (Sénonien)

Pagination incorrecte — date incorrecte

NF Z 43-120-12

TABLE ALPHABÉTIQUE

DES GENRES ET DES ESPÈCES

ANGERS. — IMPRIMERIE ORIENTALE DE A. BURDIN ET Cie.

Angers, imp. A. Burdin et Cie, rue Garnier, 4.

MISSION SCIENTIFIQUE

EN

PERSE

PAR

J. DE MORGAN

TOME TROISIÈME

ÉTUDES GÉOLOGIQUES

PARTIE III. — ÉCHINIDES

SUPPLÉMENT

PAR

V. GAUTHIER

PARIS
ERNEST LEROUX, ÉDITEUR
28, RUE BONAPARTE, VIe

1902

MISSION SCIENTIFIQUE

EN PERSE

ANGERS. — IMP. A. BURDIN ET Cie, 4, RUE GARNIER.

MISSION SCIENTIFIQUE

EN

PERSE

PAR

J. DE MORGAN

TOME TROISIÈME

ÉTUDES GÉOLOGIQUES

PARTIE III. — ÉCHINIDES

SUPPLÉMENT

PAR

V. GAUTHIER

PARIS

ERNEST LEROUX, ÉDITEUR

28, RUE BONAPARTE, VIe

—

1902

MISSION J. DE MORGAN

III

PALÉONTOLOGIE

ÉCHINIDES FOSSILES

SUPPLÉMENT

PAR

M. V. GAUTHIER

AVANT-PROPOS

Les Échinides que je vais décrire ont été recueillis par M. J. de Morgan au cours d'une nouvelle mission archéologique en Perse ; la récolte est riche et peut se diviser en deux parts : d'abord les espèces déjà décrites dans le premier travail de 1895 ; elles sont nombreuses et des exemplaires mieux conservés m'ont permis de rectifier quelques erreurs du livre précédent, dues à l'insuffisance des matériaux ; la seconde part est celle des espèces nouvelles ; elles sont assez variées, nous apportant des renseignements intéressants et plus complets sur cette faune des bords orientaux de l'ancienne Méditerranée. M. de Morgan a rencontré et exploré pour la première fois des terrains tertiaires, et les Échinides qu'il en a rapportés, offrant de nombreuses analogies avec ceux de l'Europe occidentale et des côtes septentrionales de l'Afrique, ont prouvé de nouveau combien est merveilleuse la facilité avec laquelle se propagent les même types spécifiques à des distances géographiques considérables.

V. G.

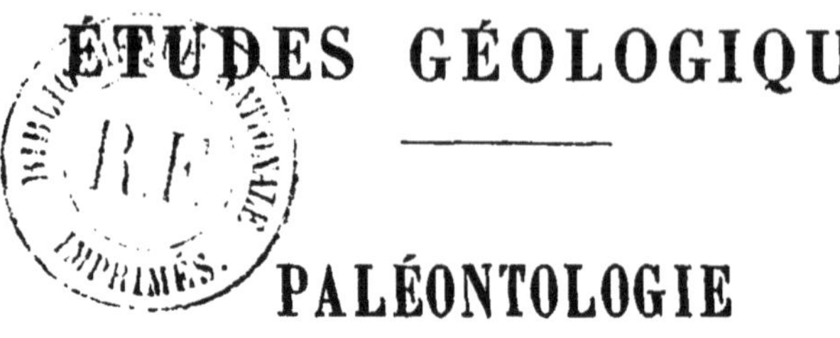

ÉTUDES GÉOLOGIQUES

PALÉONTOLOGIE

PREMIÈRE PARTIE

ÉCHINIDES FOSSILES

(SUPPLÉMENT)

TERRAINS CRÉTACÉS

INFÉRIEURS AU SÉNONIEN

Holaster subconicus Gauthier, 1902.

Pl. XVII, fig. 1-3.

Longueur, 63 millimètres. Largeur, 57 millimètres. Hauteur, 38 millimètres.

Espèce de grande taille, de forme à peu près ovale ou subpentagonale, élargie en avant, rétrécie en arrière; face supérieure subconique, également déclive de tous côtés; bord épais; apex ambulacraire excentrique en arrière, 35/63.

Appareil apical allongé, intercalaire; les deux plaques génitales antérieures 2 et 3 sont inégales, celle de droite qui porte le corps madréporiforme étant plus développée que l'autre; c'est le contraire qui se produit pour les deux latérales 1 et 4, celle de gauche 4 est plus développée que celle de droite; les deux plaques ocellaires médianes II et IV sont largement en contact, toutes deux bien développées, celle de droite plus que l'autre ; les deux postérieures I et V sont assez grandes et pentagonales.

L'ambulacre impair d'abord superficiel près du sommet sur une assez grande étendue, entre peu à peu dans une dépression constituant un faible sillon un peu plus accentué à l'ambitus et échancrant médiocrement le bord antérieur; les paires de pores sont extrêmement réduites près de l'apex, d'abord assez rapprochées l'une de l'autre, puis s'éloignant sensiblement; l'espace intermédiaire entre les deux zones est couvert d'une fine granulation entremêlée de quelques petits tubercules.

Pétales ambulacraires pairs tous semblables, superficiels, assez larges, longs, renflés au pourtour et descendant presque jusqu'au bord; les antérieurs mesurant quarante-cinq millimètres. Zones porifères aiguës près du sommet, s'élargissant sensiblement à mesure qu'elles s'en éloignent, atteignant vers le milieu une largeur de trois millimètres de chaque côté, puis se rétrécissant légèrement jusqu'à leur extrémité; pores linéaires, bien marqués, formant des paires horizontales, droites et ne s'inclinant pas en chevrons; l'espace interzonaire va s'élargissant du sommet à l'extrémité distale ; à l'endroit le plus développé il est large de six millimètres, ce qui donne à l'aire totale une largeur de douze millimètres. Des tubercules semblables à ceux qui couvrent le reste du test, assez distants entre eux et disposés sans ordre apparent, font saillie au milieu des fins granules qui ornent l'espace interzonaire. Les pétales postérieurs sont entièrement semblables aux antérieurs mais un peu moins longs; ils mesurent néanmoins près de quarante millimètres.

Aires interambulacraires très larges à l'ambitus; elles sont couvertes de petits tubercules crénelés et perforés, peu serrés; le reste du test est orné d'une granulation homogène et très fine.

Le périprocte doit s'ouvrir presque au bas de la face postérieure, mais je ne puis pas en préciser la position parce qu'il n'est pas visible, je ne vois pas davantage le péristome qui doit être médiocrement éloigné du bord antérieur.

Rapports et différences. — Je décris cette espèce d'après un exemplaire unique bien conservé à la partie supérieure, mais irrémédiablement empâté à la partie inférieure et souvent au pourtour. Néanmoins il n'est pas déformé et l'aspect subconique qu'il présente le distingue de tous les *Holaster* de grande taille que je connais. L'espèce la plus voisine parmi les types européens serait l'*H. latissimus* Agassiz, mais ce dernier se distingue facilement de l'exemplaire du Louristân par sa face supérieure plus déprimée, par son ensemble plus large et moins long, par son sillon antérieur plus prononcé et entamant plus fortement l'ambitus, par sa partie postérieure plus nettement tronquée et plus élevée. Je ne parle pas de la disposition plus ou moins accentuée des pores ambulacraires en chevrons qui est commune à presque tous les *Holaster* de l'Europe occidentale, tandis qu'ils sont parfaitement horizontaux chez les exemplaires recueillis au sud et à l'est de l'ancienne Méditerranée, en Algérie, en Tunisie et en Perse. C'est sur ce dernier caractère que Pomel avait fondé son genre *Pseudholaster* qui, ainsi entendu, ne me paraît pas pouvoir être maintenu dans la méthode.

LOCALITÉ. — L'*Holaster subconicus* a été recueilli par M. de Morgan à Kanepan, probablement dans l'étage albien.

PSEUDANANCHYS PERSICA Cotteau et Gauthier.

Syn. *Pseudananchys persica*. Cotteau et Gauthier, *Échinides fossiles du Louristân*, p. 6, pl. I, fig. 1, 1895.

Une erreur d'impression nous a fait mettre *Pseudananchys similis*, au lieu de *persica*, dans l'explication de la planche I de notre premier travail.

Je ne reviendrai pas aujourd'hui sur la description de cette espèce donnée dans notre premier ouvrage; les nouveaux exemplaires recueillis par M. de Morgan ne diffèrent point des autres et sont malheureusement encore plus mal conservés. L'espèce se reconnaît facilement à ses pores égaux entre eux, tandis qu'ils sont toujours inégaux chez les autres types spécifiques. Ces pores, quand le test est bien conservé, sont plus allongés que ne le montre le dessin. L'horizon géologique, que nous avons indiqué avec doute ou plutôt que nous avons évité d'indiquer à cause de l'incertitude où nous nous trouvions est peu élevé, car un nouvel exemplaire a été trouvé à Kouh-Valamtar, dans des couches que nous croyons pouvoir rapporter à l'Aptien et qui sont du moins inférieures à celles qui contiennent l'*Hypsaster convexus* que je vais décrire.

Hypsaster convexus Gauthier, 1902.

Pl. XVII, fig. 4-6.

Longueur, 40 millimètres.	Largeur, 38 millimètres.	Hauteur, 25 millimètres.
— 48 —	— 43 —	— 28 —

J'ai entre les mains, pour décrire cette espèce, un assez grand nombre d'exemplaires, mais tous en mauvais état, empâtés, corrodés, déformés; la description se ressentira naturellement de ces inconvénients.

Espèce de taille moyenne, cordiforme, élargie en avant, rétrécie et subtronquée en arrière; la plus grande largeur est immédiatement en arrière des ambulacres pairs antérieurs. Face supérieure renflée, ayant son point culminant à l'appareil apical ou très peu en arrière de celui-ci; bord épais et arrondi; face inférieure à peu près plate; face postérieure arrondie plutôt que tronquée. Apex ambulacraire à peine excentrique en avant, 19/40.

Appareil apical ordinaire au genre, quatre pores génitaux en trapèze avec les cinq pores ocellaires en dehors; la plaque génitale 2 porte le corps madréporiforme qui reste enfermé au centre de l'appareil.

Ambulacre impair logé dans un sillon peu profond, partout égal, échancrant à peine le bord antérieur. Zones porifères relativement assez développées, formées de paires de pores assez serrées jusqu'au milieu de la longueur du sillon; dans chaque paire, les pores sont linéaires, séparés par un granule, obliques, en forme de chevrons; au-delà de cette première partie des zones porifères, les plaques deviennent plus hautes et portent une petite paire de pores à peine visible.

Pétales des ambulacres pairs larges et assez longs, logés dans de faibles sillons bien circonscrits, égaux, les postérieurs aussi grands, ou peu s'en faut, que les antérieurs. Zones porifères bien développées, égales entre elles, formées de paires horizontales de pores linéaires, acuminés à la partie interne, au nombre d'environ cinquante dans les pétales antérieurs et quarante-huit dans les postérieurs; espace interzonaire moins large qu'une des zones.

Les aires interambulacraires sont partout convexes et renflées jusqu'à l'apex; elles portent de petits tubercules, plus nombreux en se rapprochant du bord, presque partout détruits sur nos exemplaires.

Péristome situé au quart antérieur, presque à fleur de test, ovale, probablement légèrement labié en arrière. Périprocte médiocre, ovale longitudinalement, s'ouvrant presque au sommet de la face postérieure.

L'exemplaire que j'ai décrit est un des moins développés de ceux qui sont à ma disposition, il est aussi le moins endommagé. La forme régulière de cet oursin, sa face supérieure partout renflée, ses sillons ambulacraires peu profonds, ses zones porifères formées de paires de pores nombreuses et très serrées, sa partie postérieure arrondie le distinguent facilement des espèces peu nombreuses qu'on trouve ailleurs à ce niveau géologique. Les pores de l'ambulacre antérieur linéaires mais avec tendance à se ranger en chevrons ne sont pas en parfaite concordance avec la diagnose du genre qui veut que les cinq ambulacres soient semblables; c'est un intermédiaire entre les genres *Hypsaster* et *Epiaster*. Pomel a déjà admis dans le premier de ces genres l'*Epiaster polygonus* d'Orbigny, qui a les pores de l'ambulacre impair disposés de la même manière.

LOCALITÉ. — L'*Hypsaster convexus* a été recueilli dans le ravin de *Kouh Valamtar*, sous les calcaires à silex, probablement dans l'étage aptien.

HYPSASTER VALAMTARENSIS Gauthier, 1902.

Pl. XVII, fig. 7-9.

Longueur, 50 millimètres. Largeur, 50 millimètres. Hauteur, 30 millimètres

Espèce subcordiforme, aussi large que longue, à pourtour épais, médiocrement rétrécie et obtuse en arrière, ayant sa plus grande largeur dans la moitié antérieure des aires interambulacraires latérales; face supérieure assez haute, en pyramide déprimée, avec les aires interambulacraires saillantes et s'élevant sensiblement au-dessus des sillons ambulacraires; face postérieure plutôt subarrondie que tronquée, assez basse; face inférieure presque plane, pulvinée sur les bords. Apex ambulacraire au point culminant, à peu près central.

Appareil apical peu étendu, situé dans une faible dépression, montrant quatre pores génitaux en trapèze avec le corps madréporiforme au centre, et les cinq plaques ocellaires dans les angles externes.

Ambulacre impair logé dans un sillon plus étroit que les autres, ne mesurant au milieu que sept millimètres en largeur, peu profond, s'évasant en s'approchant du bord, ne produisant au pourtour qu'une faible ondulation. Zones porifères droites, relativement assez larges, s'étendant sans se modifier jusqu'au-delà des deux tiers du sillon, formées de paires de pores transverses linéaires, semblables à celles des autres ambulacres. Vers le bas, les paires s'atténuent, se distancent et finissent par disparaître.

Pétales des ambulacres pairs tous semblables, logés dans des sillons évasés, de profondeur médiocre, à fond presque plat, mesurant de huit à neuf millimètres à l'endroit le plus large, mal fermés à l'extrémité distale. Zones porifères assez larges, égales, droites, longues de vingt-cinq millimètres, formées de paires de pores horizontaux, linéaires, tous égaux; je compte environ soixante-deux paires dans les aires antérieures et cinquante-et-une dans les postérieures qui sont un peu plus courtes; l'espace interzonaire est un peu plus large qu'une des zones.

Aires interambulacraires partout renflées, aiguës près du sommet, saillantes au milieu, s'élargissant en bas sans se déprimer et formant le bord épais du pourtour.

Péristome éloigné du bord de quinze millimètres, subovale, transverse, bordé en arrière par un labrum peu prononcé. Périprocte presque rond, s'ouvrant au sommet de la face postérieure qui, comme je l'ai dit, est assez basse, à douze millimètres au-dessus du bord inférieur. L'état de mes exemplaires ne me permet pas de parler avec détail de la granulation; je distingue seulement un assez grand nombre de tubercules médiocres au-dessus du bord et d'autres plus développés à la face inférieure.

Rapports et différences. — L'*Hypaster Valamtarensis* se distingue facilement des deux espèces que nous avons décrites en 1895, quoiqu'il ne soit pas sans analogies avec elles; il se rapproche surtout de l'*H. Husseini* dont il a à peu près la taille, la forme et les longs ambulacres; il s'en éloigne par sa largeur proportionnellement plus grande, par sa face inférieure plate au lieu d'être renflée, par son périprocte placé plus haut, à la limite supérieure de l'aire postérieure; il s'éloigne davantage de l'*H. longesulcatus* à qui sa taille plus élevée, son apex excentrique en avant et la longue déclivité de sa carène dorsale donnent une physionomie toute différente.

Localité. — Ravin de Kouh-Valamtar. Aptien ?

Hypsaster Douvillei Gauthier, 1902.

Pl. XVII, fig. 10-12.

Longueur, 58 millimètres.	Largeur, 62 millimètres.	Hauteur, 27 millimètres.
— 52 —	— 56 —	— 24 —

Espèce atteignant une grande taille, de forme subtriangulaire, peu élevée, sensiblement plus large que longue, fortement élargie en avant, très rétrécie en arrière ; bord épais, largement échancré en avant par le sillon impair; face supérieure presque plate, vallonnée par les sillons ambulacraires; face postérieure resserrée, étroite, un peu rentrante en bas; face inférieure plane au milieu, pulvinée sur les bords. Apex ambulacraire à peu près central.

Appareil apical subcompact, peu développé, montrant quatre plaques génitales au centre dont l'antérieure de droite porte le corps madréporiforme, et cinq plaques ocellaires, toutes dans les angles externes.

Ambulacre impair logé dans un sillon plus étroit que les autres, large de sept millimètres chez notre plus grand exemplaire, peu profond, s'évasant en s'approchant du bord qu'il entame assez fortement. Zones porifères droites, semblables à celles des ambulacres pairs, mais moins larges, formées de paires transverses de pores linéaires séparés par un granule ; les paires restent régulières et serrées sur une longueur d'environ vingt millimètres, puis elles s'écartent et les derniers pores ont une tendance à se disposer en chevrons.

Pétales ambulacraires pairs antérieurs assez divergents, portés néanmoins vers la partie antérieure, placés dans des sillons larges, mal fermés et s'étendant jusqu'au bord ; la partie porifère mesure neuf millimètres de large; zones droites, égales, formées de paires transverses de pores linéaires, acuminés, séparés l'un de l'autre par un espace de test plus large que chaque pore et granuleux ; les zones s'étendent, comme le sillon, jusqu'au bord et mesurent chacune trois millimètres en largeur, les pores externes s'ouvrant sur le talus du sillon, et elles comptent environ soixante-dix paires ; l'espace interzonaire est égal à l'une des zones. Les pétales postérieurs sont moins longs de cinq millimètres, quoique s'étendant aussi jusqu'au bord qui est moins éloigné qu'en avant par suite du rétrécissement de la face postérieure ; ils ne sont guère moins divergents et sont entièrement semblables pour les détails.

Péristome s'ouvrant près du bord, petit, ovale transversalement, faiblement labié en arrière. Périprocte placé en haut de la face postérieure, presque rond, mesurant quatre millimètres de diamètre, entouré d'une ceinture de nodosités qui limitent l'aire anale.

Tubercules très petits, assez distants près du sommet, plus nombreux vers le bord inférieur, plus gros en dessous sur les aires interambulacraires ; ceux du plastron sont entourés d'une petite couronne scrobiculaire. La granulation qui les accompagne est très fine à la face supérieure, surtout aux endroits où passerait le fasciole péripétale s'il existait.

J'ai sous les yeux un très grand exemplaire dont je n'ai point parlé parce qu'il est d'une conservation tout à fait insuffisante ; ses dimensions sont beaucoup plus considérables que celles du type de 58 millimètres.

Rapports et différences. — L'*Hypsaster Douvillei* diffère considérablement par sa forme subtriangulaire et le développement de ses ambulacres des quatre espèces de Perse qui ont été décrites précédemment dans ce travail. Pour trouver un terme de comparaison il faut le rapprocher des grandes espèces algériennes telles que *Hyps. variosulcatus* Peron et Gauthier, *H. Valonnei* Coquand ; il est beaucoup moins élevé que le premier ; sa forme est moins arrondie, son périprocte est placé relativement plus haut. L'*H. Valonnei* est plus allongé, moins large en avant, plus renflé à la partie supérieure et le sillon impair échancre moins sensiblement le bord antérieur. L'espèce qui se rapproche le plus de l'*H. Douvillei*, quoique parfaitement distincte, est représentée par un très grand exemplaire provenant du Bou-Thaleb, qui ne mesure pas moins de quatre-vingt-cinq millimètres de largeur et qui est inscrit dans ma collection sous le nom d'*H. Meslei ;* il est malheureusement inédit.

Localité : Kanepan. — Étage albien ou cénomanien.

Résumé sur les Hypsaster.

La description des trois types que je viens d'étudier porte à cinq le nombre des espèces du genre *Hypsaster* recueillies en Perse : *H. Husseini, longesulcatus, convexus, Valamtarensis, Douvillei.* Ce genre n'est pas moins abondant en types variés dans les terrains du Crétacé inférieur de l'Algérie ; mais en France et dans toute l'Europe il est fort rare et les individus qui le représentent sont de petite taille et assez médiocrement caractérisés.

Hemiaster devolutus Gauthier, 1902.

Pl. XVII, fig. 13-14.

Longueur, 34 millimètres. Largeur, 34 millimètres. Hauteur, 25 millimètres.

Exemplaire de taille moyenne, subcordiforme, aussi large que long, un peu rétréci en avant, plus fortement en arrière ; face supérieure renflée, presque uniforme, à peine marquée par les sillons ambulacraires ; bord rond et épais ; face inférieure partout bombée ; face postérieure étroite et légèrement rentrante. Apex ambulacraire presque central, 16/34.

Appareil apical assez large, offrant quatre plaques génitales dont les deux postérieures sont écartées par le corps madréporiforme ; les cinq plaques ocellaires sont intercalées dans les angles externes.

Ambulacre impair logé dans un sillon à peine sensible, assez large dès le sommet, partout évasé, ne causant qu'une faible ondulation au bord antérieur. Zones porifères très réduites, formées de chaque côté par une dizaine de paires de pores microscopiques, obliques entre eux et séparés par un gros granule ; au delà les plaques deviennent plus hautes, les paires de pores sont plus éloignées l'une de l'autre et presque invisibles ; l'espace interzonaire est couvert d'une fine granulation à laquelle s'ajoutent vers le bord quelques tubercules très réduits.

Pétales pairs tous semblables, logés dans des sillons faiblement déprimés, larges, longs, s'avançant jusqu'au bord, mal fermés à l'extrémité distale ; les postérieurs sont un peu plus courts que les antérieurs qui mesurent dix-sept millimètres en longueur. Zones porifères larges, droites, formées de paires égales de pores linéraires allongés et acuminés à la partie interne ; je compte trente-cinq paires dans les pétales antérieurs et autant dans les postérieurs bien qu'ils soient un peu plus courts ; les costules qui séparent les paires sont garnies de petits granules. Espace interzonaire moins large qu'une des zones. Aires interambulacraires renflées, portant toutes, à l'exception de l'aire impaire, deux rangées verticales de faibles nodules.

Péristome situé près du bord, peu étendu, transverse, faiblement labié ; il n'est entouré d'aucune dépression. Périprocte petit, s'ouvrant en haut de la face postérieure, entouré par une ceinture ovale de nodules.

Fasciole péripétale bien visible, ne remontant pas dans les interambulacres, mais formant un sinus entre les pétales postérieurs pour ne point buter contre le périprocte ; traversant très bas le sillon antérieur.

Tubercules petits, nombreux à la face supérieure où ils sont entourés d'une très fine granulation, plus développés vers le bord et à la face inférieure.

RAPPORTS ET DIFFÉRENCES. — Cet exemplaire, le seul que je connaisse, ressemble à un jeune *Hypsaster* par ses sillons ambulacraires peu creusés, larges, s'étendant jusqu'au bord et mal fermés; mais la disposition des pores de l'ambulacre impair et la présence d'un fasciole péripétale ne laissent aucun doute sur sa place générique. Par son bord renflé, par son sillon antérieur à peine marqué à l'ambitus, par les rangées de nodules de ses aires interambulacraires il se rapproche de l'*H. opimus* Cotteau et Gauthier que nous avons décrit précédemment; il s'en distingue très facilement par ses pétales ambulacraires beaucoup plus longs, surtout les postérieurs, plus larges, logés dans des sillons moins bien limités, par son péristome plus rapproché du bord; placés à côté l'un de l'autre, les deux types sont très différents.

Je ne connais qu'un exemplaire, mais il est bien conservé; il a été recueilli par M. de Morgan dans les éboulis du ravin du Kouh Valamtar, avec *Discoides Morgani*, mais il ne doit pas provenir de la même couche que ce dernier, car la gangue qui l'enveloppait est une argile sableuse assez tendre, tandis que les *Discoides* sont empâtés d'un calcaire noirâtre très dur. J'attribuerais volontiers l'*Hemiaster* à l'étage cénomanien.

DISCOIDES MORGANI Gauthier, 1902.

Pl. XVIII, fig. 1-3.

Diamètre, 45 millimètres. Hauteur, 33 millimètres.
— 50 — — 36 —

C'est l'exemplaire de 45 millimètres que je décris :

Espèce de grande taille, circulaire ou subpentagonale à la base, s'élevant en dôme aigu; face supérieure médiocrement renflée, uniforme; bord arrondi sans être bien épais, face inférieure plate ou un peu déprimée au milieu.

Appareil apical peu développé, montrant quatre plaques génitales perforées, avec les pores disposés en trapèze, les deux postérieurs plus écartés que les antérieurs; la cinquième plaque existe, aussi grande que les autres, mais elle n'est pas perforée; les cinq plaques ocellaires, petites et triangulaires sont encastrées dans les angles externes. Je ne vois d'hydrotrèmes qu'au milieu de l'appareil; mais la conservation du test laissant un peu à désirer, il est possible qu'il y en ait eu sur plusieurs plaques.

Aires ambulacraires toutes semblables, superficielles ou présentant un léger renflement, s'élargissant modérément du sommet à la base, larges, au bord inférieur de sept millimètres; elles se rétrécissent à la partie inférieure jusqu'au péristome. Zones porifères rectilignes, très étroites, formées de petites paires de pores ronds directement superposées; toutes les plaques sont entières à la partie supérieure, longues, basses et égales; près du bord et à la partie inférieure elles se réunissent par trois et forment des plaques majeures portant trois paires de pores moins régulièrement alignées. De très petits tubercules épars et d'autres plus développés forment des rangées horizontales sur les plaques; il n'y a point de rangées verticales bien alignées.

Aires interambulacraires larges de vingt-et-un millimètres, le triple des ambulacraires, légèrement déprimées au milieu, formées de plaques longues et peu élevées, chacune correspondant en hauteur à quatre plaques et demie des ambulacres; elles sont couvertes de tubercules inégaux et de granules formant des rangées horizontales irrégulières, sans s'aligner non plus en rangées verticales bien déterminées. Au bord inférieur le milieu de chaque moitié des aires interambulacraires porte une cloison interne, mince, qui plonge dans la gangue dont le test est rempli; ce qui ne me permet pas d'en mesurer l'étendue.

Face inférieure concave; péristome central, circulaire, peu développé; mesurant sept millimètres de diamètre. Périprocte s'ouvrant à cinq millimètres du bord, ovale, acuminé, long de huit millimètres, large de trois seulement. Les aires ambulacraires, plus étroites qu'à la partie supérieure n'offrent que des paires de pores obliques et moins serrées;

les tubercules assez espacés mais plus développés forment des cercles concentriques autour du péristome.

RAPPORTS ET DIFFÉRENCES. — La forme subconique du *D. Morgani* le rapproche de certains exemplaires du *D. conicus* Desor de l'Albien de France, mais sa taille est cinq fois plus considérable et la nature des tubercules est très différente, surtout à la face inférieure, ce qui ne permet pas de supposer que l'espèce de Perse pourrait être la grande taille de l'autre. On peut encore lui comparer le *D. pulvinatus* Desor, dont plusieurs exemplaires ont été recueillis récemment par M. Fourtau dans le Cénomanien de la chaîne Arabique en Égypte et qui atteint une assez grande taille chez quelques individus; mais le pourtour arrondi et pulviné auquel cette espèce doit son nom lui donne une physionomie toute différente, et beaucoup de détails, tels que la disposition des granules et des tubercules, ne concordent pas. Notre type ne saurait être rapproché du *D. cylindricus* Agassiz qui atteint une taille très considérable, mais s'éloigne beaucoup par sa forme, par la hauteur de ses plaques, par sa granulation. Une autre grande espèce inédite de l'Albien d'Algérie, qui fait partie de ma collection, se distingue aussi facilement du *D. Morgani*; nous ne voyons aucun autre type qui s'en rapproche davantage.

LOCALITÉ. — Kanepan. — Albien? avec *Hypsaster Douvillei*.

TERRAIN SÉNONIEN

Iraniaster nodulosus Gauthier, 1902.

Pl. XVIII, fig. 4-5.

Longueur, 45 millimètres. Largeur, 45 millimètres. Hauteur, 25 millimètres.

Espèce à pourtour polygonal, aussi large que longue, rétrécie en avant et beaucoup plus en arrière, médiocrement élevée, uniformément renflée à la partie supérieure ; bord partout épais, largement échancré par le sillon impair ; face postérieure étroite, basse, se confondant avec le bord ; face inférieure partout bombée ; sommet ambulacraire central.

Appareil apical subcompact, peu étendu, présentant quatre plaques génitales dont les pores plus écartés en arrière qu'en avant sont disposés en trapèze ; le corps madréporiforme rattaché à la génitale antérieure 2 occupe tout le centre de l'appareil, disjoint les génitales postérieures et vient buter contre les ocellaires. Les autres ocellaires occupent les angles externes.

Ambulacre impair différent des autres, logé dans un sillon à peu près insensible près du sommet, se déprimant peu à peu et formant un sinus large et assez profond au bord du test ; il est partout très évasé. Zones porifères étroites, formées de très petites paires de pores obliques séparés par un granule. Les paires, assez serrées d'abord près du sommet, se distancent assez vite et cessent d'être visibles vers le milieu du sillon ; l'espace intermédiaire est granuleux.

Aires ambulacraires paires presque superficielles, à peine déprimées au milieu. Pétales droits, assez allongés, descendant jusqu'aux deux tiers du rayon, ne se fermant pas à l'extrémité, bien qu'il y ait un léger rapprochement entre les deux branches. Zones porifères assez larges (2 millimètres), formées de paires horizontales de pores linéaires, les externes plus longs que les internes; je compte trente-sept paires de pores dans les pétales antérieurs et trente-trois dans les postérieurs qui sont un peu moins longs; l'espace interzonaire lisse et légèrement déprimé en rigole est plus étroit que l'une des aires. Aires interambulacraires étroites près du sommet, s'élargissant assez vite, formées de plaques larges et assez hautes, toutes bombées et faiblement noduleuses.

Péristome s'ouvrant très près du bord antérieur, petit, pentagonal, avec lèvre postérieure haute mais à peine allongée. Périprocte placé sur le bord postérieur au milieu d'une aire basse entourée tout entière par des nodosités qui sont la prolongation des plaques de l'interambulacre postérieur. Fasciole subpéripétale presque effacé sur nos deux exemplaires assez frustes, visible seulement par endroits ; il passe près du bord, à quelque distance de l'extrémité des pétales antérieurs. Granulation très fine, mais mal conservée.

Rapports et différences. — Cette troisième espèce du genre *Iraniaster* ne m'est connue jusqu'à présent que par deux exemplaires ; ils se séparent très facilement des deux types précédents par leur pourtour polygonal, par leur largeur plus considérable ; ils diffèrent de l'*I. Morgani* par leur bord plus épais à la partie antérieure, par leur sillon impair plus évasé et moins profond, par leur partie postérieure plus étroite ; de l'*I. Douvillei* par la présence d'un sillon impair entamant beaucoup plus l'ambitus, par leur forme plus large et plus rabaissée. J'aurai l'occasion de revenir un peu plus loin sur les plaques noduleuses des interambulacres.

Localité : Kanepan. — Sénonien supérieur.

Stenonia Morgani Gauthier, 1902.

Pl. XVIII, fig. 6-9.

Longueur, 60 millimètres Largeur, 60 millimètres. Hauteur, 50 millimètres.

Espèce d'assez grande taille, aussi large que longue, à base presque circulaire; face supérieure très renflée, subsphérique, en dôme; bord épais et arrondi; face inférieure partout convexe. Apex ambulacraire à peu près central, le point culminant étant un peu en arrière.

Appareil apical mal conservé, montrant, autant qu'il est possible de le discerner, la plaque ocellaire antérieure enchâssée entre deux génitales, puis les génitales postérieures en contact avec les deux premières, puis tout à fait en arrière deux grandes plaques ocellaires; les deux ocellaires latérales II et IV sont petites et en dehors des plaques génitales; mais plusieurs des plaques étant ou tombées ou coupées de nombreuses cassures, ce n'est qu'avec beaucoup de peine que je suis parvenu à reconnaître la disposition de l'appareil.

Aires ambulacraires toutes superficielles et toutes semblables; l'impaire commence, en partant du sommet, par de petites plaques pentagonales ou hexagonales, aussi hautes que larges, qui sont suivies par d'autres de même forme augmentant rapidement dans leurs proportions, de sorte que vers le milieu de l'aire elles dépassent cinq millimètres en hauteur. Chacune d'elles porte une paire de pores extrêmement réduite, et ces paires cessent d'être visibles à peu de distance de l'apex. La disposition des ambulacres pairs est la même; les aires latérales II et IV s'inclinent en avant; les postérieures I et V se dirigent fortement vers l'arrière en suivant la direction de l'interambulacre impair; les plaques sont partout très hautes, parfois plus hautes que larges.

Les aires interambulacraires sont formées de plaques analogues, mais plus développées; elles atteignent huit millimètres de hauteur avec largeur égale vers le milieu du test. Toutes ces plaques sont bombées et noduleuses, et les nodules interambulacraires forment sur chaque aire deux rangées verticales. Il en est de même pour les aires ambulacraires, mais les nodules y sont moins développés et les deux séries plus rapprochées.

Péristome s'ouvrant au quart antérieur sans aucune dépression environnante; il est ovale transversalement et faiblement labié en arrière. Le périprocte est situé au dessous du bord, si toutefois la forme arrondie de cet exemplaire permet de dire qu'il y a un bord bien déterminé;

l'ouverture anale est entourée d'un renflement allongé qui se prolonge assez loin à la face inférieure et forme l'aire anale.

RAPPORTS ET DIFFÉRENCES. — L'exemplaire unique que je décris est de grande taille et très bien conservé pour la forme générale, mais ce n'est pas sans une peine extrême que je suis parvenu à constater avec précision les détails que j'ai donnés plus haut dans la description. Cet oursin est couvert d'un empâtement ferrugineux très dur qui a résisté à tous les procédés de nettoyage dont je dispose et, de plus, il a été longtemps roulé, ce qui l'a poli en l'usant fortement. Il a été recueilli par M. de Morgan dans les couches que nous attribuons à l'Aptien dans le Kouh Valamtar, bien au-dessous par conséquent de la couche à laquelle il doit appartenir; la gangue qui l'enveloppe est d'ailleurs très différente de celle des autres oursins de ce terrain, *Hypsaster convexus*, *Hypsaster Valamtarensis*, etc.

M. de Morgan n'a pas rencontré la vraie couche à *Stenonia* ; mais il y a lieu d'espérer qu'il y parviendra quelque jour, malgré les difficultés de toutes sortes qui rendent si pénibles les excursions géologiques en ce pays. Quoi qu'il en soit, l'exemplaire qui nous occupe, avec ses grandes plaques aussi hautes que larges, bombées et noduleuses, avec son périprocte à la face inférieure au milieu d'une aire étroite et saillante et la disposition subcompacte de son appareil apical, autant que j'ai pu la rétablir, appartient incontestablement au genre *Stenonia*. J'ai cru devoir la séparer spécifiquement du *St. tuberculata* Desor à cause de sa forme presque sphérique s'éloignant beaucoup des formes plus étroites, subconiques et carénées du Vicentin.

La présence du genre *Stenonia* dans les couches crétacées du Louristân me ramène à quelques considérations rétrospectives sur le genre *Iraniaster*. Déjà, dans la publication de 1895, quand après avoir donné la diagnose de ce dernier genre nous constations[1] qu'il présentait à la face supérieure un appareil apical compact qui ne convient qu'aux

1. Page 28.

vrais Spatangidées et en même temps, à la face inférieure, un plastron méridosterne qui ne convient qu'aux Holastéridées, nous citions le genre *Stenonia* comme le seul chez qui se reproduit cette bizarre antinomie, mais nous ne cherchions pas à découvrir d'autres rapports entre ces deux types, ignorant d'ailleurs qu'ils avaient vécu tous deux dans la région; nous ajoutions même qu'ils sont tellement différents pour le reste de leurs caractères qu'il serait superflu de pousser plus loin la comparaison.

C'était facile à dire, mais ce n'était pas une solution, et bien des fois depuis, quand le hasard me mettait en présence du genre *Iraniaster*, la même question se présentait à mon esprit : d'où vient ce type qu'on ne peut rattacher à rien? Il est peu probable qu'on ne lui trouve pas un jour quelques affinités; il n'est pas venu là tout seul, car tout s'enchaîne dans la succession des êtres, et un genre ne saurait apparaître tout d'un coup complètement isolé des autres. — Les nouvelles récoltes de M. de Morgan semblent aujourd'hui jeter un premier trait de lumière sur cet obscur problème. Ce savant infatigable a revu les endroits qu'il avait explorés dans sa première et fructueuse mission; il a étendu sans doute un peu plus loin ses explorations, et il a rencontré des couches qui lui ont donné l'*Iraniaster Douvillei* en plus grande abondance que l'*I. Morgani*, et une espèce nouvelle que je viens de décrire, *I. nodulosus*. J'ai trouvé dans ces nouveaux matériaux plus d'un renseignement précieux que je vais soumettre à ceux qu'intéresse l'étude des Échinides. Parmi les nombreux exemplaires de l'*I. Douvillei* que j'ai pu examiner, il en est plusieurs qui présentent une augmentation très sensible dans la hauteur du test : ce ne sont point des individus plus âgés, du moins la base et la largeur restent dans les proportions moyennes ainsi que tous les autres caractères; la forme seule est modifiée, la face inférieure est fortement convexe et la partie supérieure s'élève au delà de l'ordinaire, formant un dôme bien arrondi, ce qui donne à ces spécimens l'apparence d'un *Echinoconus subrotundus* ou autres oursins analogues. Pour mieux me faire comprendre, je fais figurer (Pl. XVIII, fig. 10-11) le plus élevé de ces exemplaires dont voici les dimensions : longueur 40 millimètres, largeur 39 millimètres, hauteur 35 millimètres, soit environ 88/100 de la longueur. Au point de vue spécifique les autres caractères ne sont point modifiés ; c'est bien l'*I. Douvillei* avec son sillon antérieur à peine indiqué, son périprocte très bas, ses pétales ambulacraires parfaitement conformes au type, son fasciole péripétale disposé de la même manière. Seulement les plaques interambulacraires sont plus hautes, ce qui est la conséquence de la forme de cet oursin, bombées légèrement, presque noduleuses; dans les ambulacres, à partir de l'endroit où cesse la partie pétaloïde, l'aire se continue par une double série de plaques saillantes et bien détachées qui rappellent tout de suite l'expression pittoresque de d'Orbigny qui comparait la surface d'un *Stenonia* à la chaussée d'une rue dont les pavés sont usés. Je ne songe certes pas à voir un *Stenonia* dans l'exemplaire dont je parle, mais il en a la forme, en miniature, et en quelques sorte les plaques ambulacraires.

Voilà donc un premier pas de fait dans le rapprochement de ces deux genres qui me paraissaient si éloignés l'un de l'autre; il sera facile d'en faire un second avec l'espèce nouvelle que j'ai décrite quelques pages plus haut. Cet *I. nodulosus* est tout le contraire de l'*I. Douvillei*; au lieu de croître en hauteur, il reste bas, du moins dans les deux exemplaires que je connais, et s'étend de préférence en largeur; mais toutes les plaques de ses interambulacres sont bombées et noduleuses, et c'est là un caractère des deux *Stenonia* connus, *St. tuberculata* et *St. Morgani*. Ainsi l'affinité des deux genres se révèle de différentes manières, chaque espèce apportant sa quote-part de rapprochement; même l'*I. Morgani* qui paraît être l'expression la plus divergente entre les deux types génériques, montre chez un grand nombre d'individus, surtout chez les plus grands, des plaques légèrement bombées sous la riche couverture de granules et de tubercules qui ornent ce merveilleux oursin et des nodules plus marqués sous le passage du fasciole subpéripétale.

Tous ces détails établissent des points communs entre les deux genres; la différence de formes qui semblait un obstacle très grave se trouve singulièrement réduite par la hauteur qu'atteignent certains exemplaires de l'*I. Douvillei*; à taille égale, ces derniers seraient certainement aussi hauts, plus hauts peut-être que bon nombre d'individus appartenant au genre *Stenonia*; je n'hésite donc pas à déclarer que je trouve une affinité réelle entre les deux genres, qu'elle est incontestable et que les *Iraniaster* ne sont plus isolés. Jusqu'ici on n'a cherché les rapports génériques des *Stenonia* que chez les *Echinocorys*, et leur forme, la position de leur péristome et de leur périprocte témoignent de cette affinité; mais la différence si considérable de leur appareil apical ne permettait guère de les laisser dans la même famille, et de plus la structure de leurs plaques ambulacraires et interambulacraires les éloigne fortement l'un de l'autre; le genre *Iraniaster* se rattache aux *Stenonia* justement par les caractères qui les éloignent des *Echinocorys*, de sorte qu'il ne serait pas facile de dire de quel côté la parenté est plus étroite.

Une affinité encore plus frappante existe entre le genre *Iraniaster* et le genre *Lambertiaster* que j'ai établi en 1892 dans un travail sur les Échinides du Crétacé supérieur de la Tunisie[1]. Ce dernier offre à la partie supérieure le même appareil apical subcompact, la même disposition des pétales ambulacraires, la même particularité du fasciole péripétale ne touchant pas l'extrémité des pétales mais passant un peu plus bas, les mêmes plaques élevées dans le sillon de l'ambulacre impair, de telle sorte que pour cette partie les deux types sont presque entièrement semblables; à la partie inférieure le péristome subpentagonal constitue un nouveau caractère commun; la différence n'est bien marquée que dans la disposition des plaques de chaque type : tandis que le plastron des *Iraniaster* est méridosterne, celui des *Lambertiaster* est amphisterne et concorde dès lors très bien avec leur appareil apical compact. Il faut cependant remarquer encore que la disposition amphisterne du plastron des *Lambertiaster* est souvent irrégulière; les deux grandes plaques 2^a et 2^b qui suivent le labrum sont souvent un peu inégales et ne se rattachent pas toujours exactement au bord du labrum; j'en ai donné, dans les figures de la planche III de l'ouvrage cité, cinq variétés,

1. *Notes sur les Échinides crétacés recueillis en Tunisie par M. Aubert, ingénieur au Corps des Mines*, page 28, pl. III, 1892.

grossies à dessein, pour montrer l'inconstance de la disposition des plaques. Malgré cette bizarrerie, le plastron n'en reste pas moins amphisterne, et il n'existe aucun plastron méridosterne où les plaques 2ª et 2ᵇ soient ainsi développées et parallèlement disposées. Le plastron des *Iraniaster* est très différent : le labrum y est suivi d'une plaque unique occupant toute la largeur, la plaque 2ᵇ de gauche ; la plaque 2ª de droite est rejetée en arrière (pl. IV, fig. 8-9) ; il arrive même assez souvent que le labrum est séparé des autres plaques par l'envahissement des plaques ambulacraires qui coupent le plastron en deux parties (fig. 3, 10), ce qui n'existe jamais dans les plastron amphisternes ; les deux genres, si voisins d'ailleurs, présentent donc ici un caractère complètement opposé ; le plastron amphisterne des *Lambertiaster*, même avec ses irrégularités, concorde avec la règle ordinaire qui veut qu'un appareil apical compact corresponde à un plastron amphisterne, tandis que le plastron méridosterne que portent les *Iraniaster* avec un appareil compact est une anomalie qui n'est connue jusqu'à présent que chez deux genres, *Iraniaster* et *Stenonia*. J'ai, dernièrement encore, examiné cette question avec mon confrère et ami M. Lambert, et, sans aucune hésitation, nous sommes restés d'accord pour reconnaître qu'il est impossible de réunir les *Iraniaster* aux *Lambertiaster* et que les deux genres, malgré beaucoup de caractères analogues, restent parfaitement distincts. J'ajouterai que l'un et l'autre ont vécu en compagnie du genre *Stenonia*.

Epiaster Lamberti Gauthier, 1902.

Pl. XIX, fig. 1-2.

Longueur,	48 millimètres.	Largeur,	43 millimètres.	Hauteur,	27 millimètres.
—	59 —	—	53 —	—	32 —
—	62 —	—	56 —	—	33 —

Espèce atteignant une assez grande taille, à pourtour régulièrement ovale, légèrement rétrécie en avant, un peu plus en arrière ; face supérieure partout convexe sans être très renflée, ayant sa plus grande hauteur immédiatement en arrière de l'apex ; bord arrondi ; face postérieure peu élevée, subtronquée et arrondie; face inférieure plate, pulvinée sur les bords, un peu plus épaisse en arrière. Apex ambulacraire à peu près central, un peu en avant.

Appareil apical peu développé, subcompact, montrant quatre plaques génitales contiguës, avec le corps madréporiforme écartant les deux postérieures et s'arrêtant aux plaques ocellaires I et V qui sont allongées et transverses; les trois autres plaques ocellaires sont encastrées en dehors dans les angles des génitales.

Ambulacre impair logé dans un sillon assez étroit, à peine déprimé, entamant faiblement le bord. Zones porifères très étroites, visibles seulement jusqu'au milieu du sillon, formées de petites paires de pores obliques séparés par un granule; l'espace interzonaire qui paraît lisse est couvert d'une fine granulation.

Pétales pairs égaux, semblables, les antérieurs un peu plus divergents que les postérieurs qui forment un angle de 60 degrés, longs et s'étendant presque jusqu'au bord; les sillons sont un peu plus déprimés que l'impair mais toujours peu profonds; zones porifères larges, formées de paires transverses de pores linéaires, allongés, acuminés, conjugués, les externes un peu plus longs que les internes; je compte quarante-trois paires chez le plus petit exemplaire. L'espace interzonaire est lisse et plus étroit qu'une des zones.

Péristome situé au quart antérieur, transverse, faiblement labié en arrière. Périprocte ovale et s'ouvrant presque en haut de la face postérieure qui est peu élevée. Plastron amphisterne avec un labrum assez court et large et les deux grandes plaques se réunissant à un nodule peu saillant, au-dessous du talon postérieur. Tubercules petits, assez distants mais bien marqués à la partie supérieure; ils sont plus serrés et plus développés sur le bord et à la face inférieure; ceux qui couvrent le plastron n'offrent point de différence.

Rapports et différences. — L'*Epiaster Lamberti* présente à peu près le profil de l'*E. nobilis* Stoliczka du Sénonien de l'Inde méridionale; mais il en diffère beaucoup par sa forme ovalaire et non triangulaire, par sa partie postérieure moins rétrécie; il paraît aussi atteindre une plus grande taille. En Europe le puissant développement du genre *Micraster* semble avoir arrêté celui des *Epiaster* qui ne dépassent guère l'étage cénomanien; j'ai toutefois dans ma collection une très belle espèce inédite qui m'a été donnée comme provenant du terrain sénonien de *La Palarea*, près de Nice; elle atteint une taille plus considérable que l'*E. Lamberti*; néanmoins ne l'ayant pas recueillie moi-même je ne puis pas affirmer qu'elle appartient incontestablement au terrain sénonien, malgré la ressemblance parfaite de la gangue avec celle des *Micraster* de cette région.

LOCALITÉ. — Kanepan, Tidar. Étage sénonien.

HEMIASTER MORGANI Gauthier, 1902.

Pl. XIX, fig. 3-4.

Longueur, 68 millimètres. Largeur, 63 millimètres. Hauteur, 38 millimètres.

Espèce de grande taille, presque aussi large que longue, partout épaisse, mais surtout en arrière où elle est nettement tronquée; face supérieure ayant son point culminant au milieu de la carène dorsale impaire; de là déclive en pente douce vers la partie antérieure et s'inclinant en arc vers la partie postérieure, fortement vallonnée par les dépressions des sillons ambulacraires et le renflement des aires interambulacraires; face postérieure plate, nettement tronquée, large, oblique; face inférieure assez mal conservée chez l'exemplaire que je décris, pulvinée sur les bords. Apex ambulacraire excentrique en avant, 29/68.

Appareil apical dans une dépression formée par l'extrémité proximale des aires interambulacraires, large, avec corps madréporiforme écartant les plaques génitales et même les ocellaires postérieures.

Ambulacre impair logé dans un sillon large de onze millimètres au milieu de sa longueur, assez profond, à bords relevés mais non escarpés, formant au circuit un sinus bien marqué. Zones porifères se maintenant de chaque côté dans toute la longueur du sillon, étroites, formées de paires serrées de petits pores obliques, séparés par un granule saillant; l'espace interzonaire est couvert d'une granulation très fine dessinant des séries transverses sur les plaques.

Pétales antérieurs pairs très longs, logés dans des sillons larges et profonds s'étendant jusqu'au bord; zones porifères larges, formées de paires de pores linéraires, allongés, acuminés à la partie interne, égaux entre eux; je compte plus de cinquante paires dans chaque zone et les costules qui les séparent sont ornées de granules; l'espace interzonaire égale en largeur une des zones. Pétales postérieurs moins divergents que les antérieurs, plus courts d'un quart, se recourbant légèrement à l'extrémité distale comme pour se rapprocher; j'y compte quarante paires de pores; ils sont d'ailleurs entièrement semblables aux antérieurs pour les autres détails. Aires interambulacraires aiguës et saillantes au sommet, les antérieures triangulaires, les latérales renflées à la partie supérieure, s'élargissant très vite, portant quelques nodules peu marqués; l'impaire postérieure fortement renflée et munie d'une carène obtuse qui se courbe en arc à grand rayon entre l'apex et la face postérieure.

Péristome inconnu, par suite du mauvais état de la face inférieure; il devait s'ouvrir assez près du bord, à peu près au quart antérieur. Périprocte s'ouvrant aux trois quarts de la hauteur de la face postérieure qui, comme je l'ai dit, est tronquée obliquement, élevée et large; elle est terminée par une ceinture de nodosités. Il reste encore à la partie inférieure de l'ouverture anale deux des plaquettes qui la fermaient, disposées en fer à cheval et granuleuses.

Fasciole péripétale très sinueux; il passe très près du bord en avant par suite de la longueur des pétales, remonte haut dans les interambulacres latéraux et, après avoir tourné les pétales postérieurs, forme un faible sinus en franchissant l'aire interambulacraire qui les sépare. Toute la surface du test est ornée d'une granulation très fine, parsemée de nombreux tubercules de médiocre grosseur, plus développés dans les aires interambulacraires antérieures 2 et 3 et assez gros mais moins serrés à la face inférieure.

Rapports et différences. — La grande taille de l'*H. Morgani*, la profondeur et la longueur de ses sillons ambulacraires, sa face postérieure oblique le rapprochent de l'*H. superbissimus* Coquand, du Campanien d'El-Kantara (Algérie), dont le type est resté entre mes mains. Le type du Louristân s'en distingue par sa partie postérieure beaucoup plus élevée, plus large, par son périprocte s'ouvrant plus haut, par ses pétales postérieurs moins divergents et un peu plus courts. Malgré ces différences bien établies, je serais peut-être tenté de réunir les deux espèces si le type de Coquand n'était pas un peu écrasé et représentait complètement la vraie forme de l'*H. superbissimus* ; mais j'en possède d'autres exemplaires d'une conservation plus parfaite qui s'écartent davantage de l'*H. Morgani* par leur partie supérieure ayant son point culminant central à l'apex ambulacraire et, par suite, l'avant et l'arrière du test plus rapidement déclives, la carène dorsale plus longue et moins prononcée et présentant ainsi une physionomie très différente de celle de l'espèce que je viens de décrire.

Localité. — Arköwaz, Sénonien.

Hemiaster Kanepanensis Gauthier, 1902.

Pl. XIX, fig. 5-6.

Longueur, 65 millimètres. Largeur, 59 millimètres. Hauteur, 34 millimètres.

Espèce de grande taille, à pourtour ovalaire, médiocrement rétrécie en avant et en arrière, ayant sa plus grande épaisseur vers le milieu et sa plus grande largeur immédiatement en arrière des pétales pairs antérieurs ; face supérieure assez régulière, un peu plus déclive en avant qu'en arrière ; face postérieure arrondie plutôt que tronquée ; face inférieure presque plate, un peu renflée autour du talon. Apex ambulacraire central.

Appareil apical dans une dépression formée par la pointe des aires interambulacraires, large, présentant quatre pores génitaux en trapèze

18

avec le corps madréporiforme au centre, en bouton et bien développé ; il écarte les plaques génitales postérieures et peut-être les ocellaires, ce dernier détail ne pouvant pas être sûrement constaté sur l'unique exemplaire que je connaisse.

Ambulacre impair logé dans un sillon assez profond mais étroit, bien formé dès le sommet, n'entamant pas le bord antérieur. Zones porifères étroites, pores petits, obliques, séparés par un fort granule ; les paires sont visibles jusqu'au milieu de la longueur du sillon ; espace interzonaire étroit.

Pétales ambulacraires pairs se développant dans des sillons larges, profonds, bien limités, s'étendant tous presque jusqu'au bord ; les postérieurs aussi longs que les antérieurs, un peu moins divergents, droits jusqu'à leur extrémité. Zones porifères larges, formées de paires transverses de pores linéaires allongés, acuminés à la partie interne, conjugués par un faible sillon ; les costules qui séparent les paires sont ornées d'une bande granuleuse ; l'espace interzonaire est plus étroit qu'une des zones ; on compte de quarante-sept à quarante-huit paires dans chaque zone, aussi bien dans les pétales postérieurs que dans les antérieurs. Aires interambulacraires médiocrement renflées, arrondies ; l'impaire postérieure n'est pas plus élevée que les autres et la carène médiane est peu accusée.

Péristome placé au quart antérieur, sans aucune trace du sillon impair. Périprocte s'ouvrant à peu près au milieu de la face postérieure, ovale verticalement, entouré de faibles nodosités. La surface de cet exemplaire, empâtée et fruste, ne me permet pas de voir le fasciole péripétale ; à peine en puis-je apercevoir quelques traces incertaines ; la physionomie de cet échinide est cependant plutôt celle d'un *Hemiaster* que d'un *Epiaster*.

Rapports et différences. — Comparé à l'*H. Morgani* dont il a la taille, l'*H. Kanepanensis* s'en distingue par de nombreux et importants caractères : l'ambulacre impair est logé dans un sillon bien plus étroit n'entamant pas le bord antérieur ; les pétales postérieurs sont plus divergents, plus longs et moins déprimés que chez l'espèce précédente ;

l'aire interambulacraire impaire est moins saillante ; la face postérieure est verticale, arrondie, à peine tronquée au lieu d'être oblique, large et plate; elle est en outre beaucoup moins haute et le périprocte s'ouvre plus bas. Tous ces détails donnent aux deux espèces une physionomie différente qui les distingue facilement.

LOCALITÉ. — Kanepan, Étage sénonien.

HEMIASTER RECURVUS Gauthier, 1902.

Pl. XIX, fig. 7-8.

Longueur, 40 millimètres. Largeur, 40 millimètres. Hauteur, 22 millimètres.

Espèce subcirculaire, aussi large que longue, étalée, de hauteur médiocre. Face supérieure ayant son point culminant presque central, déclive en avant et sur les côtés, presque horizontale à la partie postérieure; face inférieure pulvinée; bord arrondi; face postérieure tronquée. Apex ambulacraire à peu près central.

Appareil apical large, offrant quatre pores génitaux en trapèze; le corps madréporiforme écarte les génitales postérieures mais non les ocellaires. Ambulacre impair logé dans un sillon partout évasé, peu profond sauf au bord inférieur du test qu'il creuse sensiblement, se continuant en dessous jusqu'au péristome; zones porifères très étroites, composées de très petites paires de pores obliques, serrées près du sommet, cessant d'être visibles vers le milieu du sillon. L'espace interzonaire assez large est couvert d'une fine granulation d'où émergent, surtout vers le bas, quelques tubercules médiocrement développés.

Pétales ambulacraires pairs antérieurs logés dans des sillons étroits, assez profonds, à bords anguleux, un peu rétrécis vers l'extrémité distale, s'étendant jusqu'aux trois quarts du rayon. Zones porifères assez larges, se développant sur les talus du sillon, formées de paires transverses de pores linéaires, courts, acuminés, conjugués; on compte environ quarante paires; l'espace interzonaire est aussi large qu'une des zones. Pétales postérieurs semblables aux antérieurs, comptant le même nombre de paires de pores, sensiblement recourbés en dehors à leur extrémité. Aires interambulacraires larges, peu saillantes, couvertes de nombreux tubercules et portant deux séries de faibles nodosités.

Péristome s'ouvrant près du bord, au cinquième antérieur, faiblement labié en arrière. Périprocte ovale verticalement, situé presque en haut de la face postérieure d'ailleurs peu élevée et limitée de chaque côté par une ligne de nodosités qui se prolonge en dessous jusqu'au nœud du plastron. Fasciole péripétale peu sinueux, ne remontant pas dans les interambulacres, passant partout près du bord par suite de la longueur des sillons ambulacraires. Tubercules nombreux à la face supérieure, plus développés en avant et surtout sur le bord antérieur des ambulacres pairs II et IV où ils forment une double rangée; également bien développés à la face inférieure sur les aires interambulacraires paires; ils sont plus serrés et plus fins à l'arrière du plastron.

Rapports et différences. — Ce n'est pas sans de grandes hésitations que j'attribue au genre *Hemiaster* cet exemplaire insuffisant; peut-être aurais-je aussi bien fait de ne pas le décrire; car on pourrait l'attribuer au genre *Iraniaster* avec autant d'incertitude; la partie inférieure est trop fortement détériorée pour chercher à étudier le plastron qui eût été d'un si grand secours, mais dont il ne subsiste aucune trace utilisable; pour le reste, je peux remarquer que les sillons des ambulacres pairs sont sensiblement plus profonds que chez aucune des trois espèces connues du genre *Iraniaster*; le péristome dont il ne reste que l'emplacement était plus éloigné du bord; le périprocte est plus élevé que chez les autres et occupe le haut d'une aire anale plus accentuée et légèrement évidée; mais aussi le fasciole ne touche pas strictement l'extrémité des pétales pairs antérieurs, tout en s'en éloignant moins que chez les *Iraniaster Morgani* et *Douvillei*. Serais-je en présence d'un *Lambertiaster*? L'absence du plastron me met dans l'impossibilité de rien conclure à ce sujet et d'ailleurs il n'y a aucune trace de ce dernier genre en Perse. Je laisse donc provisoirement cet individu parmi les *Hemiaster*;

si à l'aide de meilleurs matériaux on reconnaissait plus tard que ce type appartient au genre *Iraniaster* il constituerait un nouveau type spécifique, *I. recurvus*, car, outre les différences que j'ai signalées, il se sépare encore des autres espèces par ses tubercules plus forts, plus abondants et suffisant pour le distinguer à première vue de ses congénères.

Localité. — Arköwaz, Sénonien.

Hemiaster parthicus Gauthier, 1902.

Pl. XX, fig. 1-2.

Longueur, 32 millimètres. Largeur, 32 millimètres. Hauteur, 25 millimètres.

Exemplaire de taille moyenne, aussi large que long, partout élevé, cordiforme, polygonal au pourtour. Face supérieure fortement vallonnée par les sillons ambulacraires, ayant son point culminant à peu près central, au début de la carène dorsale; les côtés sont renflés, la partie antérieure presque abrupte; l'interambulacre impair forme une carène accentuée, rectiligne, légèrement déclive vers la face postérieure; bord arrondi, épais, fortement entamé en avant par le sillon antérieur; face postérieure verticale, plate, subtriangulaire; partie inférieure uniformément convexe, à peine marquée d'une étroite dépression en avant du péristome. Apex ambulacraire un peu excentrique en avant, 14/32.

Appareil apical logé dans une dépression formée par le sommet caréné des aires interambulacraires, subcompact et plus large que long; le corps madréporiforme bien développé sépare les génitales postérieures et vient buter contre les ocellaires. Ambulacre impair situé dans un sillon assez profond, très régulier, partout de même largeur, sauf tout à fait au début, dominé de chaque côté par les crêtes noduleuses des interambulacres, évidant très sensiblement l'ambitus sans s'élargir et se continuant jusqu'au péristome. Zones porifères établies sur les bords même de l'aire, rectilignes, très étroites, formées de chaque côté par une vingtaine de petites paires de pores ronds ou virgulaires et obliques; l'espace interzonaire, large de trois millimètres, est couvert d'une fine granulation homogène, d'où émergent de rares petits tubercules disposés sans alignement bien régulier; leur nombre augmente aux approches du bord inférieur.

Pétales pairs antérieurs assez divergents, logés dans des sillons profonds, longs de quinze millimètres et larges de moins de quatre, bien limités; zones porifères se développant sur les talus des sillons, formées de paires de pores linéaires, allongés, acuminés à la partie interne; l'espace interzonaire est plus étroit qu'une des zones. Pétales postérieurs moins divergents que les antérieurs, logés dans des sillons analogues, plus courts d'un cinquième (12 millimètres). Les zones porifères présentent les mêmes dispositions. Aires interambulacraires saillantes, noduleuses, épaisses à la partie supérieure; l'impaire porte une carène aiguë qui descend avec une faible inclinaison vers la face postérieure.

Péristome assez éloigné du bord, presque au tiers antérieur, semilunaire, fortement labié en arrière, d'ailleurs peu développé. Périprocte petit, ovale longitudinalement, s'ouvrant tout en haut de l'aire plate et triangulaire qui forme la face postérieure; cette aire est bornée par de faibles nodosités. Fasciole péripétale, de forme presque ovalaire, passant à l'extrémité des pétales sans remonter dans les interambulacres; il franchit le sillon antérieur aux deux tiers de sa longueur et passe en arrière assez près du périprocte. Tubercules partout bien en relief, assez abondants sur le bord des aires interambulacraires, plus nombreux et plus développés en dessous; ceux qui ornent le plastron diminuent graduellement de volume d'avant en arrière.

Rapports et différences. — L'*Hemiaster parthicus* diffère complètement des sept espèces qui ont été décrites dans cet ouvrage et ne saurait en être rapproché à cause de sa forme anguleuse, de la plus grande profondeur de ses sillons ambulacraires et du bord escarpé des pétales postérieurs. Il se rapproche beaucoup plus de l'*H. latigrunda* Peron et Gauthier du Santonien inférieur de R'fana en Algérie; j'ai en ce moment sous les yeux un exemplaire algérien de même taille que celui du Louristân : à première vue les deux individus paraissent identiques; mais en y regardant de plus près on remarque que les pétales postérieurs se terminent plus près du bord chez le type algérien, et qu'en même temps le fasciole péripétale remonte plus haut dans les interambulacres et ne trouve qu'un étroit passage à la partie postérieure entre le périprocte et l'extrémité des pétales, tandis que chez le type que je décris le fasciole est droit partout et traverse la partie postérieure à six millimètres du périprocte; les pétales postérieurs sont cependant de même longueur chez les deux espèces; l'apex de l'*H. latigrunda* est plus en arrière et c'est ce qui rejette plus loin l'extrémité des pétales; le sillon antérieur est aussi plus évasé et dans les pétales pairs antérieurs il y a dix paires de pores de plus; il n'est donc pas possible d'assimiler ces deux types, malgré une grande ressemblance superficielle. Les rapports sont plus étroits encore entre l'espèce de Perse et l'*Hemiaster indicus* Stoliczka. Malheureusement je ne connais ce dernier que par les figures qui en ont été données dans la *Paléontologie de l'Inde* (vol. IV, 3. Série VIII, 3, p. 16, pl. II et III). D'après ces figures et la description qui en a été établie par l'auteur, le type indien paraît plus élevé et plus allongé, les sillons ambulacraires sont moins profonds, les postérieurs sont un peu plus longs et moins divergents, la carène dorsale est arquée; le périprocte paraît s'ouvrir moins haut, du moins dans la figure 1c de la planche III, car dans la figure 7b de la planche II il est placé plus haut; les pétales postérieurs se recourbent intérieurement à l'extrémité et l'auteur remarque qu'ils forment à la base un angle de 52° et qu'à mesure qu'ils s'en éloignent l'angle diminue au point de ne plus mesurer qu'environ 40°; la position de l'apex varie, il est central ou légèrement excentrique en arrière; il est plutôt excentrique en avant chez les exemplaires de Perse; les pétales postérieurs sont droits et leur divergence est de 50°; elle est de 100° pour les antérieurs, tandis que Stoliczka dit de 115° à 122°. Je regrette beaucoup de ne pas posséder l'*H. indicus* en nature, car malgré les différences indiquées, il peut se faire que le type spécifique soit le même; les deux exemplaires dessinés dans la *Paléontologie indienne* s'écartent assez sensiblement l'un de l'autre; mais ni l'un ni l'autre ne concordant complètement avec ceux que M. de Morgan a recueillis en Perse, j'aime mieux établir un type spécifique nouveau que d'affirmer une homogénéité douteuse, d'autant plus que ce serait jusqu'à présent la seule espèce du Louristân qui se rencontre dans les Échinides de l'Inde méridionale et même du Béloutchistan.

LOCALITÉ. — Louristân (l'étiquette indiquant la localité précise a été égarée).

HEMIASTER NOEMIÆ var. *Gulgulensis*.

Pl. XIX, fig. 9.

Longueur, 37 millimètres.	Largeur, 34 millimètres.	Hauteur, 22 millimètres.
— 40	— 37	— 25

M. de Morgan a recueilli en assez grand nombre à Arköwaz, à Gouvab, à Goulgoul, en compagnie de l'*H. Noemiæ* des exemplaires qui semblent d'abord s'en éloigner nettement au point de vue spécifique : ils sont plus allongés, plus rétrécis à la partie postérieure, moins élevés, moins anguleux et presque entièrement dépourvus des séries noduleuses que nous avons signalées chez ce type. Mais en les étudiant attentivement, on reconnaît vite qu'ils présentent une grande analogie dans la plupart des caractères les plus importants de l'espèce : les sillons et les aires ambulacraires sont identiques, les septa granuleux qui séparent les paires de pores, le nombre des paires et la nature des pores, l'étroitesse de l'espace interzonaire sont les mêmes dans chaque sillon, le péristome, le périprocte n'offrent aucune différence, le fasciole péripétale présente le même dessin; d'ailleurs certains individus établissent le passage de l'un à l'autre de ces deux types, de sorte qu'après avoir longtemps hésité, j'ai pensé qu'il était plus sage de les réunir, en distinguant les individus allongés et presque dépourvus de nodosités comme une variété que j'appelle *Gulgulensis*, de la localité de Gougoul où M. de Morgan a recueilli plusieurs de ces oursins. Il faut bien remarquer que la variété n'est pas locale et ne se rencontre pas seulement à Goulgoul; elle accompagne partout le type noduleux, et peut-être, tout bien calculé, n'y a-t-il ici que des différences sexuelles.

Résumé sur les HEMIASTER.

Nous avons décrit, parmi les Échinides de la Perse, dix espèces appartenant au genre *Hemiaster* :

Deux ont été recueillies dans le Crétacé moyen : *H. decussatus*, *H. devolutus*;

Huit proviennent du Crétacé supérieur : *H. iranicus*, *Noemiæ*, *opimus*, *longus*, *Morgani*, *Kanepanensis*, *recurvus*, *parthicus*.

La plupart de ces types sont propres au Louristân; à peine deux ou trois se rapprochent-ils des types de l'Inde ou de l'Algérie.

OPISSASTER DOUVILLEI Gauthier, 1902.

Pl. XX, fig. 16-17.

Longueur, 24 millimètres. Largeur, 21 millimètres. Hauteur, 11 millimètres.

Espèce de petite taille, à pourtour ovalaire très profondément interrompu en avant par le sillon impair; face supérieure convexe en arrière et sur les côtés; face postérieure arrondie; face inférieure à peu près plate, le test de cette partie fait défaut. Apex ambulacraire excentrique en arrière, 15/24.

Appareil apical peu développé, offrant quatre pores génitaux avec le corps madréporiforme au milieu, et cinq plaques ocellaires très petites insérées dans les angles externes. Ambulacre impair extrêmement large par rapport à la taille de l'oursin, placé dans un sillon profond occupant le tiers de la partie antérieure, excavé et recouvert sur les côtés par les plaques interambulacraires, échancrant très fortement le bord sur une largeur de cinq millimètres; les deux extrémités interambulacraires ainsi dégagées forment de chaque côté comme deux promontoires isolés. Zones porifères très étroites, formées de paires obliques de petits pores ronds ou virgulaires séparés par un granule.

Pétales pairs antérieurs logés dans des sillons assez profonds, étroits, descendant de chaque côté le long de la carène du sillon impair, un peu recourbés aux deux extrémités proximale et distale ; ils sont longs de dix millimètres. Zones porifères assez développées relativement, appliquées en partie contre les talus des sillons, formées de paires transverses de pores allongés, linéaires, les externes plus longs que les internes, acuminés et conjugués ; je compte environ vingt-cinq paires dans chaque pétale. Pétales postérieurs beaucoup plus courts, plus divergents, logés dans des sillons qui n'excèdent pas en longueur la moitié des antérieurs ; il y a quatorze paires de pores dans chaque série.

Péristome inconnu ; il s'ouvrait à peu près au quart antérieur. Périprocte situé au milieu de la face postérieure dont il occupe une grande partie, ovale verticalement. Fasciole péripétale bien visible, passant en arrière à l'extrémité des pétales, de là gagnant directement l'extrémité des pétales antérieurs, traversant le sillon impair près du bord ; il est partout assez large et de forme ovale dans son ensemble. De petits tubercules homogènes et serrés couvrent la partie supérieure de l'oursin ; ils sont plus développés sur les carènes du sillon impair et partout au pourtour du test.

Rapports et différences. — L'*O. Douvillei* diffère sensiblement des deux espèces décrites dans notre premier fascicule, *O. Morgani*, *O. centrosus* ; il est plus allongé, moins large, fortement rétréci en avant ; le grand développement de son sillon impair lui donne une physionomie spéciale ; l'apex ambulacraire est moins excentrique en arrière, et les pétales postérieurs sont un peu plus allongés.

Localité. — Kanepan, Sénonien.

Opissaster Morgani Cotteau et Gauthier.

Pl. XX, fig. 18.

Syn. *Opissaster Morgani*. Cotteau et Gauthier, *Échinides fossiles du Louristân*, p. 43, pl. VII, fig. 6-9, 1895.

Nous avons décrit cette espèce, en 1895, d'après quelques exemplaires n'ayant pas encore atteint tout leur développement, le plus grand mesurant quinze millimètres de longueur. Depuis, M. de Morgan en a recueilli d'autres plus développés et en assez grand nombre, à Goulgoul, et nous en avons entre les mains dont la longueur atteint vingt-cinq millimètres. Les caractères indiqués dans la première description ne sont pas modifiés par cet accroissement de la taille ; il y a cependant un détail qui nous avait échappé et qu'il nous est facile de reconnaître sur les nouveaux exemplaires, c'est que l'appareil apical qui nous avait paru n'avoir que deux pores génitaux, en a réellement quatre.

C'est un fait assez curieux que la présence de nombreux individus et de plusieurs espèces du genre *Opissaster* dans le Sénonien de la Perse. Ce genre, établi par Pomel, semblait être une modification de certains *Schizaster* qui auraient perdu leur second fasciole; il faut maintenant renverser la proposition et dire plutôt que les *Schizaster* sont des *Opissaster* modifiés qui ont pris un fasciole latéro-sous-anal, car voici que ces derniers abondent en Perse à l'époque crétacée. Pomel ne voyait dans son genre que des espèces miocènes de grande taille et il a pris son type générique parmi les espèces de l'Algérie *O. polygonalis*; nous en avons nous-même décrit un autre plus développé *O. Jourdyi*[1]. Cependant Pomel semble admettre une espèce crétacée, l'*Hemiaster amplus* Desor. Ce type pris dans Goldfuss où il est appelé à tort *Spatangus lacunosus*, cité par Desor sous le nom d'*Hemiaster amplus*, puis par d'Orbigny comme *Hemiaster lacunosus*, puis de nouveau par Desor comme *Schizaster amplus*, reste incertain parce qu'il est dépourvu de fasciole, du moins sur les figures qui le représentent. Je n'ai plus besoin de discuter vainement sur ce sujet pour établir qu'il y a des *Opissaster* crétacés, la Perse en fournit abondamment. Peut-être même en trouverait-on une espèce en France dans le Sénonien du Sud-Ouest; mais le seul exemplaire que j'en connaisse n'est pas plus certain que le *Spatangus lacunosus* de Goldfuss, car le fasciole n'y est pas visible par suite de l'empâtement ferrugineux qui recouvre le test.

1. Cotteau, Perron et Gauthier, *Échin. foss. de l'Algérie*, fasc. X, pl. III, fig. 4, 1891.

Bothriopygus inflatus Cotteau et Gauthier.

Syn. *Parapygus inflatus* Cotteau et Gauthier, *Échinides fossiles de la Perse*, p. 55, pl. VIII, fig. 6-9, 1895.

J'ai trouvé dans le dernier envoi de M. de Morgan un nouvel exemplaire du *Bothriopygus* (*Parapygus*) *inflatus*, et je saisis cette occasion de rendre à cette espèce son vrai nom générique. En 1895, nous avions adopté, non sans protestation, le nom de *Parapygus* substitué par Pomel à celui de *Bothriopygus* d'Orbigny, pour la plus grande partie des espèces. Pomel trouvant dans la liste de ces oursins que la première espèce avait le péristome oblique alors que les autres types l'ont droit dans l'axe antéro-postérieur, avait, d'après sa méthode, établi deux genres : *Bothriopygus* d'Orbigny, *Parapygus* Pomel. En cela il n'y avait rien d'irrégulier; mais Pomel a attribué le nom de *Bothriopygus* à la première espèce citée par d'Orbigny dans la *Paléontologie française*, *B. obovatus*, c'est-à-dire à la seule qui ait le péristome oblique, et il a créé le genre *Parapygus* pour les espèces qui ont le péristome droit. Or, d'Orbigny citait ses espèces par ordre stratigraphique, et non d'après les caractères zoologiques, et la première espèce nommée par lui n'est pas nécessairement le type du genre; il a fait remarquer lui-même que cet oursin avait le péristome oblique, ajoutant qu'il l'admettait néanmoins parmi les *Bothriopygus*. Il est manifeste que ses vrais types sont les *B. Toucasanus* et *Cotteauanus*, et Pomel en les attribuant au genre *Parapygus* se met incontestablement en opposition avec les vues réelles de d'Orbigny. Je crois donc qu'il est juste de remettre les choses à leur place et de reprendre le nom générique de *Bothriopygus* pour toutes les espèces où nous avons employé *Parapygus*. Ainsi je dis pour nos oursins de la Perse : *Bothriopygus inflatus*, *B. Vaslini*, *B. petalodes*, *B. acutus*; et *Parapygus* me paraît être un nom générique à supprimer.

RHABDOCIDARIS (*Leiocidaris*) MORGANI Gauthier, 1902.

Pl. XX, fig. 3-6.

Diamètre, 35 millimètres. Hauteur, 17 millimètres.

J'ai devant moi, pour décrire cette espèce, un exemplaire complet mais qui n'a pas atteint tout son développement, et un fragment représentant une aire interambulacraire et la moitié de l'aire ambulacraire adjacente d'un individu bien plus développé dont le diamètre devait être d'environ cinquante millimètres.

Espèce subcirculaire, assez épaisse, renflée au pourtour, arrondie mais déprimée à la face supérieure, légèrement concave aux environs du péristome. Appareil apical inconnu, ayant laissé une empreinte assez étendue.

Aires ambulacraires de largeur moyenne, légèrement onduleuses, formées de paires de pores séparées par une cloison, les pores étant conjugués dans le sillon transverse formé par deux cloisons successives; espace interzonaire bordé de chaque côté par une ligne de granules plus gros que les autres; derrière chaque granule il y en a quatre ou cinq plus petits, irrégulièrement disposés, tantôt formant une double rangée, tantôt plus ou moins alignés en une seule série et inégaux, entremêlés de fines verrues; ces granules secondaires ne forment point de rangées verticales réellement bien dessinées, ou, si l'on veut admettre que ce sont des rangées très peu régulières, il y en aura quatre entre les granules principaux, ce qui fait six rangées chez notre exemplaire jeune, et huit chez le grand qui offre deux ou trois petits granules en plus de chaque côté, toujours irrégulièrement superposés. Aires interambulacraires larges, présentant deux rangées de gros tubercules perforés, incrénelés, augmentant légèrement de volume depuis le bas jusqu'en haut, les trois supérieurs étant les plus développés, sauf le plus rapproché du sommet qui est atrophié sur une des deux rangées. Il y en a six ou sept dans chaque série, mais le grand exemplaire en compte deux ou trois de plus; ils sont épais à la base et bien mamelonnés, entourés d'un cercle scrobiculaire de gros granules assez serrés dont la partie externe touche à l'aire ambulacraire chez l'individu jeune et en est séparée par quelques granules chez l'adulte. Scrobicules légèrement ovales et se confondant à la partie inférieure du test, circulaires et complets à l'ambitus et à la partie supérieure, les plus élevés faiblement séparés sur le grand fragment. Zone miliaire large, couverte de fins granules homogènes, serrés, formant des séries transverses régulières comptant jusqu'à douze granules chez l'individu jeune et plus de vingt chez l'autre. Ces séries sont séparées par de petits sillons ou stries qui limitent des groupes de deux, trois ou quatre rangées, mais jamais plus.

Péristome s'ouvrant dans une médiocre dépression, relativement peu développé, n'atteignant que sept ou huit millimètres de diamètre ; le bord est entier et complètement dépourvu d'incisions branchiales.

Le fragment de grande taille porte, engagé dans la gangue, mais non adhérent au test, un radiole de taille médiocre qui probablement n'appartient pas à l'espèce que je décris ou qui n'y aurait occupé qu'une place secondaire ; il a la forme exiguë d'une longue et grêle épine, mesurant 21 millimètres bien qu'il soit incomplet ; le bouton est un simple renflement, la facette articulaire montre qu'il devait être porté par un tubercule peu développé ; il me semble même y discerner des traces de crénelures qui ne sauraient convenir au test que je décris si elles existent réellement.

Rapports et différences. — Le genre *Rhabdocidaris* est très pauvrement représenté dans nos régions occidentales à l'époque du Sénonien supérieur, ou pour mieux dire, je n'en connais aucune espèce ni en France, ni en Algérie, ni en Tunisie, ni au Portugal. Stoliczka n'en indique point dans l'Inde méridionale ni Nœtling dans le Béloutchistan. J'en trouve néanmoins deux espèces en Égypte, à un horizon, il est vrai, un peu plus bas : le *Rh. Crameri* de Loriol, dont on ne trouve que des plaques isolées et dont les scrobicules sont très elliptiques à l'ambitus, et le *Rh. Schweinfurthi* Gauthier qui n'est connu également que par de nombreuses plaques isolées et des radioles très différents de ceux du

Rh. Crameri; les cercles scrobiculaires sont à peu près semblables à ceux du *Rh. Morgani*, mais les granules de la zone miliaire sont plus fins chez ce dernier et les aires ambulacraires sont très différentes. Le *Rh. subvenulosa* Peron et Gauthier du Turonien? de Krenchela, présente, dans les aires ambulacraires une disposition à peu près semblable des granules, mais les aires interambulacraires avec leurs tubercules très nombreux et leurs scrobicules très elliptiques empêchent tout rapprochement. Le *Rh. Pouyannei* Cotteau, du Cénomanien dont les aires ambulacraires présentent aussi quelque ressemblance bien que les granules y soient plus réguliers, porte à peu près le même nombre de tubercules interambulacraires; ils sont entourés de scrobicules moins profonds et moins accusés et la zone miliaire est moins large.

LOCALITÉ. — Louristân (l'étiquette indiquant la localité précise a été égarée).

CIDARIS SCABRA Gauthier, 1902.

Pl. XX, fig. 11-12.

Diamètre, 30 millimètres. Hauteur, 24 millimètres.

Exemplaire de taille moyenne, de forme élevée, renflé à l'ambitus, déprimé au sommet et à la partie inférieure.

Aires ambulacraires insensiblement sinueuses, de largeur moyenne, un peu déprimées. Zones porifères étroites, formées de paires serrées de petits pores ronds, séparés par un granule, chaque paire isolée des autres par un très faible septum oblique; espace interzonaire portant de chaque côté deux rangées verticales de granules assez gros et à peu près égaux, ce qui donne pour l'ensemble quatre séries verticales régulières; ces granules conservent la même disposition jusqu'au sommet; seulement quand la zone se rétrécit en s'approchant de l'apex, les deux rangées internes offrent des granules plus petits que les externes.

Aires interambulacraires assez larges, mesurant dix-sept millimètres au pourtour; elles sont garnies de deux rangées de gros tubercules perforés, incrénelés, de volume médiocre, mais à base épaisse et à mamelon bien détaché; ils sont au nombre de sept ou huit, rapprochés les uns des autres, entourés de scrobicules peu étendus, profonds, limités par des cercles scrobiculaires elliptiques se confondant partout entre les tubercules, sauf tout à fait à la partie supérieure où ils sont entiers et contigus; les granules des cercles sont saillants et rapprochés. Zone miliaire presque nulle à la partie inférieure, médiocrement élargie à l'ambitus où elle n'est composée que de courtes rangées de granules, en comprenant six au plus au total, à peine plus larges à la partie supérieure où deux ou trois petits granules seulement apparaissent au milieu des autres. Ces granules miliaires sont assez gros, et, malgré le peu d'extension de l'aire, de petites stries séparent les rangées transverses par groupes de deux, trois ou quatre. L'appareil apical et les plaques qui l'avoisinent sont inconnus; le péristome paraît avoir été assez grand, mais il est mal conservé sur l'unique exemplaire que je possède.

Rapports et différences. — Le *Cidaris scabra* se distingue facilement du *C. persica* Cott. et Gauth. par ses rangées de granules ambulacraires au nombre de quatre au lieu de six; par ses tubercules interambulacraires plus serrés et à cercles scrobiculaires incomplets, par ses plaques moins hautes et à sutures peu visibles. Il se rapproche plus encore du *C. Suleimani* Nœtling, dont il a les tubercules saillants; il s'en éloigne par ses zones porifères moins sinueuses, par ses granules ambulacraires plus réguliers et surtout par les cercles scrobiculaires de ses tubercules interambulacraires toujours confondus au milieu et en bas du test et elliptiques, tandis qu'ils sont ronds et toujours complets chez l'espèce du Béloutchistan.

Localité. — Louristân (l'étiquette indiquant la localité précise a été égarée).

SALENIA COSSIÆA Cotteau et Gauthier, 1895.

Pl. XVIII, fig. 12.

Syn. *Salenia cossiæa* Cott. et Gauth. *Échinides fossiles de la Perse*, p. 83, pl. XIII, fig. 13-19, 1895.

Diamètre, 25 millimètres. Hauteur, 22 millimètres.

Je fais figurer un exemplaire du *S. cossiæa* à qui la hauteur considérable de son test donne une physionomie toute particulière. On se croirait volontiers en présence d'une espèce nouvelle; mais en examinant tous les caractères, on les trouve identiques; les plaques apicales conservent la même disposition; les plaques génitales pentagonales sont perforées un peu plus près du bord inférieur que du bord supérieur; l'ocellaire postérieure de droite écarte les génitales et fait partie du cercle périproctal; les sutures des plaques portent quelques impressions ponctiformes; les zones porifères sont étroites et montrent de fins granules entre les deux rangées de tubercules; les aires interambulacraires portent le même nombre de tubercules, sept dans chaque série, malgré la hauteur plus grande et, ce qui est assez remarquable, les cercles scrobiculaires se confondent entre les tubercules comme dans les espèces basses; la face inférieure est naturellement un peu plus étroite, mais le péristome conserve les mêmes proportions; il n'y a aucune raison pour séparer spécifiquement des autres cet exemplaire de forme si différente; j'ai pensé qu'il serait intéressant de faire figurer cette variété.

Genre ACTINOPHYMA Cotteau et Gauthier, 1895.

Syn. *Actinophyma* Cotteau et Gauthier, *Échinides fossiles de la Perse*, p. 96, 1895.

Quand nous avons établi, Cotteau et moi, la diagnose de ce genre nous n'avions à notre disposition qu'un exemplaire mal conservé à la partie supérieure, et que nous avons cru être adulte; malgré la pauvreté de nos matériaux, ce type nous paraissait si différent des autres

Cyphosomiens que nous n'avons pas hésité à établir pour lui un genre nouveau. Depuis, M. de Morgan a recueilli plusieurs autres exemplaires en meilleur état, dont quelques-uns très grands, et ses heureuses découvertes me permettent aujourd'hui de mieux voir les vrais caractères. Par suite, je me trouve obligé de modifier la diagnose sur plusieurs points :

Test atteignant une grande taille, subcirculaire, médiocrement élevé, convexe à la partie supérieure, plat ou pulviné à la partie inférieure avec bord arrondi. Appareil apical inconnu, peu étendu d'après l'empreinte qu'il a laissée; zones porifères fortement bigéminées sur toute la partie supérieure, unisériées au pourtour et au-dessous, où elles forment des arcs de six à sept paires autour des tubercules. Aires ambulacraires presque aussi larges à l'ambitus que les interambulacraires, garnies de deux rangées de gros tubercules saillants, crénelés et imperforés, fortement scrobiculés, très rapprochés les uns des autres. Aires interambulacraires ornées de tubercules semblables, portant en outre de chaque côté une rangée de tubercules secondaires qui partent du péristome et vont jusqu'au sommet, en diminuant de volume aux deux extrémités ; les tubercules sont marqués de radiations accentuées à leur base, sur le milieu des deux aires, mais ces radiations s'effacent près du sommet et du péristome; les plaques, surtout les interambulacraires, sont accompagnées d'impressions suturales prononcées, qui aboutissent, au milieu de l'aire, à de petites fossettes allongées, où se déverse également, à l'ambitus, une petite gouttière placée sur le milieu de la plaque opposée et semblant faire suite à l'impression suturale.

D'après la disposition de ses zones porifères ce nouveau type semble appartenir au genre *Cyphosama* ; il s'en distingue par ses impressions suturales et ses fossettes, et aussi par la médiocre extension de l'empreinte qu'a laissée l'appareil apical. Je n'en connais jusqu'à présent qu'une espèce.

ACTINOPHYMA SPECTABILE Cotteau et Gauthier.

Pl. XX, fig. 7-10.

Syn. ACTINOPHYMA SPECTABILE Cotteau et Gauthier, *Échinides fossiles de la Perse*, p. 98, pl. XV, fig. 6-10, 1895.

Diamètre, 69 millimètres. Hauteur, 32 millimètres.

Exemplaire de grande taille, circulaire, renflé au pourtour, déprimé en dessus et en dessous. Appareil apical inconnu, ayant laissé une empreinte subpentagonale de dimensions médiocres relativement, n'excédant pas quinze millimètres de diamètre.

Aires ambulacraires renflées, non déprimées au milieu, étroites au sommet, larges de dix-sept millimètres à l'ambitus. Zones porifères droites, larges, fortement bigéminées à la partie supérieure où elles forment autour des tubercules deux arcs juxtaposés de six à sept paires de pores ; unisériées au dessous de l'ambitus et n'entourant plus le tubercule que d'un arc simple comprenant six ou sept paires de pores; l'espace interzonaire est presque entièrement occupé par les gros granules des cercles scrobiculaires. Tubercules peu développés près du sommet, augmentant de volume progressivement en s'éloignant, gros à l'ambitus et au dessous, sauf près du péristome ; ils sont crénelés et imperforés, entourés de cercles scrobiculaires saillants; la base en est épaisse et fortement rayonnante en faisant exception pour les plus petits situés près du sommet; il y en a environ vingt par série.

Aires interambulacraires atteignant au plus vingt et un millimètres de largeur, renflées sous les deux rangées de tubercules, déprimées au milieu. Elles présentent deux rangées de tubercules principaux, un peu plus gros que ceux des ambulacres, comme eux crénelés et imperforés, entourés de cercles scrobiculaires elliptiques se confondant partout; ils sont découpés à l'ambitus et même plus haut par des sillons rayonnants qui donnent à leur base l'aspect d'une roue d'engrenage; on en compte dix-huit ou dix-neuf par série. Sur le bord voisin des zones porifères il y a de chaque côté une série de tubercules secondaires, beaucoup plus petits que les principaux, crénelés, nombreux à la face inférieure, ne s'élevant pas beaucoup au-dessus de l'ambitus; il y en a aussi deux séries entre les tubercules principaux, mais ils s'élèvent à peine jusqu'à l'ambitus. Le milieu de l'aire est déprimé, formant une espèce de petit canal bordé de chaque côté par l'extrémité des plaques qui est bombée et couvertes de rares granules ; les sutures transverses sont marquées d'incisions qui aboutissent dans la dépression médiane où se trouve à l'angle de chaque plaque une petite fossette allongée; l'impression suturale semble se prolonger au delà de la fossette, ou plutôt il y a au milieu de la plaque en face une petite gouttière qui se déverse dans la fossette. La dépression des sutures transverses et le renflement du bord des plaques donne à cette partie médiane l'apparence de deux rangées de pavés dont les joints sont dégradés.

Par une sorte de fatalité les dix exemplaires que j'ai pu examiner ont tous la partie inférieure détériorée ou empâtée, et, malgré tous mes efforts, je ne suis point parvenu à dégager suffisamment le péristome pour en voir nettement le circuit; il s'ouvre dans une dépression du test, paraît peu étendu, et les entailles buccales sont plutôt larges que profondes.

LOCALITÉS : Tagh-é-Mowla, Meima, Teng-é-Hiana. — Sénonien.

Dans l'examen approfondi que j'ai fait des nouveaux individus, j'ai reconnu que le *Cyphosoma persicum* établi en 1895 sur un oursin incomplet (p. 91, pl. XV, fig, 1-2) n'est qu'un fragment usé de l'*A. spectabile* et doit disparaître de la momenclature.

ORTHECHINUS COTTEAUI Gauthier, 1902.

Pl. XX, fig. 13-15.

Diamètre, 38 millimètres. Hauteur, 18 millimètres.
— 32 — 15 —

Espèce subcirculaire, assez épaisse, renflée au pourtour, déprimée en dessus et en dessous. Appareil apical inconnu; l'empreinte qu'il a laissée est pentagonale et mesure de sept à huit millimètres de diamètre.

Aires ambulacraires légèrement saillantes, larges au pourtour de neuf millimètres. Zones porifères droites, unisériées, portant trois paires de pores par plaque majeure, ne se multipliant pas aux approches du péristome. Tubercules intermédiaires crénelés et imperforés, à base épaisse, à mamelon bien détaché, saillants, serrés, diminuant de volume près du sommet et du péristome; ils forment deux rangées comptant chacune environ vingt tubercules; entre les deux rangées l'espace est très étroit et occupé par de petits granules inégaux, irrégulièrement disposés et peu nombreux.

Aires interambulacraires larges à l'ambitus de dix-neuf millimètres, garnies de deux rangées principales de tubercules semblables à ceux de l'ambulacre, un peu moins serrés, au nombre de seize à dix-sept par série; il y a de chaque côté une rangée secondaire de tubercules assez développés, un peu moins que ceux de la rangée principale; ils s'arrêtent aux deux tiers de la hauteur et le dernier est très petit; il y en a dix par série. Sur l'exemplaire que je prends comme type et qui est le plus développé des trois que je connais, il y a encore, à l'ambitus, ou plutôt au-dessous, trois ou quatre tubercules formant une troisième rangée très incomplète, mais cette troisième série n'existe pas chez les autres individus d'un diamètre moindre et n'est indiquée sur celui qui mesure 32 millimètres que par trois granules alignés aussi peu développés que ceux de la zone miliaire. Zone miliaire assez large, portant de rares granules provenant des couronnes imparfaites qui entourent les tubercules; la zone est à peu près nue à la partie supérieure.

Péristome s'ouvrant dans une dépression du test, subdécagonal, large de onze millimètres, montrant des entailles buccales accentuées et relevées sur les bords.

L'exemplaire que j'ai fait figurer comme type de l'espèce présente une anomalie remarquable : il ne porte que quatre aires ambulacraires et quatre aires interambulacraires; il n'en offre pas moins un aspect très régulier et les détails spécifiques ne sont pas modifiés par cet accident pathologique; je l'ai préféré aux deux autres parce qu'il est plus grand, plus net, mieux conservé ; les ambulacres et les interambulacres existant ne diffèrent point de ceux que montrent les individus normaux.

Rapports et différences. — L'*Orthechinus Cotteaui* diffère de l'*O. cretaceus* décrit en 1895 par ses tubercules plus gros et formant dans les interambulacres des séries moins nombreuses ; tandis que notre première espèce, mesurant vingt-neuf millimètres de diamètre, offrait nettement six rangées de tubercules dans les aires interambulacraires, le nouveau type, avec un diamètre de neuf millimètres en plus, présente seulement le rudiment des rangées externes et les individus moins développés ne portent que quatre séries ; d'ailleurs ces tubercules sont plus gros et plus saillants et donnent au test une physionomie différente.

Localité : Teng-è-Hiana. — Étage sénonien supérieur.

RÉSUMÉ

Les Échinides décrits dans ce Supplément nous ont fait connaître vingt et une espèces nouvelles, sept dans les terrains crétacés inférieurs et moyens, et quatorze dans les terrains crétacés supérieurs.

Les sept espèces des terrains inférieurs et moyens sont réparties entre cinq genres :

Holaster subcarinatus ;
Pseudananchys persica ;
Hypsaster convexus ;
— *Valamtarensis* ;
— *Douvillei* ;
Hemiaster devolutus ;
Discoides Morgani ;

Les quatorze espèces du terrain sénonien sont comprises dans dix genres :

Iraniaster nodulosus ;
Stenonia Morgani ;

ÉCHINIDES FOSSILES

Epiaster Lamberti;
Hemiaster Morgani;
— *Kanepanensis*;
— *recurvus*;
— *parthicus*;
— *Noemiæ* (variété *Gulgulensis*);
Opissaster Douvillei;
Rhabdocidaris Morgani;
Cidaris scabra;
Salenia cossiæa (var. *alta*);
Actinophyma spectabile;
Orthechinus Cotteaui.

TERRAINS TERTIAIRES

Les Échinides recueillis jusqu'ici par M. de Morgan dans les terrains tertiaires appartiennent tous à l'Éocène moyen et supérieur.

EUSPATANGUS CHIAVANENSIS Gauthier, 1902.

Pl. XXI, fig. 1-2.

Longueur, 36 millimètres.	Largeur, 30 millimètres.	Hauteur, 16 millimètres
— 38 —	— 31 —	— 17 —

Espèce de taille moyenne, elliptique, rétrécie en avant, encore plus en arrière; face supérieure convexe, légèrement déclive d'arrière en avant, avec carène dorsale mousse, mais sensible; face inférieure presque plate, un peu déprimée aux environs du péristome et renflée à l'extrémité du plastron. Apex ambulacraire excentrique en avant, 16/36.

Appareil apical invisible sur les trois exemplaires connus. Aire ambulacraire impaire logée dans un sillon à peine sensible, produisant un très faible sinus au bord antérieur. Zones porifères extrêmement étroites, formées de paires de pores microscopiques, assez rapprochées près du sommet; les plaques devenant plus hautes, les paires sont de plus en plus distantes en s'éloignant et restent néanmoins visibles jusqu'au bord.

Pétales ambulacraires pairs antérieurs assez longs, superficiels, fortement divergents, perpendiculaires à l'axe; zones porifères bien développées, formées de paires de pores conjugués par un sillon, un peu inégaux, les externes étant plus allongés que les internes, tous d'ailleurs très courts; j'en compte une vingtaine de paires; l'espace interzonaire est un peu plus large qu'une des zones. Pétales postérieurs beaucoup moins divergents que les antérieurs, plus longs, s'arrêtant néanmoins à mi-distance entre l'apex et le bord; les paires de pores sont semblables à celles des pétales antérieurs, mais plus espacées, et je n'en compte que vingt-et-une ou vingt-deux malgré la plus grande longueur du pétale; l'espace interzonaire, légèrement renflé, est plus large qu'une des zones et orné de petits tubercules au milieu d'une granulation très fine.

Aires interambulacraires offrant trois rangées transverses de tubercules relativement assez gros et scrobiculés; dans les interambulacres latéraux, la rangée supérieure est formée par deux tubercules, ou même par un seul; la rangée médiane par deux ou trois, la rangée inférieure, médiocrement régulière, en compte sept ou huit; les tubercules des interambulacres antérieurs sont semblables mais plus rapprochés et moins nombreux, l'aire étant moins étalée; l'interambulacre impair en est dépourvu; le reste de la surface est occupé par quelques tubercules épars beaucoup moins développés et des granules intermédiaires.

Péristome assez éloigné du bord, au tiers de la longueur totale; il est mal conservé sur nos exemplaires. Périprocte ovale verticalement, grand, occupant une forte partie de la face postérieure qui est étroite et basse. Fasciole péripétale limitant les gros tubercules, passant près du bord en avant, éloigné du bord en arrière, les pétales s'arrêtant, comme je l'ai dit, assez loin de la face postérieure. Le fasciole sous-anal n'est distinct sur aucun de nos exemplaires.

Rapports et différences. — L'*Euspatangus Ghiavanensis* se rapproche de l'*Eusp. rostratus* d'Archiac, du Nummulitique de l'Inde; il s'en distingue par son épaisseur un peu plus considérable, par sa partie postérieure moins rétrécie, par ses tubercules moins nombreux, même avec une taille plus considérable. Il ressemble encore à l'*Eusp. Peroni* Gauthier, du Nummulitique de l'Égypte; ce dernier a les pétales plus longs, les tubercules moins gros et tout autrement disposés, et le bord est plus épais. L'*Eusp. Siokutensis* Fuchs, qui provient des environs de Téhéran, est plus étroit dans son ensemble, plus mince, plus rétréci en arrière et porte des tubercules moins développés et beaucoup plus nombreux.

LOCALITÉ : Mollah Ghiavan. — Éocène supérieur.

BRISSOPSIS CONSTRICTA Gauthier, 1902.

Pl. XXI, fig. 3-4.

Longueur,	30 millimètres.	Largeur,	25 millimètres.	Hauteur,	16 millimètres.
—	25 —	—	22 —	—	? —
—	19 —	—	16 —	—	11 —

Espèce de taille médiocre, de forme elliptique, assez allongée, un peu plus rétrécie en arrière qu'en avant, ayant son point culminant tout près du bord postérieur; face supérieure déclive d'arrière en avant; face postérieure étroite, tronquée verticalement, assez haute; face inférieure légèrement bombée, avec le milieu du plastron sensiblement caréné. Apex ambulacraire excentrique en avant, 13/30.

Appareil apical situé dans une dépression résultant de la réunion des sillons ambulacraires, petit, montrant quatre pores génitaux disposés en trapèze avec le corps madréporiforme au milieu qui se prolonge entre les plaques génitales et ocellaires et dépasse un peu celles-ci. Aire ambulacraire impaire logée dans un sillon étroit et assez profond qui échancre sensiblement le bord antérieur. Zones porifères linéaires, formées de petites paires obliques de pores virgulaires séparés par une granule; elles restent visibles jusqu'au milieu de la longueur du sillon; l'espace interzonaire plus large que les zones réunies est finement granuleux.

Pétales pairs en croissant de chaque côté, les antérieurs médiocrement divergents, les postérieurs très rapprochés et se confondant sur une grande partie de leur longueur; ils ne sont nettement séparés que vers le milieu, par une carène d'abord aiguë et partout très mince. Ils sont tous quatre égaux en longueur, mesurant sept millimètres chez le plus grand exemplaire et de quatre à cinq chez le plus petit. Zones porifères relativement larges, formées de paires de pores égaux, linéaires, allongés et acuminés ; j'en compte quinze dans la série postérieure qui est complète ; mais dans la série antérieure les six paires les plus rapprochées du sommet sont atrophiées ; dans les pétales postérieurs les branches internes sont atrophiées depuis l'apex jusqu'au milieu. L'arc formé par les deux pétales du même côté est interrompu au milieu par l'intercalation d'une étroite plaque interambulacraire. Les interambulacres latéraux et antérieurs portent deux séries de petits nodules qui s'alignent, assez serrés, du sommet au bord.

Péristome assez éloigné du bord, au tiers antérieur, transverse, semilunaire, nettement labié en arrière ; le milieu du plastron, comme je l'ai dit, est marqué d'une carène depuis la bouche jusqu'au bord postérieur. Périprocte ovale, grand, s'ouvrant au sommet de la face postérieure qui est la partie la plus élevée du test. Fasciole péripétale sinueux, remontant dans les interambulacres ; fasciole sous-anal en écusson, au-dessous du périprocte, rempli de granules et de petits tubercules. Tout le test est granuleux ; les tubercules, très atténués à la partie supérieure, sont un peu plus marqués le long du sillon impair, au pourtour de tout le test, et surtout à la face inférieure dans les interambulacres ; ceux du plastron sont plus petits à la partie postérieure.

J'ai entre les mains sept exemplaires de cette espèce, mais aucun d'eux n'est en parfait état de conservation, et les détails que je viens de donner sont pris sur trois d'entre eux.

Rapports et différences. — L'extrême rapprochement des pétales postérieurs et le peu de divergence des antérieurs donnent au *Brissopsis constricta* une physionomie toute particulière qui le distingue facilement des autres espèces. Voisin de la forme jeune du *B. biarritzensis* que Cotteau a figuré dans la *Paléontologie Française* (Terr. tert., pl. 58, fig. 1-3), il s'en distingue, à taille égale, par ses pétales postérieurs moins longs et moins larges, par ses pétales antérieurs moins développés et moins écartés, par son sillon impair entamant un peu plus l'ambitus, par sa partie postérieure plus haute. Le *Brissopsis* (*Toxobrissus*) *Haynaldi* Pavay a les pétales postérieurs beaucoup plus divergents, et la prolongation de la carène dorsale y forme un rostre qui fait complètement défaut chez le type que je décris. Les *B. Lorioli* Bittner, *Lamberti* Gauthier, d'Égypte ou d'Europe diffèrent beaucoup par l'écartement de leurs pétales ; le *B. angusta* Desor, figuré par M. de Loriol dans les *Échinides nummulitiques de l'Égypte* (Pl. VII, fig. 9) est très différent pour le profil, la disposition des pétales ambulacraires et la place presque centrale occupée par le péristome.

Un des sept exemplaires que j'ai étudiés est beaucoup plus élevé que les autres, non seulement à la partie postérieure, mais encore en avant ; il mesure vingt-deux millimètres de longueur, dix-huit de largeur, dix-sept de hauteur, c'est-à-dire 77/100 par rapport à la longueur. Mais les autres caractères et particulièrement la disposition des pétales ambulacraires étant les mêmes que chez le type, je ne saurais l'en séparer.

LOCALITÉ : Mollah-Ghiavan. — Éocène supérieur.

Genre CIONOBRISSUS Al. Agassiz.

Syn. CIONOBRISSUS Al. Agassiz, *Proc. Am. Acad.*, vol. XIV, p. 206.
Report on the Echinoidea dredged by H. M. S. Challenger, p. 187, pl. XXIII, XXVb, 1881.

Oursin de la tribu des Brissidées; test ovoïde et renflé ; appareil apical subcompact, très excentrique en avant, près du bord. Ambulacre impair logé dans un sillon insensible près du sommet, se creusant tout à coup au pourtour, entamant profondément le bord en biais et se continuant en dessous jusqu'au péristome qui est presque central. Ambulacres pairs antérieurs très divergents, logés dans une légère dépression du test, avec pores allongés et conjugués, les externes un peu plus développés que les internes ; pétales postérieurs plus longs que les antérieurs, s'arrêtant au milieu du dos. Périprocte petit, s'ouvrant en haut de la partie postérieure. Plastron renflé et caréné, se terminant en arrière par une sorte de talon étroit et médiocrement prononcé ; fasciole péripétale formant une ellipse et passant à l'extrémité des pétales, sans sinus, sauf celui qu'il dessine pour traverser le sillon impair ; fasciole sous-anal en écusson, entourant le talon qui termine la carène du plastron. Tubercules primaires nombreux, crénelés, perforés, scrobiculés, limités, à la partie supérieure, par le fasciole péripétale.

Selon M. Al. Agassiz le genre *Cionobrissus* tient à la fois des *Brissopsis* et des *Metalia* et sert de passage entre les *Brissina* et les *Pourtalesiæ*. Peut-être serait-il juste de le rapprocher aussi des *Euspatangus* pour son fasciole péripétale limitant les gros tubercules ; il s'en distingue par la position de son appareil apical et par ses pétales pairs légèrement déprimés. Chez les *Brissopsis* le talon (snout ou beak) est réduit au minimum, mais la partie inférieure reste renflée et le sillon antérieur rappelle celui des *Cionobrissus*.

La présence d'un exemplaire fossile appartenant au genre *Cionobrissus* est un fait fort intéressant ; M. de Morgan l'a recueilli comme les autres échinides dont je m'occupe dans ce travail, dans l'Éocène du Louristân. Ce genre n'était connu jusqu'ici que par une espèce vivante, *C. revinctus* faisant partie de la faune abyssale, rencontrée au courant des explorations du *Challenger* dans l'Océan Pacifique indien, par 5° 41′ de latitude sud et 134° de longitude est, à une profondeur de 800 fathoms = 1.462 mètres. La température, à cette profondeur est de 3°,9 centigrades.

Cionobrissus Morgani Gauthier, 1902.

Pl. XXI, fig. 5-8.

Longueur, 33 millimètres. Largeur, 30 millimètres. Hauteur, 19 millimètres.

L'exemplaire unique que je vais décrire est de taille inférieure à celle de l'espèce vivante ; il est malheureusement assez mal conservé, comprimé, ce qui s'explique facilement par l'extrême minceur du test ; il a conservé, néanmoins, les caractères nécessaires pour que son attribution au genre *Cionobrissus* ne soit pas douteuse.

Espèce de forme ovale, assez large, à bord renflé, ce qui me porte à croire que la hauteur était plus considérable avant la pression qu'a subie l'exemplaire ; face postérieure arrondie, terminée en bas par une protubérance ou talon qui est à la suite de la carène du plastron ; face inférieure partout renflée, sillonnée dans presque la moitié de sa longueur par la dépression de l'ambulacre impair, fortement carénée au contraire entre le péristome et le bord postérieur. Apex ambulacraire très excentrique en avant, 8/33.

Appareil apical à fleur de test, petit, offrant quatre pores génitaux en carré, très rapprochés, les deux postérieurs un peu plus ouverts que les antérieurs ; le corps madréporiforme se faufile entre les plaques génitales postérieures, les sépare ainsi que les ocellaires et se prolonge assez loin en arrière ; les cinq plaques ocellaires sont externes et difficilement visibles.

Aire ambulacraire impaire logée dans un sillon à peine dessiné près du sommet, puis se creusant profondément et entamant largement le bord antérieur oblique et rentrant ; il se poursuit, toujours profond, pavé de plaques hautes et larges jusqu'au péristome qui est très éloigné du bord. Zones porifères très réduites, formées de paires de pores microscopiques, assez distantes, peu nombreuses ; l'espace interzonaire est orné d'une granulation très serrée.

Pétales pairs antérieurs logés dans une faible dépression, très divergents, presque perpendiculaires à l'axe de l'oursin ; zones porifères étroites, formées de paires de pores un peu obliques, médiocrement allongés, conjugués, les externes un peu plus longs et acuminés à la partie interne ; je compte dix paires assez distantes l'une de l'autre ; l'espace interzonaire est à peine indiqué. Pétales postérieurs moins divergents, formant un angle de 40°, plus longs que les antérieurs, à en juger par le passage du fasciole à leur extrémité, car sur l'exemplaire que je décris ils sont coupés au milieu par la disparition du test. Les paires de pores sont disposées comme dans les pétales antérieurs, mais je ne saurais en dire le nombre ; il n'en reste que sept, assez distantes et séparées par une cloison granuleuse ; l'espace interzonaire n'atteint pas un millimètre en largeur.

Péristome mal conservé, s'ouvrant presque au milieu de la face inférieure (15/33) ; c'est à partir de là que commence la carène du plastron qui ne s'étend dès lors que sur la moitié postérieure. Périprocte petit, placé presque au haut de la face postérieure. Fasciole péripétale étroit et bien nettement visible, passant à l'extrémité des pétales sans remonter dans les aires interambulacraires, traversant le sillon impair à peu près au milieu de la partie oblique et rentrante qui correspond au bord; il limite les gros tubercules primaires, crénelés, perforés et scrobiculés qui couvrent les aires interambulacraires. Fasciole sous-anal plus large, visible seulement à la partie supérieure du talon où on le voit s'infléchir de chaque côté pour l'envelopper; mais la partie aiguë de l'écusson est entièrement cachée par la déformation du test fort maltraité en cet endroit. En dehors du fasciole péripétale, les tubercules secondaires couvrent le test, petits à la partie supérieure, plus gros vers le bord et surtout à la face inférieure de chaque côté du sillon impair. Il reste en quelques endroits, retenus dans la gangue, des radioles qui s'adaptaient aux tubercules secondaires placés sur les côtés; ces radioles sont très fins, aciculaires, le bouton est relativement saillant; ils sont longs de quatre à cinq millimètres; le plus long est courbé, comme on les voit dans la figure 2 de la planche XXIII donnée par M. Al. Agassiz.

Rapports et différences. — Il me parait inutile d'établir longuement les différences spécifiques qui peuvent exister entre le *Cionobrissus revinctus* et le *C. Morgani*; la taille de l'exemplaire fossile est de moitié moins considérable; tous les caractères semblent avoir été les mêmes; peut-être le *C. Morgani* était-il un peu moins cylindrique, mais la forme a été dénaturée par une pression dont les effets sont malheureusement trop visibles, de sorte qu'il ne m'est pas possible de dire quelle était réellement la hauteur du test.

Localité : Mollah-Ghiavan. — Éocène supérieur.

DITREMASTER NUX (Desor) Munier-Chalmas.

Pl. XXI, fig. 9-11.

Syn. HEMIASTER NUX Desor, *Notice sur le terr. nummul. des Alpes*, Act. de la Soc. helv. des sc. nat., 38e session, p. 278, 1853.

Syn. DITREMASTER NUX Munier-Chalmas, *Observ. sur l'app. apical de quelques échinides crét. et tert.* Compte rendu des séances de l'Acad. des sciences, 1885.

Je ne donne pas en détail la longue synonymie de cette espèce, et je renvoie à la *Paléont. Franç.*, terr. éocène, vol. I, page 419. Y ajouter :

Syn. DITREMASTER NUX Gauthier, dans Fourtau, *Notes sur les Échin. foss. de l'Égypte*, fasc. I, p. 39, 1900.

Longueur, 26 millimètres.	Largeur, 26 millimètres.	Hauteur, 23 millimètres.
— 32 —	— 32 —	— 25 —

Espèce courte, élevée, subglobuleuse, aussi large que longue ; non échancrée et à peine sinueuse au bord antérieur ; face supérieure convexe avec le point culminant immédiatement en arrière de l'appareil apical, à peine déclive en avant, arquée en arrière; face postérieure haute, arrondie, tronquée verticalement et étroitement; face inférieure bombée; bords arrondis et très épais. Apex ambulacraire excentrique en arrière, 15/26.

Appareil apical relativement large, portant quatre plaques génitales dont les deux postérieures seules sont perforées, et cinq plaques ocellaires dans les angles externes ; le corps madréporiforme écarte les génitales et les ocellaires postérieures sans s'étendre plus loin; toutes les plaques sont granuleuses.

Ambulacre impair logé dans un sillon médiocre et peu profond, à peine marqué à l'ambitus et au-dessous, s'étendant néanmoins jusqu'au péristome. Zones porifères étroites, formées de paires assez distantes de petits pores ovalaires ou virgulaires, obliques, séparés par un gros granule ; l'espace interzonaire, quand il est bien dégagé, ce qui est rare, est couvert d'une granulation serrée.

Pétales pairs antérieurs peu divergents, sinueux aux deux extrémités, logés dans des sillons étroits mais bien marqués, courts, ne mesurant que huit millimètres de longueur. Zones porifères légèrement inégales, les postérieures plus larges que les antérieures, formées de pores transverses, linéaires, allongés, non conjugués, séparés dans la zone par une bande longitudinale très étroite et granuleuse ; on compte environ vingt paires ; l'espace interzonaire est moins large qu'une des zones. Pétales postérieurs présentant à peu près la même divergence que les antérieurs, plus courts de moitié, et offrant de onze à douze paires de pores.

Aires interambulacraires renflées, portant toutes deux séries verticales de nodules assez marqués et qui, de l'aire impaire se continuent à la face postérieure et forment l'encadrement de l'aire anale.

Péristome peu éloigné du bord, semilunaire, labié, avec un petit sillon transverse en avant représentant l'extrémité des ambulacres pairs. Périprocte petit, ovale verticalement, placé en haut de la face postérieure, au sommet d'une aire longue et étroite, limitée par des nodosités. Fasciole péripétale arrondi et rapproché en arrière de l'appareil apical par suite du peu de longueur des pétales, s'élargissant en avant et traversant le sillon impair à peu près à moitié de sa longueur. Toute la partie supérieure est couverte d'une granulation bien distincte, sériée, formant des groupes de séries horizontales ou obliques sur chaque plaque interambulacraire ; les plus grandes de ces plaques présentent jusqu'à dix lignes transverses, régulières et jusqu'à quinze granules dans les rangées du milieu. Je n'ai jamais rencontré cette disposition nettement dessinée chez aucune espèce du genre *Hemiaster* ; elle est au contraire habituelle et caractéristique chez les *Schizaster*, et si l'on veut bien observer que le *D. nux* a les pétales pairs antérieurs sinueux aux deux extrémités, et seulement deux pores génitaux dans l'appareil apical, on trouvera sans doute que cette espèce a des affinités plus grandes avec ce dernier genre qu'avec les *Hemiaster* auxquels on l'a plus d'une fois réunie.

Il en est de même pour presque tous les *Ditremaster* quand ils sont bien conservés, et dès lors ce genre se trouve singulièrement rapproché du genre *Opissaster* Pomel, qui est, selon l'expression de l'auteur une sorte de *Schizaster* sans fasciole latéro-sous-anal. Les deux genres ont le même parement de granules, le même fasciole, souvent la même physionomie. Pomel donne à son genre quatre pores génitaux dans l'appareil apical, tandis que les *Ditremaster* n'en ont nécessairement que deux ; mais la valeur de ce caractère est bien faible chez les Schizastériens qui varient facilement à ce sujet. Cotteau (*Paléont. Franç.* Éocène, p. 133) établit pour différence que les *Opissaster* ont le sillon antérieur abrupt et que les *Ditremaster* l'ont atténué : ce caractère distinctif n'a encore qu'une valeur médiocre, car si l'on passe en revue les individus attribués à chaque genre ce sillon varie beaucoup : Pomel rapportait à son genre *Opissaster* des espèces comme *Hem. Scillæ*, *H. Cotteaui* Wright dont le sillon antérieur est très peu prononcé et non abrupt ; Cotteau attribue au genre *Ditremaster Hem. carinatus* Duncan et Sladen[1] dont le sillon est à fond plat et caréné jusqu'au passage du fasciole. Si l'on passe en revue les autres espèces en prenant les mêmes termes employés par Cotteau pour dépeindre le sillon antérieur de chaque type spécifique, on trouvera que les *D. Degrangei* Cott. et *Corvazi* Mun.-Chalm. l'ont large ; *D. digonus* d'Archiac, très large ; *D. nux* Mun.-Chalm., qui est le type du genre, a le sillon étroit ; *D. Gregoirei*, large et accentué ; *D. Passyi*, large et renflé sur les bords, paraissant échancrer assez fortement l'ambitus ; *D. Schweinfurthi* de Loriol, sillon très large et très long. Je répète à dessein les termes dont s'est servi Cotteau, et il y a là, comme on le voit, un caractère confus et sans précision et par conséquent de peu de valeur. Je crois donc qu'il y aurait lieu de revoir ces deux genres et de vérifier si réellement il y a place pour tous deux dans la méthode ; mais ce n'est pas ici que j'entreprendrai cette révision qui n'entre pas dans le cadre de mon travail.

Rapports et différences. — Le *Ditremaster nux* paraît être assez commun dans le Louristân ; M. de Morgan en a recueilli dix exemplaires.

1. Série Kachh and Kattiwar, car ces auteurs ont fait dans la série de Khirthar un second *H. carinatus* très différent.

plus ou moins bien conservés; le type est absolument le même que celui des Alpes et l'espèce atteint une taille assez considérable. On le trouve associé au *Periscomus Nicaisei*, *Schizaster vicinalis* Ag., *Sch. rimosus* Desor que je vais bientôt décrire, et par conséquent dans l'Éocène supérieur. En Égypte, au Gebel Haridi où M. Fourtau en a recueilli de nombreux individus, il paraît occuper une position moins élevée dans l'Éocène moyen et le type est moins uniforme; on y rencontre des exemplaires bien semblables à ceux de l'Europe et de la Perse avec d'autres assez nombreux plus allongés, moins élevés, à sillon impair un peu plus large; mais les autres détails sont les mêmes : l'appareil apical est identique, la longueur et la direction des pétales pairs ne diffèrent point, le nombre de paires de pores est concordant, les aires interambulacraires sont également noduleuses ; ces individus mêlés à d'autres conformes aux types de l'espèce ne me paraissent pas devoir être séparés spécifiquement; on pourrait y voir une variété locale *ægyptiaca*.

LOCALITÉ : Mollah Ghiavan. — Éocène supérieur.

PERICOSMUS NICAISEI Pomel (var. *excelsa*).

Pl. XXIII, fig. 3

Syn. PERICOSMUS NICAISEI Pomel, *Matériaux pour la carte géologique de l'Algérie*, 1re série, p. 22, pl. I, fig. 1 et pl. II, fig. 1-2, 1885.

PERICOSMUS NICAISEI Peron et Gauthier, *Échin. foss. de l'Algérie*, fasc. IX, p. 66. pl. V, fig. 5-7, 1885.

Longueur,	40	millimètres.	Largeur,	41	millimètres.	Hauteur,	27	millimètres.
—	51	—	—	53	—	—	37	

Espèce subcordiforme, au moins aussi large que longue, haute, ayant son point culminant à l'appareil apical, fortement déclive à la partie supérieure mais un peu plus en avant qu'en arrière ; face postérieure tronquée, pourtour profondément échancré par le sillon impair; bord arrondi ; face inférieure légèrement renflée surtout au milieu. Apex ambulacraire un peu excentrique en avant, 24/51.

Appareil apical médiocrement développé, montrant trois pores génitaux, l'antérieur de droite étant absent; plaques ocellaires petites, triangulaires, insérées dans les angles externes. Corps madréporiforme bien développé, écartant les plaques génitales, postérieures et quelquefois aussi les ocellaires, sans les dépasser sensiblement.

Ambulacre impair logé dans un sillon peu marqué à sa naissance, s'élargissant et se creusant rapidement, mesurant au bord huit millimètres en largeur et entamant fortement le pourtour. Zones porifères très étroites, formées de paires réduites de petits pores obliques et séparés par un granule.

Pétales pairs logés dans des sillons médiocrement creusés, droits, les antérieurs très divergents, les postérieurs un peu moins longs et semblables pour tout le reste. Zones porifères assez larges, formées de paires de pores inégaux, les externes allongés et acuminés, les internes ronds; on compte vingt-quatre paires de pores dans les antérieurs et environ vingt dans les postérieurs; l'espace interzonaire est moins large qu'une des zones. Aires interambulacraires bien développées, légèrement noduleuses.

Péristome s'ouvrant assez près du bord, au quart ou au cinquième de la longueur totale, semilunaire, fortement labié en arrière. Périprocte à peu près rond, largement ouvert, placé au sommet de la troncature postérieure qui est assez basse; la carène supérieure le surplombe légèrement. La partie postérieure se termine par deux saillies noduleuses peu accentuées et le plastron est simplement renflé et se réunit aux aires ambulacraires sans ressaut; il est assez étroit et, dans les *Échinides de l'Algérie,* la figure 7 de la planche V n'est pas très exacte à ce sujet; le dessinateur a fait le plastron trop large et a rétréci les aires ambulacraires; il a été trompé par le peu de netteté de la face inférieure du type qui lui avait été fourni. Fasciole péripétale onduleux, passant à l'extrémité des pétales sans remonter bien haut dans les interambulacres; le fasciole marginal traverse le sillon impair beaucoup plus bas et passe en arrière sur le bord même. La granulation, effacée en grande partie sur les exemplaires de Perse, mieux conservée cependant que sur ceux d'Algérie, est très serrée et très fine même sur l'ambitus et à la partie inférieure où elle est pourtant un peu plus marquée qu'à la face supérieure.

Rapports et différences. — Le type de Perse que je viens de décrire présente, dans sa hauteur, quelques différences avec celui d'Algérie; il est plus élevé généralement, et si l'on comparait l'exemplaire que je figure et qui présente une hauteur de trente-sept millimètres, au type de Pomel qui ne mesure que vingt-quatre millimètres de hauteur pour cinquante de longueur, on serait tenté de les séparer spécifiquement. Mais le type de Pomel est exceptionnel, et celui que nous avons produit dans les *Échinides fossiles de l'Algérie* et qui provient de la même localité, est moins long de six millimètres et plus haut de trois; j'en possède un autre plus grand, qui atteint trente-cinq millimètres. Néanmoins il n'est pas contestable que la variété du Louristân est plus élevée et plus constante dans cette proportion; le reste ne diffère que très peu et la plupart des caractères sont exactement les mêmes, notamment le nombre des paires dans les ambulacres pairs et la disposition des pétales. Je crois donc pouvoir réunir spécifiquement les spécimens de la Perse à ceux de l'Algérie, en distinguant les premiers, si l'on veut, comme une variété *excelsa*.

Localité : Mollah Ghiavan. — Éocène supérieur.

Pericosmus Douvillei Gauthier, 1902.

Pl. XXII, fig. 4-5.

Longueur, 57 millimètres. Largeur, 58 millimètres. Hauteur, 39 millimètres.

Espèce subcordiforme, d'assez grande taille, aussi large que longue, épaisse à la partie postérieure, ayant sa plus grande largeur à peu près au milieu de la longueur; face supérieure partout convexe, fortement déclive en avant quoique le bord antérieur ne soit pas mince; le point culminant est à peu près central, mais la ligne de profil reste presque horizontale en arrière de ce point, tandis qu'elle s'abaisse rapidement vers le bord antérieur; face postérieure nettement tronquée, verticale, ayant à sa base deux nodosités accentuées ; bord arrondi; face inférieure partout renflée, avec plastron large et saillant, limité en arrière par les deux nodosités de la face postérieure, et en présentant une troisième qui forme un triangle avec les deux autres. Apex ambulacraire à peu près central.

Appareil apical peu développé, portant trois pores génitaux; l'antérieur de droite fait défaut; le corps madréporiforme écarte les plaques génitales et ocellaires postérieures et s'étend un peu en arrière.

Aire ambulacraire impaire logée dans un sillon étroit, peu profond, bien dessiné dès le voisinage du sommet, évasé et un peu moins creux au pourtour qu'il n'échancre que très médiocrement. Zones porifères étroites, formées de petites paires de pores obliques et séparées par un granule, dont les externes sont ronds et les internes virgulaires; il y en a ainsi environ dix-sept paires de chaque côté, puis les plaques deviennent plus hautes, les paires de pores se distancent et s'effacent presque entièrement même avant la rencontre du fasciole péripétale; le sillon se poursuit à la face inférieure jusqu'au péristome, mais très évasé.

Aires ambulacraires paires antérieures fortement divergentes, logées dans des sillons plus creusés que celui de l'ambulacre impair, larges de plus de cinq millimètres, longs de vingt. Zones porifères relativement larges, formées de paires de pores transverses assez éloignées les unes des autres; les pores assez grands et égaux sont allongés et elliptiques et se développent sur les talus des sillons; on en compte vingt-six paires dans chaque série, l'espace interzonaire est aussi large qu'une des zones. Pétales postérieurs occupant des sillons semblables aux autres, moins divergents, d'un quart moins longs, comptant vingt-trois ou vingt-quatre paires de pores.

Aires interambulacraires aiguës au sommet, s'élargissant progressivement, partout assez renflées, légèrement noduleuses, la postérieure impaire plus étroite que les autres et faiblement carénée.

Péristome s'ouvrant près du bord, au-dessus et en arrière d'une dépression transverse formée par les sillons du trivium; il est fortement labié en arrière avec lèvre saillante. Périprocte grand et ovale verticalement, s'ouvrant au sommet de la face postérieure; au-dessous l'aire est haute et large et se termine en bas par les deux nodosités dont j'ai déjà parlé qui forment un triangle avec le nœud terminal des deux grandes valves du plastron amphisterne, donnant à cette partie du test une épaisseur robuste. Fasciole péripétale serrant de près l'extrémité des pétales, passant de l'un à l'autre sans remonter bien haut dans les interambulacres, coupant le sillon antérieur à peu près à moitié de sa longueur. Fasciole marginal visible seulement par endroits sur nos deux exemplaires un peu frustes, suivant la partie renflée du bord sur les côtés. Tubercules petits et serrés à la face supérieure, augmentant de volume aux approches du bord, plus gros en dessous autour du péristome, puis diminuant progressivement sur le plastron et très fins entre les nodules qui le terminent.

Rapports et différences. — Le genre *Pericosmus*, sans être abondant, occupe une vaste surface géographique à l'époque éocène, et appartient plutôt à la partie supérieure de cet étage. Cotteau en indique six espèces dans la *Paléontologie*; en y ajoutant *P. Nicaisei* rencontré à la fois en Algérie et en Perse et une espèce égyptienne *P. Pasqualii* Gauthier, on arrive à un total de huit espèces; le type présent forme la neuvième et se distingue facilement de tous les autres. Les espèces auxquelles il ressemble le plus sont le *P. spatangoides* de Loriol et le *P. Pasqualii* : il offre à peu près les mêmes sillons que le premier pour les ambulacres pairs, mais le sillon impair est plus étroit et n'entame pas autant l'ambitus; la partie supérieure est beaucoup plus haute, plus largement tronquée et le plastron est plus saillant. Le type égyptien *P. Pasqualii* est plus épais en avant, a les pétales ambulacraires plus longs et plus également développés, les postérieurs plus divergents et présente une forme plus allongée.

Localité : Mollah Ghiavan. — Éocène supérieur.

SCHIZASTER VICINALIS, Agassiz 1847.

Pl. XXIII, fig. 4.

Syn. *Schizaster vicinalis* (*pars*) Agassiz et Desor, *Catal. rais. des Échin.*, p. 127. 1847.

Pour la suite de cette longue synonymie voir Cotteau, *Paléont. Franç.* Terrain éocène, t. I, p. 328.

Longueur, 43 millimètres.	Largeur, 43 millimètres.	Hauteur, 29 millimètres.
— 50 —	— 50 —	— 33 —

Espèce subcordiforme, aussi large que longue, haute, rétrécie et subacuminée en arrière, beaucoup moins épaisse en avant; face supérieure déclive en avant à partir de l'appareil apical, renflée sur les côtés, avec point culminant au milieu de la carène dorsale qui se recourbe en arc allongé et s'étend jusqu'au dessus du périprocte; face postérieure tronquée, excavée au milieu, surplombée par l'extrémité de la carène supérieure, un peu rentrante en bas; face inférieure renflée dans la région du plastron, déprimée dans les sillons ambulacraires en avant du péristome; bord arrondi et épais sur les côtés. Apex ambulacraire excentrique en arrière, 27/43.

Appareil apical dans la dépression formée par le renflement de l'extrémité proximale des aires interambulacraires, montrant quatre pores génitaux rapprochés en longueur, avec le corps madréporiforme débordant en arrière.

Aire ambulacraire impaire logée dans un sillon large, excavé, entamant fortement l'ambitus et se continuant jusqu'au péristome. Zones porifères étroites, cachées dans leur tiers supérieur sous le rebord des aires interambulacraires, formées de petites paires de pores un peu allongés, obliques et séparés par un granule; elles restent visibles jusqu'au passage du fasciole péripétale, c'est-à-dire presque jusqu'au bord; espace interzonaire plat, élargi légèrement vers le milieu, couvert par la granulation.

Pétales pairs antérieurs assez divergents, logés dans des sillons profonds et assez larges, légèrement recourbés aux deux extrémités; ils mesurent dix-sept millimètres en longueur. Zones porifères larges, formées de paires peu serrées et transverses de pores linéaires, conjugués; on compte environ trente-deux paires; l'espace interzonaire est un peu moins large qu'une des zones. Pétales postérieurs moins divergents, courts, atteignant à peine la moitié de la longueur des antérieurs, huit millimètres, semblables à eux pour la disposition des zones porifères qui comptent dix-huit paires de pores. Aires interambulacraires saillantes et étroites au sommet, s'élargissant vite, portant deux séries verticales de nodules médiocrement accentués.

Péristome s'ouvrant au quart antérieur, ovale transversalement en avant, fortement labié en arrière. Plastron amphisterne, renflé, largement ovale, avec labrum bien développé; les grandes valves mesurent vingt-cinq millimètres en longueur ou plus selon la taille de l'individu, et chacune dix en largeur. Périprocte grand, ovale verticalement, s'ouvrant au sommet de la face postérieure, au dessus de la dépression médiane, entouré d'une aire couronnée par de faibles nodules. Fasciole péripétale bien marqué, sinueux, remontant haut dans les interambulacres, formant un fort sinus vers le bas pour traverser le sillon impair, s'élargissant à l'extrémité des pétales. Fasciole latéro-sous-anal se détachant du péripétale au tiers de la longueur, à une des nodosités de l'aire interambulacraire, se dirigeant obliquement vers la face postérieure qu'il traverse entre les nodules du bas, formant une sorte de V à la face postérieure. Granulation très fine et très serrée à la partie supérieure du test, formant des séries délicates et nombreuses de granules homogènes comme je l'ai fait remarquer précédemment; au pourtour et surtout à la partie inférieure on distingue des tubercules de médiocres dimensions, plus gros autour du péristome et plus fins à l'extrémité postérieure du plastron que sur le labrum.

Rapports et différences. — Les exemplaires du Louristân, assez abondants, mais rarement bien conservés, sont parfaitement conformes à ceux qu'on recueille en Europe et en Algérie. Cotteau donne en hésitant deux pores génitaux seulement à l'appareil apical; il n'avait probablement pas vu nettement cet organe sur aucun de ses exemplaires. Je le distingue très nettement sur deux des individus recueillis par M. de Morgan; l'appareil a quatre pores génitaux, les deux antérieurs très rapprochés des postérieurs. Pour tout le reste les variations individuelles ne sont pas plus marquées que chez les exemplaires des Pyrénées ou du Vicentin et ne sauraient altérer l'unité du type.

LOCALITÉ : Mollah Ghiavan. — Éocène supérieur.

SCHIZASTER RIMOSUS Desor, 1847.

Pl. XXIII, fig. 5.

Syn. SCHIZASTER RIMOSUS Desor, dans Agass. *Catal rais. des Échin.*, p. 128.
— — D'Archiac. *Descript. du groupe nummul.* Mém. Soc. Géol. de France, 2e série, t. III, p. 425, pl. XI, fig. 5 *a*, *b*, *c*, 1850.

Pour le reste de cette longue synonymie, voir, comme pour l'espèce précédente, *Paléont. Franc.*, Éocène, t. I, p. 335.

Longueur, 51 millimètres.	Largeur, 44 millimètres.	Hauteur, 33 millimètres.
— 51 —	— 45 —	— 35 —

Espèce d'assez grande taille, subcordiforme, allongée, variable dans sa largeur, haute en arrière, épaisse en avant; face supérieure renflée, carénée en arrière de l'appareil apical et formant un rostre à l'extrémité, déclive à la partie antérieure, en toit sur les côtés; face postérieure tronquée, évidée, un peu rentrante, étroite; face inférieure renflée dans la région du plastron, médiocrement convexe partout ailleurs; bord épais même en avant. Apex ambulacraire presque central, un peu en arrière, 27/51.

Appareil apical déprimé entre les carènes interambulacraires, peu développé, montrant quatre pores génitaux avec le corps madréporiforme débordant en arrière.

Aire interambulacraire impaire logée dans un sillon partout étroit, profond, excavé sous le bord des interambulacres, échancrant fortement le bord et se continuant, un peu faible, jusqu'au péristome. Zones porifères étroites, placées sous l'excavation, peu visibles chez nos exemplaires.

Pétales pairs antérieurs se développant dans des sillons assez étroits, profonds, médiocrement divergents, sinueux aux deux extrémités, excavés, longs d'environ quinze millimètres. Zones porifères étalées sur les talus du sillon, relativement assez larges, formées de paires peu serrées de pores transverses, linéaires, conjugués; les paires sont séparées par une cloison granuleuse et au nombre de vingt-sept à trente; l'espace interzonaire est un peu moins large qu'une des zones. Pétales postérieurs à peine moins divergents que les antérieurs, n'atteignant pas tout à fait les deux tiers de la longueur de ces derniers, semblables pour la disposition des pores et des zones porifères, comptant de dix-huit à vingt paires.

Péristome peu éloigné du bord, au quart antérieur, semilunaire, avec lèvre postérieure bordée d'un petit bourrelet et saillante; les deux sillons antérieurs II et IV forment une dépression assez marquée de chaque côté. Plastron saillant, étroit, avec un labrum assez court; les deux grandes valves très allongées se terminant au nodule central sur le bord de la face inférieure forment un ovale rétréci. Périprocte s'ouvrant au sommet de la face postérieure qui est étroite, excavée et haute, comme je l'ai dit; il est recouvert par l'extrémité de la carène dorsale et l'aire anale est bordée de nodules. Fasciole péripétale passant à l'extrémité des sillons pairs, remontant assez haut dans les interambulacres, traversant le sillon impair loin du bord, large partout et s'élargissant encore à l'extrémité des pétales. Le fasciole latéro-sous-anal s'en détache en arrière des pétales antérieurs, à peu près au tiers de leur longueur et se dirige en droite ligne vers la face postérieure où il forme un V en suivant les nodules qui bordent l'aire anale. Tubercules très fins et très serrés à la partie supérieure, où ils dessinent des séries linéaires sur les plaques interambulacraires, plus gros au pourtour et surtout à la face inférieure aux environs du péristome; ceux du plastron forment des séries transverses et diminuent régulièrement de volume en s'éloignant du labrum.

Rapports et différences. — Le *Schizaster rimosus* a beaucoup de caractères communs avec le *Sch. vicinalis*, et les deux espèces se trouvent presque toujours ensemble ; cependant les divergences sont assez prononcées pour que tous les auteurs qui s'en sont occupés y aient vu plus volontiers deux types distincts qu'une simple différence sexuelle; et comme il est impossible de fournir des preuves solides à l'appui de cette dernière opinion, j'admets, comme tous mes devanciers que le *Sch. rimosus* se distingue de l'autre espèce par son apex ambulacraire moins excentrique, par ses bords plus épais, surtout en avant, par son sillon impair beaucoup plus étroit, par ses sillons pairs également moins larges, par son ensemble plus rétréci et plus allongé. Certains types intermédiaires surtout pour la forme générale, sont parfois moins nettement distincts et il n'est pas toujours facile de les attribuer sûrement à l'une ou à l'autre espèce.

LOCALITÉ : Mollah Ghiavan. — Éocène supérieur.

SCHIZASTER PERSICUS Gauthier, 1902.

Pl. XXII, fig. 3.

Longueur, 88 millimètres?

Je désigne sous ce nom un fragment considérable d'un grand exemplaire si malheureusement écrasé qu'il ne m'est pas possible d'en donner les dimensions exactes. La partie supérieure aplatie et souvent décortiquée montre un long sillon antérieur assez large, à fond plat, à bords excavés; les pétales pairs antérieurs sont logés dans des sillons également longs, à peine sinueux près du sommet, insuffisamment conservés à l'extrémité distale pour qu'on puisse dire si elle est recourbée; les sillons sont profonds et larges; l'un est entièrement rempli de nummulites qu'il serait impossible de retirer sans briser l'oursin; l'autre a pu être dégagé en partie; il est long d'environ trente millimètres; les zones porifères sont larges, formées de paires de pores allongés, séparées par une petite cloison; l'espace interzonaire est plus étroit qu'une des zones. Les pétales postérieurs sont longs de dix-huit millimètres et assez divergents; ils ont été comprimés et paraissent plus étroits qu'ils ne l'étaient probablement. Le péristome, fortement labié, semble avoir été assez éloigné du bord antérieur; je distingue aussi le périprocte, mais la face postérieure a été écrasée et je n'en connais ni la hauteur ni la disposition.

Le fasciole péripétale est anguleux à la partie postérieure; en avant, il devait passer assez près du bord écrasé comme le postérieur; le fasciole latéro-sous-anal n'est marqué que par endroits, juste assez pour qu'il soit certain qu'il existe. Les tubercules très fins qui couvrent le test à la partie supérieure, leur disposition en séries montrent que ce test appartient bien au genre *Schizaster*; à la face inférieure ils sont beaucoup plus gros, surtout aux environs du péristome, et ils s'atténuent en se rapprochant de l'extrémité postérieure. Il est à souhaiter qu'on trouve quelque jour un exemplaire bien conservé qui fasse mieux connaître les rapports de cette espèce avec les autres types du genre. Ce fragment n'appartient certainement pas aux deux espèces précédentes; la gangue est remplie de nummulites, tandis qu'il n'y en a aucune trace chez les *Sch. vicinalis* et *rimosus*; il doit provenir des couches de l'Éocène moyen.

Echinolampas Grossouvrei Gauthier, 1902.

Pl. XXI, fig. 12-13.

Longueur, 100 millimètres.	Largeur, 85 millimètres.	Hauteur, 30 millimètres.
— 90 —	— 74 —	— 32 —

Espèce atteignant une grande taille, ovale, à côtés presque parallèles, un peu plus élargie en arrière qu'en avant, peu élevée relativement; partie supérieure bombée et le plus souvent subconique; bord plus épais en avant qu'en arrière; face inférieure légèrement concave et régulièrement déclive vers la région du péristome. Apex ambulacraire excentrique en avant, 45/100.

Appareil apical à fleur de test, peu développé, pentagonal, tout couvert d'hydrotrèmes, d'ailleurs mal conservé sur tous les exemplaires.

Aires ambulacraires toutes semblables, superficielles; pétales longs et s'étendant jusqu'au bord, assez étroits, leur plus grande largeur n'excédant pas onze millimètres. Zones porifères à peine déprimées, formées de paires très rapprochées de pores inégaux, l'externe allongé et acuminé, l'interne rond, conjugués par un sillon bien marqué. L'espace interzonaire est couvert de tubercules scrobiculés et homogènes comme ils le sont chez les *Cassidulidæ*, très petits, très serrés, formant des séries obliques qui n'en comprennent pas plus de huit dans la partie la plus large. Les zones porifères sont de longueur inégale; pour l'ambulacre impair il n'y a que trois paires de plus du côté droit; pour les pétales pairs antérieurs la différence est de douze paires, la branche postérieure étant la plus longue; pour les pétales postérieurs la différence n'est que de cinq paires ou six en plus dans la branche antérieure.

Aires interambulacraires larges, uniformément couvertes de tubercules fins et serrés, semblables à ceux des aires ambulacraires.

Péristome central, s'ouvrant dans une faible dépression du test, pentagonal, transverse, plus large que long. Les aires interambulacraires le bordent de cinq bourrelets, entre lesquels les aires ambulacraires, étroites et déprimées offrent des phyllodes simples formés par des paires un peu plus nombreuses. Périprocte inframarginal, transverse, assez grand. Les tubercules sont un peu plus gros à la face inférieure, mais ils diminuent de volume dans la région du péristome.

Rapports et différences. — Par sa forme ovalaire relativement basse et subconique, plus élargie en arrière qu'en avant et plus épaisse en avant qu'en arrière, l'*Echinolampas Grossouvrei* présente un type bien caractérisé et distinct de tous ceux que je connais. Il se rapproche néanmoins de l'*E. nummulitica* Duncan et Sladen; mais ce dernier est aussi large en avant qu'en arrière, est plus épais et plus rostré à la partie postérieure, plus élevé dans son profil et il a l'apex plus excentrique en avant; les pétales ambulacraires sont plus étroits et les deux antérieurs pairs sont sinueux, ce qui n'existe chez aucun des exemplaires recueillis par M. de Morgan. Les deux espèces atteignent la même taille; leur physionomie est assez différente pour qu'il ne me paraisse pas possible de les réunir.

J'ai entre les mains six exemplaires de cette espèce, la plupart assez bien conservés pour la forme générale; la partie supérieure chez quelques-uns a perdu des portions de test qui montrent du moins que ce test est épais; quant à la partie inférieure elle est le plus fréquemment empâtée et le péristome est toujours rempli par un poudingue très dur de nummulites. C'est à grand'peine que je suis parvenu à en dégager un suffisamment pour pouvoir en donner la description.

LOCALITÉ : Soh, entre Kachan et Ispahan (Éocène moyen).

ECHINOLAMPAS PRÆDENSA Gauthier, 1902.

Pl. XXII, fig. 1-2.

Longueur, 95 millimètres. Largeur, 90 millimètres. Hauteur, 40 millimètres.

Espèce atteignant une grande taille, presque aussi large que longue, subcirculaire, très épaisse à la partie antérieure, beaucoup plus mince à la partie postérieure; face supérieure ayant son point culminant à peu près au tiers antérieur, très renflée dans cette région, déclive depuis ce point jusqu'au bord postérieur qui n'est pas rostré; pourtour arrondi partout; face inférieure renflée en avant, pulvinée sur les côtés, avec une assez forte dépression autour du péristome. Apex ambulacraire très excentrique en avant, 35/95.

Appareil apical petit, à fleur de test, détérioré chez notre unique exemplaire. Aires ambulacraires toutes semblables, superficielles, larges au plus de douze millimètres, inégales en longueur, les trois antérieures plus courtes que les postérieures, toutes s'étendant presque jusqu'au bord. Zones porifères de largeur moyenne, formées de paires médiocrement serrées de pores obliques, inégaux, l'interne arrondi, l'externe allongé et acuminé; ils sont conjugués par un sillon et les paires sont séparées par des cloisons assez fortes et granuleuses. Dans l'ambulacre impair la zone gauche compte dix paires de plus que la droite; dans les pétales pairs antérieurs la différences des zones est à peu près la même, il y a dix ou onze paires de moins dans l'antérieure. Les pétales postérieurs sont longs de soixante-neuf millimètres, soit environ un tiers de plus que les antérieurs; les deux branches internes sont plus courtes d'environ douze paires de pores; l'espace interzonaire, large à peine de sept millimètres, porte des rangées obliques de tubercules assez gros pour le genre au nombre de six ou sept dans la largeur.

Aires interambulacraires aiguës au sommet, très développées à l'ambitus, uniformément ornées de tubercules semblables à ceux des ambulacres; ils ne sont pas plus gros mais plus serrés à la partie inférieure.

Péristome central s'ouvrant dans une dépression prononcée, subpentagonal, plus large que long; les phyllodes ne sont pas visibles sur notre exemplaire, cette région ayant été envahie par les nummulites.

Rapports et différences. — L'*Echinolampas prædensa* forme un type remarquable par son test compact et très épais à la partie antérieure, s'amincissant progressivement de l'avant au bord postérieur où l'épaisseur est réduite au moins des deux tiers. Il ne présente quelque analogie qu'avec l'*E. Grossouvrei* et s'écarte beaucoup plus que ce dernier de l'*E. nummulitica* Duncan et Sladen. Comparé à l'espèce précédente il s'en distingue par sa face antérieure plus épaisse et presque hémisphérique, par son appareil apical plus excentrique en avant, et, par suite, par une plus grande différence dans la longueur des pétales du trivium et du bivium postérieur; les zones porifères sont plus inégales, les tubercules sont plus développés et moins nombreux; la face inférieure est plus accidentée et l'ensemble est plus large, moins allongé. Si l'on prend sur le milieu d'une des zones porifères une longueur de dix millimètres, on y trouvera quatorze paires de pores, tandis qu'il y en a dix-huit chez l'*E. Grossouvrei.* Il n'est donc pas possible de réunir ces deux espèces; elles proviennent probablement de la même localité, mais non de la même couche, car la couleur et la nature de la gangue ne sont pas semblables.

Localité : Soh, entre Kachan et Ispahan (Éocène moyen).

Conoclypeus Morgani Gauthier, 1902.

Pl. XXIII, fig. 1-2. — Pl. XXIV.

Longueur, 153 millimètres. Largeur, 140 millimètres. Hauteur, 63 millimètres.

Espèce de très grande taille, de forme largement ovalaire, médiocrement élevée en regard de ses autres proportions ; face supérieure en dôme surbaissé avec point culminant à peu près central ; bord arrondi plutôt qu'épais ; face inférieure à peu près plate, sauf les dépressions des sillons ambulacraires.

Appareil apical mal conservé, peu développé, montrant quatre pores génitaux en trapèze. Aires ambulacraires très étendues, superficielles, toutes semblables ; zones porifères très larges et atteignant dans ce sens sept millimètres chacune, formées de paires de pores inégaux, conjugués par un sillon bien marqué, l'interne rond, l'externe linéaire, allongé et acuminé ; les paires sont séparées par une forte cloison portant jusqu'à trois rangées de granules entourés d'autres plus petits et remplissant les intervalles. Les zones porifères descendent presque jusqu'au bord, sans diminuer dans leur largeur, sans s'effiler à leur extrémité distale : à trois millimètres au-dessus de cette extrémité elles ont encore cinq millimètres de largeur, et elles finissent tout à coup en s'arrondissant ; l'espace interzonaire, étroit à la partie supérieure, s'élargit progressivement à mesure qu'il s'éloigne du sommet ; il mesure huit millimètres au milieu et jusqu'à treize vers le bas, ce qui donne, en cet endroit, une largeur totale de vingt-sept millimètres à l'aire ambulacraire. La partie des plaques porifères qui constitue cet espace intermédiaire est à peu près égale à celle qui porte les paires de pores, mais elle est ornée différemment par des tubercules plus développés, bien scrobiculés, qui forment des rangées transverses obliquement.

Aires interambulacraires atteignant en largeur jusqu'à quarante-neuf millimètres, uniformément couvertes de tubercules scrobiculés de même nature et de même développement que ceux qui occupent la zone intermédiaire dans les ambulacres. A la partie inférieure de l'oursin les zones porifères se continuent dans des sillons bien marqués et étroits, et les paires très réduites ne forment bientôt plus qu'une rangée, deviennent obliques, et sont plus espacées à mesure qu'elles se rapprochent du péristome; les tubercules qui remplissent le sillon ambulacraire sont beaucoup moins développés que les autres sans cesser d'être scrobiculés; l'espace interzonaire reste d'abord large près du bord puis se rétrécit aux approches du péristome, et les tubercules qui le couvrent restent semblables à ceux de la face supérieure. Les aires interambulacraires n'offrent rien de particulier; les tubercules se maintiennent dans les mêmes proportions; ils sont seulement plus serrés. Je ne suis point parvenu à dégager le péristome qui est empâté par un conglomérat de nummulites, car il faudrait briser le test pour y réussir. Périprocte médiocrement développé, ovale longitudinalement, s'ouvrant au-dessous du bord postérieur.

Rapports et différences. — La grande taille du *Conoclypeus Morgani* appelle tout d'abord une comparaison avec les grands exemplaires du *C. conoideus* Leske (*sub Clypeus*). La physionomie des deux espèces est bien différente par suite du peu d'élévation du type du Louristân; la largeur de leurs aires ambulacraires semble les rapprocher; elles sont à peu près semblables au milieu de leur cours; mais à la partie inférieure des pétales les zones porifères se rétrécissent peu à peu chez le *C. conoideus* et se terminent par une pointe longuement effilée qui, à cinq millimètres de l'extrémité distale n'a plus que deux millimètres de largeur. Chez le *C. Morgani* les zones porifères conservent leur grande largeur jusqu'à l'extrémité; elles descendent plus près du bord, mais sans prendre une forme effilée et se terminent en s'arrondissant, mesurant encore cinq millimètres de largeur. Cette disposition rapproche notre type du *C. rostratus* Duncan et Sladen, dont les rapports sont plus étroits que ceux du *C. conoideus*. Le type indien présente une forme plus conique et relativement plus haute; les zones porifères paraissent être analogues; elles s'arrêtent plus loin du bord, d'après la figure 2 de la planche XXIV[1], et l'espace interzonaire qui égale en lar-

1. Duncan et Sladen, *A Description of the fossil Echinoidea of Western Sind.*

geur une des zones est bien plus étroit que chez le type du Louristân où sa largeur est double; d'ailleurs le test offre une base plus étroitement ovale, et rostrée en arrière, ce qui en modifie la physionomie; le rapport de la hauteur à la longueur est, chez l'exemplaire de Duncan de 48/100 et de 55/100 pour un second exemplaire, tandis qu'il est seulement de 41/100 chez le *C. Morgani.* L'identité entre les deux espèces ne peut donc pas être établie. Il arrive ici ce qui est déjà arrivé plusieurs fois, c'est que deux types, l'un persan, l'autre indien, peuvent avoir des rapports assez étroits; mais jamais l'identité n'est complète, du moins pour toutes les espèces que j'ai étudiées jusqu'ici.

LOCALITÉ : Soh, entre Kachan et Ispahan (Éocène moyen).

RHABDOCIDARIS (*Leiocidaris*) GRANULATA Gauthier, 1902.

Pl. XXIII, fig. 6-8.

Je ne possède pour décrire cette espèce qu'un fragment de test comprenant le milieu d'une aire interambulacraire avec quatre gros tubercules d'un côté et trois de l'autre et une moitié d'aire ambulacraire mesurant vingt-cinq millimètres en longueur. Ce fragment est très net et bien conservé, et j'ai pensé qu'il serait fâcheux de ne pas consigner ici les caractères que je puis observer.

L'oursin était de grande taille car l'aire ambulacraire mesurait dix millimètres en largeur et l'aire interambulacraire trente-et-un, ce qui donne une circonférence d'environ deux cents millimètres. Aires ambulacraires légèrement onduleuses; zones porifères déprimées, assez larges, formées de paires de pores conjugués par un sillon, inégaux, l'externe plus allongé et acuminé, l'interne rond ; les paires sont bordées en haut et en bas par une cloison bien marquée et granuleuse ; l'espace interzonaire est couvert, pour chaque plaque, par une rangée horizontale de quatre granules dont l'alignement forme quatre séries verticales pour la moitié de l'aire, par conséquent de huit pour l'aire totale. Les deux granules les plus rapprochés des zones porifères sont les plus gros et les plus réguliers; le troisième et le quatrième sont souvent remplacés par un groupe de deux ou trois plus petits plus ou moins bien rangés; d'autres très petits granules apparaissent encore dans les intervalles.

Aires interambulacraires larges, très sensiblement déprimées au milieu où les sutures des plaques forment une ligne brisée régulière; le test se relevant ensuite entre la dépression médiane d'un côté et la dépression des zones porifères de l'autre côté, forme comme un bourrelet dont le milieu est occupé par la ligne des gros tubercules; ceux-ci offrent un gros mamelon, perforé, porté sur une large base non crénelée; ils sont entourés de scrobicules circulaires, dont le cercle complet est en contact avec le supérieur et l'inférieur; les granules qui composent le cercle sont au nombre de vingt, gros et serrés. Les tubercules conservés sur notre fragment sont tous égaux; néanmoins, dans la série qui en compte quatre, le cercle scrobiculaire supérieur est un peu moins grand et séparé de celui qui est au-dessus par quatre rangées de granules, ce qui indique qu'à la partie supérieure les cercles scrobiculaires n'étaient pas contigus. La zone miliaire est large de douze millimètres; elle est tout entière couverte de granules relativement gros, homogènes, formant des séries transverses de sept à huit de chaque côté; les dix ou onze séries que porte chaque plaque sont ellesmêmes séparées en groupes de deux, trois ou quatre par des stries transverses; la fonction de ces stries, si fréquentes chez les *Cidaridæ* a été expliquée par M. Prouho[1]; ce sont les traces du réseau nerveux périphérique imprimées dans le test calcaire.

Rapports et différences. — Je ne connais pas de *Rhabdocidaris* tertiaire dont je puisse rapprocher ce fragment; ses tubercules entourés de larges cercles scrobiculaires toujours entiers, et surtout la granulation fortement marquée et bien homogène de ses aires interambulacraires lui donnent une physionomie parfaitement distincte. J'ai décrit

1. Prouho, *Recherches sur le Dorocidaris papillata et quelques autres Échinides de la Méditerranée*, p. 37, pl. XIV, 1888.

dernièrement, provenant de l'Éocène moyen de l'Égypte[1], d'un horizon qui est à peu près le même, deux espèces du genre *Rhabdocidaris*, *Rh. Gaillardoti* et *Rh. Abbatei* également à l'état fragmentaire; elles diffèrent complètement du type persan et n'ont de commun que les rapports génériques.

Localité : Soh, entre Kachan et Ispahan (Éocène moyen).

RÉSUMÉ

Les échinides tertiaires recueillis par M. de Morgan ont fait connaître treize espèces réparties entre neuf genres :

Euspatangus Ghiavanensis Gauth.
Brissopsis constricta Gauth.
Cionobrissus Morgani Gauth.
Ditremaster nux Mun. Ch.
Pericosmus Nicaisei Pom.
— *Douvillei* Gauth.
Schizaster vicinalis Ag.
— *rimosus* Des.
— *persicus* Gauth.
Echinolampas Grossouvrei Gauth.
— *prædensa* Gauth.
Conoclypeus Morgani Gauth.
Rhabdocidaris granulata Gauth.

Quatre de ces espèces avaient été recueillies auparavant en Europe ou en Algérie : *Ditremaster nux*, *Pericosmus Nicaisei*, *Schizaster vicinalis*, *Sch. rimosus*; les autres sont spéciales à la Perse; les huit premières appartiennent à l'Éocène supérieur, les cinq dernières à l'Éocène moyen.

1. Gauthier dans Fourtau, *Notes sur les Échinides fossiles de l'Égypte*, pl. II, fig. 1-2 et 3-4.

RÉSUMÉ GÉNÉRAL

Les échinides recueillis par M. de Morgan proviennent tous de la partie occidentale de la Perse; le reste du pays n'a pas été exploré. Je n'ai donc eu à étudier qu'une faune partielle et c'est ce qui explique pourquoi les étages géologiques représentés sont si peu nombreux. Toute la période jurassique fait défaut et les terrains crétacés, qui ont fourni le plus de matériaux à ce travail, peuvent se classer en deux divisions : les étages antérieurs à l'époque sénonienne, et l'étage sénonien lui-même, le plus riche et le plus facilement accessible. Au-dessus de la Craie quelques gisements appartenant à l'Éocène moyen et supérieur ont pu également être explorés. Mais si les stations paléontologiques sont en petit nombre, la quantité des échinides récoltés est très abondante, et c'est merveille qu'un tel résultat ait pu être atteint dans un pays inhospitalier où l'explorateur sait qu'il court sans cesse de grands dangers.

Les terrains crétacés inférieurs au Sénonien comprennent surtout les étages aptien et albien ; le Cénomanien n'y est pas manifestement représenté, et c'est à tort que dans la première partie de notre ouvrage nous avons attribué plusieurs échinides à ce niveau.

Cette première partie nous a fourni cinq genres comprenant onze espèces :

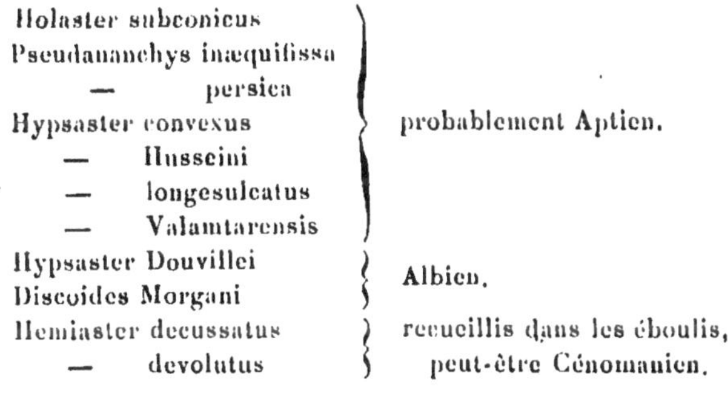

Espèce	Niveau
Holaster subconicus	probablement Aptien.
Pseudananchys inæquifissa	
— persica	
Hypsaster convexus	
— Husseini	
— longesulcatus	
— Valamtarensis	
Hypsaster Douvillei	Albien.
Discoides Morgani	
Hemiaster decussatus	recueillis dans les éboulis, peut-être Cénomanien.
— devolutus	

L'étage sénonien a donné vingt-neuf genres et cinquante-cinq espèces :

Hemipneustes persicus.
— minor.
Holaster iranicus.
— Morgani.
— proclivis.
— sepositus.
Iraniaster Morgani.
— Douvillei.
— nodulosus.
Stenonia Morgani.
Epiaster Lamberti.
Hemiaster iranicus.
— Noemiæ.
— opimus.
— longus.
— Morgani.
— Kanepanensis.
— parthicus.
— recurvus.
Opissaster Morgani.
— centrosus.
— Douvillei.
Ornithaster Douvillei.
Pygurostoma Morgani.
Catopygus ovalis.
— Morgani.
Pseudocatopygus declivis.
— longior.

Bothriopygus (*Parapygus*) inflatus.
— acutus.
— petalodes.
— Vaslini.
Echinobrissus iranicus.
Vologesia Tataosi.
Pyrina orientalis.
Echinoconus Douvillei.
Coptodiscus Noemiæ.
Holectypus circularis.
— inflatus.
Cidaris persica.
— scabra.
— aftabensis.
— Husseini.
Rhabdocidaris Morgani.
Hemipedina Noemiæ.
Orthopsis Morgani.
— globosa.
Salenia cossiæa.
Orthechinus cretaceus.
— Cotteaui.
Actinophyma spectabile.
Coptosoma gemmatum.
Cyphosoma speciale
Plistophyma asiaticum.
Goniopygus superbus.

Le terrain tertiaire a fourni neuf genres et treize espèces :

Éocène moyen :

Schizaster persicus.
Echinolampas Grossouvrei.
— prædensa.
Conoclypeus Morgani.
Rhabdocidaris granulata.

Éocène supérieur :

Brissopsis constricta.
Cionobrissus Morgani.
Euspatangus Ghiavanensis.
Pericosmus Douvillei.
— Nicaisei.
Ditremaster nux.
Schizaster vicinalis.
— rimosus.

TABLE DES GENRES ET DES ESPÈCES

IMPRIMERIE ORIENTALE A. BURDIN ET Cie, 4, RUE GARNIER, ANGERS

PLANCHE XVII

—

Fig. 1-3, *Holaster subconicus* de l'Albien? de Kanepan; exemplaire fortement empât à la partie inférieure, bien conservé en dessus : fig. 1, vu de profil, grandeur naturelle fig. 2, grossissement d'une portion d'ambulacre pair antérieur; fig. 3, appareil apical grossi.

Fig. 4-6, *Hypsaster convexus*, du Ravin de Kouh-Valamtar, sous les calcaires à silex probablement Aptien : fig. 4, exemplaire de taille moyenne, vu de profil; fig. 5, le même face supérieure; fig. 6, portion de l'ambulacre impair, grossie, montrant les pore linéaires, mais disposés en chevrons.

Fig. 7-9, *Hypsaster Valamtarensis*, du Ravin de Kou-Valamtar, Aptien? : fig. 7, v de profil; fig. 8, face supérieure, grand. nat.; fig. 9, portion d'ambulacre impair, grossie avec pores nettement horizontaux.

Fig. 10-12, *Hypsaster Douvillei*, de l'Albien? de Kanepan; exemplaire de taille moyenne grand. nat. : fig. 10, vu de profil; fig. 11, face supérieure; fig. 12, portion de l'ambulacr impair, grossie.

Fig. 13-14, *Hemiaster devolutus*, provenant des éboulis du Ravin de Kouh-Valamtar peut-être Cénomanien, exemplaire unique : fig. 13, vu de profil; fig. 14, face supérieure grand. nat.

PLANCHE XVIII

Fig. 1-3, *Discoides Morgani*, de Kanepan, Albien? avec *Hypsaster Douvillei* : fig. 1, vue de profil du plus petit mais du mieux conservé de nos exemplaires, grand. nat.; fig. 2, face inférieure; fig. 3, appareil apical, grossi, montrant la cinquième plaque génitale imperforée.

Fig. 4-5, *Iraniaster nodulosus*, du Sénonien supérieur de Kanepan ; fig. 4, exemplaire vu de profil, grand. nat.; fig. 5, le même, face supérieure.

Fig. 6-9, *Stenonia Morgani*, exemplaire unique, recueilli dans les éboulis d'un ravin, usé, roulé, poli par le frottement et enveloppé d'une gangue différente de celle des autres échinides rencontrés dans le même ravin : fig. 6, profil non déformé, un peu embelli par le dessinateur, grand. nat. ; fig. 7, face inférieure; fig. 8, ambulacre impair, à peine grossi, montrant les plaques hautes et hexagonales qui caractérisent ce genre; fig. 9, quelques plaques interambulacraires, grossies.

Fig. 10-11, *Iraniaster Douvillei*, du Sénonien de Kanepan, exemplaire de grandeur naturelle, figuré à cause de sa haute taille : fig. 10, vu de profil; fig. 11, plaques ambulacraires et interambulacraires, grossies.

PLANCHE XIX

—

Fig. 1-2, *Epiaster Lamberti*, exemplaire de taille moyenne, provenant du Sénonien de Kanepan : fig. 1, vu de profil ; fig. 2, face supérieure, grand. nat.

Fig. 3-4, *Hemiaster Morgani*, du Sénonien d'Arköwaz, exemplaire assez bien conservé, malgré de nombreuses cassures qu'explique suffisamment la fragilité de son test : fig. 3, profil ; fig. 4, face supérieure, grand. nat.

Fig. 5-6, *Hemiaster Kanepanensis*, du Sénonien de Kanepan ; exemplaire unique, médiocrement conservé : fig. 5, profil ; fig. 6, face supérieure, de grand. nat.

Fig. 7, *Hemiaster recurvus*, exemplaire unique du Sénonien d'Arköwaz et qui n'a peut-être pas atteint toute sa croissance ; face supérieure, montrant les pétales ambulacraires recourbés.

Fig. 8-9, *Hemiaster Noemiæ*, variété *Gulgulensis*, exemplaire provenant du Sénonien de Goulgoul : fig. 8, profil ; fig. 9, face supérieure, grand. nat.

PLANCHE XX

Fig. 1-2, *Hemiaster parthicus*, du Sénonien d'Arkôwaz : fig. 1, vu de profil ; fig. 2, face supérieure, grand. nat.

Fig. 3-6, *Rhabdocidaris* (*Leiocidaris*) *Morgani*, du Sénonien de *Melek* : fig. 3, vu de profil ; fig. 4, face sup. de grand. nat. ; fig. 5, portion d'ambulacre, grossie ; fig. 6, fragment, d'un test de plus grande taille, rapporté à la même espèce.

Fig. 7-10, *Actinophyma spectabile*, du Sénonien de Tagh-è-Mowla : fig. 7, exemplaire vu de profil ; fig. 8, face supérieure, de grand. nat. ; fig. 9, portion d'ambulacre, grossie, prise au deuxième tiers supérieur ; fig. 10, portion d'interambulacre, grossie, montrant les impressions suturales, les fossettes du canal médian et les tubercules rayonnants.

Fig. 11-12, *Cidaris scabra*, du Sénonien ; fig. 11, profil de notre plus grand exemplaire, assez mal conservé ; fig. 12, portion d'ambulacre, grossie.

Fig. 13-15, *Orthechinus Cotteaui*, du Sénonien de Teng-è-Hiana : fig. 13, profil, grand. nat. ; fig. 14, face supérieure du même ; cet exemplaire n'a que quatre ambulacres et interambulacres ; fig. 15, portion d'un ambulacre, grossie.

Fig. 16-17, *Opissaster Douvillei*, du Sénonien de Kanepan, exemplaire unique : fig. 16, profil ; fig. 17, face supérieure, grand. nat.

Fig. 18, *Opissaster Morgani*, du Sénonien de Goulgoul, grand. nat. ; exemplaire dessiné pour montrer les quatre pores génitaux de l'appareil apical et la taille qu'atteint cette espèce.

PLANCHE XXI

Fig. 1-2, *Euspatangus Ghiavanensis*, de l'Éocène supérieur de Mollah-Ghiavan : fig. 1, vu de profil ; fig. 2, face supérieure, grand. nat. ; les exemplaires sont médiocrement conservés.

Fig. 3-4, *Brissopsis constricta*, de l'Éocène supérieur de Mollah-Ghiavan : fig. 3, profil ; fig. 4, face supérieure, de grandeur naturelle.

Fig. 5-8, *Cionobrissus Morgani*, de l'Éocène supérieur de Mollah Ghiavan : fig. 5, vu de profil ; une partie du test est détruite, mais on voit bien l'avant et l'arrière avec le petit talon entouré du faciole sous-anal ; fig. 6, face supérieure, montrant l'appareil excentrique et le faciole péripétale qui limite les gros tubernules ; fig. 7, face inférieure avec le long et profond sillon qui va jusqu'à la bouche ; fig. 8, partie antérieure.

Fig. 9-11, *Ditremaster nux*, de l'Éocène supérieur de Mollah-Ghiavan : fig. 9, profil ; fig. 10, face supérieure ; fig. 11, plaques grossies, montrant la disposition schizastérique des granules.

Fig. 12-13, *Echinolampas Grossouvrei*, de l'Éocène moyen de Soh, entre Kachan et Ispahan : fig. 12, face supérieure du mieux conservé de nos exemplaires ; fig. 13, profil de l'exemplaire le plus conique.

PLANCHE XXII

Fig. 1-2, *Echinolampas prædensa*, de l'Éocène moyen de Soh : fig. 1, profil, montrant la grande épaisseur du test en avant ; fig. 2, face supérieure grand. nat.

Fig. 3-4, *Pericosmus Douvillei*, de l'Éocène supérieur de Mollah Ghiavan : fig. 3, profil ; fig. 4, face supérieure, grand. nat.

Fig. 5, *Schizaster persicus*, grand fragment écrasé, de l'Éocène moyen de Soh.

PLANCHE XXIII

Fig. 1-2, *Conoclypeus Morgani*, de l'Éocène moyen de Soh : fig. 1, profil, grand. nat. ; fig. 2, extrémité distale des zones porifères, montrant leur largeur en cet endroit, légèrement grossie.

Fig. 3, *Pericosmus Nicaisei*, var. *alta*, de l'Éocène supérieur de Mollah-Ghiavan, face supérieure.

Fig. 4, *Schizaster vicinalis*, de l'Éocène supérieur de Mollah-Ghiavan, face supérieure.

Fig. 5, *Schizaster rimosus*, de l'Éocène supérieur de Mollah Ghiavan, face supérieure.

Fig. 6-8, *Rhabdocidaris* (*Leiocidaris*) *granulata*, de l'Éocène moyen de Soh : fig. 6, gros fragment qui représente tout ce que nous connaissons du test ; fig. 7, portion d'ambulacre, grossie ; fig. 8, plaques interambulacraires, grossies.

PLANCHE XXIV

Fig. 1-3, *Conoclypeus Morgani* : fig. 1, face supérieure de l'exemplaire représenté dans la planche précédente, grandeur naturelle ; fig. 2, environs du péristome ; fig. 3, région anale, détériorée.

PLANCHE XXV

Fig. 1-2, *Productus pustulosus*, de Tunekaboun, p. 193.
Fig. 3, — *punctatus*, de Tunekaboun, p. 193.
Fig. 4, *Orthothetes crenistria*, de Tunekaboun, p. 195.
Fig. 5, *Spirifer striatus*, de Tunekaboun, p. 196.
Fig. 6, Le même, de Imam Zada Hachim.
Fig. 7, *Syringothyris cuspidata*, de Tunekaboun, p. 197.
a. Vue du côté externe de la valve ventrale.
b. Même valve, vue de l'area et du tube médian qui caractérise ce genre.

Clichés et Phototypie Sohier et Cie.

E. Leroux, Édit., Paris.

Carboniférien

PLANCHE XXVI

Fig. 1-6, *Grammoceras normanianum*, près de Rehnè, Lias moyen, p. 200.
Fig. 7, — *fallaciosum*, près de Rheuè, Lias supérieur, p. 201.
Fig. 8, *Ludwigia Murchisonæ*, près de Rehnè, fragment, Bajocien, p. 201.
Fig. 9, *Idem*, même localité.
Fig. 10, *Trigonia producta*, Rehnè, Lias supérieur, p. 202.
Fig. 11, *Perisphinctes curvicosta*, Vahneh, Callovien, p. 203.
Fig. 12, *Ochetoceras canaliculatum*, Amarat, Oxfordien sup., p. 205.
Fig. 13, *Perisphinctes*, du jurassique supérieur de Vahneh, p. 205.
Fig. 14-15, *Perisphinctes*, d'Achref, p. 205.
Fig. 16, *Radiolites*, sp., de Vahneh, Albien, p. 208.

PERSE (ELBOURZ)

Mission de Morgan

Paléontologie Pl. XXVI

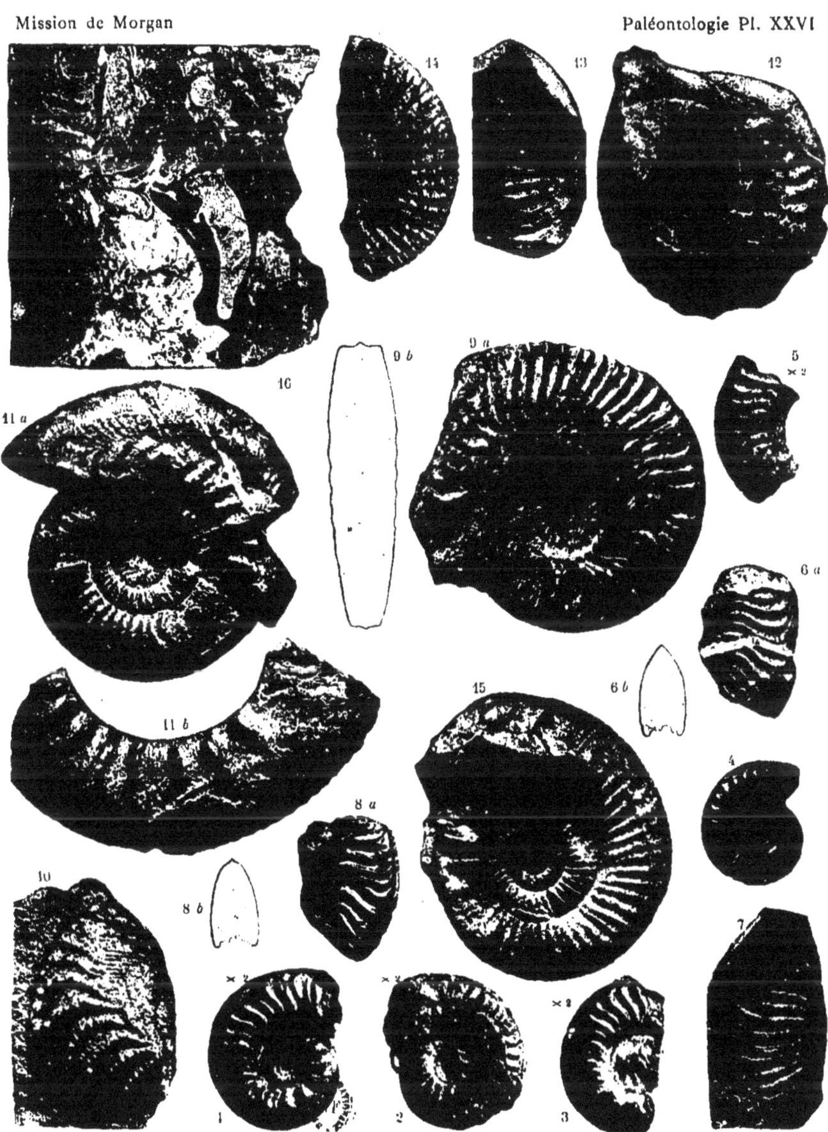

Clichés et Phototypie Sohier et Cie.

E. Leroux, Édit., Paris.

Jurassique et Crétacé

PLANCHE XXVII

Fig. 1-2, *Eumetria indica*, du Carboniférien de Soh, p. 210, Gr. 2 fois 1/2.

Fig. 3, *Pseudophillipsia*, cf. *elegans*, du Carboniférien du Kalian Kouh, p. 217.
a, vue dorsale ; *b*, vue oblique montrant les stries des parties latérales de l'axe. Gr. 5 fois en diamètre.

Fig. 4, *Lonsdaleia*, de Kalian Kouh, vue de la surface supérieure usée naturellement, Gr. 2,5; p. 225.

Fig. 5, *Idem*, Arrêt de croissance d'un des polypiers montrant une portion de calice avec la dépression centrale, dans laquelle on distingue l'extrémité arrondie de la columelle. Gr. 2,5.

Fig. 6, *Amblysiphonella* de Kalian Kouh, montrant les perforations fines de la muraille externe, les perforations plus fortes du canal médian et les vésicules irrégulières distribuées dans les chambres. Gr. 2,5; p. 225.

Fig. 9, 10, 11, *Fusulinella sphærica*, 3 échantillons représentés parallèlement à l'axe et montrant la bande équatoriale correspondant aux ouvertures des loges, d'autant plus visible que l'échantillon est plus usé. Gr. 12 fois, p. 228.

Fig. 13, *Idem*, Un échantillon représenté perpendiculairement à l'axe. Gr. 12 fois.

Fig. 7, 8 et 12, *Fusulinella lenticularis*, 3 échantillons représentés perpendiculairement à l'axe et montrant les filets rayonnant assez régulièrement du pôle. Gr. 12 fois; p. 229.

Fig. 14, 15, 16, *Idem*, 3 échantillons représentés parallèlement à l'axe. L'échantillon de la fig. 14 est décortiqué et présente une bande équatoriale très large et un peu irrégulière, correspondant aux ouvertures des loges ; celui de fig. 15 est beaucoup mieux conservé, la bande équatoriale apparaît à peine et semble beaucoup plus étroite. Gr. 12 fois La fig. 16 représente un échantillon à peu près intact. Gr. 10 fois.

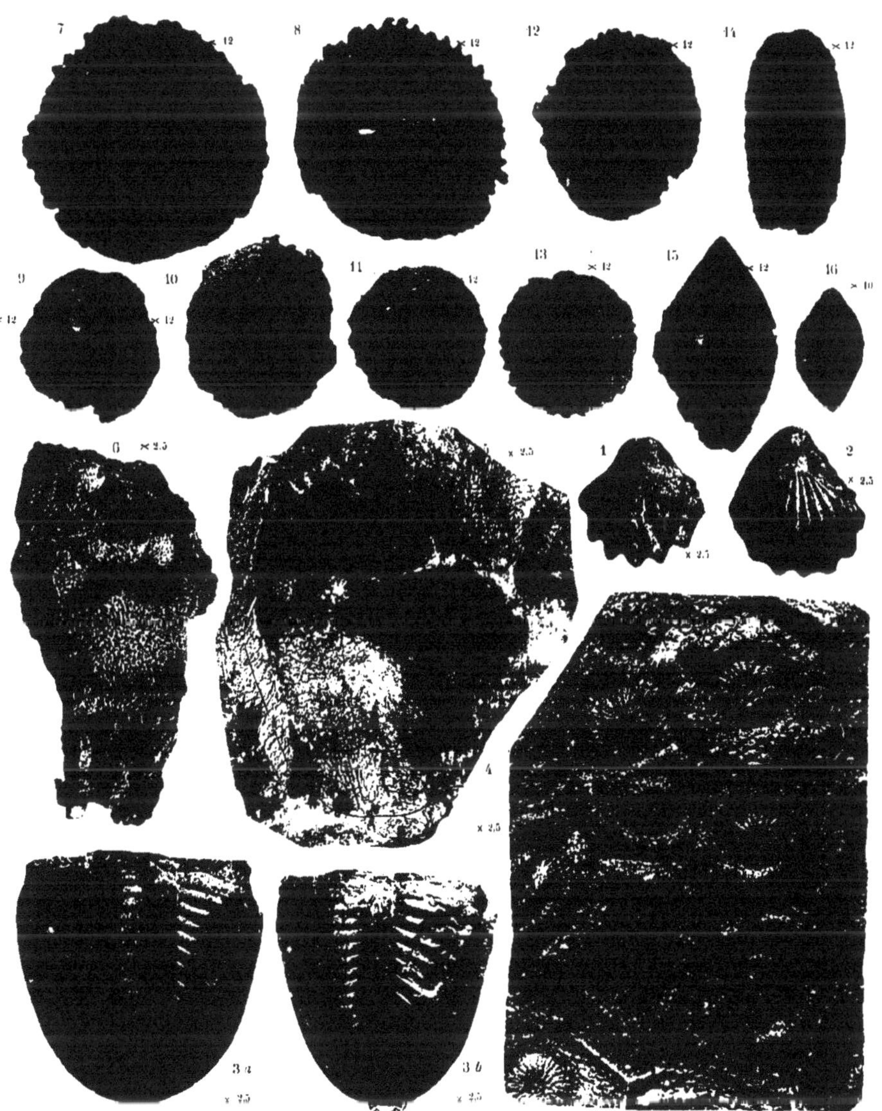

Clichés et Phototypie Sohier et Cie.

E. Leroux, Édit. Paris.

Permocarboniférien

PLANCHE XXVIII

Fig. 1, *Acanthoceras*, *Cornueli*, de Kouh Valamtar : *a*, vu du côté ventral ; *b*, vu du [cô]té de l'ombilic, p. 231.

Fig. 2, *a*, *b*, *Parahoplites Melchioris*, de Soh : *a*, vue ventrale ; *b*, vue ombilicale, p. 235.

Fig. 3, *Idem* à tours un peu plus étroits.

Fig. 4, *Idem*, un autre fragment.

Fig. 5-6, *Idem*, fragment d'un individu jeune. Gr. 2 fois.

Fig. 7, *Idem*, et montrant des côtes bifurquées avec tubercules aux points de bifurcation. [Gr]. 2 fois.

Fig. 8, *Idem*, autre échantillon.

Fig. 9, *Idem*, Gr. 2 fois.

Fig. 10 et 11, *Idem*, autres échantillons montrant des tubercules aux points de bifurca[ti]on des côtes et portant une trace de bouche (fig. 10). Gr. 2 fois.

Clichés et Phototypie Sohier et Cie.

E. Leroux, Édit., Paris.

Aptien

PLANCHE XXIX

---

1 à 4, *Puzosia Denisoni*, Stol., du Kébir Kouh. Forme jeune, p. 237.

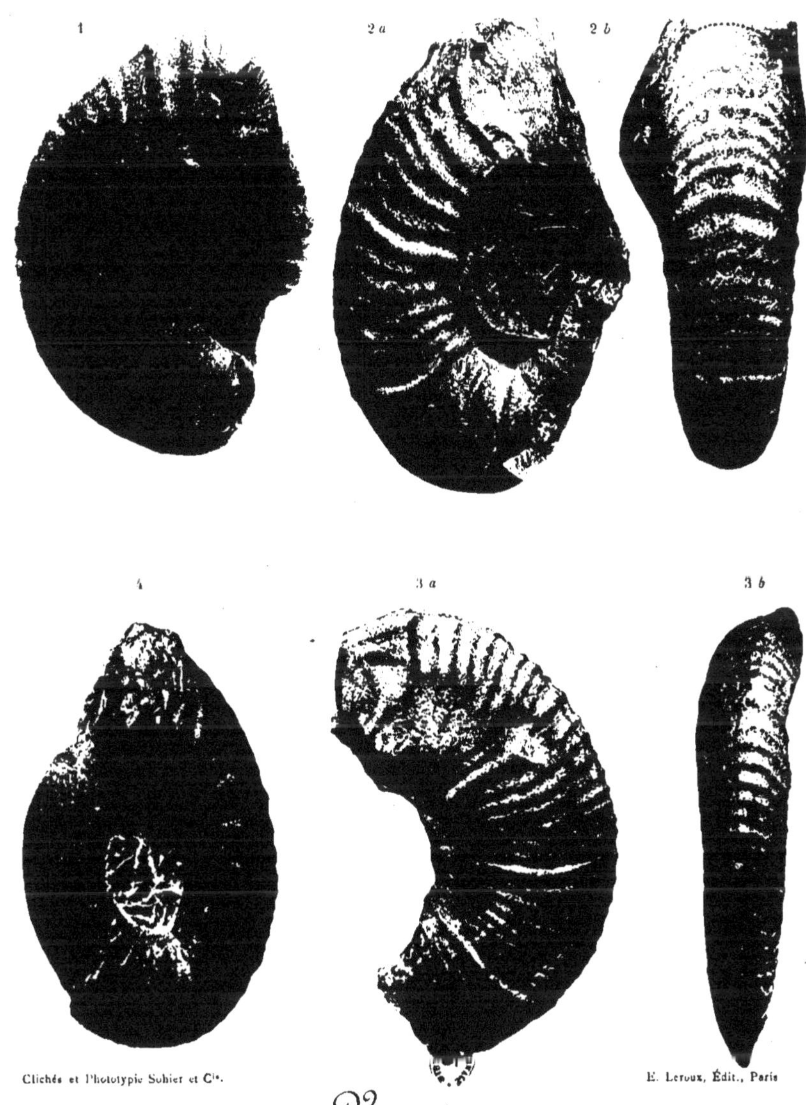

Clichés et Phototypie Sohier et Cie.

E. Leroux, Édit., Paris

Vraconnien

PLANCHE XXX

—

1, *a*, *b*, *Puzozia Denisoni*, Stol., du Kébir Kouh. Forme adulte, p. 237.
2 à 4, *Turrilites Bergeri*. Brongn., même provenance, p. 243.

Clichés et Phototypie Sohier et Cie.

E. Leroux, Édit., Paris.

Vraconnien et Cénomanien

PLANCHE XXXI

Fig. 1, *a*, *b*, *c*, ***Puzozia Stoliczkai***, Kebir Kouh, p. 239.
Fig. 2, *a*, *b*, *c*, ***Acanthoceras Cunningtoni***, Kebir Kouh, p. 261.
Fig. 3, — *laticlavium*, Kanepan, p. 239.

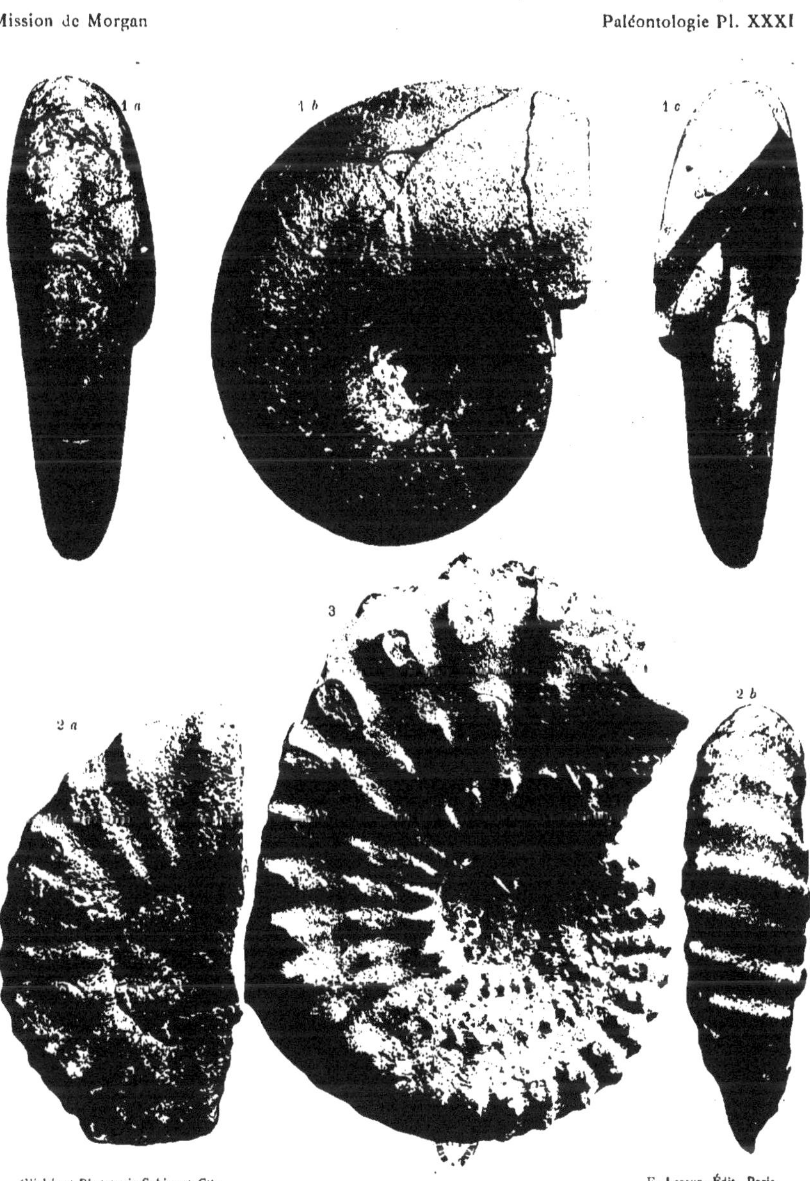

Clichés et Phototypie Sohier et Cie.

E. Leroux, Édit. Paris.

Vraconnien et Cénomanien

PLANCHE XXXII

—

Fig. 1 *a*, *b*, *c*, *Acanthoceras Gentoni*, Kebir Kouh, p. 240.
Fig. 2 *a b*, *c*, — *sarthacense*, Kebir Kouh, p. 242.
Fig. 3 *a*, *b*, *c*, — *rothomagense*, Kebir Kouh, p. 241.
Fig. 4 *a*, *b*, *c*, — *vicinale*, Kebir Kouh, p. 243.

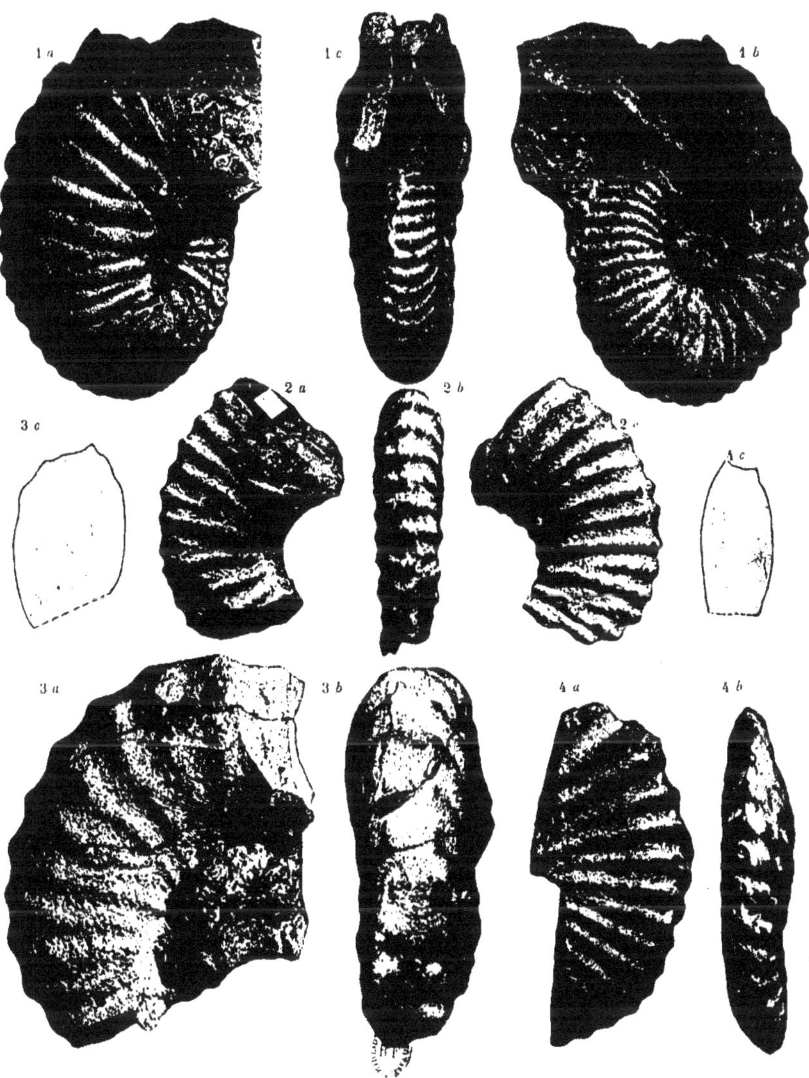

Clichés et Phototypie Sohier et Cie.

E. Leroux, Édit., Paris.

Cénomanien

PLANCHE XXXIII

Fig. 1-2, *Præradiolites ponsianus*, d'Arch. ; en vraie grandeur, p. 244.

Fig. 3, *idem*, gr. 1, 4.

Fig. 4, *idem*, en vraie grandeur.

Fig. 5, *Præradiolites?* p. 245.

Fig. 6, — *Trigeri*, Coquand, en vraie grandeur, p. 245.

Fig. 7, *Radiolites Peroni*, Choffat, vue latérale montrant les sinus et les plis des lames externes, p. 246.

Fig. 8, *idem*, vue du limbe.

Fig. 9, *Radiolites Morgani*, n. sp., vue latérale montrant les deux bourrelets saillants E, S et les larges côtes du pourtour, p. 247.

Fig. 10, *idem*, autre échantillon jeune : 10 *a*, vue latérale; 10 *b*, vue ventrale montrant les deux bourrelets des sinus E, S.

Fig. 11, *Biradiolites persicus*, n. sp., gr. 1, 4; p. 248.

Fig. 12 et 13, *Loftusia persica*, Carp. et Brady, en vraie grandeur, p. 251.

Les échantillons 1 à 10 paraissent appartenir à un même niveau qui serait alors turonien; 11 paraît plus récent, santonien; 12 et 13 que nous avions crus également santoniens sont en réalité maëstrichtiens, voir pl. XXXIII *bis*.

Tous ces échantillons proviennent du pays des Baktyaris.

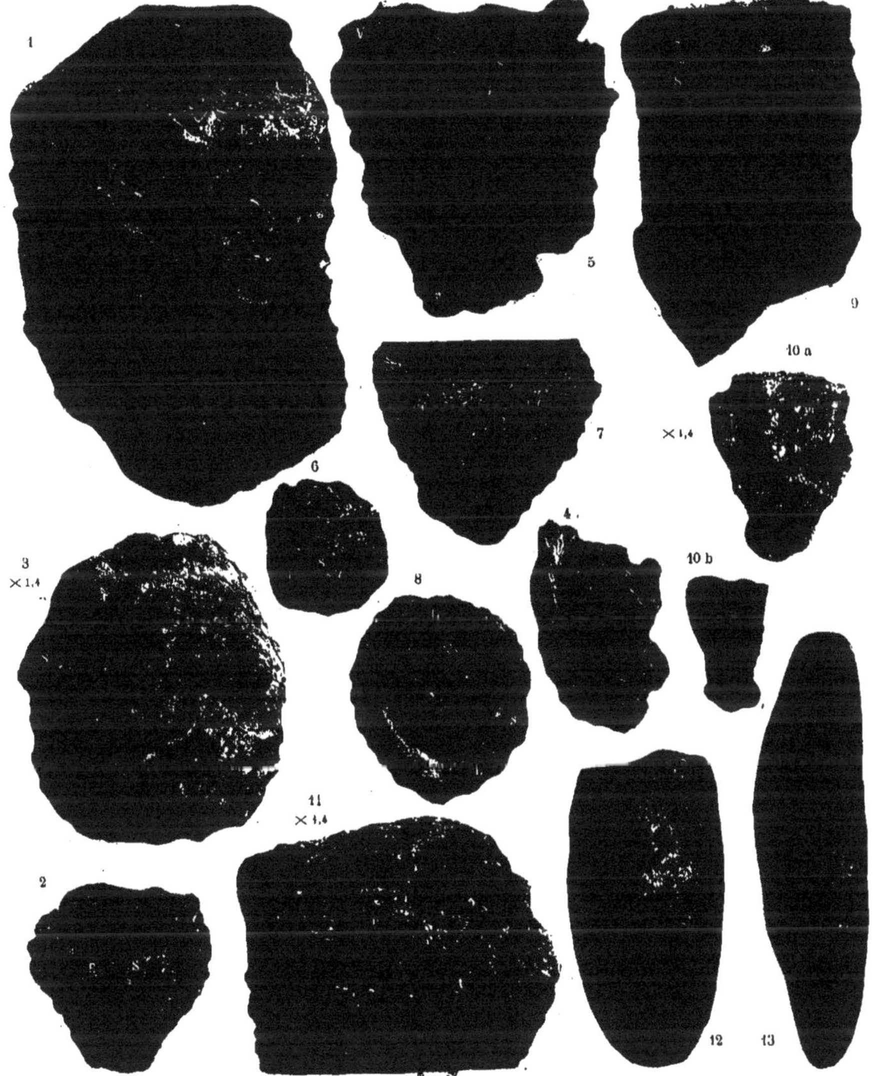

Turonien

Clichés et Phototypie Sohier et Cie E. Leroux, Edit., Paris.

PLANCHE XXXIII bis

Polyptychus Morgani, n. sp., du pays des Baktyaris, p. 248.

Fig. 1, Vue de côté, montrant l'inégalité des deux valves.

Fig. 2, Vue de la valve supérieure; la surface est décortiquée et montre la trace des lames radiantes.

Fig. 3, Section montrant l'extrémité des lames radiantes de la valve supérieure; les grandes mailles polygonales en haut à droite appartiennent à la valve inférieure.

Fig. 4 et 5, Deux sections de la valve inférieure.

3 *b*, Dents centrale de la valve inférieure.

A II, P II, Dents antérieure et postérieure de la valve supérieure.

Toutes ces figures sont réduites aux 2/3 environ.

P. S. De nouveaux matériaux recueillis par M. de Morgan, et communiqués en juillet 1904, conduisent à attribuer à ce fossile un âge plus récent que le Santonien. Cet explorateur a en effet retrouvé à Zardalall (Louristan, vallée du Seïn Merré) les couches à *Loftusia persica* avec *Desmieria rugosa*, *Polyptychus Morgani*, *Hippurites cornucopiæ*, *Lapeirousia* cf. *Jouanneti*, immédiatement au-dessous des couches à Cérites avec *Omphalocyclus macropora* et *Loftusia Morgani*. Cette découverte montre que les couches à *Polyptychus Morgani* appartiennent au Maëstrichtien inférieur, tandis que les couches à Cérites représentent le Maëstrichtien supérieur. Les deux espèces de *Loftusia* appartiennent ainsi au Maëstrichtien.

---

3 2

1

5 4

Clichés et Phototypie Sohier et Cie

Santonien

E. Leroux, Edit., Paris

PLANCHE XXXIV

Loftusia persica, Carp. et Brady, p. 251.

Fig. 1, Coupe tangentielle, parallèlement à la surface, montrant sur le noyau, les déta du réseau superficiel, les mailles fines de la couche externe, les mailles plus grosses la couche sous-jacente et les piliers irréguliers qui s'appuient sur la lame criblée; s la section des autres tours, principalement du premier et du troisième on distingue l orifices arrondis et irrégulièrement distribués des cloisons successives. Gr., 13,5.

Fig. 2, Coupe normale à l'axe, montrant les tours nombreux et serrés et la structu alvéolaire de la couche superficielle; on distingue nettement les cloisons très obliqu qui limitent les loges et leurs perforations, ainsi que les piliers perpendiculaires à la s face extérieure qui paraissent plus multipliés entre les cloisons obliques et la surfa extérieure. Grossissement, 13,5.

Cette espèce appartient au Maëstrichtien du pays des Baktyaris et non au Santon comme nous l'avions cru d'abord (voir pl. XXXIII *bis*).

1
×13,5

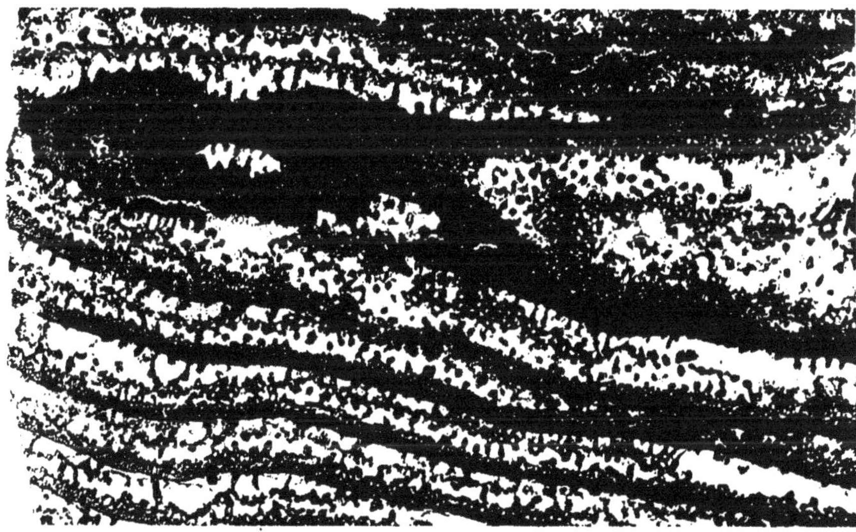

2
×13,5

Clichés et Phototypie Sohier et Cie

E. Leroux, Edit., Paris.

Santonien

PLANCHE XXXV

—

Fig. 1, *Sphenodiscus acutodorsatus*, Noetling, Derré-i-char, p. 255.

Fig. 2, *Heteroceras polyplocum*, Roemer, Derré-i-char, p. 256.

Fig. 3, *Pseudoheligmus Morgani*, n. gen. et n. sp., Derré-i-char, p. 264.

Fig. 4, *idem*, Kalat à Melek.

Fig. 5, *idem*, détail de l'ornementation de la surface, grossi.

Fig. 6, *Chalmasia persica*, n. sp., Derré-i-char, p. 264.

Fig. 7, *Lima ovata*, Nilsson, Awasa, p. 268.

Fig. 8 à 14, *Spondylus subserratus*, n. sp., Awasa, p. 268.

Fig. 15, — — sp.

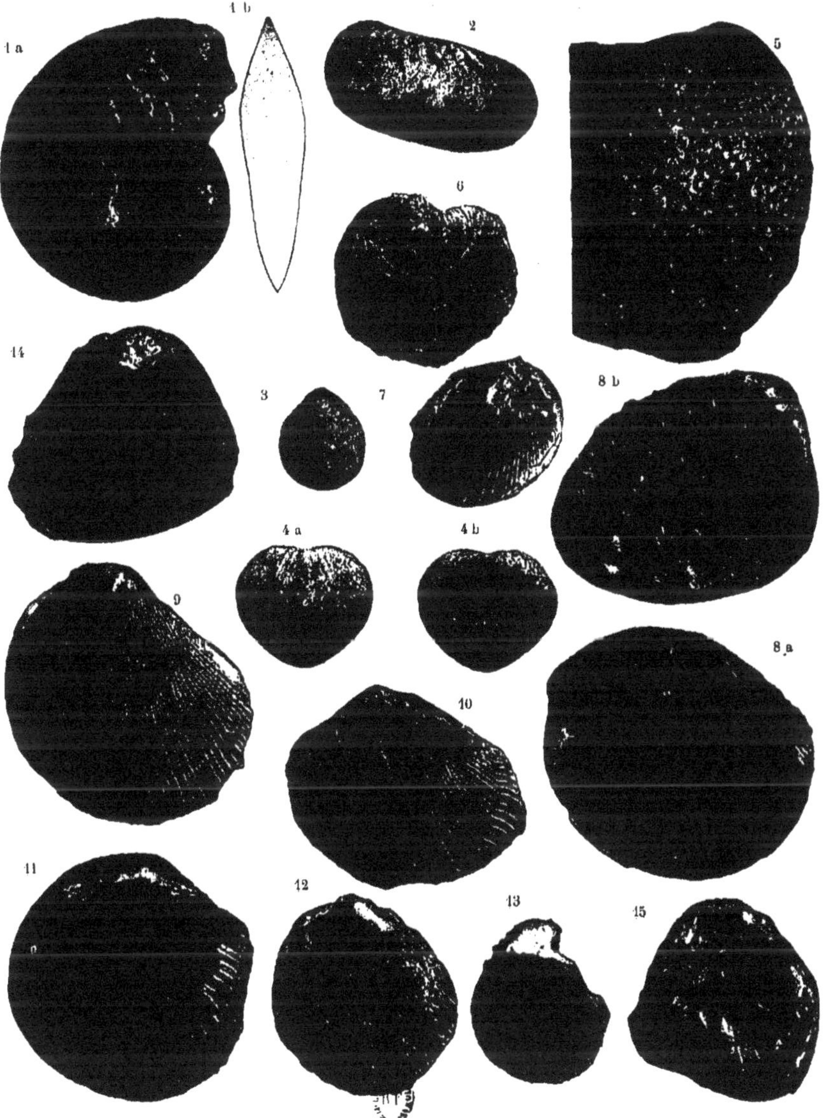

Clichés et Phototypie Sohier et Cie.

Sénonien

E. Leroux, Edit., Paris.

PLANCHE XXXVI

—

Fig. 1 à 7, *Lopha Morgani*, n. sp. Derré-i-char, p. 275.

Fig. 8 à 15. — *cristatula*. n. sp., Aftab, p. 276. Sur le côt nombreux et rapprochés sont bien visibles.

Fig. 16, *Alectryonia Zeilleri*, Bayle, p. 277.

Fig. 17 à 21. *Exogyra Matheroni*, d'Orbigny, p. 279.

Fig. 22, — *laciniata*, Nilsson, Aftab, p. 279.

Fig. 23, *Pycnodonta vesicularis*, Lamarck, 278.

1 2 3 4 5 6 7

8 9 10 11 12 13 14 15

17 18 a 18 b 19 a 19 b

20 21 b 23 21 a 22

16 b 16 a

Sénonien

Clichés et Phototypie Sohier et Cie E. Leroux, Edit., Paris

PLANCHE XXXVII

Fig. 1, *Lopha dichotoma*, Bayle, p. 274.

1 *a*, vue extérieure.

1 *b*, surface intérieure.

Fig. 2, *idem*, var. persica, p. 275.

Fig. 3, *idem*, var. Sollieri, p. 275.

1 a

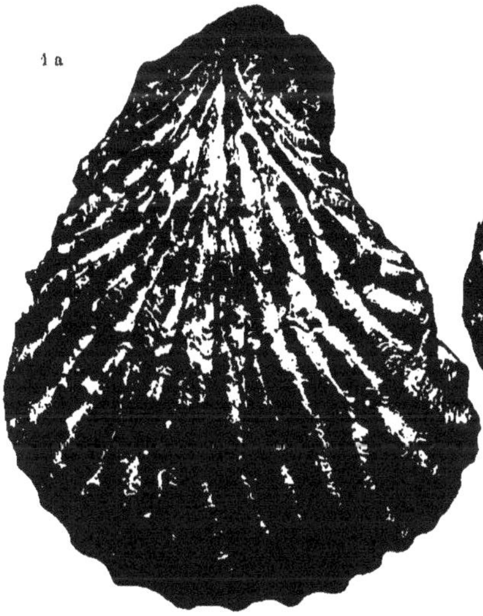

2

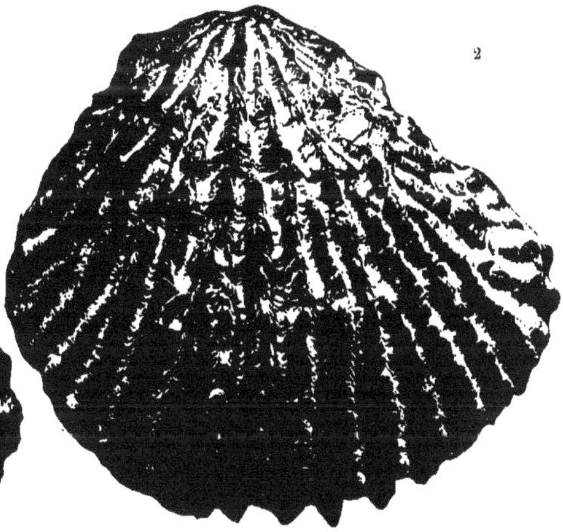

3

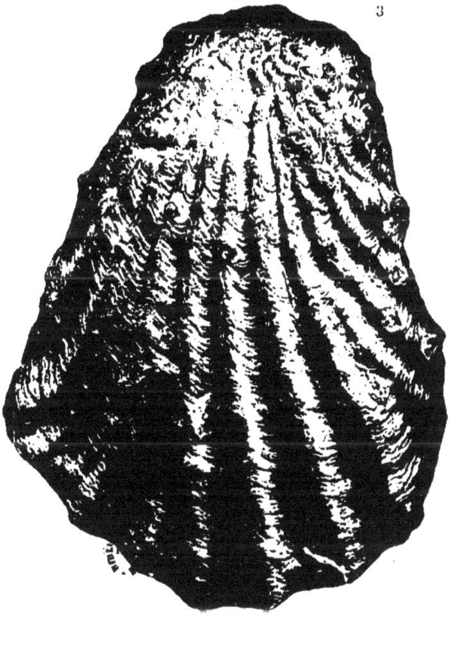

1 b

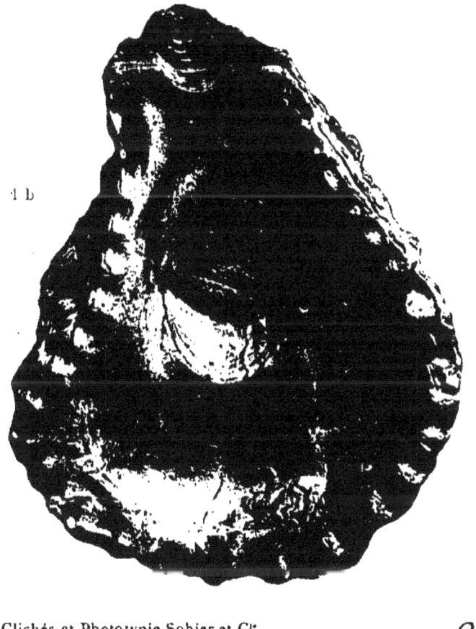

Clichés et Phototypie Sohier et Cie. E. Leroux, Edit., Paris.

Sénonien

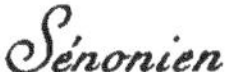

PLANCHE XXXVIII

Fig. 1, *Lopha dichotoma*, Bayle, var. Sollieri, p. 275.

Fig. 2 à 4, — — formes ordinaires.

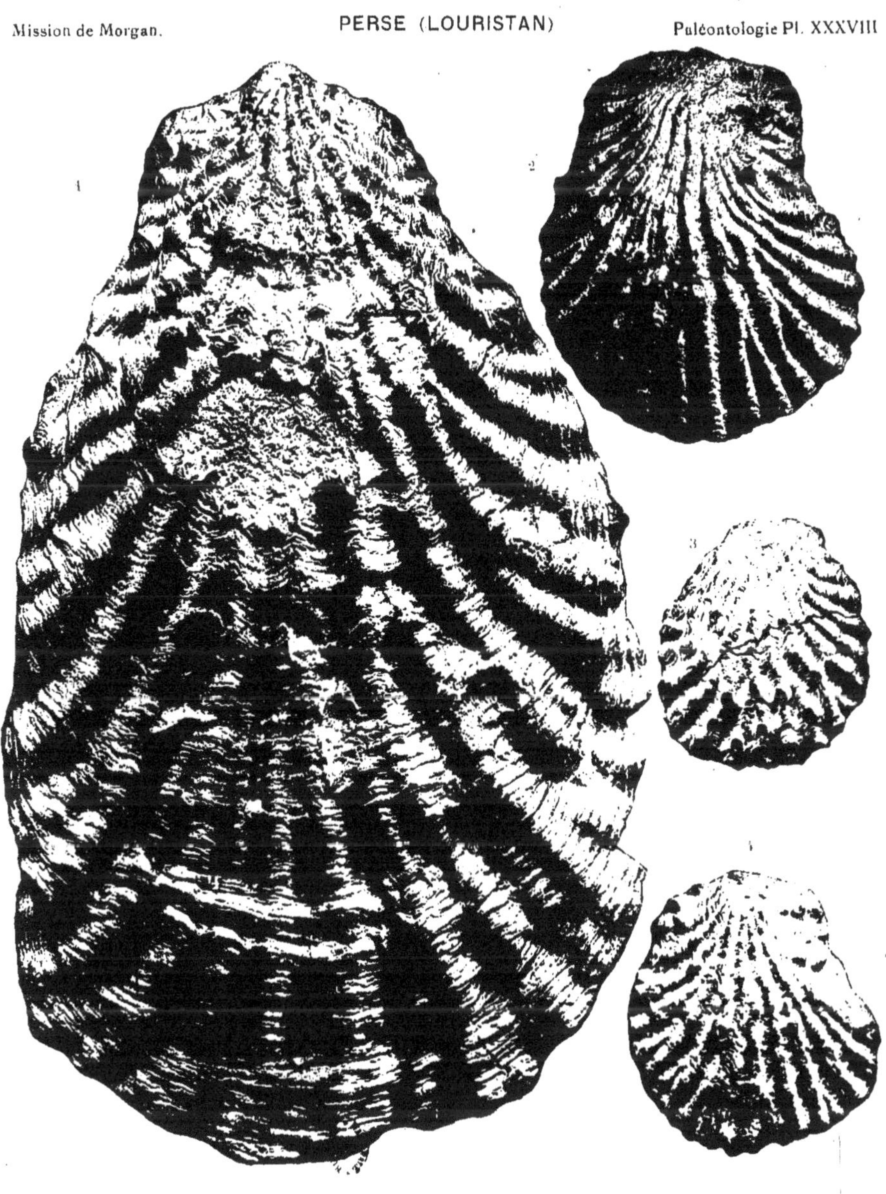

Clichés et Phototypie Sohier et Cie

Sénonien

E. Leroux, Edit., Paris.

PLANCHE XXXIX

Fig. 1, *Hippurites cornucopiæ*, Defrance, versant oriental du Kouh Mapeul (
chtien), p. 359.

Fig. 2, *Biradiolites austinensis*, Roemer, p. 257.

Fig. 3, *Neithea subgranulata*, Munster, Aftab, p. 266.

Fig. 4, — — Awasa.

Fig. 5 et 8, — *striatocostata*, Goldf., Derré-i-char, p. 267.

Fig. 6 et 7, — — — Aftab.

Fig. 9 et 10, — *tricostata*, Bayle, Aftab, p. 268.

Fig. 11 à 18, *Plicatula hirsuta*, Coquand, p. 272.

Fig. 19 à 24, *Terebratula Brossardi*, Thomas et Peron, p. 280.

Fig. 25 à 27, — *Toucasi*, d'Orbigny, p. 280.

Fig. 28 à 32, *Rhynchonella Peroni*, n. sp., p. 281.

Mission de Morgan. PERSE (LOURISTAN) Paléontologie Pl. XXXIX

Clichés et Phototypie Sohier et Cie *Sénonien* E. Leroux, Edit., Paris.

PLANCHE XL

Fig. 1,	*Cœlodus Morgani*, Priem, p. 285.
Fig. 2,	*Lathyrus*, cf. *striatulus*, Briart et Cornet. Gr. 2 f., p. 287.
Fig. 3,	*Janopsis* sp. Gr. 2 f., p. 288.
Fig. 4,	*Lathyrus* sp. Gr. 2 f., p. 288.
Fig. 5 et 6,	*Muricopsis hannonica*, Briart et Cornet, p. 289. La fig. 5 est grossie 2 fois ; la fig. 6 est en vraie grandeur.
Fig. 7,	*Tritonidea*, cf. *Vaughani*, Meek et Hayden. Gr. 2 f., p. 289.
Fig. 8 et 9,	*Volutilithes*, cf. *crenulifer*, Bayan, p. 290. La fig. 8 est grossie 2 fois, la fig. 9 est en vraie grandeur.
Fig. 10,	— sp., p. 291.
Fig. 11 à 14,	*Lyria*, cf. *turgidula*, Deshayes, p. 291. Les figures 12 et 13 sont grossies 2 fois, 11 et 14 sont en vraie grandeur.
Fig. 15,	*Cancellaria* cf. *augusta*, Watelet. Gr. 2 f., p. 291.
Fig. 16,	*Drillia Morgani*, n. sp. Gr. 2 f., p. 292.
Fig. 17 à 19,	— — var. nodosa. Gr. 2 f.
Fig. 20,	— — var. gracilis. Gr. 2 f.
Fig. 21,	— — var. carta. Gr. 2 f.
Fig. 22,	— *persica*, n. sp. Gr. 2 f., p. 293.
Fig. 23, *a* et *b*,	— sp. Gr. 2 f.
Fig. 24,	*Tritonium*, cf. *Mariæ*, Briart et Cornet, p. 294.
Fig. 25,	— (*Sassia*) sp. Gr. 2 f., p. 295.

Tous ces échantillons proviennent du versant oriental du Kouh Mapeul.

Maëstrichtien

Clichés et Phototypie Sohier et Cie — E. Leroux, Edit., Paris

PLANCHE XLI

Fig. 1 à 10, *Procerithium Morgani*, n. sp. Gr. 2 fois à l'exception de 3, p. 297.
Fig. 11, — cf. *Morgani*. Gr. 2 f.
Fig. 12, *Orthochetus mapeulensis*, n. sp. Gr. 2 f., p. 301.
Fig. 13 à 15, *Procerithium persicum*, n. sp. Gr. 2 f., p. 298.
Fig. 16 et 17, — — var.
Fig. 18 à 20, — *millegranum*, Munster (18 et 19, gr. 2 f.), p. 299.
Fig. 21, *Pyrazus elongatus*, n. sp., p. 308.
Fig. 22 et 23, *Potamides crispoïdes*, n. sp. Gr. 2 f., p. 301.
Fig. 24 à 26, *Procerithium duplex*, n. sp. Gr. 2 f., p. 300.
Fig. 27, *Lampania* ? Gr. 2 f., p. 302.
Fig. 28 à 30, *Potamides* sp. Gr. 2 f., p 301.
Fig. 31 et 32, *Pirenella* sp. Gr. 2 f., p. 302.
Fig. 33, *Procerithium lurum*, n. sp. Gr. 2 f., p. 300.
Fig. 34 à 36, *Campanile curtum*, n. sp. Gr. 2 f., p. 315.

Tous ces échantillons proviennent du versant oriental du Kouh Mapeul.

Maestrichtien

Clichés et Phototypie Sohier et Cie.
E. Leroux, Edit., Paris.

PLANCHE XLII

Fig. 1 à 4, *Cerithium Stoddardi*, Hislop, p. 304.
Fig. 5 à 6, *Pyrazus pyramidatus*, Deshayes, p. 306.
Fig. 7 à 13, — *stillans*, Vidal, p. 306.
Fig. 14, — *elongatus*, n. sp. (type), p. 308.
Fig. 15 et 16, *Campanile robustum*, n. sp., p. 314.
Fig. 17 et 18, *Pirena*, cf. *Suzanna*, d'Orbigny, p. 318.
Tous ces échantillons proviennent du versant oriental du Kouh Mapeul.

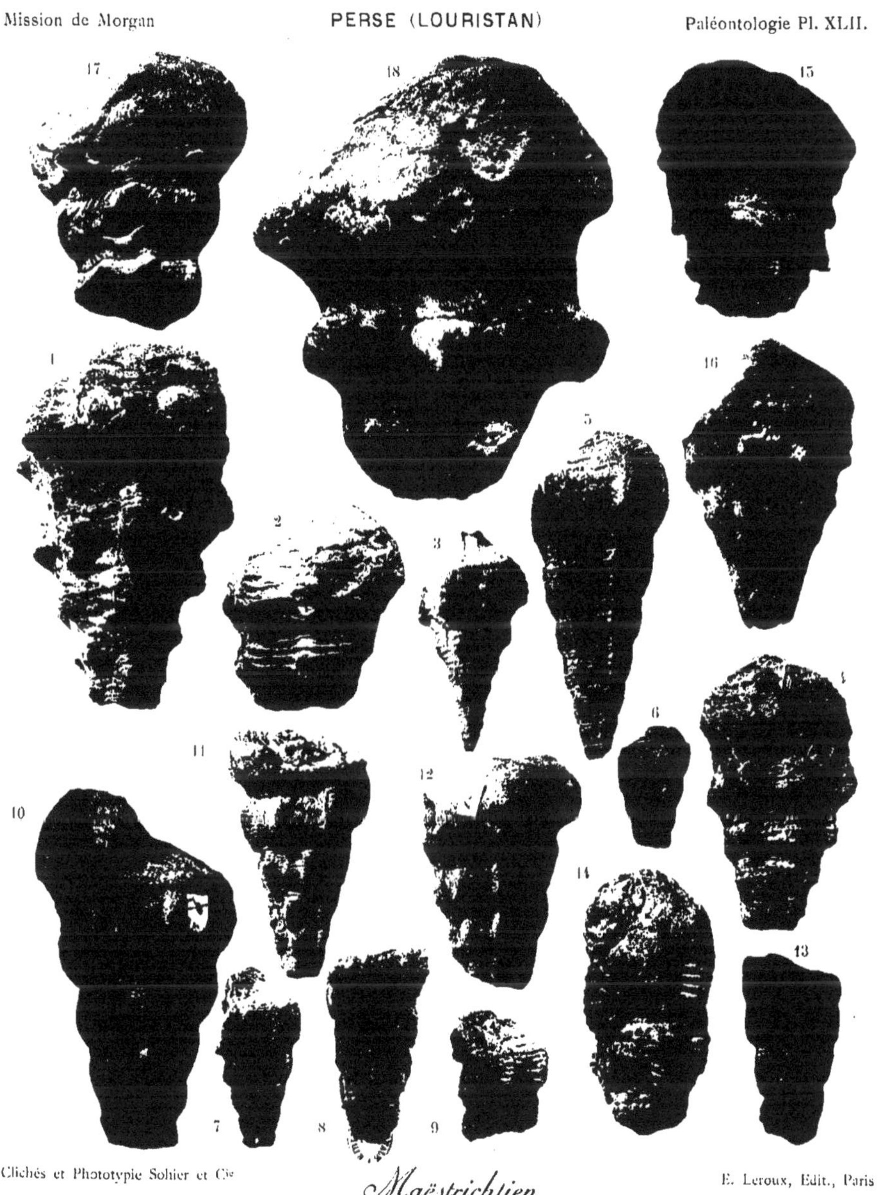

Clichés et Phototypie Sohier et Cie

Maëstrichtien

E. Leroux, Edit., Paris

PLANCHE XLIII

Fig. 1, *Campanile Morgani*, n. sp. (type), p. 312.
Fig. 2 à 6, — —
Fig. 7 à 11, — — var. depauperata.
Fig. 12, — *persicum*, n. sp. (type), p. 313.
Fig. 13, — —
Fig. 14, — *breve*, n. sp. (type), p. 313.
Fig. 15, — ?
Tous ces échantillons proviennent du versant oriental du Kouh Mapeul.

Clichés et Phototypie Sohier et Cie.

Maestrichtien

E. Leroux, édit., Paris.

PLANCHE XLIV

Fig. 1 à 11, *Irania persica*, n. sp. Gr. 2 fois, p. 321.

Fig. 12 à 14, — *fusiformis*, Hislop. Gr. 2 f., p. 321.

Fig. 15 à 28, — *granulata*, n. sp. Gr. 2 f., p. 322.

Fig. 19 à 22, *Terebralia Munsteri*, Keferstein. G. 2 f., p. 308.

Fig. 23 à 23, *Semivertagus unisulcatus*, Lamarck. Gr. 2 f., p. 310.

Tous ces échantillons proviennent du versant oriental du Kouh Mapeul ; ils grossis 2 fois.

Maëstrichtien

Clichés et Phototypie Sohier et Cie E. Leroux, Edit., Paris

PLANCHE XLV

Fig. 1 à 2, *Hantkenia striata*, n. sp. Gr. 2 f., p. 326.
Fig. 3, — *louristana*, n. sp., var. lœvis. Gr. 2 f.,
Fig. 4 et 5, — — en vraie grandeur.
Fig. 6, — — Gr. 2 f.
Fig. 7 à 14, — — var. depauperata. Gr. 2 f.
Fig. 15 à 23, — — forme type. Gr. 2 f., p. 323.

Tous ces échantillons proviennent du versant oriental du Kouh Mapeul.

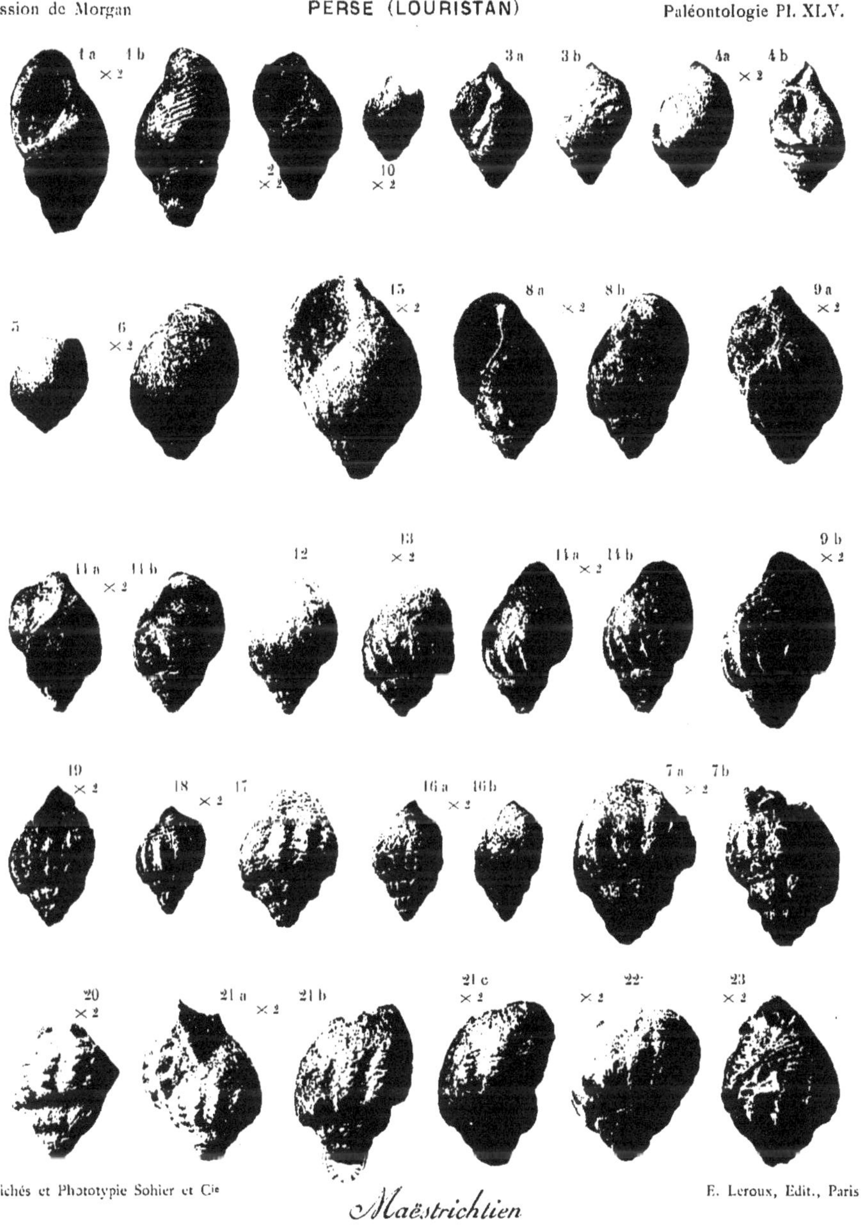

Maëstrichtien

Clichés et Phototypie Sohier et Cie E. Leroux, Edit., Paris

PLANCHE XLVI

Fig. 1 à 3, *Pirena robusta*, n. sp., en vraie grandeur, p. 317.
Fig. 4 et 5, *Faunus persicus*, n. sp., en vraie grandeur, p. 319.
Fig. 6, *Hantkenia proboscidea*, n. sp. Gr. 2 fois, p. 327.
Fig. 7 à 11, *Melanopsis costellata*, n. sp. Gr. 2 fois, p. 327.
Fig. 12 à 16, *Paryphostoma Morgani*, n. sp. 328.
Fig. 17, — — Gr. 2 fois.
Fig. 18 et 19, *Scala proxima*, n. sp., en vraie grandeur, p. 330.
Fig. 20 et 21, *Scala persico*, n. sp. Gr. 2 fois, 331.

Tous ces échantillons proviennent du versant oriental du Kouh Mapeul.

Clichés et Phototypie Sohier et Cie

Maëstrichtien

E. Leroux, Edit., Paris

PLANCHE XLVII

Fig. 1, 5 à 10, *Turritella Morgani*, n. sp., en vraie grandeur, p. 332.
Fig. 2 à 4, 11 à 13, — — Gr. 2 fois.
Fig. 14 et 15, — *quadricincta*, n. sp. Gr. 2 fois, p. 335.
Fig. 16, — Sp. Gr. 2 fois, p. 335.
Fig. 17, — Sp. Gr. 2 fois, p. 335.
Fig. 18 à 21, — *præcarinata*, n. sp., en vraie grandeur, p. 335.
Fig. 22, — — Gr. 2 fois.
Fig. 23 à 27, *Mesalia fasciata*, Lk., en vraie grandeur.

Tous ces échantillons proviennent du versant oriental du Kouh Mapeul.

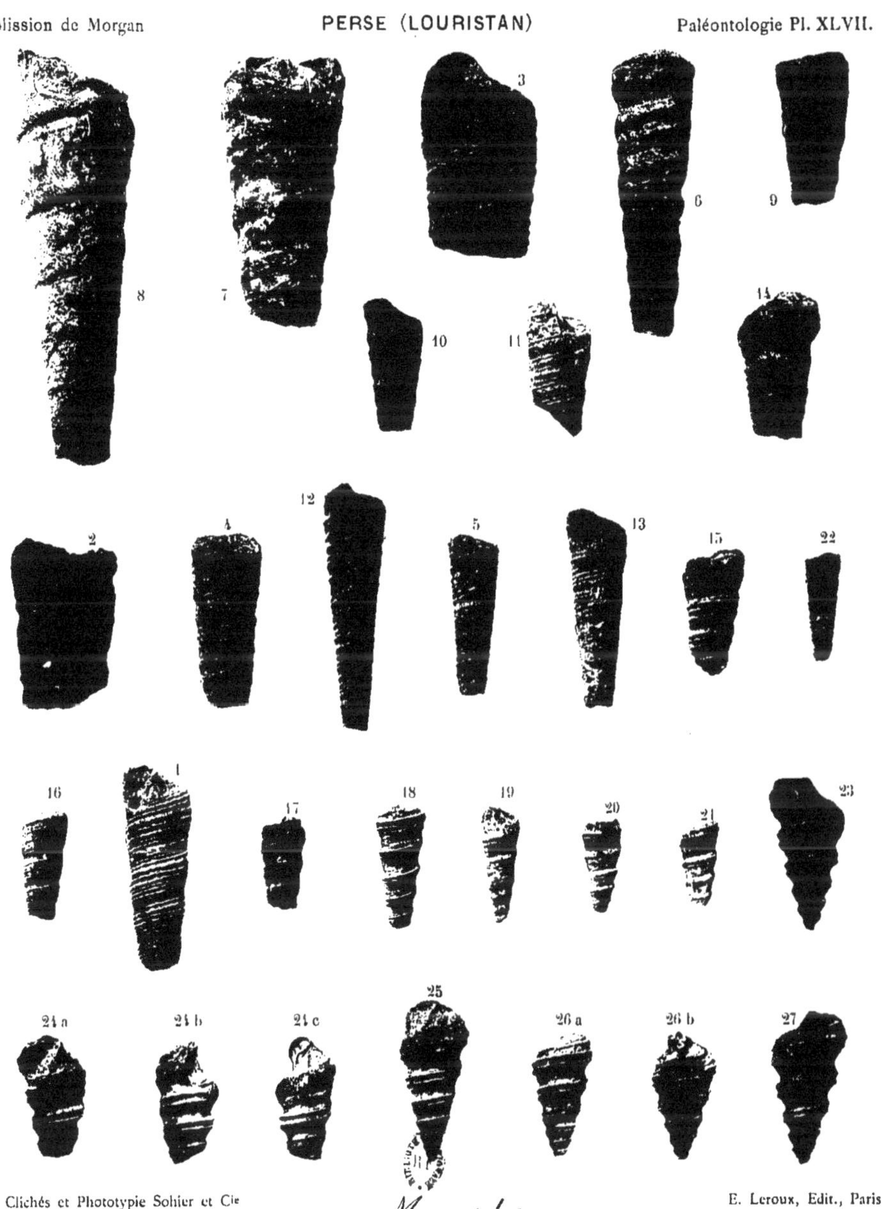

Clichés et Phototypie Sohier et Cie

Maëstrichtien

E. Leroux, Edit., Paris

PLANCHE XLVIII

Fig. 1 à 4, *Euspira*, cf. *Stoddardi*, Hislop, p. 337.
Fig. 5, — sp.,
Fig. 6, *Naticina* sp., p. 339.
Fig. 7, *Ampullina* sp., p. 338.
Fig. 8, *Euspira* sp., p. 337.
Fig. 9, *Natica* sp., p. 339.
Fig. 10, — *canaliculata*, Lk., p. 338.
Fig. 11 à 15, *Littorina Morgani*, n. sp., p. 340.
Fig. 16 à 17, — *percostata*, n. sp. p. 341.
Fig. 18 à 24, — *persica*, n. sp., p. 341.
Fig. 25, — *anceps*, n. sp., p. 342.
Fig. 26 à 28, *Littorina* ? p. 343.
Fig. 29 à 31, *Ringicula Morgani*, n. sp., p. 349.
Fig. 32, — *reducta*, n. sp., p. 350.
Fig. 33, *Auricula* sp., p. 344.
Fig. 34, *Hipponyx dilatatus*, Lk., p. 339.
Fig. 35 à 38, *Dentalium alternans*, Muller, p. 350.
Fig. 39, *Cyprea*.
Fig. 40, *Campanile* sp. Cette espèce se distingue par sa brièveté et le peu de hauteur de ses tours : un gros cordon postérieur tuberculé se montre immédiatement en avant de la suture, et cache plus ou moins la carène antérieure du tour précédent ; entre cette carène et le cordon postérieur, on distingue 4 cordons faiblement perlés avec cordons plus fins intercalés. A l'intérieur il existe deux cordons spiraux à la columelle et un au plancher vers son milieu.

Tous ces échantillons proviennent du versant oriental du Kouh Mapeul.

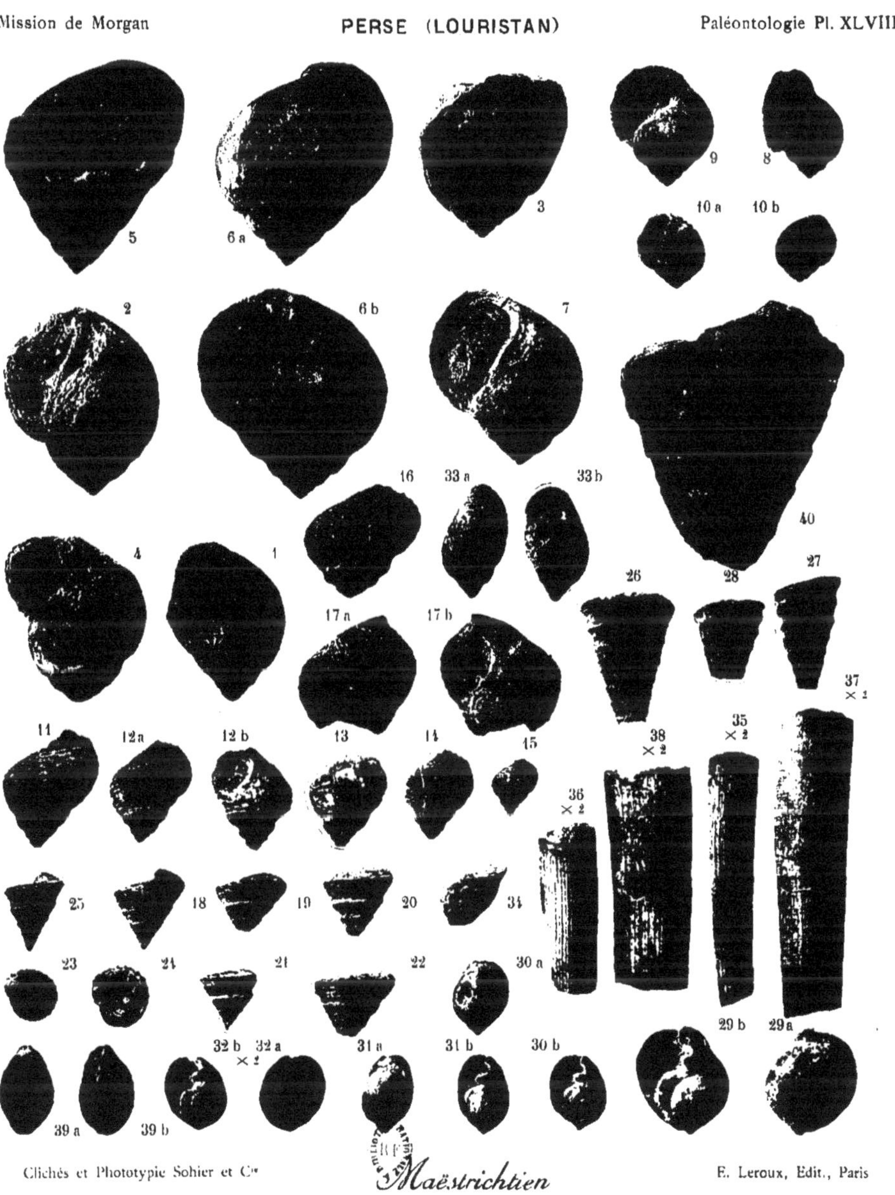

Maëstrichtien

Clichés et Phototypie Sohier et Cie E. Leroux, Edit., Paris

PLANCHE XLIX

Fig. 1 à 12, *Desmieria persica*, n. sp., p. 347.

Tous ces échantillons proviennent du versant oriental du Kouh Mapeul ; ils sont duits en vraie grandeur.

Clichés et Phototypie Sohier et Cie

Maestrichtien

E. Leroux, Edit., Paris

PLANCHE L

Fig. 1, *Cytherea abbreviata*, n. sp., p. 351.
Fig. 2, *Cyrena*, cf. *Gravesi*, Desh., p. 352.
Fig. 3 à 5, *Crassatella austriaca*, Zittel, p. 355.
Fig. 6, *Corbis elliptica*, Hislop, p. 353.
Fig. 7, — *medarum*, n. sp., p. 353.
Fig. 8 et 9, *Lucina louristana*, n. sp., p. 354.
Fig. 10, *Chama*, cf. *callosa*, Noetling, p. 358.
Fig. 11 à 15, *Venericardia Beaumonti*, d'Arch., p. 356.
Fig. 16, — *imbricatoïdes*, n. sp., 357.
Fig. 17, — cf. *subcomplanata*, d'Arch., p. 358.
Fig. 18, *Corbula louristana*, n. sp., p. 360.
Fig. 19 et 20, *Bicorbula*, cf. *exarata*, Desh., p. 360.
Fig. 21 à 23, *Ostrea*, cf. *suessoniensis*, Desh., p. 361.
Fig. 24. *Arca Morgani*, n. sp., p. 360.
Fig. 25, *Latiarca* sp., p. 363.
Fig. 26 à 28, *Terebratulina gracilis*, Schl. Gr. 2 fois, p. 364.
Fig. 29 et 30. *Omphalocyclus macropora*, Lk. Gr. 2 fois, p. 365.
Fig. 31, *Balanocrinus*, cf. *Diaboli*, Bayan, p. 364.
Fig. 32 à 36. *Loftusia Morgani*, n. sp., p. 367 (la figure 36 grossie 2 f montre au milieu des stries transverses analogues à celles des Alvéolines).

Tous ces échantillons proviennent du versant oriental du Kouh Mapeul.

Maëstrichtien

Clichés et Phototypie Sohier et Cie E. Leroux, Edit., Paris

ANGERS. — IMP. ORIENTALE A. BURDIN ET Cie, 4, RUE GARNIER.

MISSION SCIENTIFIQUE

EN

PERSE

PAR

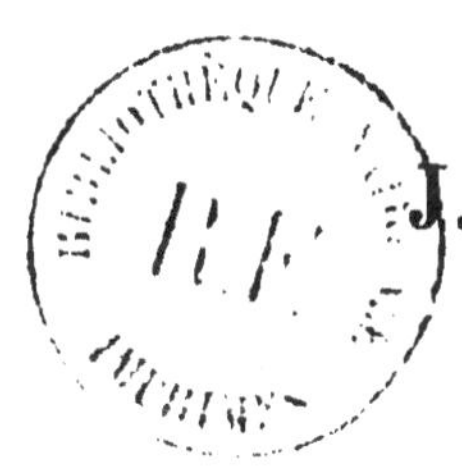

J. DE MORGAN

TOME TROISIÈME

ÉTUDES GÉOLOGIQUES

PARTIE IV. — PALÉONTOLOGIE

MOLLUSQUES FOSSILES

PAR

H. DOUVILLÉ

PARIS
ERNEST LEROUX, ÉDITEUR
28, RUE BONAPARTE, VIe

1904

MISSION SCIENTIFIQUE

EN PERSE

ANGERS. — IMPRIMERIE ORIENTALE A. BURDIN ET Cie, 4, RUE GARNIER.

MISSION SCIENTIFIQUE
EN
PERSE

PAR

J. DE MORGAN

TOME TROISIÈME

ÉTUDES GÉOLOGIQUES

PARTIE IV. — PALÉONTOLOGIE

MOLLUSQUES FOSSILES

PAR

H. DOUVILLÉ

PARIS
ERNEST LEROUX, ÉDITEUR
28, RUE BONAPARTE, VIe

1904

MISSION J. DE MORGAN

III

PALÉONTOLOGIE

DEUXIÈME PARTIE

MOLLUSQUES FOSSILES

PAR

H. DOUVILLÉ

ÉTUDES GÉOLOGIQUES

PALÉONTOLOGIE

DEUXIÈME PARTIE

MOLLUSQUES FOSSILES

I. — NORD DE LA PERSE

CHAINE DE L'ELBOURS

1° CALCAIRE CARBONIFÈRE

Grewingk[1] en 1853 a signalé le calcaire carbonifère avec Polypiers, *Spirifer mosquensis*, *Spirifer glaber* et *Productus striatus* dans les montagnes au N. du Schahrud (entre Chersabil et le lac d'Istalch, et auprès de Gir); mais il a réuni à tort dans le même système les couches à combustibles qui surmontent ces calcaires et qui appartiennent au terrain jurassique.

Sur la carte du Demavend de Tietze[2], le calcaire carbonifère est simplement indiqué comme « couches paléozoïques ». Par contre des indications précises de gisement sont données dans le mémoire récemment

1. *Die geogn. und orogr. Verhaeltnisse des noerdlichen Persiens*, S. Petersburg, p. 142 et suiv.
2. *Der Vulkan Demavend in Persien*, *Jahrb. k. k. geol. Reichsanst.* 1878, vol. XXVIII.

paru de Stahl[1], et sur la carte géologique qui l'accompagne. Les coupes transversales à la chaîne qu'il a tracées en divers points et notamment au N. de Téhéran, montrent que l'Elbours est constitué par une série de plis longitudinaux essentiellement formés par le Dévonien, le calcaire carbonifère et les différents étages du Jurassique.

Les coupes les plus complètes sont celles qui traversent le massif au sud d'Asterabad (*loc. cit.*, p. 68); les fossiles cités sont beaucoup plus rares dans la partie centrale de la chaîne : la carte indique une bande de calcaire carbonifère au sud du Demavend et dirigée à peu près Est-Ouest; l'auteur y cite, au N. de Firuzkuh, *Productus*, *Spirifer*, *Zaphrentis*, *Hallia* et *Syringopora*. Au nord de la chaîne une série d'affleurement indiqués comme discontinus sont signalés dans la haute vallée du Tschalus (*Productus*, *Orthis*, *Hallia*) et plus à l'est vers Kudjur (*Spirifer*, *Productus semireticulatus*).

Les observations de M. de Morgan faites d'une manière tout à fait indépendante, et antérieurement à la publication des travaux de M. Stahl, confirment les résultats que nous venons d'indiquer. La coupe d'Iman Zada Hakim dans la bande sud a fourni une lumachelle a *Spirifer striatus*. Une faune beaucoup plus riche a été découverte (26-29 février 1890) dans une localité nouvelle à Tunekaboun (Khorremabad) sur la rive sud de la Caspienne; nous avons pu reconnaître les espèces suivantes: *Productus pustulosus*, *Pr. semireticulatus*, *Chonetes papilionacea*, *Orthothetes crenistria*, *Orthis*, *Spirifer striatus*, *Syringothyris cuspidata*. Ces échantillons ont été recueillis dans des galets assez gros et peu roulés, dans le lit même du torrent, ce qui indique que l'affleurement des roches elles-mêmes est peu éloigné. Cette localité correspond à une des lacunes de la carte de M. Stahl.

1. *Zur Geologie von Persien*, *Petermanns Mittheilungen Ergänzungsheft*, n° 122. 1897.

PRODUCTUS PUSTULOSUS, Phillips.

Pl. XXV, fig. 1 et 2.

1861. *Pr. pustulosus*, Phillips[1] in Davidson, Brit. foss. Brach. (*Pal. Soc.*, t. XIII, p. 168, pl. XLI, fig. 1-6, pl. XLII, fig. 1-4).

1847. *Pr. leuchtenbergicus*, de Koninck, Mon. Productus (*Mém. Soc. r. des Sciences de Liège*, t. IV) p. 226, pl. XIV, fig. 3 *a*.

On sait que l'ornementation de cette espèce est assez variable suivant l'accentuation plus ou moins grande des bandes concentriques d'accroissement et la disposition des pustules.

Dans les formes typiques, les tubercules sont très allongés et forment des côtes longitudinales interrompues par le ressaut des bandes transversales, c'est la disposition que l'on observe en certains points de l'échantillon de la fig. 1, principalement près du bord. Mais sur le reste de la surface les tubercules sont disposés en quinconce et forment plusieurs rangées sur chaque bande : cette disposition rappellerait plutôt le *Prod. leuchtenbergicus* de Koninck, et formerait passage au *Pr. punctatus*.

Sur l'échantillon de la figure 2, les bandes transversales sont plus étroites, moins nettement séparées et cette ornementation rappellerait la variété *pyxidiformis*.

Les échantillons de cette espèce proviennent de gros galets de calcaire noir assez peu roulés recueillis dans le lit de la rivière à Tunekaboun (Khorremabad), province de Mazanderan. Ces calcaires affleurent vraisemblablement dans les premiers contreforts à la limite nord du massif montagneux.

PRODUCTUS PUNCTATUS, Martin.

Pl. XXV, fig. 3.

1861. *Productus punctatus*, Martin, in Davidson Brit. foss. Brach. (*Pal. Soc.*, t. XIII, p. 172, pl. XLIV, fig. 9-16).

Toute la surface de la coquille est couverte de bandes concentriques

1. Il nous a paru inutile de reproduire toute la bibliographie de chacune des espèces signalées et nous nous sommes borné à indiquer les figures et les descriptions qui nous

larges et disposées en gradins; chaque bande est séparée de la suivante par une première zone à peu près lisse et seulement striée en travers. Au delà apparaissent quelques tubercules allongés et assez gros, rappelant par leur forme des épines couchées sur la surface de la valve; ces tubercules constituent deux ou trois rangées et sont disposés en quinconce. Une troisième zone présente des tubercules beaucoup plus petits et plus nombreux, également placés en quinconce. C'est à peu près la disposition indiquée par Davidson (pl. XLIV, fig. 106), mais avec des épines moins longues et des tubercules plus nombreux.

Localité : Tunekaboun.

Productus semireticulatus, Martin.

1861. *Pr. semireticulatus*, Martin, in Davidson Brit. foss. Brach. (*Pal. Soc.*, t. XIII, p. 149 pl. XLIII, fig. 1-11).

Un échantillon de petite taille (environ dix-huit millimètres de largeur) et montrant très nettement l'ornementation caractéristique de l'espèce : toute la surface est couverte de côtes longitudinales rayonnantes espacées environ de 1/2 millimètre, d'axe en axe, dans la région moyenne de la coquille. Dans la moitié de la coquille voisine du sommet, ces côtes sont croisées par de fortes ondulations concentriques espacées d'environ un millimètre et au nombre de treize environ. Sur le reste de la surface de la coquille, les côtes rayonnantes subsistent seules.

Localité : Tunekaboun.

Chonetes papilionaceus, Phillips.

1861. *Ch. papilionaceus*, Phillips, in Davidson Brit. foss. Brach. (*Pal. Soc.*, t. XIII, pl. XLVI, fig. 3, 4 et 56).

Une valve ventrale incomplète de soixante-dix millimètres de largeur, et plusieurs autres fragments à la surface d'un échantillon de calcaire marbre noir. L'ornementation est très caractéristique et se compose de côtes fines rayonnantes toutes égales avec de légères inflexions par places; elles augmentent progressivement en nombre tantôt par bifurcation, tantôt par intercalation; dans les sillons qui séparent les côtes on distingue de grosses puncturations qui reproduisent la disposition figurée par Davidson (fig. 56). Les côtes sont distantes d'axe en axe d'environ 1/8 de millimètre; et les puncturations sont espacées longitudinalement de 1/4 de millimètre.

LOCALITÉ : Imam Zada Hakim.

ORTHOTHETES CRENISTRIA, Phillips.

Pl. XXV, fig 4.

1858-1861. *Streptorhynchus crenistria*, Phillips, in Davidson, Brit. foss. Brach. (*Pal. Soc.*, vol. XIII, p. 124, pl. XXVI, fig. 1, 2, 3).

Nous avons observé plusieurs fragments que l'on peut rapporter à cette espèce: le meilleur échantillon est celui que nous avons fait figurer : c'est une valve ventrale un peu incomplète et encore adhérente à la roche. Elle présente une forme demi-circulaire et atteint une largeur de onze centimètres ; la surface intérieure paraît être légèrement concave avec un petit renflement apical.

La coquille montre sa surface intérieure; la partie cardinale manque et on observe au milieu une partie légèrement saillante en forme de lancette correspondant à l'impression des adducteurs séparés en deux par une arête médiane.

Sur certains points où le test a été enlevé, on distingue l'ornementation externe constituée par des côtes anguleuses, rayonnantes, distantes de 3/4 de millimètre environ et séparées par des intervalles légèrement concaves qui présentent habituellement trois ou quatre fines costules. Le nombre des côtes augmente, quand on s'éloigne du crochet, par le développement de côtes intercalaires.

La surface intérieure du test est souvent marquée de granulations allongées et un peu irrégulières.

Par sa forme générale l'échantillon que nous venons de décrire rappellerait surtout la figure 4 de la pl. XXVI de la monographie de Davidson (*O. caduca*, M'Coy, considéré comme une simple variété de

Strept. crenistria); son ornementation serait au contraire très voisine de celle qui est indiquée sur la figure 1.

LOCALITÉ : Dans les galets de Tunekaboun.

ORTHIS.

Une empreinte à moitié décortiquée de la valve ventrale montre bien la forme et l'ornementation caractéristiques de l'*Orthis resupinata*; la surface est ornée de côtes fines arrondies, séparées par des sillons anguleux; de distance en distance, on observe des côtes un peu plus saillantes et discontinues dans le sens de la longueur.

LOCALITÉ : Tunekaboun.

SPIRIFER STRIATUS, Bolland.

Pl. XXV, fig, 5 et 6.

1857. *Sp. striatus*, Bolland, in Dav. Brit. foss. Brach. (*Paleontographical Soc.*, vol. X, pl. III, fig. 4 et 6).

Cette espèce est facile à reconnaître aux côtes rayonnantes régulières qui ornent toute la surface de la coquille, y compris le bourrelet médian; elle resemble au *Sp. Verneuilli* du Dévonien supérieur, mais le bourrelet médian est beaucoup moins nettement détaché du reste de la coquille.

LOCALITÉ : Très abondant dans les galets à Tunekaboun et formant une vraie lumachelle à Imam Zada Hakim. Dans cette dernière localité les échantillons se détachent difficilement de la roche et seulement par fragments. Nous avons fait figurer (fig. 6), une valve dorsale presque complète de cette localité; seulement le bourrelet médian est décortiqué et paraît lisse; mais en l'examinant avec soin à la loupe on distingue les traces indiscutables des côtes qui ornaient sa surface. D'autres fragments montrent du reste directement l'ornementation et la forme caractéristiques de cette partie de la coquille.

L'autre échantillon (fig. 5), provient de Tunekaboun.

Syringothyris cuspidata, Martin.

Pl. XXV, fig. 7 a et 7 b.

1857. *Spirifera cuspidata*, Martin, in Davidson Brit. carb. Brach. (*Pal. Soc.*, vol. X, pl. VIII, fig. 22, 24).
1880. *Syringothyris cuspidata*, in Davidson, Suppl. Brit. carb. Brach. (*Pal. Soc.*, vol. XXXIV, p. 278, pl. XXXIII, fig. 4, 5).

Échantillon de très grande taille et présentant seulement la valve ventrale. La longueur de la ligne cardinale est d'environ quatorze centimètres, l'aréa très développée a six millimètres de hauteur et elle montre dans le haut de l'ouverture deltidiale les deux plaques transverses soudées sur la ligne médiane et se prolongeant vers le bas par une sorte de tube, qui caractérisent ce genre.

Extérieurement la valve est presque entièrement décortiquée; elle conserve cependant encore dans le voisinage du crochet les côtes rayonnantes de grosseur moyenne qui ornaient les ailes de cette coquille; leur terminaison est également bien visible sur le bord de la valve ; par contre la dépression médiane était lisse; elle se prolonge par une sorte de languette arrondie, comme il est indiqué sur la figure 29 de la pl. VIII de la monographie de Davidson.

La grosseur des côtes sur les parties latérales et leur absence sur le bourrelet médian, caractérisent bien l'espèce.

Localité : Tunekaboun.

2° TERRAINS SECONDAIRES

La constitution géologique de la base du Demavend est mise en évidence par la profonde coupure de la vallée du Heras, que M. de Morgan a étudiée en détail.

Les couches les plus anciennes sont des grès plus ou moins chargés de matières charbonneuses et dans lesquelles on rencontre même des lits de combustible. Ce système inférieur a été signalé d'abord par Grewingk qui le confond avec le terrain houiller proprement dit. Tietze le range dans le Trias et le Lias et montre qu'il est surmonté par des schistes et des calcaires jurassiques; les empreintes végétales qu'il y avait recueillies ont été étudiées par Schenk[1] qui y a reconnu les espèces caractéristiques du Rhétien.

Des couches du même âge ont été signalées un peu plus à l'ouest, près de Kaswin par Rodler[2]; la flore en a été étudiée par Krasser et se rapproche beaucoup de la précédente. Plus à l'ouest encore divers explorateurs (Pohlig[3], Rodler[4]) ont recueilli des fossiles jurassiques dans les environs du lac d'Ourmiah, et ces fossiles ont été examinés par Weithofer[5] et par G. von dem Borne[6].

Weithofer a décrit et figuré une série de formes du groupe de l'*Amm. radians* (*Harp.* cf. *radians*, *Harp.* cf. *Kurri*) qui démontrent bien nettement la présence du lias supérieur; d'autres formes au contraire indiqueraient, d'après le même auteur, le Jura supérieur et le Néocomien. Mais G. von dem Borne a montré que ces dernières espèces se rapprochent en réalité des *Perisphinctes* et des *Reineckia* du Callovien; il

1. *Die von Tietze in der Albourskette gesammelten fossile Pflanzen* (*Bibl. botanica*, 1888. Heft. 6, Cassel; voir aussi *Annuaire géologique*, vol. IV, p. 888.
2. *Sitzb. k. Ak. Wiss.* Wien, 1892, et *Ann. géol.*, vol. IX, p. 957.
3. *Verh. k. k. geol. Reichsanstalt*, 1884.
4. *Sitzb. k. Ak. Wiss.* Wien, 1888.
5. *Ibid.*, t. XCVIII, 1889, p. 756.
6. *Der Jura am Ost Ufer der Urmiasees*; *Inaugural Dissertation*, Halle a. s. 1891; in-4, 28 p., 5 pl. de fossiles, presque exclusivement des Ammonites, reproduites par la photographie.

a décrit et figuré toute une série d'espèces caractéristiques de ce niveau, parmi lesquelles les *Amm. curvicosta* et *A. balinensis* ainsi que plusieurs formes du groupe de l'*Amm. hecticus* (rangées à tort dans le genre *Ludwigia*).

Les explorations de Stahl dans la chaîne de l'Elbours lui ont fourni des résultats analogues : il a retrouvé en un grand nombre de points les couches de la base à flore rhétienne, mais les lits de combustible lui ont paru remonter jusque dans le Lias supérieur caractérisé par *Amm. radians*, *Amm.* cf.. *serpentinus*, *Amm. opalinus*, notamment dans l'est de la chaîne, vers Pelvar (au N. N. E de Semnan) et vers Tezire (au N. E. de Damgan). Au dessus il signale les calcaires blancs du Jura supérieur[1], notamment à Aschref où il cite *Aptychus lamellosus*, *Aspidoceras Oegir* et *Oppelia* cf. *flexuosa*.

Les observations détaillées de M. de Morgan dans la vallée du Heras, ont été exécutées antérieurement à la publication de l'ouvrage de Stahl; elles ont donné des résultats qui concordent bien avec ceux que nous venons de rappeler, et elles viennent ajouter en outre quelques faits nouveaux : ainsi dans les couches du niveau inférieur il a recueilli avec les Ammonites déjà signalées du groupe du *radians*, le *Ludwigia Murchisonae*, indiquant que ce système de couches s'élève jusqu'à la base du Bajocien. Le Callovien est assez mal représenté, mais une découverte très intéressante est celle de l'*Ochetoceras canaliculatum* qui indique la présence de l'Oxfordien supérieur, avec le faciès qui lui est habituel dans la zone méditerranéenne. Un fragment de *Perisphinctes* à côtes régulièrement bifurquées recueilli dans les calcaires blancs du haut de la coupe rappelle les formes du Jurassique supérieur.

Enfin au dessus et sans séparation bien tranchée on voit affleurer d'autres calcaires compacts tantôt jaunâtres et tantôt d'un brun noirâtre, dans lesquels nous avons reconnu la présence de *Rudistes* et d'*Orbitolines*; ces dernières sont tout à fait fondues dans la pâte et elles ne sont guère visibles que sur les surfaces polies ; les coupes minces les montrent bien nettement caractérisées; par leur forme et leur épaisseur elles rappelleraient l'*O. subconcava*, de Vinport. Parmi les Rudis-

1. *Loc. cit.* (*Petermann's Mittheil.*, Ergänzungsheft, n° 122), p. 16.

tes on distingue de véritables Radiolites dont un des types se rapproche du *Præradiolites Davidsoni* du Vraconnien du Texas. C'est à ce dernier niveau que se rattachent probablement les calcaires à Orbitolines de la vallée du Heras.

Il est possible du reste qu'il existe dans la même région d'autres niveaux à Orbitolines; Stahl indique ces fossiles aux « Portes caspiennes », au S.-E. de Téhéran et plus au sud dans les environs de Iesd où elles seraient associées à des *Requienia*; Grewingk les avait déjà signalés sur ce dernier point sous le nom de *Porospira* [1].

TERRAIN JURASSIQUE INFÉRIEUR

GRAMMOCERAS NORMANIANUM, d'Orbigny.

Pl. XXVI, fig. 1, 2, 3, 4, 5, 6.

1842. *Ammonites normanianus*, d'Orbigny, *Pal. fr. terr. jurassique*, t. I, p. 291, pl. LXXXVIII.

1882-1883. *Harpoceras antiquum*, Wright, *Pal. Soc.*, t. XXXVI et XXXVII, p. 431, pl. LVII (non *Harp. normanianum*, Wright, 1884).

Plusieurs échantillons de petite taille qu'il est assez difficile de distinguer des jeunes du groupe de l'*Amm. radians*; toutefois dans les échantillons le plus grands (fig. 6), les côtes sont bien plus fortement ondulées que dans l'*Amm. radians*, et rappellent tout à fait les figures que Wright a données de son *Harp. antiquum* qui provient du Lias moyen. Cette dernière espèce nous paraît n'être qu'une variété de l'*H. normanianum* de d'Orbigny; tandis qu'au contraire les échantillons figurés sous ce nom par Wright nous semblent bien différents. Dans les échantillons de Perse, les côtes sont toujours simples et parallèles.

LOCALITÉS : Dans des calcaires gréseux verdâtres et paraissant quel-

1. Möller (*Jahrb. k. k. geol. Reichsanstalt*, 1880, p. 580) a décrit cette forme sous le nom de *Stacheia Grewingki* et l'attribue au Carboniférien.

quefois noduleux, subordonnés aux couches à plantes, à la base de la formation jurassique, à l'est et au nord de Rehneh sur le flanc gauche de la vallée du Lar (Heras). — Lias moyen.

GRAMMOCERAS FALLACIOSUM, Bayle.

Pl. XXVI, fig. 7.

1878. *Grammoceras fallaciosum*, Bayle, *Expl. carte géol. de France*, vol. IV, pl. LXXVIII, fig. 1.

1889. *Harpoceras* cf. *radians*, Reinecke, Weithofer, *Sitzb. Ak. Wiss. Wien*, t. XCVIII, p. 756.

1891. *Harpoceras atropatenes*, von dem Borne, *Der Jura am Ostufer der Urmiasees* (inaugural Dissertation), pl. V, fig. 16, 17.

Le groupe de l'*Amm. radians* présente des difficultés particulières ; si l'on se reporte à la figure type de Reinecke (pl. IV, fig. 39) et à sa description (anfractibus dense radiato plicatis, plicis in spinâ antrorsum flexis), on voit que les côtes partent de l'ombilic suivant le rayon et s'incurvent en avant seulement dans la région externe ; elles sont donc simplement falciformes, c'est le cas pour les *Amm. solaris*, Phillips (*Levesquei*, d'Orb.), *undulatus*, Stahl, *radiosus*, Seebach, etc.). Dans les formes de Perse, au contraire, les côtes sont très nettement à double inflexion et ont la forme d'un S très ouvert; c'est précisément la disposition caractéristique du *Gr. fallaciosum*, Bayle. Par la régularité de ses côtes, cette espèce se rapporte certainement à l'*Harp. atropatenes* de Borne, mais il ne paraît pas possible de distinguer cette forme de l'espèce proposée par Bayle.

LOCALITÉ : Dans le voisinage de Rehneh. — Lias supérieur.

LUDWIGIA MURCHISONAE, Sow.

Pl. XXVI, fig. 8 et 9.

1886. *Ludwigia Murchisonae*, Sow. var. *obtusa*, Buckmann, *Inf. ool. Amm.*, *Pal. Soc.*, vol. XL, pl. III, fig. 4, p. 17.

Par la forme de la région extérieure et le mouvement des côtes l'échantillon de la fig. 9 ressemble beaucoup à la fig. 4 de la pl. III du mémoire de Buckmann. Toutefois les côtes ombilicales paraissent plus fines et plus nombreuses; mais cette différence provient peut-être de la conservation inégale des échantillons, le test étant à peu près entièrement conservé dans le spécimen recueilli par M. de Morgan. D'ailleurs sur les tours internes visibles dans l'ombilic les côtes sont bien marquées comme sur la fig. 1 de la pl. III du mémoire que nous venons de citer; c'est donc seulement sur le dernier tour que se produit l'atténuation des côtes ombilicales. La même disposition est également bien visible sur le fragment de la figure 8 (grossi 2 fois); le groupement des côtes en faisceaux est ici très nettement marqué. Bien que la coquille soit un peu écrasée, la région externe paraît bien présenter en réalité une section quadrangulaire.

LOCALITÉ : Les deux échantillons proviennent des environs de Rehneh, celui de la fig. 9 a été recueilli dans une coupe relevée au N. de cette localité. — Bajocien inférieur.

TRIGONIA LITTERATA, Young et Bird.

1874. *Trigonia litterata*, Young et Bird. *in* Lycett monogr. of the Brit. foss. Trigoniae (*Pal. Soc.*, vol. XXVIII, p. 64, pl. XIV, fig. 2).

Les Trigonies du groupe des *Undulatae* sont si variables que leur détermination précise est assez difficile, surtout quand l'état de conservation est médiocre.

Un échantillon un peu déformé par compression reproduit presque rigoureusement l'ornementation de la figure que nous venons de citer (*Pal.*, pl. XIV, fig. 2), avec les côtes en V très aigu dans la région qui avoisine immédiatement la carène; dans la région antéroventrale elles reprennent une troisième direction presque parallèle au bord.

LOCALITÉ : Rehneh. — Lias supérieur.

TRIGONIA PRODUCTA, Lycett.

Pl. XXVI, fig 10.

1874. *Trigonia producta*, Lycett, *Ibid.*, p. 60, pl. XIII, fig. 2.

L'échantillon que nous avons fait figurer, d'après le moulage d'une empreinte assez fruste, a des côtes qui partent régulièrement de la carène dans une direction perpendiculaire au grand axe de la coquille et s'infléchissent ensuite assez régulièrement vers le côté antérieur ; les côtes moyennes se bifurquent irrégulièrement avant d'atteindre le bord ventral. Cette disposition reproduit assez bien celle que l'on observe dans la partie voisine du crochet de la *Trigonia producta*.

Localité : Rehneh, grès à végétaux. — Lias supérieur.

Trigonia V-costata, Lycett.

1874. *Trigonia Vcostata*, Lycett, *Ibid.*, p. 66, pl. XV, fig. 2, 3.

Petit échantillon finement costulé en travers et ressemblant un peu à la *Tr. Clytia*; mais en le regardant avec soin ont voit que les côtes présentent dans le voisinage de la carène une double inflexion en forme de V rappelant celui de la *Tr. litterata*, mais beaucoup moins développé.

Localité : Environs de Rehneh, calcaire de couleur foncée : oolithe inférieure?

TERRAINS JURASSIQUES MOYEN ET SUPÉRIEUR

Perisphinctes curvicosta? Oppel.

Pl. XXVI, fig. 11.

Ammonite plate à tours ronds peu embrassants, ornée de côtes d'abord simples en partant de l'ombilic puis se bifurquant vers le dernier quart de la largeur des tours ; à ces deux côtes externes vient s'en ajouter une troisième également courte, de sorte que le nombre des côtes externes est trois fois plus grand que celui des côtes ombilicales ; les côtes externes sont assez variables dans leur inclinaison et sont quelquefois même rejetées en arrière : c'est tout à fait l'ornementation et la forme du *Per. curvicosta* de Montreuil-Bellay. Les côtes sont interrompues par des sillons fortement infléchis en avant et au nombre de trois par tour.

Le dernier tour présente d'abord une irrégularité marquée provenant d'une blessure de la coquille; mais vers la fin l'ornemention redevient à peu près régulière : on distingue alors des côtes ombilicales assez renflées distantes de huit millimètres d'axe en axe, entre lesquelles viennent s'intercaler dans la région externe de courtes côtes cinq fois plus nombreuses que les côtes ombilicales. C'est bien l'ornementation caractéristique de l'adulte dans le groupe du *Per. curvicosta*.

Localité : Vahneh (voir la coupe de M. de Morgan, dans la partie géologique). — Callovien.

Perisphinctes poculum, Leckenby.

1859. *Ammonites poculum*, Leckenby, *Quart. journ.*, t. XV, 24 mars 1858, p. 9, pl. I, fig. 4 *a*, non fig. 4*b*.

Un autre échantillon recueilli avec le précédent, présente des tours plus plats et les côtes externes sont moins nombreuses et plus fortes : on compte seulement trois côtes externes pour chaque côte ombilicale. Ces dernières sont surélevés au bord de l'ombilic et s'atténuent beaucoup dans la partie moyenne des tours. La région siphonale est mal conservée.

Cet échantillon reproduit presque identiquement la fig. 4 *a* de l'*Amm. poculum* de Leckenby; il rappelle également le *Per. tetrameres* de Weithofer dans la thèse de Von Borne. C'est encore une forme du groupe du *Per. curvicosta*, dans laquelle les côtes ombilicales sont surélevées et espacées comme dans l'*Amm. Orion*, seulement les tours sont plus aplatis et les côtes ombilicales moins saillantes n'occupent guère qu'un tiers de la largeur des tours. Ce groupe paraît très largement représenté dans toute la région; il est associé, sur les bords du lac d'Ourmia, à des *Hecticoceras*, également caractéristiques du Callovien.

1. *Der Jura am Ostufer des Urmiasees*, Halle, 1891, pl. II, fig. 7.

Localité : Vahneh (voir la coupe de M. de Morgan, dans la partie géologique). — Callovien.

Ochetoceras canaliculatum, Munster in Zieten.

Pl. XXVI, fig. 12.

Cet échantillon ramassé dans les éboulis à Amarat est constitué par un calcaire marbre, gris très foncé ; il présente l'ornementation caractéristique de cette espèce bien connue : la partie interne des flancs est à peu près lisse, le canal spiral médian est nettement marqué et un peu plus rapproché de l'ombilic que de la carène. Sur la région externe on distingue des côtes régulières, infléchies en avant et toutes parallèles entre elles.

Localité : Amarat. — Oxfordien supérieur.

Perisphinctes.

Pl. XXVI, fig. 13.

Nous avons fait figurer une empreinte d'un fragment de Perisphinctes, indéterminable spécifiquement, mais qui présente bien les caractères des formes oxfordiennes : la bifurcation régulière des côtes, la position du point de bifurcation, l'intercalation de côtes simples, rappellent par exemple certaines formes du groupe du *P. plicatilis* telles que *P. lucingensis*.

Localité : Calcaires marbres blancs des environs de Vahneh (coupe du Pich Kouh).

Perisphinctes.

Pl. XXVI, fig. 14, 15.

Nous avons fait figurer également deux échantillons d'Achref, sur les bords de la baie d'Asterabad. La roche qui les constitue est un calcaire rosé avec petites particules brillantes, la gangue environnante est grésiforme, micacée avec points rouges.

L'un des échantillons (fig. 14) a des tours étroits, un peu aplatis latéralement, ornés de côtes aiguës, tantôt simples, tantôt bifurquées; les points de bifurcation sont assez réguliers et rapprochés de la région externe. Cette ornementation rappelle celle du *Per. lucingensis* de l'Oxfordien supérieur.

Le second échantillon (fig. 15) a des tours beaucoup plus renflés, régulièrement arrondis et très peu embrassants. Les côtes sont en forme de plis arrondis et augmentent régulièrement d'épaisseur jusqu'au point de bifurcation, de telle sorte que les côtes ventrales paraissent prolonger les bords des côtes ombilicales. Cette ornementation un peu particulière se retrouve dans quelques *Perisphinctes* de l'Oxfordien.

TERRAIN CRÉTACÉ

PRAERADIOLITES aff. DAVIDSONI, Hill.

1893. *Radiolites Davidsoni*, Hill., *The invertebrate fossils of the Caprina limestone beds* (*Proc. biol. Soc. Washington*, vol. VIII, p. 106).
1900. — Douvillé, *Sur quelques Rudistes américains* (*Bull. Soc. géol. Fr.*, 3e série, t. XXVIII, p. 218, fig. 13, 14, 15).
1902. — Douvillé, *Classification des Radiolites* (*Ibid.*, 4e série, t. II, p. 467, pl. XV, fig. 6, 7).

Cette espèce appartient au groupe du *Radiolites triangularis* d'Orb. (*Pal. fr.*, pl. 546) du Cénomanien; cette dernière forme est indiquée par d'Orbigny comme « pourvue de trois angles, dont deux presque carénés, ayant une surface lisse et dépourvue de lames ». Bayle la caractérise par l'absence de sinus et l'existence d'une seule bande externe. D'autre part il est incontestable que les bandes et les sinus sont homologues et correspondent les unes et les autres aux ouvertures du manteau; il n'est pas moins certain que ces animaux avaient toujours deux ouvertures au manteau, et par conséquent que la coquille doit toujours présenter non pas *une*, mais bien *deux* bandes. Où est la seconde bande? Un examen attentif montre que les deux plis saillants qui donnent à la section sa forme triangulaire caractéristique ne sont pas semblables, l'un deux, le pli ventral est toujours arrondi, mais l'autre, qui occupe une position postéro-dorsale, a presque toujours une forme tronquée, c'est lui qui représente en réalité la seconde bande, ou bande anale S; du reste la comparaison avec certains échantillons de *Radiolites Davidsoni*, du Texas, montre que cette interprétation est incontestable. En réalité ces deux espèces de Radiolites sont extrême-

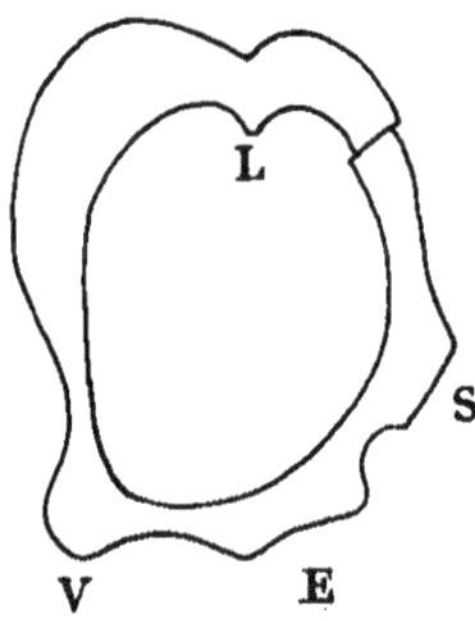

Fig. 1. — *Præradiolites Davidsoni*, de Bende Burida.

ment voisines, elles ne se distinguent que par le développement différent des deux bandes : dans le *R. triangularis* la bande anale S a la forme d'un pli mince très saillant, tandis que la bande E est à peine marquée; dans le *R. Davidsoni* les deux bandes sont presque égales; dans certains cas la bande S s'exagère un peu et devient comparable au pli ventral V, mais la bande E reste toujours bien plus saillante que dans l'espèce précédente.

D'après ces observations on voit immédiatement que l'échantillon recueilli par M. de Morgan présente tout à fait les caractères de l'espèce du Texas; il appartient vraisemblablement au même niveau; la roche renferme des Orbitolines de petite taille mais à sections demi circulaires ou même un peu surélevées. Cette grande épaisseur semble bien indiquer une forme voisine de l'*Orbitolina subconcava*. L'association de ces deux espèces indique avec grande probabilité un niveau Albien.

Localité : Défilé de Bendé Burida. — Albien.

RADIOLITES, Sp.

Pl. XXVI, fig. 16.

Un échantillon de calcaire marbre gris clair un peu jaunâtre présente à sa surface des Rudistes du groupe normal ayant la forme des *Apricardia* ; une section polie (fig. 16) a mis en évidence de petits Radiolites à valve supérieure concave et dans lesquels les apophyses myophores sont bien nettement marquées. On distingue en outre dans la roche de petites Orbitolines aplaties assez minces, différant par leur forme de celles qui accompagnent l'échantillon précédent.

LOCALITÉ : L'échantillon a été recueilli en remontant le vallon dans lequel est construit Vahneh. Jusqu'à présent les Radiolites ne sont connus qu'à partir de l'Albien ; ils n'existent pas dans l'Urgonien, mais rien ne s'oppose à ce qu'ils aient apparu dans l'Aptien supérieur. Leur association à Vahneh avec de petites Orbitolines plates du type *lenticularis,* pourrait donner quelque probabilité à cette manière de voir, et dans ce cas les marbres gris clair de Vahneh seraient antérieurs aux marbres noirs du défilé de Bendé Burida.

ORBITOLINA.

Il est intéressant de retrouver dans la vallée du Lar le faciès à Orbitolines bien développé ; nous venons de voir que celles-ci présentent deux formes différentes; les unes très renflées rappellent l'*O. subconcava*, Leym., de l'Albien et sont associées au *R. Davidsoni,* et les autres petites et plates, sont voisines de l'*O. lenticularis* de l'Aptien supérieur. M. Stahl avait déjà signalé des Orbitolines aux « Pylae Caspiae » au S.-E. de Téhéran.

II. — SUD DE LA PERSE

A. — PERMO-CARBONIFÉRIEN

DES ENVIRONS DE SOH

Dans la région au nord d'Ispahan, Frech[1] a étudié une série d'échantillons rapportés par Tietze de Soh, dans les monts de Kohrud, sur la route de Kachan ; il décrit et figure en partie les espèces suivantes :

Waldheimia Whidbornei, nous paraît très différente de la figure de Davidson ; tous les échantillons figurés par cet auteur ont en effet la commissure frontale plane tandis qu'elle est nettement relevée au milieu dans la figure donnée par Frech ;

Rhynchonella elliptica, Schnur (des couches à Calcéoles de l'Eifel ;

Regina Semiramis, n. sp., ressemble tellement à une *Neithea* qu'on peut se demander si ce fossile ne provient pas des couches crétacées à *Parahoplites* qui reposent ici sur le Paléozoïque ;

Leptodomus persicus n. sp. ;

Nyassa dorsata, Gdf., Paracyclas rugosa, Gdf. ;

Atrypa reticularis ;

Retzia, aff. *Haidingeri*, Barr.

De toutes ces espèces la plus importante est l'*A. reticularis*, qui malheureusement n'est pas figuré, et qui viendrait bien confirmer l'attribution de cette faune au Dévonien ; par contre les échantillons recueillis par M. de Morgan dans cette même localité nous paraissent avoir un caractère plutôt carboniférien. Nous y avons reconnu les espèces suivantes :

Spiriferina cristata, *Eumetria indica*, *Athyris* cf. *Roissyi*, *A*. cf. *lamellosa*, *Terebratula vesicularis*, *Dielasma hastatum*?, *Productus mytiloïdes*?, *Rhynchonella* cf. *pleurodon*.

1. *Frech und Arthaber, Ueber das Palæozoicum in Hocharmenien und Persien* (*Beitr. z. Paleont. u. Geol. Osterreichs-Ungarns und des Orients*, vol. XII, p. 190, 1900).

La seconde de ces espèces présente des caractères tellement nets qu'il nous paraît impossible de ne pas rapprocher ces couches du niveau moyen des calcaires à *Productus* de l'Inde. De même le groupe du *Productus mytiloïdes* est également très caractérisque du système permo-carboniférien.

Spiriferina cristata, Schl., 1816.

1883. *Sp. cristata*, in Waagen, *Mem. of. the geol. surv. of India*, Salt range foss., Productus limestone foss. Brachiopoda, p. 499, pl. XLIX, fig. 3-7.

La forme générale de la coquille, le nombre des côtes qui est de seize (huit de chaque côté), le pli médian un peu aplati à son sommet, rappellent tout à fait les échantillons de l'Inde. La surface est couverte de petites épines au nombre de six ou sept par millimètre et qui paraissent bien être des tubes fermés comme l'indique Waagen. On sait que ces formes se rencontrent dès le Dévonien (*Sp. lima*, Quenst.) et qu'il est difficile de distinguer d'une manière précise les espèces des différents niveaux.

Dans l'Inde ces formes se rencontrent à tous les niveaux du calcaire à *Productus*[1].

Localité : Soh.

Eumetria indica, Wagen.

Pl. XXVII, fig. 1, 2.

1883. *Eumetria indica*, Waagen, *Mem. of the geol. surv. of India*, Salt range foss., Productus limestone foss. Brachiopoda, p. 493, pl. XXXV, fig. 1, 2.

Le genre *Eumetria* a été proposé par Hall pour des *Retzia* présentant une aréa très développée sans deltidium apparent ; il est indiqué

1. On sait que Waagen a distingué dans le calcaire à *Productus* du Salt Range, trois niveaux, inférieur, moyen et supérieur. Or c'est dans le niveau supérieur qu'ont été rencontrées les Ammonites du Permien, il est donc vraisemblable que le niveau moyen tout au moins appartient au Carbonifère supérieur, c'est-à-dire à l'Ouralien. Le terme de permo-carbonifère correspond ainsi aux calcaires à *Productus* du Salt Range, avec lesquels les dépôts de la Perse méridionale présentent des analogies frappantes.

par Oehlert (in Manuel de Fischer), comme ne se rencontrant que dans le Carboniférien.

Les échantillons de Soh sont très nettement caractérisés et ressemblent tout à fait aux échantillons de l'Inde; l'aréa est bien marquée, les côtes sont grosses et au nombre de neuf, le crochet est quelquefois un peu moins courbé et plus saillant. La *Retzia ulotrix* du carbonifère de Belgique est bien plus transverse et la forme du crochet est toute différente.

Cette espèce se rencontre à peu près exclusivement à la base de la division moyenne du calcaire à Productus de l'Inde.

LOCALITÉ : Soh.

ATHYRIS cf. ROISSYI, Léveillé, 1835.

1857. *Ath. Roissyi*, Davidson, *Brit. carb. Brach.*, p. 84, pl. XVIII, fig. 10, 11.
1857. *A. pectinifera* (J. de C. Sowerby) in Davidson *Brit. perm. Brach.*
1883. *A. Roissyi*, Waagen, *Productus lim. foss. Brachiopoda*, p. 475, pl. XXXIX, f. 10.

Les échantillons de Perse sont de petite taille et diffèrent surtout de l'*A. Roissyi* parce qu'ils sont allongés plutôt que transverses. Les lames d'accroissement sont lamelleuses et nettement frangées, les franges ayant environ 1/3 millimètre de largeur et étant séparées par un intervalle égal. La commissure est relevée sur le bord frontal du côté de la valve dorsale. A l'intérieur les sections montrent les deux spires caractéristiques présentant chacune huit tours. Un des échantillons montre sur toute l'étendue des spires, des pointes transverses très régulières ayant un peu moins de un millimètre de largeur, elles sont arrondies à l'extrémité dirigée vers le plan de symétrie de la coquille; nous n'avons pas pu observer le contact de ces pointes avec les spires.

Les formes de l'Inde qui sont les plus voisines des échantillons de Soh proviennent du niveau moyen des calcaires à *Productus*.

LOCALITÉ : Soh.

ATHYRIS cf. LAMELLOSA, Léveillé.

1858. *Athyris lamellosa*, in Davidson, *Brit. Carb. Brach.*, p. 79, pl. XVII, fig. 6.

A côté de l'espèce précédente, on distingue des échantillons plus élargis, présentant un bourrelet médian plus saillant, aplati en son milieu et paraissant se prolonger jusqu'à la région cardinale. Les lames d'accroissement ne sont pas striées transversalement comme celles de l'*A. Roissyi*.

LOCALITÉ : Soh.

TEREBRATULA VESICULARIS, de Koninck.

1851. *Terebratula vesicularis*, de Koninck, *Descr. des an. foss. du terr. carb. de Belgique*, suppl., p. 666. Pl. XLVI, fig. 10.

Les échantillons recueillis à Soh reproduisent presque identiquement la forme de ceux de Visé et la figure donnée par de Koninck; les deux plis sont nettement pincés, ils sont seulement un peu plus écartés que dans le type. La taille est aussi un peu plus grande.

Les caractères internes indiquent bien un appareil de *Terebratula*, mais nous n'avons pu mettre en évidence l'existence des plaques dentales dans le rostre (plaques rostrales).

Les échantillons d'Angleterre figurés par Davidson (1862. *Pal. Soc.*, pl. XLIX, fig. 23-29) ont un petit pli médian supplémentaire qui n'existe ni sur nos échantillons, ni sur le type de de Koninck.

LOCALITÉ : Soh.

DIELASMA HASTATUM? Sow. in Davidson.

1857. *Terebratula hastata*, J. de C. Sow., in Davidson, *Brit. carb. Brach*, p. 11, pl. L, fig. 1, 2.

Les échantillons de Perse sont de petite taille, dix à onze millimètres de longueur seulement, et dans ces conditions il est difficile de distinguer les formes du groupe de l'*elongata*, de celles du groupe de l'*hastata*.

Comme dans cette dernière espèce, la valve dorsale est nettement aplatie en son milieu dans la région qui avoisine le bord frontal, mais on ne distingue pas de plis.

La forme du crochet, caréné sur les côtés, est également caractéristique ; cette disposition paraît se retrouver du reste dans toutes les espèces qui présentent des cloisons rostrales, et celles-ci sont ici bien marquées.

Localité : Soh.

Productus mytiloïdes ? Waagen.

Productus mytiloïdes in Waagen, *Pal. ind.*, *Saltrange*, *Prod. limest. foss.*, pl. LXXX, fig. 4.

Deux petits échantillons, médiocrement conservés, mais qui présentent nettement la forme générale si caractéristique de cette espèce ; ils sont triangulaires et leur taille est plus petite que celles des échantillons de l'Inde : ils ont seulement dix millimètres de longueur et une largeur égale; il sont concavo-convexes et très minces.

Localité : Soh.

Rhynchonella, cf. pleurodon, Phill.

1836. *Terebratula pleurodon*, Philipps, Yorks, p. 222, pl. XII.
1860. *Rhynchonella* — , Davidson, *Brit. carb. Brach.*, p. 101, pl. XXII.

Nous réunissons sous ce nom une série assez nombreuse d'échantillons qu'il est difficile de caractériser d'une manière bien nette, ils sont généralement moins transverses et plus allongés que la forme type.

1° Une première série est caractérisée par des côtes assez fortes ; l'échantillon le plus large présente un large bourrelet médian de neuf côtes, assez nettement séparé, au moins dans la région frontale, des côtés qui offrent chacun quatre côtes. C'est à peu près la forme et la disposition de la figure 5 de la pl. XII, mais avec les côtes plus serrées et plus nombreuses.

Un autre échantillon beaucoup plus étroit et plus globuleux ressemble à la figure 12 *b*, avec cinq côtes sur le bourrelet médian et quatre sur les côtés.

2° Une deuxième série comprend des échantillons à côtes moyennes, avec un bourrelet médian large (sept à huit côtes) et peu séparé des flancs (cinq à six côtes); la séparation n'est guère distincte que dans le voisinage immédiat de la commissure frontale; la forme générale est triangulaire.

3° La troisième série est caractérisée par sa petite taille et des côtes fines; un échantillon rappelle la figure 10, et présente une commissure frontale sans relèvement marqué. Ces formes sont considérées par Davidson comme le jeune âge de *Rh. pleurodon.*

Localité : Soh.

Rhynchonella Sp.

Nous mettons à part un échantillon présentant des côtes bien marquées et qui se prolongent jusqu'au crochet; le bourrelet médian, avec cinq côtes, est aplati dans la région frontale et présente une dépression bien marquée vers le sommet de la valve. Cette forme représente peut-être le groupe des *Ter. trilatera* et *Mantiae*, de Koninck (non Sow. d'après Davidson) qui appartiennent vraisemblablement à un groupe générique différent des vraies Rhynchonelles.

Localité : Soh.

Il faut ajouter aux fossiles précédents de nombreuses formes qui se rapportent aux Hydrozoaires et aux Spongiaires et dont l'étude n'a pu être faite encore.

B. — PAYS DES BAKTYARIS

Les seules indications que nous possédions sur cette région très peu hospitalière et difficile à parcourir, sont celles qui ont été publiées à la suite de l'exploration de Loftus[1] en 1855. Cet explorateur a signalé sur plusieurs points des couches à Nummulites avec *N. perforata* (petite variété), *Assilina exponens*, *Orbitoïdes dispansa*, *Alveolina subpyrenaica*, notamment au N. N. W. de Dizfoul, entre Dizfoul et Khorrem-abad, à l'ouest de Kermanshah, etc. Dans cette dernière localité il signale en outre *N. biaritzensis*, et près de Zoab de grandes *N. complanata*. Au-dessous affleure le terrain crétacé en stratification corcordante; dans ces couches les fossiles cités sont beaucoup moins nombreux : c'est d'abord dans le pays des Baktyaris[2], un fragment de *Sphérulite* dans un calcaire dur, gris clair, ou crème; entre ces calcaires à Rudistes et le Nummulitique l'auteur signale une série de marnes bleues et de calcaires couleur crème qui forment un passage insensible entre les deux formations. Dans la même région, près de Du Pulim[3], Loftus a recueilli dans un calcaire marneux bleuâtre une espèce gigantesque d'Alvéoline ayant trois pouces de longueur. C'est ce curieux foraminifère qui a été décrit sous le nom de *Loftusia* par Parker et Jones[4] en 1860, puis par Carpenter et Brady[5] en 1869; la localité indiquée comme portée sur l'étiquette est « Kellapstun Pass, near Du Pulun ».

1. *Quart. journ. geol. Soc.*, vol. XI, part. 3, p. 247, 1er août 1855 (séance du 21 juin 1854).

2. *Loc. cit.*, p. 284. Loftus a rapporté de son voyage une série d'échantillons d'Hippurites très intéressants qui ont été décrits par Woodward (*Quart. journ. geol. Soc.*, n° 41, févr. 1855) comme provenant du pays des Baktyaris, mais une note du mémoire de Loftus indique qu'ils doivent avoir été recueillis à Hakim Khan, en Turquie près du coude de l'Euphrate. Nous avons signalé nous-même (*Bull. S. géol. Fr.*, 4 nov. 1901), l'existence dans les collections de l'École des Mines d'un Radiolite provenant d'une localité voisine, Keban, sur la rive droite de l'Euphrate.

3. *Loc. cit.*, note de la page 285; Du Pulim paraît être une faute d'impression pour Du Pulun.

4. Parker et Jones, *Ann. mag. nat. hist.*, 1860, p. 182.

5. Carpenter et Brady, *Phil. trans.*, vol. 159, p. 740, 1869.

Nous reviendrons tout à l'heure sur ce genre dont M. de Morgan a rapporté plusieurs échantillons, et qui provient en réalité du terrain crétacé et des couches à Rudistes; une deuxième espèce bien distincte a été recueillie dans les couches les plus supérieurs de la craie (Maestrichtien).

A l'autre extrémité de la chaîne au N. O. de Kerrind, au pied du col de Tauk-i-Girrah (Tagh i Ghirra), Loftus signale des calcaires lithographiques également de couleur crème, en couches minces, fissiles, avec lits de silex blanchâtres ou noirs et renfermant *Turrilites* aff. *tuberculatus*, *Ammonites planulatus*, Sow. (*mayorianus*, d'Orb.) et des *Belemnites*. D'autres localités sont encore signalées mais sans indications spécifiques précises, sauf une térébratule voisine de *T. carnea*, citée à Chiabour, un peu à l'ouest de la plaine de Mahidesht (Mahidecht), sur la route de Kirmanschahan.

Enfin beancoup plus récemment, en 1889[1], Rodler a trouvé des blocs de calcaire à Fusulines, sur le versant du Zerd è Kouh, dans le pays des Baktyaris, à l'est de Chouster.

1° PERMO-CARBONIFÉRIEN.

Kalian Kouh (territoire d'Aslan Khan)[2].

Les échantillons assez nombreux recueillis dans cette région peuvent se distinguer en plusieurs séries d'après leur nature minéralogique :

1° Calcaires marbres noirs laissant un résidu bitumineux abondant lorsqu'on les attaque à l'acide, et renfermant des fossiles silicifiés, principalement des *Fusulinella*, associés à des *Amblysiphonia*. Par leur faune ces calcaires se rapprochent de l'étage moyen du calcaire à *Productus* du Salt Range, c'est-à-dire de l'Ouralien. C'est à ce même niveau qu'ont été attribués les calcaires à *Fusulinella spherica*, et *Amblysiphonia* des Asturies.

1. *Sitzungsberichte d. k. Akad. Wien*, t. XCVIII, 1re partie, p. 38.

2. Ce gisement correspond à la pointe extrême de l'itinéraire indiqué sur la carte de la Préface, p. IX, un peu au sud du Bahrein et de la vallée transversale du Lab-è-diz.

Ces couches de Perse paraissent bien être le prolongement des calcaires à *Fusulinella spherica* de l'Arménie, dans lesquels les fossiles sont également siliceux ; ils établissent ainsi la jonction entre le facies de l'Inde et le facies occidental et russe.

2° Calcaires marbre gris à polypiers (*Lonsdaleia*) avec *Spirigerella grandis*; à la surface des bancs, dans les délits, on distingue fréquemment des Brachiopodes plats qui paraissent se rapporter tantôt à l'*Orthotetes crenistria,* tantôt à une forme voisine du *Str. pelargonatus*. Ces calcaires correspondent encore au niveau moyen des calcaires à *Productus*, dont ils représentent le facies récifal.

3° Enfin un second niveau de calcaire noir se distingue par l'abondance des *Bryozoaires* et par l'absence de fossiles siliceux; la plupart de ses fossiles se retrouvent dans le niveau supérieur du calcaire à *Productus* et nous y avons reconnu la présence d'un Trilobite présentant une analogie remarquable avec les *Pseudophillipsia* du Permien inférieur de la Sicile. Ici encore nous trouverons des analogies à la fois avec le facies indien et avec le facies méditerranéen.

Ces indications malheureusement trop brèves montrent tout l'intérêt qui s'attache à ces formations du Kalian Kouh; elles mériteraient certainement une exploration plus approfondie. Il suffit de se reporter aux notes de voyage de M. de Morgan pour se rendre compte des difficultés de toute sorte qui résultent de l'état d'anarchie qui règne dans toute la région.

Les blocs de calcaire à Fusulines signalés par Rodler, appartiennent à cette même zone ou à son prolongement vers le Sud.

PSEUDOPHILLIPSIA cf. ELEGANS, Gemmellaro.

Pl. XXVII, fig. 3.

1890. *Pseudophillipsia elegans* G. G. Gemmellaro, *I crostacei dei calcari con fusuline* della valle del fiume Sosio, nella provincia di Palermo (*Mem. della Soc. Italiana delle Scienze*, Naples, [3], t. VIII, p. 14, pl. II, fig. 2).

Les deux échantillons de Perse recueillis par M. de Morgan présentent tous les caractères de l'espèce figurée par Gemmellaro, notamment la grande saillie de l'axe et la largeur du limbe ; mais la taille est beaucoup plus petite, le pygidium n'a en effet que neuf millimètres de longeur au lieu de vingt-quatre.

Le nombre des divisions de l'axe n'est pas connu avec certitude, la partie postérieure étant décortiquée, mais sur les côtés on compte treize segments séparés par des sillons légèrement arqués. Ces segments présentent dans leur partie moyenne cinq à six petits tubercules. La disposition de l'axe est tout à fait particulière : très saillant dans son ensemble, il n'est nettement divisé en anneaux que dans la région moyenne qui est arrondie, tandis que les côtés sont presque lisses, plats et seulement un peu convexes. Sur ces parties on distingue seulement de très faibles stries dans le prolongement des sillons latéraux et faisant par suite un angle marqué avec les divisions de l'axe. Les anneaux de l'axe présentent chacun sept ou huit petits tubercules.

Nous avons déjà dit que l'espèce de Sicile était beaucoup plus grande ; en outre l'axe au lieu d'être arrondi est légèrement aplati et présente seulement deux tubercules sur chaque anneau.

Il est curieux de signaler qu'une forme du même groupe a été indiquée par Roemer à Sumatra.

Localité : Kalian Kouh.

Nautilus cf. tubercularis, Abich.

1878. *Nautilus tubercularis*, Abich, *Bergkalkfauna bei Djoulfa*, p. 22, pl. IV, fig. 1.

Une section naturelle montre un Nautile à tours étroits et à large ombilic ; le dernier tour a seize millimètres de largeur tandis que le diamètre de l'ombilic atteint trente-huit millimètres. Les tours ont une section carrée, lisse dans la région médiane et présentant de gros tubercules sur les angles marginaux externes ; les cloisons sont rapprochées ; le syphon paraît cylindrique, mince et plus rapproché du côté externe.

Gisement : marbres noirs à *Fenestella* et Brachiopodes siliceux du Kalian Kouh.

BELLEROPHON cf. SQUAMATUS, Waagen.

1887. *Bellerophon squamatus*, Waagen. *Pal. ind.* Série XIII, *Salt Range Fossils*, p. 138.

Un échantillon entièrement silicifié et un peu incomplet; la forme générale est plutôt allongée comme celle du *B. squamatus*, que transverse comme dans le *B. Jonesi.* L'ornementation est d'abord formée de lignes d'accroissement très fines, puis vers la fin on observe quelques sillons plus espacés. La bande du sinus est peu marquée, sa largeur est de 1 millimètre, 5; la partie profonde de l'échancrure est à bords parallèles et a une longueur de 4 millimètres, tandis que la partie évasée n'a que 2 millimètres. L'ombilic est recouvert par l'expansion de l'ouverture, mais celle-ci paraît beaucoup moins étalée que dans le *B. Jonesi,* ce qui est en rapport avec le moindre développement transversal de notre échantillon. On distingue dans la partie centrale de l'ombilic une légère callosité qui s'arrête brusquement à une ligne spirale.

Cette espèce qui dans l'Inde se rencontre dans le niveau moyen du calcaire à *Productus*, se trouve ici dans le second niveau des calcaires siliceux avec *Fenestella*, *Reticularia lineata* et *Marginifera helica* du Kalian Kouh.

BELLEROPHON

Assez commun en très petits échantillons dans le résidu de l'attaque à l'acide des calcaires à *Fusulinella* du Kalian Kouh.

MURCHISONIA CONJUNGENS, Waagen.

Coquille turriculée, allongée, à tours fortement carénés en leur milieu; ressemble beaucoup à *Rostellaria angulata*, Phillips; mais reproduit encore plus exactement la forme générale du type de Waagen. Le test est siliceux et les détails de l'ornementation ne sont pas visibles,

Du même niveau que le type précédent au Kalian Kouh.

Evomphalus

Un gros échantillon à test partiellement silicifié. La spire est très basse et les tours ont une section remarquablement carrée. L'angle antérieur externe est indiqué par un cordon saillant un peu ondulé, tandis que l'angle postérieur externe porte une rangée de gros tubercules rappelant *Ev. tuberculatus* ; mais dans cette dernière espèce les tours sont bien plus arrondis et la ligne de tubercules se projette à peu près au milieu des tours au lieu d'être marginale.

Dans le marbre noir à *Fenestella* et Brachiopodes siliceux du Kalian Kouh.

Naticopsis

Gros gastropode atteignant une largeur maximum de 45 millimètres et ayant la forme d'une Nérite. Il se rapproche beaucoup des *Naticopsis* et des *Neritomopsis* de Waagen, mais la columelle est empâtée et n'a pu être dégagée.

Corbicella ?

L'attaque à l'acide de fragments du Calcaire à *Fusulinella* a fourni quelques valves arrondies, fortement convexes, et ornées de lignes d'accroissement bien marquées ; la lunule est très accentuée. Nous avons sous les yeux deux valves droites et une valve gauche montrant l'appareil cardinal : le ligament est externe et logé dans un sillon ; sur la *valve gauche* on distingue du côté antérieur une dent marginale AIV se confondant avec le bord de la coquille et se prolongeant par une cardinale 4 *a* ; à celle-ci succède une fossette transverse puis une forte dent triangulaire qui par sa position interne ne peut être qu'une cardinale 2. Du côté postérieur on distingue une indication d'une dent PIV suivie par une fossette correspondant à PIII.

Sur la *valve droite* on reconnaît du côté antérieur une petite nervure

AIII aboutissant à une dent cardinale comprise entre deux fossettes, c'est la dent *3 a* comprise entre les dents *4 a* et *2* de l'autre valve.

Ce type de charnière se rattache certainement aux Astartes par le développement de la dent *2*; le développement de *3 a* lui donne un caractère un peu particulier, la dent *3 b* étant habituellement celle qui prend le plus d'importance.

LOCALITÉ : calcaires ouraliens à *Fusulinella* du Kalian Kouh.

PRODUCTUS STRIATUS, Fischer.

1865. *Productus striatus*, in Davidson, *Pal. Soc.*, vol. XIII, *Brit. carb. Brach.*, p. 139.
1878. — — in Abich, *Bergkalkfauna bei Djoulfa*, p. 35.
1882. — *compressus*, Waagen, *Pal. ind.*, Série XIII, Salt Range Fossils, p. 710, pl. LXXXI, fig. 1, 2.

Cette espèce se reconnaît assez facilement à ses côtes extrêmement fines irrégulièrement bifurquées, à l'absence presque complète d'épines en dehors de la région cardinale et à sa forme ordinairement triangulaire.

Les figures données par Davidson montrent que certaines variétés sont extrêmement voisines du *Prod. mytiloides.*

Les échantillons de Perse ont le crochet plus volumineux, plus arrondi que les échantillons figurés par Davidson et se rapprochent davantage de celui qui a été figuré par Abich, comme provenant de Djoulfa.

ORTHOTHETES CRENISTRIA, Phil.

On rencontre assez fréquemment sur la surface de certains bancs de calcaire marbre grisâtre, des valves d'un Brachiopode que nous attribuons à cette espèce. Leur ornementation est constituée par des côtes saillantes rayonnantes et régulièrement espacées comme dans la variété *radialis* (in Davidson *Brit. carb. Brach.*, pl. XXV, fig. 16); elles sont ordinairement au nombre de vingt-six et les intervalles légèrement concaves paraissent peu costulés. La largeur des échantillons est d'environ 20 millimètres.

GISEMENT : des calcaires cristallins gris à *Lonsdaleia* du Kalian Kouh.

STREPTORHYNCHUS cf. PELARGONATUS, Schl.

On rencontre dans des conditions analogues, à la surface de bancs de calcaire cristallin gris, mais sur des échantillons différents, des Brachiopodes qui ressemblent aux précédents par leur forme générale, mais qui s'en distinguent par une taille plus petite, une ligne cardinale relativement moins longue et ne correspondant plus à la plus grande largeur de la coquille et enfin une surface presque lisse et ornée seulement de côtes rayonnantes obsolètes. En outre on observe sur la valve ventrale une aréa bien développée (12 millimètres de base sur 3 de hauteur) présentant en son milieu un pseudo deltidium convexe. Ce sont bien les caractères du *St. pelargonatus*, mais l'aréa est bien plus surbaissée.

GISEMENT : des calcaires cristallins gris à *Lonsdaleia*, du Kalian Kouh.

DERBYA, Waagen.

Nous signalons l'existence de ce genre dans le calcaire à Bryozoaires supérieur. Il est indiqué par deux valves ventrales concaves du côté externe et dont l'une montre les impressions musculaires, limitées par une crête saillante et séparées en deux par un septum médiocrement saillant. Cette espèce paraît dépasser 50 millimètres de largeur.

LOCALITÉ : calcaire à Bryozoaires et à *Pseudophillipsia*, du Kalian Kouh.

Productus (Marginifera?) helicus, Abich.

1878. *Productus intermedius helicus*, Abich, *Bergkalkfauna bei Djoulfa*, p. 44, pl. IX, fig. 12, 13, 17, 19.
1884. *Marginifera helica*, Waagen, *Pal. ind. Salt Range fossils*, p. 714.
1900. *Marginifera intermedia helica*, Frech et Arthaber, *Paleoz. in Hocharmenien und Persien*, p. 265.

Nous rapportons à cette espèce plusieurs petits échantillons d'un *Productus* à peu près lisse et qui présente des épines dressées assez peu nombreuses et irrégulièrement disséminées sur la surface; la largeur ne dépasse pas 13 millimètres. Quelques échantillons sont incomplètement silicifiés. Dans les spécimens bien conservés on distingue entre les épines les fines puncturations signalées par Abich.

Waagen a rangé cette espèce dans son genre *Marginifera*; nous n'avons pu nous assurer de l'existence des crêtes internes qui caractérisent ce genre. L'un de nos échantillons présente dans la région présumée de ces crêtes, une géniculation très marquée sur la valve ventrale.

Spirifer lineatus, Martin.

1878. *Spirifer lineatus*, Abich, *Eine Bergkalkfauna bei Djoulfa*, p. 79.
1887. *Reticularia lineata*, Waagen. *Pal. und. Salt Range fossils*, p. 542.

Les échantillons recueillis par M. de Morgan atteignent seulement dix-huit millimètres de largeur; les uns sont incomplètement silicifiés, d'autres au contraire sont calcaires; ils proviennent en réalité de deux assises différentes : les premiers montrent de fines stries longitudinales, perpendiculaires aux lamelles d'accroissement, tandis que les spécimens calcaires, sont souvent décortiqués et montrent alors les fines mailles caractéristiques de l'espèce.

On sait que cette forme très abondante à Djoulfa est au contraire rare dans l'Inde où Waagen a signalé deux autres espèces du même groupe, *Ret. indica* et *Ret. elegantula*. Nos matériaux ne sont pas assez bien conservés pour permettre de reconnaître si les échantillons calcaires se rapportent à l'une de ces dernières espèces.

La forme du Kalian Kouh est un peu moins allongée dans le plan de symétrie que celle de Djoulfa.

Gisement : Dans les calcaires à Brachiopodes siliceux et les calcaires noirs à Bryozoaires.

Spirigerella grandis, Davidson.

1884. *Spirigerella grandis*, in Waagen, *Pal. ind.*, *Salt Range fossils*, p. 461, pl. XXXVI.

Un échantillon bien caractérisé a été recueilli dans les calcaires marbres gris clair à *Lonsdaleia* ; on sait que cette espèce est presque exclusivement restreinte à la division moyenne des calcaires à *Productus* de l'Inde.

Fenestella.

Plusieurs échantillons provenant de niveaux différents :

1° Un petit fragment siliceux bien conservé des calcaires à Fusulinelles ; les mailles sont allongées, elliptiques et ont environ $0^{mm},5$ de largeur, sur $0^{mm},75$ de longeur.

2° Un échantillon des calcaires à Brachiopodes siliceux, lui-même incomplètement silicifié, présente des mailles rondes de $0^{mm},6$ sur le côté dépourvu d'ouvertures ; ces mailles paraissent devenir carrées de l'autre côté comme dans le *F. jabiensis*.

3° Une forme analogue se retrouve également dans les calcaires noirs non siliceux à Bryozoaires, et dans les calcaires à *Derbya*.

Phyllopora.

Dans ces mêmes calcaires supérieurs un fragment de *Phyllopora* présente des mailles en losange de 1 millimètre à $1^{mm},5$ de largeur, séparées par des bandes de même largeur.

RHOMBOPORA cf. POLYPORATA, Waagen.

Un échantillon constitué par une tige de 3mm,5 de diamètre présentant une bifurcation régulière; on peut compter sur la demi-circonférence visible, treize rangées longitudinales de pores alternant d'une rangée à la suivante; ces pores ont environ 0mm,2 de diamètre et sont séparés par intervalle de même dimension.

Ce fossile ressemble beaucoup à *Rh. polyporata*, Waagen (p. 965, fig. 2), du calcaire à *Productus* supérieur de l'Inde.

MICHELINIA.

Un petit fragment silicifié des calcaires à Fusulinelles montre bien les caractères de ce genre, constitué par une réunion de cornets polygonaux accolés; les perforations qui traversent les murailles sont espacées et bien visibles.

LONSDALEIA.

Pl. XXVII, fig. 4, 5.

Deux échantillons du marbre gris à *Spirigerella* montrent des calices polygonaux ayant 11 à 12 millimètres de diamètre; au centre des calices on distingue une dépression et une columelle saillante. Cette espèce ressemble au *L. Vynnei* du Salt Range qui forme des récifs dans le niveau moyen des calcaires à *Productus*.

AMBLYSIPHONELLA.

Pl. XXVII, fig. 6.

1882. *Amblysiphonella*, Steinmann, *N. Jahrb.*, vol. II, p. 169.
1887. — *in* Waagen, *Pal. ind.* Série XIII, *Saltrange fossils*, *Prod. limestone foss.*, p. 972, pl. CXXII à CXXV.
1890. — Schellwien, *Palaeontographica*, vol. XXXIX, p. 10.

M. Steinmann a proposé ce genre pour un curieux fossile recueilli par M. Barrois à Sébargas (Asturies) dans l'assise de Lena du calcaire carbonifère, et associé avec *Fusulinella*.

Les *Amblysiphonella* sont constitués par une succession de chambres annulaires, plus ou moins renflées extérieurement et traversées par un large canal central. Les parois des chambres sont traversées de nombreuses perforations tandis que celles du canal central présentent des pores plus larges et irrégulièrement espacés.

Les affinités de ce type singulier paraissent encore bien incertaines; M. Barrois le classe à côté des *Barroisia* (*Verticillipora anostomosans* de l'Aptien) dans les Éponges calcaires (ordre des Pharetrones, famille des *Sphærosiphonidæ*).

Schellwien a signalé récemment ce genre dans les calcaires à Fusulines de la Carinthie; mais c'est surtout dans les calcaires à *Productus* du Salt Range qu'il paraît développé. Les espèces qu'on y a rencontrées ont été décrites d'abord par de Koninck [1] comme des Orthocères (*O. vesiculosum, O. rachideum*); elles ont été ensuite étudiées à nouveau par Waagen et Wentzel, qui les ont rapprochées avec raison du type décrit par Steinmann et ont établi quelques espèces nouvelles *A. radicifera, multilamellosa, socialis*) fondées principalement sur la forme extérieure; toutes ces espèces proviennent du niveau moyen du calcaire à *Productus*, et comme les Ammonites du Permien inférieur n'apparaissent que dans le niveau supérieur des mêmes calcaires, il est vraisemblable que les couches à *Amblysiphonella* doivent être rangées dans le carbonifère supérieur ou Ouralien.

Les échantillons recueillis par M. de Morgan sont silicifiés; on peut les dégager à l'acide, mais ils sont alors d'une fragilité extrême; on distingue bien sur l'échantillon figuré (Pl. XXVII, fig. 6) les perforations des parois externes et les ouvertures ou pores du canal central. L'intérieur des chambres présente ces singulières vésicules signalées dès l'origine par de Koninck [2] : il est difficile de voir sur nos échantillons si ces vé-

1. *Q. J. Geol. Soc.*, XIX, p. 15, 1863.
2. Il est intéressant de signaler à ce propos le passage suivant de la description de Koninck : « This species (O. vesiculosum) is very remarkable on account of the calcareous globules which its chambers countain; these globules or concretions which ap-

sicules sont imperforées ; les perforations, si elles existent sont en tout cas différentes de celles que présentent les parois des chambres ; elles étaient certainement peu nombreuses, car on distingue souvent à l'intérieur des vésicules des cristaux de quartz, ce qui indique que la vase extérieure n'a pu les remplir complètement.

Un échantillon curieux présentait plusieurs individus groupés; nous avons pu les isoler en les attaquant à l'acide et nous avons alors observé la disposition suivante : l'individu principal ne présente rien de particulier et sur un de ses côtés on voit prendre naissance un second individu qui offre en son milieu deux canaux distincts, mais s'élargissant et se réunissant vers la base. Cette disposition rappelle celle qui a été signalée par Waagen et Wentzel dans *A. socialis* (*loc. cit.*, p. 977). La première chambre de ce second individu a des dimensions comparables à celles du premier individu, et on ne distingue aucune communication spéciale entre celle-ci et la chambre sur laquelle elle s'appuie, et cependant à cause de ses grandes dimensions, la cellule de base du deuxième individu ne nous représente guère une chambre initiale. Cette disposition paraît tout à fait singulière.

L'échantillon que nous avons figuré a un diamètre moyen de 13 millimètres et trois chambres de 8, 7 et 7 millimètres de hauteur; le tube central a 4 millimètres de diamètre et les loges sont aux trois quarts remplies par les vésicules dont nous avons parlé; celles-ci sont de dimensions variables et paraissent souvent se développer à la fois de part et d'autre des planchers perforés qui séparent les chambres.

Les caractères spécifiques indiqués par les différents auteurs nous paraissent d'une valeur contestable; en particulier les dimensions des chambres ne peuvent avoir qu'une importance toute relative dans des individus de forme conique et dont la croissance doit être plus ou moins rapide suivant l'abondance de la nourriture ; les échantillons décrits par de Koninck sont notablement plus grands que les nôtres puisque leur diamètre varie de 35 à 50 millimètres; tandis que la hauteur des

pear to have been produced by small vesicles, are not very regular either in shape or number; their existence might have been considered as accidental if several specimens had not presented the same caracter. »

chambres est de 10 à 14 millimètres, le diamètre du tube central atteint 12 à 15 millimètres; les chambres sont donc relativement plus basses.

L'*Amblysiphonella Barroisi*, Steinm., a à peu près la même largeur que nos échantillons, soit 13 millimètres, le tube central a également les mêmes dimensions, 4 millimètres, mais les chambres sont un peu plus basses, 5 millimètres; c'est encore avec cette espèce que les analogies sont les plus marquées.

FUSULINELLA SPHÆRICA, Abich, 1858.

Pl. XXVII, fig. 9, 10, 11 et 13.

1878. *Fusulinella sphærica*, in Möller, *Die spiral gew. Foraminiferen der russ. Kohlenkalk* (*Mém. Ac. Saint-Pétersbourg*, XXV, p. 114).

On sait que les Fusulinelles sont des Foraminifères qui par leur forme générale ressemblent aux Fusulines ou plutôt aux Schwagerines, mais dont le test serait imperforé comme celui des Alvéolines; les caractères de ce genre ont été donnés tout d'abord d'une manière assez inexacte, mais plus récemment, en 1898, son étude a été reprise par Detlev Lienau[1] qui confirme que le test n'est pas poreux et que les loges présentent fréquemment à leur intérieur un dépôt calcaire qui les obstrue progressivement. Les loges communiquent entre elles par une ouverture de la cloison assez large et située dans la zone médiane.

La *F. sphærica* est indiquée d'abord comme ayant une surface costulée et Schellwin décrit une nouvelle espèce de Carinthie, *F. lævis* qui serait complètement lisse. Mais ces différences ne nous paraissent résulter que du mode de conservation. D'une manière générale les cloisons ne sont visibles que lorque la surface est altérée et alors les ouvertures des loges se traduisent par une bande lisse qui occupe la zone équatoriale. Les échantillons recueillis par M. de Morgan sont siliceux comme ceux qui d'après Abich sont répandus dans le carbonifère de l'Arménie et de l'Azerbeidjan. Par leur forme générale, un peu aplatie

1. *Fusulinella, ihr Schalenbau and ihre Systematische Stellung, Z. D. G. G.*, tome L, p. 409.

aux pôles, par leur taille qui atteint 5 millimètres (de diamètre), par l'élévation des chambres, enfin par la largeur de la bandelette équatoriale, ils se rapprochent tout à fait du type d'Abich, *Fusulinella sphærica*. Quand elle est en bon état, la surface paraît tout à fait lisse ; mais dès qu'elle est un peu usée les cloisons commencent à se montrer et elle semble costulée.

Gisement : Cette espèce est associée dans les calcaires noirs siliceux du Kalian Kouh avec *Fusulinella lenticularis* et avec les *Amblysiphonella*.

Fusulinella lenticularis, n. sp.

Pl. XXVII, fig. 7, 8, 12, 14, 15, 16.

An? *Nummulina pristina*, Brady, *Ann. and. mag. of nat. hist.*, vol. XIII, p. 222 à 230, mars 1874. Trad. par Van den Broeck dans *Soc. malac. Belg.* 1874. — *Idem, Pal. Soc.*, vol. XXX.

Van den Broeck, *Quelques considér. sur la découverte dans le calc. de Namur d'une Nummulite... Ann. Soc. Géol. de Belg.*, t. I, p. 16. — *Idem, Petites notes rhizopodiques, Bull. Soc. malac. de Belg.*, t. XXXIII, p. xxxv, 1898.

On a quelquefois cité la présence de Nummulites dans le calcaire carbonifère, sur l'autorité de Brady. Les échantillons figurés par cet auteur sont extrêmement petits (0mm,08) et quelques-unes des figures (fig. 4 et 5) se rapportent incontestablement à des Nummulites tertiaires, comme l'a très bien reconnu M. Van den Broeck dans sa note de 1898. Malgré cela il existe certainement dans les formations de cet étage des Foraminifères à forme de Nummulite; nous avons pu en isoler plusieurs échantillons dans les calcaires à *Amblysiphonella* rapportés par M. de Morgan. Leur constitution est absolument la même que celle des *Fusulinella sphærica* qui les accompagnent et elles n'en diffèrent que par leur forme générale franchement lenticulaire; il paraît donc bien certain qu'elles appartiennent au même genre.

Leur taille est assez considérable, elle atteint jusqu'à 4 millimètres de diamètre pour une épaisseur de 1,75 à 2 millimètres.

Quand elle est tout à fait bien conservée cette espèce paraît lisse;

quand elle est un peu usée les cloisons apparaissent et elle ressemble tout à fait alors à une Nummulite à filets radiés, telle que la *N. striata*, par exemple. Mais dès que l'usure s'accentue, on observe sur le pourtour la bande lisse caractéristique des Fusulinella, correspondant, comme nous l'avons indiqué plus haut, aux ouvertures des cloisons. Cette bande n'est pas toujours rigoureusement symétrique par rapport au plan équatorial et elle est quelquefois légèrement oblique par rapport à ce plan; elle paraît s'élargir assez notablement avec l'âge : sur des échantillons de taille moyenne elle n'a guère que $0^{mm},2$ de largeur, tandis qu'elle atteint $0^{mm},7$ sur les gros échantillons.

Cette espèce rappelle les *F. Struvi* et *F. Bradyi*[1]; mais ces espèces sont beaucoup plus petites, la première n'atteignant pas un millimètre de diamètre et la seconde étant encore moitié plus petite que la *F. Morgani*. En outre cette dernière espèce a un contour franchement ogival quand elle est bien conservée, tandis que les autres formes sont indiquées comme toujours arrondies à la périphérie; les cloisons paraissent aussi plus nombreuses, on en compte 47 environ dans les grands échantillons de 4 millimètres de diamètre et 28 dans les échantillons de même taille que ceux de *F. Bradyi* figurés par Möller, tandis que ceux-ci en présentent seulement 19.

1. Möller, *Die spir. gew. Foraminif. der Russischen Kohlenkalk* (*Mém. Ac. Pétersb.*, t. XXV, p. 111, 1878. — *Idem*, t. XXVII, p. 22, 1879.

C. — APTIEN DE KOUH VALAMTAR

(LOURISTAN).

Ces couches qui paraissent constituer le centre d'un anticlinal sont nettement caractérisées comme niveau par les grandes Ammonites du groupe de l'*Ac. Cornueli* qu'elles renferment. Malheureusement les échantillons en sont assez mal conservés. M. de Morgan y a recueilli en outre la *Terebratula Dutemplei*, un *Nautilus* cf. *neocomiensis* et plusieurs Échinides, *Hypsaster convexus* et *H. valamtarensis*.

Les couches elles-mêmes sont constituées par des marnocalcaires noirâtres à grain grossier, et sont surmontées par des calcaires gris à silex.

ACANTHOCERAS (DOUVILLEICERAS) CORNUELI, d'Orb.

Pl. XXVIII, fig. 1 *a*, *b*.

Le groupe de l'*Ac. Martini* renferme des espèces dans lesquelles l'ornementation présente de grandes variations, de sorte que leur détermination est souvent difficile.

En particulier lorsque l'on peut examiner une série d'échantillons assez nombreuse, on constate que l'ornementation varie avec l'âge. Ainsi les formes jeunes, principalement représentées par des échantillons pyriteux le plus souvent oxydés, présentent déjà dans leur ornementation deux stades différents :

Premier stade, stade *Royeri*. — L'ornementation est celle de l'*Amm. Royeri* : coquille à surface à peu près lisse présentant à des intervalles réguliers des côtes transverses simples et comprises entre deux sillons; sur les flancs une couronne de tubercules pointus et saillants dont les principaux correspondent aux côtes transverses; entre ceux-ci on voit s'intercaler un ou deux tubercules presque aussi saillants que les premiers. Les côtes transverses présentent à peine un léger méplat en leur milieu.

Deuxième stade, stade *Martini*. — L'ornementation devient celle de l'*Amm. Martini* proprement dit : les côtes se multiplient; on voit d'abord apparaître des côtes correspondant à chaque tubercule et entre celles-ci d'autres plus petites viennent s'intercaler. Les côtes se surélèvent de chaque côté de la ligne siphonale de manière à former deux tubercules transverses. Enfin tout à fait à la fin de ce stade on voit apparaître sur les côtes principales un petit tubercule ombilical; il est vrai que la taille dépasse à ce moment 30 millimètres.

Troisième stade, stade *Cornueli*. — On distingue des côtes principales avec deux tubercules, un tubercule ombilical et un tubercule latéral, ces deux tubercules ayant à peu près la même importance; quelquefois ce second tubercule correspond à une bifurcation des côtes. Sur la région siphonale on observe deux tubercules allongés généralement obsolètes et peu marqués; en même temps les côtes s'épaississent dans la région ventrale. C'est la disposition que présentent les échantillons de la Haute-Marne et que nous retrouvons sur un spécimen des Shanklin-Sands (Angleterre).

On pourrait distinguer un quatrième stade (stade *Stobieskii*) dans lequel les côtes intercalaires partent du tubercule ombilical et ne présentent plus de dépression siphonale. Enfin un dernier état correspond à la disparition du tubercule latéral, il ne reste plus alors que les tubercules ombilicaux.

On peut résumer de la manière suivante ces différents stades :

1° Stade *Royeri*. — Tubercules latéraux dominants et plus nombreux que les côtes transverses; peu ou point de dépression siphonale;

2° Stade *Martini*. — Tubercules latéraux toujours dominants mais moins nombreux que les côtes; une dépression siphonale marquée; apparition d'un léger tubercule ombilical;

3° Stade *Cornueli*. — Le tubercule ombilical et le tubercule latéral sont également développés; la dépression siphonale a une tendance à s'atténuer; côtes bifurquées aux tubercules latéraux;

4° Stade *Stobieskii*. — Le tubercule ombilical devient dominant, tandis que le tubercule latéral tend à disparaître; bifurcation des côtes au tubercule ombilical. Plus de dépression siphonale.

Les échantillons de Perse proviennent d'une seule localité, et ont été recueillis dans le ravin de Valamtar.

Dans leur plus petite taille (65 millimètres), ils ressemblent beaucoup à *Amm. Cornueli*, avec un tubercule ombilical bien marqué, atteignant souvent un développement égal à celui du tubercule latéral; les tours sont à section arrondie, la largeur atteignant quelquefois une fois et demie la hauteur.

Dans un gros échantillon de 210 millimètres de diamètre la coquille s'aplatit, et la hauteur des tours devient égale à leur largeur. L'ornementation rappelle toujours celle de l'*Amm. Cornueli* par la persistance de la dépression siphonale, mais déjà on observe la persistance des tubercules ombilicaux et une tendance à la disparition des tubercules latéraux.

Enfin un autre échantillon quoique plus petit (110 millimètres de diamètre) a des tours plus étroits et a presque déjà perdu tous ses tubercules.

Localité : Les échantillons de Valamtar ont été recueillis dans des marnocalcaires noirâtres à grain grossier, qui affleurent au-dessous des calcaires gris à silex. Ils sont associés à des Échinides que M. Gauthier a décrits (*suprà*, p. 112) comme *Hypsaster convexus*, *H. valamtarensis*, et qu'il attribue également à l'Aptien. Dans les éboulis M. de Morgan a recueilli un *Discoïdea cylindrica*.

SONNERATIA.

Nous croyons devoir signaler cette forme d'Ammonite, bien que ce ne soit qu'un fragment, parce qu'il présente tous les caractères du groupe de l'*Amm. versicostatus*, avec cette restriction toutefois que l'ornementation est tout à fait symétrique des deux côtés. L'échantillon présente seulement une partie d'un tour, large de 7 à 8 millimètres pour un diamètre probable de 25 millimètres; la région ventrale est arrondie et les tours sont légèrement aplatis. La coquille est ornée de côtes assez grosses embrassantes et espacées de 5 millimètres sur les flancs; elles sont infléchies en avant et dessinent une courbe arrondie sur la région ventrale. Ces grandes côtes alternent avec des côtes plus petites qui n'atteignent pas l'ombilic et qui sont un peu plus rapprochées de la côte située en arrière que de celle qui est en avant.

PARAHOPLITES MILLETI (?), d'Orb.

Une portion de la surface externe d'une Ammonite a été recueillie dans les éboulis ; elle présente la forme générale de l'*Amm. Milleti* et son ornementation caractéristique est formée de côtes alternantes régulièrement longues et courtes ; l'ombilic est large et les tours étroits. La région ventrale n'étant pas visible, cet échantillon pourrait à la rigueur appartenir à un *Acanthoceras* cénomanien, dont certaines espèces perdent leurs tubercules dans l'âge adulte. La gangue est un calcaire plus compacte, à grain plus fin et moins noir ; elle correspond aux calcaires à silex qui surmontent les calcaires noirs à *Amm. Cornueli.*

Nous signalerons en outre :

HAMULINA.

NAUTILUS, cf. NEOCOMIENSIS, d'Orb.

TEREBRATULA DUTEMPLEI., d'Orb., plusieurs exemplaires.

D. — APTIEN DE SOH

Au dessus des terrains paléozoïques (voir plus haut, p. 209), M. de Morgan a observé l'affleurement de couches de marnes grises, séparées par des lits minces de rognons fossilifères et de calcaires compactes. Ces couches ont fourni un certain nombre d'Ammonites qui appartiennent incontestablement aux couches de passage de l'Aptien à l'Albien.

Parahoplites Melchioris, Anthoula.

Pl. XXVIII, fig. 2 à 14.

Anthoula[1] a proposé récemment le genre *Parahoplites* pour des formes très voisine des *Sonneratia* et qui dans certains cas (groupe du *Par. aschiltaensis*) prennent une ornementation très voisine de celle des *Acanthoceras* du groupe du *Martini*. Dans le jeune âge, l'ornementation est très caractéristique : la coquille est ornée de côtes embrassantes tantôt longues, tantôt courtes et de distance en distance on observe un tubercule latéral correspondant à une bifurcation de deux côtes; il est vraisemblable que ces tubercules correspondent à d'anciennes ouvertures, ce sont donc des *varices*. Cette disposition est signalée par Anthoula dans les groupes des *Par. aschiltaensis* et *Treffryanus*; nous l'avons observée sur tous les petits échantillons recueillis à Soh.

Les échantillons adultes ont des tours renflés, à peu près aussi hauts que larges et un ombilic étroit, la largeur des tours étant environ 0,7 du rayon extérieur. La coquille est ornée de côtes embrassantes très légèrement infléchies en avant dans la région ventrale et épaissies dans cette même région, ces côtes atteignent l'ombilic de deux en deux,

1. *Neue Forschungen in den Kaukas-Ländern* (*Beitr. zur Pal. und Geol. Oesterreichs-Ungarns und des Orients*, vol. XII), 1899, p. 109.

tandis que les côtes intercalées plus courtes, ont cependant la même importance dans la région ventrale. Exceptionnellement on observe quelquefois des bifurcations de côtes précédées par un léger sillon et correspondant, comme dans le jeune, à des varices. Le plus souvent la région ventrale est régulièrement arrondie, mais quelquefois et surtout dans l'âge moyen, elle présente un aplatissement assez marqué dans la région siphonale.

Nos échantillons sont très voisins du *Par. Melchioris*, quoique les tours soient un peu plus surbaissés, et à peu près aussi hauts que larges, tandis qu'ils sont indiqués comme un peu plus hauts que larges dans l'espèce décrite par Anthoula. Ils sont encore relativement plus hauts, plus surélevés dans le *Par. Treffryanus* de Colombie; mais les dimensions des tours présentent de telles variations par rapport à la largeur de l'ombilic dans les espèces les mieux connues du terrain crétacé, qu'il est difficile de voir dans ces différences des caractères spécifiques. A ce point de vue les *Par. Melchioris* et *Treffryanus* ne nous paraissent pas spécifiquement distincts, mais il faut faire des réserves en ce qui concerne l'ornementation du jeune, encore inconnue dans l'Ammonite de la Colombie.

Les espèces de ce groupe sont indiquées par Anthoula comme appartenant à l'Aptien; un échantillon en particulier est signalé par Uhlig comme se trouvant avec l'*Ac. Martini*, mais d'un autre côté des formes extrêmement voisines se trouvent dans l'Albien de Clansayes avec les formes jeunes caractéristiques, et c'est même à ce niveau que le genre *Parahoplites* paraît avoir atteint son développement maximum; une forme très voisine, mais à région ventrale un peu plus carrée a été trouvée également dans les sables verts de Grandpré (Ardennes) avec *Zeilleria celtica*. En tout cas c'est bien certainement vers la limite des deux étages qu'il convient de placer la petite faune recueillie à Soh et qui a fourni en outre :

Rhynchonella sulcata, d'Orb.

Terebratella Astieri, d'Orb.

E. — ALBIEN ET CÉNOMANIEN DU KEBIR KOUH (LOURISTAN).

Les échantillons qui indiquent ces niveaux ont été recueillis dans la région du Poucht-é-kouh, vers le sommet du Kébir Kouh (altitude 2.480 mètres). Cette chaîne constitue un anticlinal plus ou moins entamé au sommet et qui paraît constitué au centre par le Vraconnien, recouvert par le Cénomanien. L'association de ces deux faunes dans des couches voisines et très analogues par leurs caractères minéralogiques correspond au groupe d'Ootatour dans l'Inde. Nous y avons reconnu les espèces suivantes :

1° Vraconnien : *Puzosia Denisoni, P. Stoliczkai, Turrilites Bergeri.*

2° Cénomanien : *Acanthoceras laticlavium, Ac. Gentoni, Ac. rothomagense, Ac. Cunningtoni, Ac. sarthacense, Ac. Mantelli?, Ac. vicinale, Turrilites.*

PUZOSIA DENISONI, Stoliczka.

Pl. XXIX, fig. 1-3, Pl. XXX, fig. 1 *ab.*

1865. *Amm. Denisonianus*, Stoliczka, *Cret. S. India*, vol. I, p. 133, pl. LXVI, fig. 2 et pl. LXVI *a* (indiqué par erreur comme. *Amm. otacodensis*).

1897. *Puzosia Denisoniana*, Kosmatt, *Unters. über die Sudindische Kreideform.* (*Beitr. zur Pal. Oester. Hung. und des Orients*, vol. XI, fasc. 3), p. 121 (186), pl. XIV (XX), fig. 5, 6, pl. XV, fig. 5.

1898 (?) *Desmoceras Kamerunnense*, von Koenen, *Foss. der Unt. Kreide am Ufer der Mungo, Kamerun* (*Abh. d. k. Ges. der Wissensch.* in *Göttingen, Neue Folge*, vol. I, n° 1), p. 55, pl. VII, fig. 1, 2, 3.

1899 (?) *Puzosia Alimanestianui*, Popovici-Hatzeg, *Contribution à l'étude du terrain crétacé supérieur de Roumanie* (*Mém. Soc. géol. de Fr. Paléontologie*, t. VIII), p. 14, pl. I, fig. 1.

Cette forme a été signalée sur des points très éloignés et les caractères différentiels qu'elle présente nous paraissent correspondre à de simples variétés. Elle atteint une grande taille et dans l'adulte son ornementation rappelle celle des *Pachydiscus*, tandis que dans le jeune âge elle se rattache incontestablement aux *Puzosia*.

Kossmatt dans sa très intéressante révision des Ammonites crétacées de Stoliczka nous a fait voir les modifications successives que l'on observe dans l'ornementation de cette espèce. Dans le jeune âge l'espèce présente des tours très peu embrassants ornés de côtes assez serrées et très légèrement infléchies en avant. De distance en distance on observe des côtes plus fortes parallèles aux précédentes. C'est exactement l'ornementation des *Puzosia* (type *P. planulata*). A une certaine période de la croissance de l'Ammonite les tours se renflent, en même temps que les côtes deviennent plus grosses et plus écartées ; tantôt elles sont inégales et intercalaires, tantôt elles se bifurquent. Mais on observe encore quelquefois de distance en distance des côtes un peu plus fortes rappelant les varices du premier stade. Ces caractères sont bien marqués sur les échantillons de Perse; ceux de la pl. XXIX montrent l'ornementation du jeune et son passage à l'ornementation de l'adulte indiquée par la bifurcation des côtes; cette dernière est tout à fait caractérisée sur le gros échantillon de la pl. XXX, qui rappelle presque un *Pachydiscus*. Les différences entre nos échantillons et ceux qui ont été figurés par Kossmatt nous paraissent tenir en partie à la différence de conservation des échantillons et avoir seulement la valeur de ceux qui distinguent entre elles les variétés d'une même espèce.

Quant aux échantillons décrits par von Koenen et Popovici-Hatzeg, ils sont en somme très insuffisamment définis puisque la forme adulte est seule indiquée; toutefois ici encore il nous paraît qu'ils ne sont pas spécifiquement différents de l'espèce de l'Inde et qu'ils en représentent seulement des variétés ou tout au plus des races distinctes.

Cette espèce nettement caractérisée par son changement de forme et d'ornementation dans l'age adulte, nous paraît se rencontrer partout dans le niveau du *Mortoniceras inflatum*, c'est-à-dire dans le Vraconnien.

PUZOSIA STOLICZKAI, Kossmat.

Pl. XXXI, f. 1 *a*, *b*, *c*.

1865. *Amm. Beudanti*, Stoliczka, *Cret. S. Ind.*, vol. I, p. 142, pl. LXXI, fig. 2-4.

1897. *Puzosia Stoliczkai*, Kossmat, *Untersuch. über die Sudindische Kreideform.* (*Beitr. z. Pal. Oest. Hung. und des Orients*, vol. XI), p. 119 (184), pl. XVIII (XXIV), fig. 6.

C'est bien l'*Amm. Beudanti* de Stoliczka; mais comme l'a fait observer Kossmat, les cloisons sont différentes de l'espèce du Gault de l'Europe[1]; elles sont bien visibles sur nos échantillons de Kanépan et présentent exactement les caractères figurés par Kossmat (pl. XVIII, fig. 6). Par comparaison avec la figure donnée par Stoliczka, on pourrait observer que les sillons sur les échantillons de Perse sont un peu plus ondulés et moins obliques dans leur ensemble. Du reste sous ce dernier point de vue il est facile de constater qu'il y a d'assez grandes différences sur les figures données par Stoliczka et même sur les diverses parties d'un même échantillon. Cet espèce se trouve dans l'Inde dans le niveau inférieur du groupe de Ootatour (niveau du *Mortoniceras inflatum*).

ACANTHOCERAS LATICLAVIUM, Sharpe.

Pl. XXXI, fig. 3.

1854. *Amm. laticlavius*, Sharpe, *Foss. Moll. of the Chalk* (*Paleontographical Soc.*, vol. VIII), p. 31, pl. XVI, fig. 1.

Deux échantillons du ravin de Kanépan dont l'un est figuré (Pl. XXXI, fig. 3) et un gros spécimen de Kebir Kouh; les deux premiers reproduisent tout à fait l'ornementation du type de l'espèce, mais ils sont assez fortement aplatis, de telle sorte que les côtes sont beaucoup moins saillantes. Une autre conséquence de cet aplatissement, c'est la forma-

1. Cette observation est exacte pour les échantillons du Gault inférieur de Dienville par exemple, mais il ne faut pas oublier que le type de l'espèce est de la montagne des Fis, c'est-à-dire du Gault supérieur ou Vraconnien; malheureusement les échantillons de ce niveau que nous avons sous la main ne montrent pas leurs cloisons d'une manière suffisamment distincte.

tion d'un pli assez régulier dans la région siphonale qui simule presque une carène.

L'espèce a été signalée dans l'Inde dans le niveau moyen de l'Ootatour group [Kossmat, *Sudind. Kreidef.*, p. 103 (199), pl. X (XXIV)]; les côtes sont encore plus marquées que dans les formes européennes; dans l'adulte elles paraissent moins larges que dans nos échantillons.

Le gros échantillon du Kebir Kouh, nous montre les modifications de l'ornementation dans l'adulte : les tubercules ombilicaux disparaissent, les tubercules latéraux au contraire augmentent d'importance; c'est le cas en particulier pour le tubercule latéral externe qui se déplace vers la région ventrale et finit par supplanter complètement le tubercule adjacent de la région ventrale; celui-ci disparaît complètement.

Localités : Chaîne du Kebir Kouh (col traversé par M. de Morgan) et Kanépan.

Acanthoceras Gentoni, Defrance.

Pl. XXXII, fig. 1 *a, b, c.*

1822. *Ammonites Gentoni*, Defr. *in* Cuvier et Brongniart, *Descr. géol. des couches des env. de Paris* (*Ossem. foss.*, nouvelle édition, tome II), p. 607, pl. VI, fig. 6.
1863. — — Brong. *in* Pictet, *Mél. pal.*, p. 33.

Pictet a très bien montré qu'une grande partie au moins des échantillons attribués à *Amm. navicularis*, Mantell, devaient être rapportés à *Amm. Gentoni*, dont le type provient du Cénomanien supérieur de Rouen. Nous avons en France au même niveau, dans la région du Mans, un grand nombre de formes analogues et toujours caractérisées par l'existence de trois rangées de tubercules sur la région ventrale, la rangée médiane correspondant au siphon. Ces tubercules disparaissent plus ou moins tôt, de telle sorte que soit dans l'âge adulte, soit dans la vieillesse, la coquille ne présente plus que de fortes côtes embrassantes, lisses sur la région extérieure. C'est cette forme sans tubercules qui a été recueillie par M. de Morgan.

Localité : Kébir Kouh (Col).

Acanthoceras rothomagense, Defrance.

Pl. XXXII, fig. 3 *a*, *b*, *c*.

1822. *Amm. rothomagensis*, Defr., *in* Cuvier et Brongniart, *Descr. géol. des couches des env. de Paris* (*Ossem. foss.*, nouvelle édition, t. II), p. 606, pl. VI, fig. 2.
1840. — — d'Orbigny, *Pal. fr., terr. crétacé*, t. I, pl. CVI.

L'échantillon que nous avons sous les yeux représente une variété un peu plate, dans laquelle les deux tubercules pairs externes sont les plus développés; le tubercule impair a disparu. La forme type est un peu plus renflée et son ombilic est plus étroit, surtout dans le jeune âge; mais on trouve fréquemment à Rouen des échantillons tout à fait comparables à celui qui nous occupe en ce moment.

Localité : Kebir Kouh (Col).

Acanthoceras Cunningtoni, Sharpe.

Pl. XXXI, fig. 2 *a*, *b*.

1894. *Amm. Cunningtoni*, Sharpe, *Fossil. moll. of the Chalk* (*Paleontographical Soc.*, vol. VIII), p. 35, pl. XV, fig. 2.

C'est une forme du groupe de l'*Amm. rothomagensis*; elle se distingue par le développement du tubercule latéral qui se transforme en une pointe plus ou moins saillante. Cette disposition est très marquée sur un échantillon de taille moyenne rapporté par M. de Morgan et malheureusement très usé; le grand développement du premier tubercule latéral amène la disparition du tubercule latéro-ventral. Nous rapportons à la même espèce une forme plus jeune (Pl. XXXI, fig. 2) dans laquelle les deux tubercules marginaux co-existent encore. Les côtes se prolongent sur la région siphonale comme on l'observe quelquefois sur les échantillons de ce niveau. Il faut remarquer également que les tours sont très étroits. Nous avons sous les yeux des Ammonites du Cénomanien des Alpes maritimes qui rappellent tout à fait les formes de Perse.

Localité : Kebir Kouh (Col).

ACANTHOCERAS SARTHACENSE, Bayle.

Pl. XXXII, fig. 2 *a*, *b*, *c*.

1878. *Acanthoceras sarthacense*, Bayle, *Explication de la carte géol. de France*, tome IV, atlas, pl. LXII.

Bayle a proposé ce nom pour des formes qui dans le jeune âge ont trois rangées de tubercules sur la région ventrale comme l'*A. Gentoni*, qui les perdent presque toujours de bonne heure et se distinguent de cette dernière espèce par une forme beaucoup plus plate dans l'adulte, par des tours très étroits et un ombilic large. L'ornementation se compose de côtes saillantes un peu anguleuses, les unes longues et aboutissant à l'ombilic, les autres plus courtes. Ordinairement ces deux sortes de côtes alternent régulièrement.

Cette espèce accompagne à Rouen l'*Amm. Gentoni*, mais elle reste toujours de petite taille; elle devient plus grande dans les grès du Maine. Il est possible qu'elle ne soit pas spécifiquement distincte de ce dernier type; peut-être représente-t-elle la forme mâle, tandis que l'*Amm. Gentoni* serait la forme femelle; mais c'est encore une simple hypothèse.

LOCALITÉ : Kebir Kouh (Col).

ACANTHOCERAS MANTELLI, Sowerby.

Nous désignons sous ce nom plusieurs échantillons de Kanépan qui sont caractérisés par la présence sur la région ventrale d'un double rang de tubercules entre lesquels les côtes se continuent sans interruption. On ne peut affirmer que le jeune n'ait pas de tubercule médian. Les cloisons bien visibles sur un échantillon, ressemblent beaucoup plus à celles du groupe de l'*Amm. Gentoni*, qu'à celles de l'*Amm. vicinalis* (telles qu'elles sont figurées par Kossmat); le premier lobe est franchement bifide.

Acanthoceras vicinale ? Stoliczka.

Pl. XXXII, fig. 4, *a, b, c*.

1865. *Amm. vicinalis*, Stoliczka, *Cret. S. Ind.*, vol. I, p. 84, pl. XLIV, fig 8.

Nous ne citons que pour mémoire ce fragment d'Ammonite dont les affinités sont douteuses, et uniquement pour appeler l'attention des explorateurs futurs. Ils ressemble également beaucoup à l'*Amm. Couloni*, d'Orb.

Turrilites Bergeri.

Pl. XXX, fig. 2, 3 *a, b*, **4**.

822. ***Turrilites Bergeri***, A. Brongniart, *in* Cuvier et Brongniart, *Descr. géol. des env. de Paris* (*Rech. sur les ossements fossiles*, nouvelle édition, t. II, 2e partie), p. 335, pl. VII, fig. 4.

Cette espèce assez voisine de *T. costatus* s'en distingue par sa forme moins allongée et surtout par son ornementation qui présente un rang de tubercules de plus. Comme le montre la figure donnée par Brongniart (bien meilleure que celle de la *Paléontologie française*) on distingue à la partie supérieure, des côtes rayonnantes partant de l'ombilic et se terminant par une première rangée de tubercules assez peu développés; au-dessous se montrent deux rangées de tubercules arrondis, puis des côtes allongées qui se prolongent jusqu'à la ligne de suture. On peut ajouter encore que les tours sont plus arrondis que dans le *T. costatus*; le dernier tour devient lisse. Ces caractères sont bien visibles sur l'échantillon de la figure 2 ; celui de la fig. 3, montre bien les côtes qui rayonnent de l'ombilic; celui de la fig. 4 n'est rapproché qu'avec doute du précédent.

Cette forme caractérise le niveau du *Mortoniceras inflatum*.

Localité : Kébir Kouh.

F. — CRÉTACÉ SUPÉRIEUR DU PAYS DES BAKTYARIS.

Ces fossiles ont été recueillis par M. de Morgan sur la route d'Ispahan à Chouster par la rive gauche du Karoun; entre Do-poulân et Djelil cet explorateur signale sur une longueur de plusieurs kilomètres des alternances de calcaires compactes à *Rudistes* et de marnes dures où abondent les *Loftusia*. Malheureusement il n'était pas possible d'arrêter la caravane, et M. de Morgan n'a pu explorer ce gisement que très superficiellement.

Toutefois l'ensemble des Rudistes, *Præradiolites ponsianus*, *Pr. Trigeri*, *Radiolites Peroni*, *Biradiolites lombricalis* indiquent le Turonien supérieur : d'un autre côté la présence d'un Biradiolite (*B. persicus*), voisin du *B. ingens* montre que ces couches à Rudistes se prolongent probablement aussi dans le Santonien; nous attribuerons provisoirement à ce dernier niveau les *Loftusia*. Un curieux type nouveau de Rudiste à forme de *Monopleura*, mais ayant des canaux internes de *Caprinula* a été trouvé dans les mêmes couches : nous le décrirons sous le nom de *Polyptychus Morgani*.

RUDISTES

PRÆRADIOLITES PONSIANUS, d'Archiac.

Pl. XXXIII, fig. 1, 2, 3, 4.

1835. *Sphærulites ponsiana*, *d'Arch.*, *Mém. Soc. géol. de France*, t. II, 2ᵉ partie, p. 182, pl. XI, fig. 6 *a*.

1842. *Radiolites ponsiana*, d'Orb., *Ann. Sc. Nat.*, p. 183.

1848. — — d'Orb., *Pal. fr.*, *t. crétacé*, vol. IV, p. 210, pl. 552.

Cette espèce bien reconnaissable dans la figure 6 *a* de d'Archiac, a été très bien figurée à nouveau par d'Orbigny. Les lames externes sont épaisses, lisses ou très légèrement ondulées; elles sont fortement plissées dans la région postérieure, où l'on reconnaît la présence de deux sinus aplatis (S et E), saillants du côté de l'ouverture, limités et séparés par trois lobes profonds (V, I et P D). Cette disposition est bien nettement marquée sur les échantillons de Perse. La fig. 1 représente un échantillon tout à fait typique avec sinus aplatis et lobes anguleux.

La fig. 2 représente un échantillon analogue mais plus petit et un peu usé. L'échantillon de la figure 3 se fait remarquer par l'épaisseur des lames externes ; celui de la figure 4 présente un pli V très profond et produisant sur la surface générale de la coquille une dépression canaliforme.

Præradiolites, Sp.

Pl. XXXIII, fig. 5.

Un seul échantillon, qui rappelle par ses lobes et ses sinus le *Pr. Ponsianus*; mais ceux-ci sont bien plus accentués et en particulier dans les lobes, les lames externes sont élargies et fortement repliées en arrière comme on l'observe souvent quand la valve inférieure est couchée sur le côté antérieur; malheureusement ce côté de l'échantillon est très usé. Les deux sinus correspondent à des bandes convexes ; aussi malgré les analogies avec certains *Biradiolites*, nous croyons plus probable l'attribution de cet échantillon au genre *Præradiolites*, bien que nous n'ayons pu mettre en évidence l'existence d'une arête ligamentaire. La valve supérieure est plate et présente deux ondulations correspondant aux sinus.

Præradiolites Trigeri, Coquand.

Pl. XXXIII, fig. 6.

1859. *Sphærulites Trigeri*, Coquand, *Synopsis des animaux et des végétaux fossiles observés dans la formation crétacée du S.-O. de la France* (*Bull. Soc. géol. de la France*, [2], t. XVI, p. 972.

La description de Coquand est bien peu claire et peu précise ; mais nous avons sous les yeux dans les collections de l'École des Mines un certain nombre d'échantillons provenant de la localité type (chez Delaisse) et que l'on peut considérer comme des Plésiotypes. Ils se distinguent du *Prær. ponsianus* par des lames externes plus minces, dressées et surtout par le peu d'importance des lobes V, L et P D ; aussi les deux sinus sont-ils larges, aplatis et très rapprochés. Quelquefois les lames externes sont lisses, et alors les échantillons ont été considérés comme des variétés du *Prær. ponsianus* ; d'autres fois ces lames sont ondulées ou légèrement plissées (c'est le cas des échantillons types), et on les a alors rapprochés du *Radiolites Peroni*[1].

Il est incontestable que les formes de passage entre les *Præradiolites* et les *Radiolites* abondent dans ces couches du Turonien où ce dernier genre a pris naissance.

L'échantillon de la figure 6 a les lames extérieures lisses et pourrait à la rigueur être considéré comme une variété extrême du *Pr. ponsianus*.

Radiolites Peroni, Choff.

Pl. XXXIII, fig. 7 et 8.

1886. *Sphærulites Peroni*, Choffat, *Faune crétacique du Portugal*, 1re Série, p. 33, pl. V.

Cette espèce se distingue facilement par ses lames externes régulièrement plissées sur tout son pourtour ; les deux sinus ressemblent beaucoup à ceux du *Prær. ponsianus* comme on peut s'en assurer en comparant les figures 2 et 7 de notre planche XXXIII ; le lobe intermédiaire I est simple comme dans cette espèce, ce qui écarte tout rapprochement avec le groupe un peu plus récent du *Rad. Sauvagesi*. Par contre les analogies sont telles avec le *Rad. radiosus* et le *Rad. Lefevrei*, surtout avec les échantillons de cette dernière espèce figurés par Péron[2], et avec ceux provenant du Sinaï, qu'il est possible qu'on soit amené un jour à réunir ces diverses formes et à les considérer comme de simples races ou variétés.

L'échantillon représenté fig. 8 montre le limbe bien conservé : on distingue l'arête ligamentaire et les gros bourrelets correspondant aux sinus E et S.

1. Voir par exemple les fig. 2 et 4 (?) de la pl. V Siphonidæ, *in* Choffat, *Faune crétacique du Portugal*, vol. I, 1re série, 1886.
2. *Moll. crétacés de Tunisie* (mission Thomas) 1890-91, p. 287, pl. XXVIII, fig. 20-23.

Un autre échantillon présente deux individus groupés, de taille beaucoup plus grande et à lames externes très développées.

RADIOLITES MORGANI, n. sp.

Pl. XXXIII, fig. 9, 10 *a*, *b*.

Cette forme très particulière se distingue par les deux bourrelets saillants et arrondis qui correspondent aux sinus E et S. Dans le jeune âge (fig. 10) les deux bourrelets sont très saillants et rappellent beaucoup ceux du *Prær. biskarensis*, Péron; on distingue en outre quelques côtes espacées et peu marquées. Dans l'adulte (fig. 9), les bourrelets conservent leur importance, le premier S du côté postérieur est étroit, tandis que le second E est large et aplati; il est séparé du précédent par un sillon bien marqué et arrondi. Le reste de la surface est orné de six côtes étroites, séparées par des dépressions larges et plates. La crête correspondant à l'arête ligamentaire est bien visible dans la coupe et est placée immédiatement après la seconde côte, en comptant à partir du bourrelet S. La valve supérieure visible sur le petit échantillon est tout à fait plate.

Par ses bourrelets E et S cette espèce est très voisine du *Prær. biskarensis* Péron; elle s'en distingue par les côtes régulières que l'on observe dans l'adulte.

Malgré l'existence de ces côtes qui conduisent à ranger cette espèce dans le genre *Radiolites*, l'existence des bourrelets saillants rapprocherait plutôt cette espèce des *Præradiolites* primitifs, tels que le *Pr. Davidsoni*. On peut même se demander s'il ne serait pas plus naturel de la laisser dans ce dernier genre, les plis externes espacés que présente cette espèce, étant au fond assez différents des plis ondulés qui caractérisent les Radiolites.

BIRADIOLITES LOMBRICALIS, d'Orbigny.

1842. *Radiolites lombricalis*, d'Orbigny, *Ann. Sc. nat.*, t. XVII, p. 183.

Plusieurs individus groupés de 5 à 7 millimètres de diamètre et très allongés; la section ne présente pas d'arête cardinale. La surface est faiblement costulée et paraît bien présenter les deux bandes caractéristiques.

BIRADIOLITES PERSICUS, n. sp.

Pl. XXXIII, fig. 11.

Un seul échantilllon, malheureusement écrasé et très usé. On distingue d'abord les deux bandes E et S, bien délimitées, qui caractérisent les Biradiolites; une section pratiquée à l'extrémité inférieure n'a pas présenté d'arête ligamentaire.

D'après la forme extérieure c'est une coquille à valve inférieure dressée et non couchée; les lames externes sont larges, ondulées et infléchies en arrière comme dans les *Sphérulites*[1], tandis qu'elles sont dressées dans la partie correspondant aux bandes; dans le voisinage de ces dernières les lames externes rabattues en arrière s'élargissent et viennent plus ou moins recouvrir les bandes. Si ces lames étaient plus développées on voit qu'il se produirait une lacune tout à fait analogue par son mode de formation au trou du *Pygope*; si la valve supérieure était conservée, elle présenterait vraisemblablement des oscules comparables à ceux que l'on observe dans les *Lapeirousia*.

Ces caractères nouveaux dans le groupe des *Biradiolites*, forme de Sphérulite et ébauches d'oscules, nous ont amené à donner à cet échantillon un nom spécifique, malgré la conservation imparfaite de l'unique spécimen rapporté par M. de Morgan.

POLYPTYCHUS MORGANI, n. gen. et n. sp.

Planche XXXIII *bis*.

Cette forme tout à fait nouvelle se rattache au groupe des Rudistes inverses (fixés par la valve droite) présentant des canaux dans l'épaisseur des couches internes et sur les deux valves. Il vient donc se placer

1. Ce nom étant restreint au groupe du *Sph. foliaceus*.

dans le voisinage des *Schiosia* et des *Caprinula*; mais il présente des caractères qui le différencient nettement de ces deux types.

Extérieurement la coquille a la forme de certains *Monopleura*, valve supérieure conique très surbaissée à sommet excentrique, valve inférieure également conique, mais plus aiguë. La section est arrondie, un peu rétrécie du côté dorsal et elle a environ $0^m,12$ de longueur sur $0^m,10$ de largeur. Les lames externes sont minces et leur épaisseur varie de 2 à 4 millimètres.

Caractères internes. Si l'on fait une section au travers de la valve inférieure on voit immédiatement que les trois quarts environ de sa surface en sont occupés par de grands canaux polygonaux, surtout développés dans la région dorsale en arrière de l'appareil cardinal et se prolongeant à droite et à gauche derrière les impressions musculaires; ils se réduisent sur le bord ventral où ils ne forment plus qu'une couche de 6 millimètres environ.

Par suite de ce grand développement des canaux, tout l'appareil cardinal est rejeté vers le centre de la valve; en réalité il se trouve même plus rapproché du bord ventral que du bord dorsal. Il est constitué par une dent centrale en X assez peu robuste, N (ou *3 b*), dans les branches de laquelle viennent se placer une dent postérieure B (ou P II) mince et allongée parallèlement au bord du plancher cardinal et une dent antérieure B' (ou A II) trapézoïdale, située à peu près sur le prolongement de la dent postérieure. Le muscle antérieur se développe perpendiculairement au bord du plancher cardinal, tandis que le muscle postérieur paraît moins allongé.

Le pourtour de la coquille dans la région dorsale ne montre aucune trace de repli ligamentaire; on n'observe ni sillon, ni arête cardinale comme dans les Monopleuridés et les Caprinidés. Il est donc extrêmement probable qu'il n'existe pas de ligament. Cet organe venant toujours se placer sur la face dorsale de la dent (N ou *3 b*), il doit certainement exister une relation entre la disparition de ce ligament et le déplacement centripète de l'appareil cardinal. L'arête ligamentaire est comme un lien qui rattache l'appareil cardinal aux couches externes de la coquille; si l'appareil cardinal tend à s'éloigner de la périphérie de la coquille on comprend que l'arête ligamentaire soit étirée et finisse par disparaître; mais il est tout aussi naturel d'admettre que le ligament disparaissant comme dans les *Radiolites* ou les *Hippurites*, l'appareil cardinal ait alors toute liberté pour se déplacer.

Les canaux périphériques si extraordinairement développés dans le type que nous étudions, ont des parois très minces et très fragiles; ils sont brisés par places et leur intérieur est rempli d'un dépôt irrégulier et incomplet de carbonate de chaux cristallisé, ce qui laisse quelquefois un peu d'incertitude pour leur délimitation. Toutefois la correspondance que nous avons pu établir entre trois coupes parallèles, pratiquées à peu de distance les unes des autres, permet de définir d'une manière assez précise la disposition de ce réseau. La plus grande cavité se trouve en dehors des dents N (*3 b*) et B (P II); elle est grossièrement quadrangulaire et largement arrondie sur les angles. En dehors de cette cavité, on peut distinguer une première ceinture de grands canaux qui commence derrière le muscle postérieur, fait le tour de l'appareil cardinal et vient se terminer en dehors du muscle antérieur. Une deuxième zone de canaux tout à fait marginaux, commence un peu après l'extrémité du muscle antérieur, suit le bord ventral, passe à l'extérieur de la première ceinture, se dédouble dans la région dorsale et vient se terminer sur le prolongement de la ligne des dents cardinales.

Au centre de la coquille on distingue une partie d'apparence plus compacte comprenant les insertions des muscles, les bords des fossettes cardinales et une sorte d'épaississement du test en dehors de la dent centrale. Ces parties elles-mêmes sont envahies par des canaux polygonaux, comme nous l'avons déjà signalé dans le genre *Rousselia*[1]; mais ces canaux sont beaucoup plus petits que les autres et paraissent avoir été comblés assez rapidement par le dépôt des couches internes de la coquille.

La valve supérieure est, comme nous l'avons déjà dit, très surbaissée, mais son sommet est fortement rejeté en arrière ; sa surface est presque complètement décortiquée, et il reste seulement de petits lambeaux des couches externes permettant de voir qu'elles étaient minces comme

1. *Bull. Soc. Géol. de France* [3], t. XXVI, p. 151.

sur la valve inférieure ; au dessous les couches internes sont traversées par de nombreux canaux, tout à fait différents de ceux de la valve inférieure : ils sont formés par des lames radiantes très rapprochées rappelant celles du *Plagioptychus Toucasi.*

En résumé, ce type très singulier est certainement nouveau génériquement et spécifiquement; nous proposons de le considérer comme type du genre suivant :

Polyptychus, nov. gen.

Rudiste appartenant au groupe des formes inverses, fixées par la valve droite; il présente sur cette valve de grands canaux polygonaux rappelant ceux des *Caprinula*, et sur la valve gauche des canaux limités par des lames radiantes analogues à ceux des *Plagioptychus*. Il se différencie en outre de ces deux genres par l'absence de ligament.

L'espèce type du genre, *Polyptychus Morgani*, sera alors caractérisée par sa forme de *Monopleura*, valve inférieure conique, valve supérieure très surbaissée à sommet rejeté du côté dorsal. Le système des canaux du limbe est extrêmement développé et rejette l'appareil cardinal tout à fait au centre des valves. La charnière est constituée sur le plan habituel et présente une dent médiane en X (N ou *3 b*), comprise entre deux dents de la valve supérieure (B' ou A II, et B ou P II).

Localité : Recueilli par M. de Morgan dans le pays des Baktyaris, dans les couches à *Loftusia persica*.

FORAMINIFÈRES

Loftusia persica, Carp. et Brady.

Pl. XXXIII, fig. 12 et 13, Pl. XXXIV, fig. 1 et 2.

1860. *Alveolina*, Parker et Jones, *Nomenclatur of the Foraminifera* (*Ann. mag. nat. hist.* [3], vol. V).

1869. *Loftusia persica*, Carpenter et Brady, *Descr. of Parkeria and Loftusia, two gigantic species of arenaceous Foraminifera* (*Phil. trans.*, vol CLIX, p. 721).

Ce curieux Foraminifère est fusiforme et sa longueur peut dépasser 8 centimètres, avec une largeur de 2 à $2^{cm},5$. Il a été très bien décrit par Carpenter et Brady. Considéré d'abord par Parker et Jones comme la plus grande *Alvéoline* connue et attribuée à la période tertiaire, il a été ensuite pris pour type d'un genre spécial, *Loftusia*, dédié à l'explorateur qui l'avait découvert.

La structure ressemble en effet beaucoup à celle d'une Alvéoline, mais le test est arénacé ; on distingue d'abord une lame superficielle très mince et imperforée, puis au dessous un réseau tubulaire très fin, dont les mailles s'élargissent peu à peu et finissent par se résoudre en piliers irréguliers, ordinairement courts, mais qui quelquefois vont rejoindre la cloison ou même la spire précédentes. Cette constitution est très nettement indiquée sur la coupe tangentielle dont nous donnons une reproduction photographique, pl. XXXIV, fig. 1. Le premier réseau poutrellaire situé immédiatement sous la couche superficielle a une largeur de maille de $0^{mm},04$; les parois qui les séparent sont très minces et leur hauteur n'est guère que de $0^{mm},06$. Ces premières mailles se réunissent ensuite par 3 ou 4 pour constituer une deuxième couche à peu près de même épaisseur que la première, dans laquelle le vide des mailles atteint $0^{mm},06$, tandis que leurs séparations ont une épaisseur de $0^{mm},02$.

La section perpendiculaire à l'axe (Pl. XXXIV, fig. 2) montre une ligne spirale serrée faisant environ 20 tours pour un rayon de 10 millimètres; l'écartement des tours de spire est ainsi de $0^{mm},5$ dans la partie moyenne. Entre ces tours de spire on distingue des cloisons extrêmement obliques en avant, au nombre d'environ 12 par tour dans la zone moyenne; elles présentent un très grand nombre de perforations ayant à peu près $0^{mm},1$ de diamètre.

Où faut-il placer ce singulier genre de Foraminifère? le mode d'enroulement spiral et fusiforme se retrouve en réalité dans des groupes très différents et ne suffit pas pour fixer sa position dans le voisinage des Alvéolines. On n'est pas d'accord sur l'importance à attribuer à la nature arénacée du test. Mais il est impossible de considérer les *Loftusia* comme de simples Alvéolines arénacées. La structure du test est toute particulière et, le réseau superficiel que l'on observe dans cette espèce rappelle complètement celui qui caractérise les Orbitolines. Nous adopterons à ce sujet la manière de voir de Munier-Chalmas[1] qui a réuni dans la famille de Spirocyclinidés, toutes les formes à test sableux im-

1. *C. R. sommaire des séances de la Soc. géol. de France*, 21 février 1887.

perforé et réticulé, *Orbitolina*, *Dicyclina*, *Cuneolina*, *Spirocyclina*; les *Loftusia* feront alors également partie de ce groupe.

GISEMENT. Nous avons vu plus haut que Parker et Jones avaient considéré cette forme comme appartenant au terrain nummulitique; Carpenter et Brady signalent même parmi les Foraminifères englobés dans le test une Nummulite, à rapprocher des « petites formes épaisses caractéristiques du Tertiaire inférieur ». Mais d'un autre côté M. de Morgan indique que le *Loftusia persica* se trouve dans le système des couches à Rudistes, qui, comme nous l'avons vu, sont en majeure partie d'âge turonien et remontent peut-être jusqu'au Santonien. Bien que nous n'ayons pas rencontré les Rudistes et les *Loftusia* associés ensemble dans les mêmes échantillons, la couleur et la nature de la roche viennent bien confirmer l'observation de M. de Morgan.

On peut ajouter que tandis que les Alvéolines représentent un type banal qui se rencontre dans tous les niveaux à partir du terrain jurassique, les Foraminifères à test sableux et réticulé ne comprennent guère que des formes crétacées. Enfin M. de Morgan a recueilli une deuxième espèce du même genre mais de dimensions beaucoup plus grêles dans les couches à Gastropodes qui représentent dans cette région la craie tout à fait supérieure, caractérisée par les *Omphalocyclus* et les *Ornithaster*.

La localité indiquée par Loftus[1] est sur la route directe entre Kalah-Tul et Isfahan, quelques milles au nord-est du petit torrent appelé Ab-i-Bazuft, mais avant d'atteindre la rive gauche du Kuran (Karoun) à Du Pulun; la localité indiquée sur les échantillons était Kellapstun Pass, près Du Pulun[2]. Nous avons vu plus haut que la localité explorée par M. de Morgan est également à gauche du Karoun entre Do-poulân et Djelil. C'est donc bien la même que celle où l'espèce avait été recueillie primitivement par Loftus. Quant au niveau géologique il résulte des observations que nous venons de faire qu'il appartient soit au Turonien, soit au Sénonien. Nous avons adopté ce dernier niveau comme étant plus rapproché de celui où a été recueillie la seconde espèce du même genre.

1. *Quart. Journ. géol. Soc.*, vol. XI, p. 285, note; août 1855.
2. D'après Keith Johnston cette localité est située par 32° lat. N. et 50°30' long. E.

F. — CRÉTACÉ SUPÉRIEUR DU LOURISTAN

Nous avons déjà indiqué la présence de la craie inférieure au centre des anticlinaux dans la région du Poucht-é-Kouh ; les couches de la craie moyenne n'ont pas été signalées, mais par contre celles de la craie supérieure ont fourni une faune d'une très grande richesse. M. de Morgan y a distingué deux niveaux superposés et de faciès différent : le niveau inférieur est représenté par les *couches à Oursins*, où cet explorateur a recueilli dans ses deux voyages plusieurs milliers d'échantillons. Les Échinides ont été l'objet ici même de deux travaux successifs : un premier de MM. Cotteau et Gauthier a été publié en 1895 et décrit les récoltes du premier voyage; il comprend 16 planches et 48 espèces nouvelles; un supplément a été publié en 1902 par M. Gauthier et comprend encore 3 planches d'Échinides du Sénonien supérieur. Cette faune est caractérisée par *Hemipneustes persicus*, plus voisin des *H. tenuiporus* et *Cotteaui* que des *H. striotoradiatus*, *pyrenaicus* et *africanus*; elle nous paraît donc inférieure au Maestrichtien et on peut la considérer comme campanienne. Elle a des affinités incontestables avec les faunes du même âge en Algérie, mais elle s'en distingue par la présence de quelques types spéciaux tels que le genre *Iraniaster*, et l'absence des *Echynocorys* et des *Micraster*. Nous verrons que l'étude des Mollusques nous conduira à des rapprochements analogues.

Les couches à oursins sont surmontées par d'autres assises également très fossilifères, et dont la faune très riche en Mollusques et surtout en Gastropodes (*Volutilithes*, grands *Cerithium*, *Melania*, *Nerita*) présente déjà un faciès tertiaire. Mais un certain nombre de types caractéristiques montre que ce niveau représente en réalité la partie supérieure du Maëstrichtien et peut-être aussi le Danien. Certains Mélaniens doivent être rapprochés des formes du Garumnien ; les *Omphalocyclus* (groupe de l'*Orbitolites moeropora*) sont caractéristiques du Maëstrichtien depuis Maëstricht et le bassin de l'Adour, jusqu'en Sicile et en Transylvanie. Le genre *Ornithaster* est exclusivement Danien. Enfin ces couches renferment une deuxième espèce de *Loftusia* beaucoup plus grêle (longueur 50 millim. ; diamètre 9 millim.) que celle que l'on rencontre plus au sud dans le Sénonien. C'est probablement à ce niveau qu'il faut attribuer le seul échantillon d'*Hippurites cornucopiæ* recueilli dans cette région, malheureusement dans des éboulis.

CÉPHALOPODES

SPHENODISCUS ACUTODORSATUS, Nötling.

Pl. XXXV, fig. 1 *a*, 1 *b*.

1897. *Sphen. acutodorsatus*, Nötling. *Fauna of Baluchistan* (*Mem. geol. Surv. of India*, Série XVI), vol. I, part 3, p. 76, pl. XXI, fig. 3.

Un seul échantillon à surface un peu usée. La forme générale à bord tranchant est bien la forme habituelle des *Sphenodiscus*. Toutes les selles sont arrondies et non subdivisées, à l'exception de la selle externe, ce qui distingue cette espèce du *Sph. Ubaghsi*. La selle externe paraît bien divisée en trois par deux lobules dont le plus extérieur semble être un peu moins développé que dans la figure donnée par Nötling, mais il faut tenir compte de l'usure de l'échantillon et de sa taille qui n'atteint pas la moitié de celle du spécimen du Bélouchistan. Le second lobule est un peu moins développé que le lobe suivant qui correspond en réalité au premier lobe latéral ; au delà on compte sept lobes, de plus en plus petits, exactement comme dans l'espèce de l'Inde.

Cet échantillon a été recueilli par M. de Morgan dans son premier voyage et provient des calcaires à *Hemipneustes* du Louristan (Derré-i-char?). Le type de l'espèce appartient à la craie supérieure du Bélouchistan où M. Nötling signale l'*Omphalocyclus macropora* ; les deux niveaux bien distincts en Perse, comme nous l'avons vu, ne paraissent pas avoir été séparés dans cette région plus voisine de l'Inde.

HETEROCERAS POLYPLOCUM, Römer.

1841. *Turrilites polyplocus*, Roemer, *Verst. nordd. Kreidegeb.*, p. 92, pl. XIV, fig. 1.
1850. *Heteroceras polyplocum*, d'Orb., *Prodrome*, 22e étage, n° 101.
1872. — — Schluter, *Ceph. d. oberen deutschen Kreide*, *Paleontographica*, t. XXI, p. 112, pl. XXXIII, fig. 6, pl. XXXIV, fig. 1.

Nous avons sous les yeux trois fragments de crosse ou de tours déroulés, montrant les deux rangées de tubercules que l'on observe assez fréquemment dans certaines variétés de l'*Heter. polyplocum*; cette disposition rappelle tout à fait celle de l'échantillon figuré par Schluter pl. XXXIV, figure 1 et qui provient de Haldem; les tubercules sont presque toujours à cheval sur deux côtes et ne se correspondent pas sur les deux rangées.

Les *Turrilites* à tours déroulés pour lesquels d'Orbigny a proposé le nom d'*Heteroceras* forment deux groupes distincts, l'un dans la craie inférieure, l'autre dans la craie supérieure; on ne peut donc les considérer comme appartenant à un même genre; c'est l'*H. Emerici* de la craie inférieure qui doit être considéré comme le type du genre *Heteroceras* proprement dit.

GISEMENT : Cette forme ne parait pas rare dans la craie à oursins du Louristan; elle a été recuellie à Arköwaz, à Tagh-è-Mowla et à Derré-i-chahr (?). En Europe elle caractérise principalement la partie supérieure du Campanien (Aturien, craie à *Bel. mucronatus*); il est intéressant de la retrouver en Perse exactement au même niveau.

GASTROPODES

Leur extrême rareté à ce niveau fait contraste avec leur abondance dans les couches supérieures. Nous ne pouvons guère citer qu'une *Cyprea*, et une *Delphinula*, à l'état de moules en mauvais état.

LAMELLIBRANCHES

Les Dysodontes sont les seuls Lamellibranches un peu abondants à ce niveau, quoique toujours beaucoup plus rares que les Échinides : nous n'avons observé en dehors de ce groupe qu'un moule d'*Arca* provenant de Goulgoul et des fragments de *Biradiolites*.

Biradiolites austinensis, Römer.

1852. *Radiolites Austinensis*, Römer, *Kreidebild. von Texas*, p. 77, pl. VI, fig. 1 *a-d*.
1855. — *Mortoni, in* Woodward, *Quart. Journ.*, vol. XI, p. 59, pl. V, fig. 1, 2.
1865. — *in* Zittel, *Die Bivalven der Gosaugeb.*, p. 148, pl. XXV, fig. 1, 2, 3.

Cette espèce bien connue de la craie sénonienne paraît avoir été généralement confondue avec le *Bir. Mortoni*, Mantell, qui appartient à un niveau bien plus inférieur placé vers la limite du Cénomanien et du Turonien ; c'est en effet de la craie de Lewes que provient le type de Mantell. L'espèce de la craie supérieure se distingue assez facilement par le réseau cellulaire de ses couches externes qui est à mailles bien plus fines que celui de l'espèce turonienne. Celle-ci se distingue à son tour du *Bir. cornupastoris* du Turonien supérieur, par la constitution et l'ornementation de la zone comprise entre les deux bandes.

Le *Bir. austinensis* est une forme caractéristique de la Mésogée ; elle se rencontre en Algérie et remonte exceptionnellement dans le bassin anglo-parisien.

Mytilus solutus, Dujardin.

1837. *Mytilus solutus*, Dujardin, *Sur les couches du sol en Touraine*, *Mém. Soc. Géol. Fr.* Ire Série, t. II, IIe partie, p. 225, pl. XV, fig. 13.

Un petit échantillon légèrement comprimé se rapproche beaucoup par son ornementation et sa forme générale de l'espèce de la craie de Touraine ; il provient d'Arköwaz. Les côtes paraissent bien diverger de part et d'autre de la partie saillante de chaque valve.

Mytilus striatissimus ? Reuss.

1886. *Mytilus striatissimus*, Reuss *in* Zittel, *Die Bivalven der Gosaugebilde*, p. 86, pl. XII, fig. 9.

Un autre échantillon de Teng-è-Hiana est au contraire finement costulé en long et rappelle le *M. striatissimus*, mais il est de taille beaucoup plus grande et sa longueur atteint 37 millimètres.

MODIOLA CAPITATA, Zittel.

1865. *Modiola capitata*, Zittel, *Die Bivalven der Gosaugeb.*, p. 80, pl. XII, fig. 1 *a-d*.

Un échantillon de Tidar.

VULSELLIDÉS

L'histoire paléontologique de cette famille présente encore bien des singularités plus ou moins inexpliquées, et sur lesquelles les paléontologues ont émis des opinions très différentes. Ainsi Deslongchamps en faisant connaître les *Heligmus*[1], les range dans les Ostracées, tandis que M. Deshayes les rapproche des Vulselles. Dans son importante note de 1863[2], Munier-Chalmas adopte cette manière de voir et indique avec beaucoup de sagacité que le bâillement sinueux des valves est postérieur; il fait connaître un type nouveau de Vulsellidé crétacé, *V. turonensis* (d'Orb. sp.) et un genre nouveau qu'il désigne sous le nom de *Nayadina* : celui-ci se différencierait de *Vulsella*, et d'*Heligmus* par la disposition de l'empreinte musculaire qui serait en creux dans les *Nayadina* (type *N. Heberti* de la craie d'Aubeterre). C'est peu après qu'a paru le mémoire de Vaillant[3] sur l'anatomie de la *Vulsella*; il indique que la coquille est baillante du côté postérieur et que l'animal présente un pied assez développé avec fente byssale, mais dépourvu de byssus.

Stoliczka en 1871[4], ne paraît pas avoir tenu un compte suffisant du mémoire précédent et il est d'avis que le bâillement sinueux des *Heligmus* est antérieur et correspond à la fente byssale habituelle des Aviculidés. Il propose le genre *Chalmasia* pour le groupe de la *Vulsella turonensis*; et, contrairement à l'avis de Munier-Chalmas, il ajoute

1. 1856. *Mém. Soc. linn. de Normandie*, t. X, p. 272.
2. 1863. *Bull. Soc. linn. de Normandie*, t. VIII.
3. 1868. *Ann. Sc. nat.* [5], t. IX, *Sur l'anatomie de deux mollusques de la famille des Malléacées.*
4. *Paléont. indica*, p. 396.

qu'il a pu reconnaître sur des échantillons bien conservés que la saillie du muscle postérieur existe réellement et n'est pas due à la disparition des couches internes. Les observations personnelles que nous avons pu faire de notre côté confirment tout à fait cette manière de voir.

En 1886 Fischer dans son Manuel de Conchyliologie, reprend l'ancienne idée de Deslongchamps et replace tout ce groupe de formes fossiles dans les Ostréidés, non seulement les *Chalmasia*, les *Heligmus*, et les *Naïadina*, mais encore un genre attribué à Munier-Chalmas (avec la date même du Manuel) le genre *Heligmopsis* proposé pour l'*O. Petrocoriensis*, Coq. « Les *Heligmopsis*, dit Fischer, ont leur impression saillante et se rapprochent des *Chalmasia* ». Enfin en 1890 M. Peron a décrit sous le nom de *Nayadina* des fossiles de Tunisie appartenant pour la plus grande partie au Cénomanien (*N. Gaudryi*) : ils sont ostréiformes, non fixés, irrégulièrement équivalves, à couches internes boursouflées et probablement nacrées; le support du muscle adducteur est saillant du côté postérieur. Ces caractères diffèrent assez de ceux de *Naïadina* tels qu'ils ont été définis par l'auteur même du genre; mais M. Peron pense que « les termes de la diagnose de M. Munier-Chalmas sont susceptibles de quelques tempéraments », surtout en ce qui concerne l'empreinte musculaire qui serait saillante dans certains exemplaires de *N. Heberti* de Saint-Paterne. Signalons en outre que l'un des exemplaires figurés (Pl. XXVI, fig. 15) a une forme d'Exogyre et montre des lamelles externes régulièrement déchiquetées, trop régulièrement même pour qu'on puisse admettre que cette ornementation soit due à des animaux perforants, comme semble l'indiquer M. Peron.

Si nous reprenons l'ensemble des caractères que présentent les diverses formes que nous venons de passer en revue, nous retrouverons partout l'absence de fixation de la coquille; très souvent aussi nous pouvons nous assurer que les couches internes étaient nacrées; il est donc de toute impossiblité de rapprocher ces formes des Ostréidés. Par contre le bâillement des valves du côté *postérieur* indique une parenté avec les Vulselles, parenté qui se trouve confirmée par le développement du groupe lui-même.

Prenons pour point de comparaison les formes vivantes du genre *Vul-*

sella : les lames internes sont nacrées, souvent épaisses et s'étendent beaucoup plus loin que dans les Malléidés; les couches externes sont bien caractérisées, elles sont lamelleuses et présentent souvent des écailles convexes qui se terminent en forme d'épines triangulaires; celles-ci donnent naissance à des côtes lorsqu'elles s'alignent dans le sens longitudinal. La coquille est fortement allongée dans une direction opposée à la charnière et elle est bâillante dans toute la région postérieure, qui correspond à la sortie du courant d'eau efférent; cette ouverture doit donc être rapprochée de celle que l'on observe en arrière dans un grand nombre de coquilles du groupe des Desmodontes vivant plus ou moins enfouies dans des trous. C'est qu'en effet les Vulselles vivent dans les éponges, mais seulement dans la zone périphérique : comme l'a indiqué Vaillant, sur les nombreux échantillons d'éponges que l'on trouve sur le rivage, on ne rencontre de coquilles vides de Vulselles qu'à la périphérie, tandis que celles du centre sont remplies par le tissu de l'éponge. Il existe du reste une autre portion de la commissure qui reste bâillante vers l'extrémité ventrale de la coquille, c'est par là que pénètre le courant d'eau nécessaire à la vie de l'animal. Il résulte de cette situation que la coquille est obligée de s'allonger aussi vite que l'éponge, pour maintenir libre l'orifice d'entrée et c'est de là que résulte la forme particulière de la coquille; quant au courant efférent il sort dans le voisinage immédiat du ligament, le reste de la coquille étant recouvert par le tissu de l'éponge.

Un autre caractère important est l'absence de byssus; mais ce caractère est-il réellement aussi essentiel qu'on l'a dit? l'existence d'un pied encore bien développé et muni d'une fente byssale caractérisée semble indiquer que la disparition du byssus n'est pas ancienne et il est probable que cet organe existait dans les formes ancestrales. Seulement à ce point de vue il faut distinguer dans les Dysodontes nacrés deux groupes tout à fait différents, celui des *Aviculidés*, toujours couchés sur le côté droit et dans lequel la valve droite présente une fissure byssale caractéristique, et celui des *Mytilidés* dans lesquels les coquilles restent équivalves, et ne présentent pas de fissure byssale proprement dite. Ce deuxième groupe n'a pas encore été nettement délimité, mais il a une importance beaucoup plus grande qu'on ne l'a pensé jusqu'à présent; il renferme non seulement des formes hétéromyaires comme les *Mytilus*, les *Modiola* et les *Pinna*, mais encore des formes monomyaires comme les *Vulsella* et les *Crenatula*. Vaillant a déjà signalé les analogies que présente le pied des Vulselles avec celui des Moules.

Si nous examinons maintenant les formes fossiles, nous retrouvons des Vulselles bien typiques jusque dans l'Éocène du bassin de Paris. Les formes de la Mésogée commencent à présenter quelques différences : ainsi un échantillon de *Vulsella legumen* rapporté d'Égypte (Mokattam) par M. le Dr Jousseaume et qui est entièrement rempli de

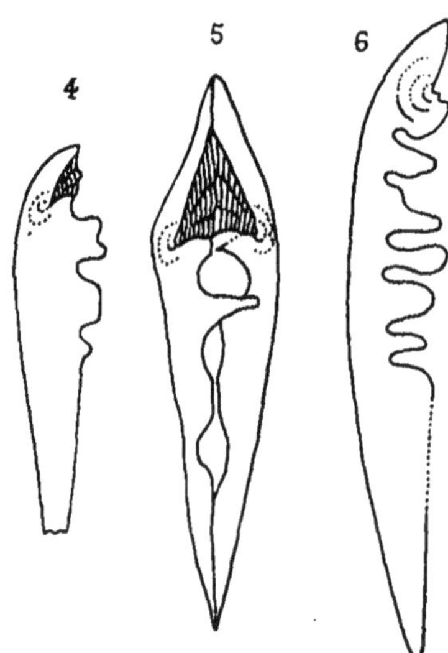

Fig. 4. *Vulsella legumen*, du Nummulitique d'Égypte.— Fig. 5. *Vulsella falcata* de l'Éocène Biarritz. — Fig. 6. Même espèce, race *persica*, recueillie par M. de Morgan dans l'Éocène moyen de Soh (Perse).

petites Nummulites, présente à première vue exactement la forme ordinaire allongée des Vulselles avec le bâillement postérieur caractéristique; mais en regardant plus attentivement on distingue vers l'extrémité de ce bâillement postérieur des expansions lamelliformes du test qui viennent recouvrir en partie l'aréa ligamentaire ; un second spécimen présente plusieurs expansions séparées par des indentations sur les bords de la région bâillante (fig. 4). Ce caractère est bien plus développé dans une autre forme bien connue du Nummulitique mésogéen, la *Vulsella falcata* (fig. 5, 6). Mais en même temps il se produit un changement marqué dans la forme de la coquille : celle-ci devient arquée et s'infléchit du côté postérieur ; son contour a la forme d'un arc de cercle dont le côté postérieur représenterait la corde ; celui-ci est toujours bâillant comme dans les Vulselles, et sur presque toute leur étendue les bords de la fissure présentent des expansions lamellaires irrégulières. Les valves continuent à être subégales et le test est incontestablement nacré.

L'étroite parenté avec les Vulselles typiques n'est pas douteuse, mais on peut se demander si le mode de vie est bien le même. Il est vraisemblable que la coquille est encore enfoncée dans la couche superficielle d'un organisme étranger, mais que ne pouvant s'allonger aussi rapidement que ce dernier, elle s'est recourbée du côté postérieur en reportant de ce côté l'ouverture du courant afférent ; cette disposition se rapproche en somme de celle que présente un Hétérodonte quelconque, un *Cardium* par exemple, enfoncé dans le sable ; dans ce mollusque on observe également que les bords du manteau sont frangés, tandis que dans les Vulselles cette disposition se reproduit dans les bords de la coquille elle-même.

Dans les terrains crétacés nous allons retrouver des types encore plus variés : dans les *Chalmasia* de la craie supérieure la coquille est d'abord presque transverse comme l'indiquent les lignes d'accroissement, mais elle s'allonge ensuite comme les Vulselles. En même temps des prolongements lamelliformes plus ou moins irréguliers se développent en arrière du ligament exactement comme dans les formes mésogéennes du Nummulitique. En outre un nouveau caractère apparaît, l'impression du moule adducteur se relève et devient saillante sur les deux valves, surtout du côté postérieur. Cela signifie en réalité que le muscle ne s'allonge pas proportionnellement au développement de la coquille et la raison en est facile à comprendre : la coquille étant bâillante n'a pas besoin de s'ouvrir et de se fermer, le muscle n'a pas à s'allonger et à se contracter, son rôle se réduit au maintien des valves en connexion.

Une disposition très singulière est présentée par des échantillons recueillis autrefois par l'ingénieur des mines Tissot dans la craie supérieure de la province de Constantine : les expansions lamelliformes du test correspondant à la sortie du courant efférent, sont disposées en une sorte d'aile postérieure, tandis que la coquille s'allonge dans une direction faisant avec celle-ci un angle obtus. Cette disposition est bien certainement en relation avec la forme du corps étranger dans lequel cette Vulsellidée s'est développée; les impressions musculaires sont ici presque superficielles.

Un type assez notablement différent correspond au genre *Heligmopsis*. La forme extérieure est celle d'une Huître, mais la coquille n'est pas fixée et le test présente des reflets nacrés caractéristiques; en outre on observe sur le côté postérieur les indentations du test caractéristique de ce groupe; le côté postérieur qui était concave dans la *V. falcata* est ici au contraire convexe et plus arqué que le côté opposé. Il est douteux que ces coquilles aient vécu enfoncées dans un corps étranger et nous penserions plutôt qu'elles étaient fixées par un byssus analogue à celui des Moules. Le muscle adducteur est saillant comme dans les *Chalmasia*.

Les formes cénomaniennes de Tunisie décrites par M. Péron sont-elles bien des *Naïadina*? il est difficile de l'affirmer, ce genre étant lui-même incomplètement connu, et M. Péron ayant été conduit à en modifier la diagnose. Toutes ces formes sont du reste si fortement influencées par l'organisme ou le corps étranger dans lequel elles vivaient, que l'on serait presque amené à établir un genre nouveau pour chaque espèce. Nous signalerons la fig. 18 de la pl. XXVI[1] dans laquelle on distingue la forme régulièrement déchiquetée des lames externes.

Les *Heligmus* du terrain jurassique (fig. 2) ont beaucoup d'analogie avec la *Vulsella falcata*; le côté postérieur correspond aussi au côté le moins courbé et les bords si singulièrement découpés de l'ouverture postérieure sont tout à fait comparables à ceux des Vulselles de l'Éocène de Biarritz[2] (fig. 5).

1. Péron, *loc. cit.* (Mission Thomas, *Crét. de la Tunisie.*)

2. M. de Morgan a également rapporté du Nummulitique des environs de Soh des exemplaires à découpures encore plus accentuées (fig. 6).

Parmi les *Heligmus* recueillis par Fontannes aux environs de Bandol (Var), certains spécimens présentent des déchiquetures très étroites et très profondes; ce sont de véritables fissures quelquefois bifurquées (fig. 2).

Cette longue digression nous a paru nécessaire pour mettre au point les caractères du groupe avant d'étudier les formes découvertes en Perse par M. de Morgan. Celles-ci se rapportent à deux types distincts, le premier se rapprochant des *Chalmasia*, tandis que le second nous paraît constituer un genre nouveau, *Pseudoheligmus*.

CHALMASIA PERSICA, n. sp.

Pl. XXXV, fig. 6.

Coquille bivalve, aplatie, allongée transversalement et de forme un peu exogyroïde. Le test est très lamelleux, et les lamelles sont irrégulièrement déchiquetés par des organismes perforants. La forme générale rappelle celle des échantillons de Tunisie figurés par Peron sous le nom de *Ch. turonensis*, mais les ondulations du test sont beaucoup moins accentuées. La forme générale est bien différente de celle des échantillons types de cette dernière espèce; ceux-ci sont allongés perpendiculairement à la ligne cardinale, tandis que ceux de Perse sont transverses.

Les caractères internes sont inconnus.

LOCALITÉ : Derré-i-Char (éch. figuré) et Teng-e-Hiana.

PSEUDOHELIGMUS MORGANI, n. gen. et n. sp.

Pl. XXXV, fig. 3, 4 et 5.

Coquille arrondie cordiforme, équivalve, présentant une dépression marquée du côté postérieur, dans laquelle on observe des fissures étroites et longues, simples ou bifurquées, partant de la commissure, et rappelant celles que l'on observe dans certains *Heligmus*. Les couches externes du test sont formées d'écailles convexes régulièrement disposées en quinconce (fig. 5) et présentant des interstices vides dans lesquels a pénétré la gangue blanchâtre qui enveloppe les échantillons. Les couches internes sont très écartées les unes des autres et paraissent avoir été nacrées. On n'observe qu'un seul muscle adducteur, dont le support est en saillie comme dans les *Heligmus*.

Le ligament cardinal est porté sur une aréa triangulaire étroite rappelant celle des Ostracées et assez fortement arquée. Les sommets des valves sont dirigés du côté postérieur. Ces deux caractères se retrouvent identiquement dans l'*Heligmus polytypus*. Cette curieuse

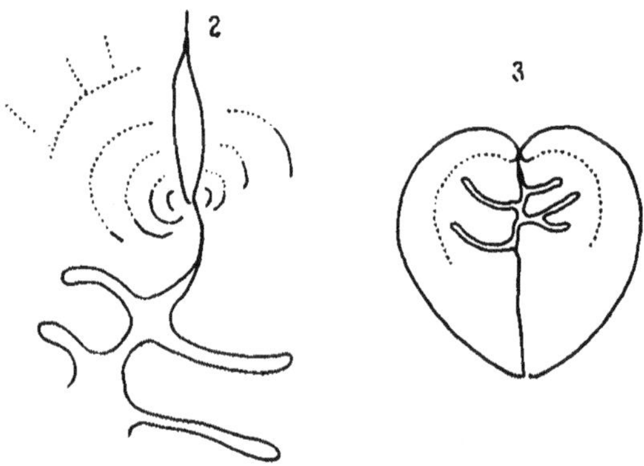

Fig. 2. *Heligmus polytypus* de Bandol, détail d'une partie de la fissure postérieure, grossi. — Fig. 3. *Pseudoheligmus Morgani*, schéma de la fissure postérieure.

coquille rappelle encore *Heligmus* par son muscle postérieur saillant et par les fissures singulières que l'on observe dans la dépression lunuliforme de la région postérieure. Par contre la structure particulière du test différencie facilement le type persan et donne à ces coquilles un aspect tout à fait original; mais en somme elle n'est que l'exagération de l'ornementation que présentent un grand nombre de Vulselles. Par contre la forme très renflée s'écarte notablement de celle que l'on rencontre habituellement dans les autres membres de cette famille et indique probablement un mode de vie différent de celui des Vulselles. Aussi avons-nous cru devoir créer pour cette espèce un genre ou tout au moins une section spéciale :

Section *Pseudoheligmus*, coquille cordiforme symétrique à test formé d'écailles arquées et disposées en quinconce; une dépression lunuliforme du côté postérieur avec de longues et étroites fissures, perpendiculaires à la commissure, et quelquefois bifurquées. A l'intérieur un seul muscle en saillie sur les couches internes.

Type *Ps. Morgani*, coquille tout à fait arrondie, orbiculaire, dépourvue de côtes et de plis.

Il est possible que l'un des échantillons de Tunisie figuré par M. Péron sous le nom de *Nayadina Gaudryi* (*loc. cit.*, Pl. XXVI, fig. 5) appartienne au même genre, mais si la structure générale paraît analogue la forme est très différente, elle est ici triangulaire au lieu d'être arrondie.

Localités : Derré-i-Char (petit échantillon figuré Pl. XXXV, fig. 3); Kala-è-Melek, district de Gourgab (grand échantillon figuré, pl. XXXV, fig. 3).

PECTINIDAE

Ils sont représentés exclusivement par des *Neithea*, ce qui indique des fonds vaseux, dans la région moyenne de la zone côtière. On distingue d'assez grandes différences dans la disposition des côtes depuis les formes à petites côtes très peu marquées rappelant le *Neithea atava* jusqu'au *N. tricostata* où les côtes intermédiaires sont presque aussi importantes que les grosses côtes. On sait que ce nom générique doit être appliqué aux espèces de la forme du *Janira jacobæa* mais ayant sur chaque valve deux grandes dents lamelliformes et cannelées.

Neithea subgranulata, Munster.

Pl. XXXIX, fig. 3 et 4.

1826-1833. *Pecten subgranulatus*, Munster *in* Goldf., n° 53, p. 56, pl. XCIII, fig. 5.

Les côtes intermédiaires sont à peines marquées et limitées par des sillons au nombre de sept ou huit dans chaque intervalle; ce nombre est du reste très variable et dès que l'écartement des sillons augmente, on voit apparaître un nouveau sillon intermédiaire; les lignes d'accroissement sont accentuées, ce qui donne à la surface de la coquille regardée à la loupe une ornementation très élégante, bien reproduite sur la figure donnée par Goldfuss. Le type provient de la craie de Haldem.

LOCALITÉS : Aftab, Awasa.

NEITHEA STRIATOCOSTATA, Goldfuss.

Pl. XXXIX, fig. 5, 6, 7, 8.

1826-1833. *Pecten striato costatus*, Goldf., n° 50, pl. XCIII, fig. 2.

L'intervalle des grosses côtes est divisé par des sillons qui déterminent des côtes un peu plus accentuées que dans l'espèce précédente. Goldfuss indique de trois à cinq petites côtes, bien marquées dans le jeune âge et devenant indistinctes plus tard ; d'Orbigny mentionne au milieu de l'intervalle deux côtes incertaines et deux autres plus incertaines encore de chaque côté. Il est bien difficile de savoir s'il s'agit là de simples différences individuelles c'est-à-dire de variétés, ou de races ou de mutations, comme l'a pensé d'Orbigny, puisqu'il a plus tard séparé les formes de France sous le nom de *substriatocostata*.

Notre figure 5 correspond assez bien à la description de d'Orbigny, quatre côtes intercalcaires dont les deux du milieu plus distinctes. La fig. 6 présente une disposition analogue, mais les petites côtes sont un peu plus accentuées; elles le sont encore davantage dans l'échantillon de la fig. 7 qui présente quatre côtes intermédiaires dans le milieu de la valve et trois seulement sur les côtés.

La fig. 8 est moins large, plus allongée; aussi n'observe-t-on guère que deux petites côtes dans les intervalles; c'est une forme extrême, mais ce n'est qu'un fragment.

La forme type provient de Maëstricht ; l'espèce est citée en France à Cognac et à Royan.

LOCALITÉS : Derré-i-Char, Aftab.

Neithea tricostata, Bayle.

Pl. XXXIX, fig. 9, 10.

1849. *Pecten tricostatus*, Bayle *in* Fournel, *Rich. min. de l'Algérie*, I, p. 369, pl. XVIII, fig. 30.
1891. — Peron, *Descr. des moll. foss. de la Tunisie* (Mission Ph. Thomas), p. 229.

Nous adoptons la manière de voir de M. Péron sur la vraie signification à donner à cette espèce, dont le type provient de la craie à *Hemipneustes* de l'Algérie. Nous ne voyons pas sur nos échantillons la subdivision en trois des côtes principales comme l'indique M. Péron; cela provient probablement de ce que nos échantillons sont de trop petite taille.

Localité : Aflab.

Lima ovata, Nilsson.

Pl. XXXV, fig. 7.

1827. *Plagiostoma ovatum*, Nilsson, *Petrificata suecana*, p. 25, pl. IX, fig. 2.

La forme oblique de la coquille et l'ornementation composée de côtes rayonnantes anguleuses séparées par des dépressions concaves, rappellent tout à fait l'espèce de Suède; la taille est aussi à peu près la même.

Les grosses côtes couvrent presque toute la coquille; elles deviennent beaucoup plus fines et plus serrées dans la région tout à fait postérieure. Le côté antérieur est incomplet; on distingue cependant des traces d'un bourrelet correspondant à l'oreillette antérieure et peut-être au byssus.

Cette forme est aussi très voisine de la *Lima marticensis*, mais elle est beaucoup plus petite.

Localité : Awasa, un seul échantillon bivalve ouvert.

Spondylus subserratus, n. sp.

Pl. XXXV, fig. 8 à 14.

Les Spondyles du groupe du *Sp. hystrix* sont signalés à peu près dans toutes les assises de la craie supérieure; les espèces sont assez difficiles à distinguer, surtout quand la conservation est insuffisante et quand on ne peut étudier que des valves isolées, ce qui est le cas le plus fréquent. Le type de cette espèce est du Cénomanien d'Essen; Coquand et Péron[1] ont distingué une forme de la craie supérieure d'Algérie sous le nom de *Sp. Baylei*; les côtes sont plus larges, moins épineuses et les épines sont aussi plus larges et couchées. Ces caractères sont encore plus accentués sur la valve inférieure où les côtes sont, comme d'habitude, moins saillantes et les épines plus nombreuses. Ainsi sur l'échantillon type, les petites côtes disparaissent presque complètement, mais elles sont bien visibles sur d'autres échantillons. Dans son ensemble ce type nous paraît pouvoir assez facilement être distingué du *Sp. hystrix* bien que la valve inférieure de cette dernière espèce nous soit encore inconnue.

Plus récemment Woods[2] a donné une bonne révision des Spondyles de la craie d'Angleterre; il distingue sous le nom de *Sp. serratus* une petite espèce de la craie à *Marsupites* qui se distingue par de petites épines régulièrement disposées sur toutes les côtes; la valve inférieure n'est pas connue et toutes les côtes sont égales sur les deux échantillons figurés.

C'est surtout de cette dernière forme que paraissent devoir être rapprochés les nombreux spécimens rapportés par M. de Morgan des marnes à Échinides du Louristan. La plupart des échantillons sont bivalves, mais la partie voisine du crochet manque à peu près toujours par suite de la minceur du test dans cette région et de la disparition des couches internes.

La valve supérieure est assez plate, un peu allongée obliquement du côté postérieur; elle est couverte de côtes rayonnantes nombreuses, saillantes et larges d'environ 1/2 millimètre; elles sont ornées sur toute leur longueur d'épines petites et très régulières. L'espace qui les sépare est un peu plus large que la côte elle-même, et lorsque la coquille

1. *Bull. S. Géol. Fr.* [3], tome V, p. 510.
2. *Paleontographical Soc.*, vol. LV, déc. 1901, p. 124, pl. XXI, fig. 6, 7.

croît il s'élargit plus vite que les côtes qui, elles, ne changent guère de dimensions ; dans leur intervalle on voit alors apparaître une petite côte intermédiaire finement denticulée. De distance en distance on distingue des côtes un peu plus fortes ; leur nombre et leur importance varient beaucoup : tantôt elles sont à peine marquées (fig. 8 et 9) ; d'autres fois on voit apparaître sur quelques-unes d'entre elles une ou deux grosses épines (fig. 8 *a*) ; enfin assez souvent elles sont au nombre de six, sept et présentent plusieurs grosses épines, qui les font nettement ressortir (fig. 11, 12, 13).

La valve inférieure est beaucoup plus bombée et, comme toujours, les côtes sont moins saillantes et plus larges, parce qu'elles correspondent aux intervalles des côtes de l'autre valve ; mais par contre les grosses côtes ont une importance relative plus grande, surtout à cause du développement et du nombre bien plus considérable des grosses épines qu'elles présentent (fig. 8 *b* et *f* 15). Les grosses côtes sont au nombre de huit environ et elles ne correspondent pas à celles de l'autre valve ; les épines sont larges et arrondies. Les petites côtes quoique peu saillantes sont ornées d'écailles épineuses bien développées et très régulières.

Le *Sp. subserratus* se distingue facilement du *Sp. serratus* par ses grosses côtes qui n'ont pas été signalés dans l'espèce d'Angleterre.

Par ses côtes fines, épineuses et très régulièrement denticulées, il se distingue également du *Sp. Baylei*. Il est moins facile de préciser les différences avec le *Sp. hystrix* dont la valve inférieure n'est pas connue ; mais l'ornementation de la valve supérieure dans cette dernière espèce est bien plus accentuée et bien plus irrégulière aussi bien dans l'ensemble que dans le détail ; les grosses épines sont disséminées un peu partout et les petites épines sont également irrégulières au point de vue du développement et de la distribution.

Le *Sp. calcaratus* de l'Inde (Forbes, *Trans. Geol. Soc. London*, t. VII, p. 155 ; pl. XVIII, fig. 1, 2 ; Stoliczka, *Pal. ind.*, p. 448, pl. XXXIII, fig. 6, 7, 9, 10) paraît très voisin de l'espèce de Perse, et nous n'aurions pas séparé les deux formes, si la valve inférieure n'était pas indiquée par

Stoliczka comme dépourvue de grosses côtes et présentant des lamelles d'accroissement fortement proéminentes.

Certaines formes des terrains tertiaires ont aussi une analogie incontestable avec le *Sp. subserratus*, comme par exemple le *Sp. granulosus* Deshayes, du calcaire grossier; mais sur la valve supérieure les côtes sont plus larges, les épines deviennent des écailles transverses qui se subdivisent même, dans le voisinage du bord, certaines côtes présentant ainsi deux rangées d'écailles.

Nous avons fait figurer un échantillon (fig. 15) qui présente une ornementation assez différente : les épines de la valve inférieure beaucoup plus nombreuses et plus développées arrivent à réduire beaucoup l'espace occupé par les petites côtes, c'est une disposition qui rappelle le *Sp. Baylei.* Sur l'autre valve les côtes sont aussi plus épineuses et surtout plus irrégulièrement épineuses; il est possible que cet échantillon appartienne à une espèce différente; mais les matériaux que nous avons entre les mains sont trop peu nombreux pour que nous puissions l'affirmer.

Localité : Marnes à Échinides du Louristan, principalement à Awasa.

Plicatula hirsuta, Coquand.

Pl. XXXIX, fig. 11 à 18.

1880. *Plicatula hirsuta*, Coquand, *Études supplémentaires sur la Paléontologie algérienne* (*Bull. de l'Académie d'Hippone*, n° 15), p. 165.

1891. — — Péron, *Descr. des moll. foss. de la région sud de la Tunisie* (Mission Thomas), p. 211, pl. XXVI, fig. 25 à 27.

Les échantillons de la craie supérieure de la Perse nous paraissent confirmer tout à fait l'interprétation que M. Péron à donnée de cette espèce. Les grands échantillons des figures 11 à 14, sont « ornés, comme le dit Coquand, d'un nombre infini de petites côtes rayonnantes, hérissées de petites écailles imbriquées, contiguës et reproduisant la structure d'une râpe à dents très fines et serrées »; on peut les considérer comme se rapportant au type de l'espèce. Sur la figure 12 on voit apparaître quelques grosses épines couchées qui dans les échantillons des figures 13, 15 et 16 s'alignent de manière à dessiner de grosses côtes. Ces côtes deviennent plus grosses et plus importantes dans les figures 17 et 18 qui forment le passage à la variété *ventilabrum*.

Ce groupe de Plicatules larges et plates, dans lesquelles les deux valves sont convexes, est comme on le sait très répandu dans la craie de Tunisie; la fréquence de ces formes sur certains points du Louristan est une preuve de plus d'une communication directe entre ces deux régions de la Mésogée.

Dans le nord de l'Afrique cette espèce est abondante à partir du Santonien.

LOCALITÉS : Awasa et Aftab, dans les marnes à Échinides.

OSTRÉIDÉS

L'étude systématique de ce groupe est encore bien peu avancée ; malgré tous les travaux dont il a été l'objet, nous voyons encore des paléontologues, parmi les plus éminents, se refuser à admettre le démembrement de l'ancien genre *Ostrea*; et cependant il s'agit là d'un groupe de formes extrêmement répandu à l'état fossile et qui peut très souvent fournir des indications précieuses non seulement sur l'âge des couches, mais encore sur les conditions dans lesquelles elles sont formées.

Au premier abord tous les groupes paraissent en effet passer et repasser les uns aux autres; mais cela n'est vrai que si on se borne à un examen superficiel de la forme extérieure. Il suffit de les étudier de plus près pour voir qu'il existe des groupements naturels dont on peut suivre les modifications dans le temps et qui caractérisent des zones de profondeurs différentes.

Ainsi en particulier, si on comprend dans les Exogyres toutes les Huîtres qui ont le crochet enroulé vers le côté postérieur, ce groupe est sans aucune valeur et est représenté jusqu'à l'époque actuelle, mais il n'en est plus de même si on s'attache à la forme de l'aréa ligamentaire. Tandis que dans les Huîtres proprement dites, cette aréa est un triangle à base droite présentant une partie médiane déprimée correspondant au cartilage du ligament, et deux parties latérales planes d'importance égale, dans les véritables Exogyres au contraire, l'aréa ligamentaire est étroite, fortement arquée, et devient dyssymétrique par suite de l'atrophie de la partie latérale antérieure. Ce genre ainsi défini apparaît dans le Jurassique supérieur, se développe dans la craie et disparaît avec la fin de ce terrain. Les espèces signalées à partir des terrains tertiaires sont de fausses Exogyres.

Les vraies *Ostrea* du type de l'*O. edulis*, à valve inférieure plus ou moins finement plissée ne se développent que dans l'Éocène inférieur[1]; on sait qu'elles habitent la partie haute de la zone côtière. Dans les temps secondaires elles sont remplacées par deux groupes de formes qui sont bien caractérisées dès l'infralias : le premier comprend des espèces dont les deux valves sont plissées, les *Lopha*, qui sont encore représentées dans les mers actuelles et desquelles se détachent à l'époque crétacée, le petit groupe des *Alectryonia*.

Le second a une forme plus simple, les deux valves étant lamelleuses; on pourrait lui donner le nom de *Liostrea*[2], et il débute dans l'Infralias avec le *L. lamellosa* qui pourrait être pris comme type. C'est de ce genre que dérivent les *Liogryphea* du Jurassique et les *Pycnodonta* de la Craie, du Tertiaire et de l'époque actuelle, correspondant à une station plus profonde, à la partie basse de la zone côtière.

Les *Gryphea* proprement dites (groupe de l'*O. angulata* ou Huître de Portugal) vivent dans la zone littorale avec les Balanes. Elles paraissent dériver des *Lopha*, dont elles reproduisent quelquefois la forme.

Quant aux *Exogyres*, nous les rattacherions volontiers aux *Liostrea* ou aux *Liogryphea* dont elles représenteraient une branche dérivée; elles accompagnent fréquemment les *Pycnodontes*.

1. Le nom de *Platygena* a été proposé par Romanowski pour une espèce du crétacé du Turkestan voisine des *Ostrea*.

2. De λεῖος, lisse.

Lopha dichotoma, Bayle.

Pl. XXXVII et XXXVIII.

1849. *Ostrea dichotoma*, Bayle *in* Fournel, *Rich. min. Algérie*, p. 365, pl. XVIII, fig. 17, 18.

1890. — — Péron, *Moll. foss. des terr. crétacés du Sud de la Tunisie* (Mission Thomas), p. 156.

Nous suivons pour cette espèce la manière de voir de M. Péron, c'est-à-dire que nous lui donnons une acception très large et que nous lui réunissons plusieurs espèces de Coquand, telles l'*O. acanthonota* et l'*O. Sollieri*. Les documents que l'on possède ne sont encore ni assez nombreux, ni assez précis pour qu'on puisse se rendre compte si les différences observées entre les divers échantillons sont de l'ordre des variétés ou de celui des mutations, c'est-à-dire si elles indiquent réellement des espèces distinctes.

Dans les échantillons de Perse les deux valves sont subégales, au moins dans le jeune âge; plus tard la valve gauche a une tendance à devenir plus renflée. La forme générale est ovale ou piriforme, rétrécie dans la région cardinale et plus ou moins élargie dans la partie opposée; mais elle est presque toujours plus large et moins étroite que celle des échantillons types d'Algérie (El Outaïa); par contre, certaines variétés des Tamarins présentent une forme très analogue. Les côtes ont un profil anguleux et se terminent par une arête arrondie; elles sont un peu moins hautes sur la valve supérieure que sur la valve inférieure; elles présentent des épines plus ou moins nombreuses, aux points où les principales lamelles d'accroissement viennent couper les côtes; ces épines sont presque toujours cassées.

La surface de fixation est ordinairement très petite sur les spécimens de Perse.

A l'intérieur, l'aréa ligamentaire est très développée et occupe toute la largeur du sommet de la coquille; elle présente une dépression centrale égale environ à un tiers de sa largeur totale; celle-ci est profonde sur la valve inférieure et un peu moins sur la valve supérieure. L'impression de l'adducteur est toujours un peu rejetée du côté postérieur; elle est transverse comme dans le type de l'espèce, dans les échantillons allongés (pl. XXXVIII, fig. 1); elle est au contraire un peu oblique dans les échantillons qui s'élargissent davantage vers le bord ventral; elle est d'autant plus profonde que le test est plus épais.

Dans les vieux échantillons, le test s'épaissit beaucoup, principalement dans la partie rétrécie voisine du ligament, qui loin de s'élargir présente au contraire une tendance à se rétrécir encore. Malgré cet épaississement les denticules du bord sont toujours bien marqués.

Les formes ordinaires (pl. XXXVIII, fig. 2, 3 et 4) ressemblent à certains échantillons d'Algérie, comme nous l'avons déjà dit. Quelques échantillons un peu exceptionnels (pl. XXXVII, fig. 3, pl. XXXVIII, fig. 1) s'allongent beaucoup et rappellent la forme que Coquand avait désignée sous le nom d'*O. Sollieri* (Monogr., pl. XXVII, fig. 7). D'autres plus fréquents cessent de s'allonger et s'élargissent dans la région opposée aux crochets (pl. XXXVII, fig. 1) : ils deviennent alors piriformes ou quelquefois même transverses (fig. 2); ces dernières variétés pourraient être désignées sous le nom de *persica*.

Localités : Ces huîtres se rencontrent surtout à Aftab au-dessous des couches à Échinides; quelques échantillons ont été recueillis à Awasa, dans les couches à Échinides, et à Goulgoul, au même niveau.

Lopha Morgani, n. sp.

Pl. XXXVI, fig. 1 à 7.

M. de Morgan a recueilli dans le Campanien du Louristan un assez grand nombre de petites Huîtres plissées qui se distinguent par leur forme en croissant. Elles rappellent beaucoup des échantillons d'Algérie qui m'ont été communiqués par M. Péron comme variétés du *L. Forgemoli* et du *L. Aucapitainei*; il nous a paru cependant impossible de les rapporter à l'une ou l'autre de ces deux espèces.

Les échantillons de Perse sont triangulaires, un peu arqués; la valve inférieure gauche est légèrement renflée, tandis que la valve droite est plate. Les deux valves sont ornées d'un petit nombre (6 ou 7) de gros plis plus ou moins accentués. Les variétés peu plissées paraissent ressembler assez à certaines variétés de l'*Ostrea Forgemoli* (monographie, pl. II, fig. 9, 10 et 11) pour lesquelles Péron a proposé d'abord le nom d'*O. Tissoti*[1], mais les figures types données par cet auteur sont bien différentes de forme ; elles sont rondes ou allongées, très peu arquées et à plis généralement nombreux, tandis que les échantillons de Perse sont toujours triangulaires, assez étroits et très arqués. Les plis sont moins nombreux et plus anguleux dans les formes moyennes. Le bord des valves sur le côté convexe est fortement denté.

Quant au type même de l'*O. Forgemoli*, tel qu'il a été figuré par Coquand[2], sa forme est tout autre et il présente du côté opposé au crochet une base élargie qu'on ne rencontre dans aucune des formes de Perse.

Nous avions cru d'abord qu'il était possible de rapprocher cette espèce de certaines formes de l'Amérique du Nord, *O. crenulimargo*, Roemer et *O. quadriplicata*, Shumard. Mais ces dernières sont couvertes de fines costules qui manquent toujours dans les échantillons du Louristan.

Localité : Derré-i-Char.

Lopha cristatula, n. sp.

Pl. XXXVI, fig. 8 à 15.

Cette deuxième espèce peut être considérée comme une exagération de la précédente, elle est encore plus étroite, plus arquée et ses plis sont plus accentués.

Sa longueur est de 40 millimètres environ et sa largeur varie de 12 à à 15 mm. ; il n'existe de plis bien marqués que dans la partie convexe et ils sont ordinairement au nombre de 7. Les plus rapprochés du crochet sont toujours atténués. Sur le côté concave on observe des petits plis nombreux et rapprochés, qui font toujours défaut dans le *L. Morgani*.

Localité : Aftâb.

1. *Moll. foss. du terrain crétacé du sud de la Tunisie*, mission Thomas, p. 181, 196, pl. XXIV, fig. 1-7.
2. *Géol. et pal. de la région sud de la province de Constantine* (*Mém. Soc. Émul. Provence*, 1862), p. 230, pl. XXI, fig. 7, 8, 9.

ALECTRYONIA ZEILLERI, Bayle.

1878. *Alectryonia Zeilleri*, Bayle, *Explication de la Carte géologique de la France*, t. IV, Atlas, pl. CXLVI, fig. 1, 2, 3, 4.

Les *Alectryonia* de la craie forment deux groupes distincts : le premier comprend des formes lisses dans leur partie médiane, c'est le groupe de l'*O. larva*, Lamk. (pour laquelle Coquand a repris le nom plus ancien d'*O. ungulata*, Schl.) encore représenté de nos jours et ayant apparu seulement dans le Campanien (*Al. lunata*, Nilsson de Ciply et *Al. falcata*, Morton de New Jersey). Le second groupe comprend les formes entièrement costulées, ce sont les plus anciennes : si on se borne au Sénonien il est facile de s'assurer que l'espèce qui a été décrite la première est l'*O. pectinata*, Lamk.[1], de la craie de Dreux ; elle est indiquée comme ayant sur le dos de chaque valve une rainure longitudinale de laquelle partent de chaque côté des plis nombreux un peu obliques et disposés en dents de peigne.

Nous avons sous les yeux plusieurs échantillons du même niveau provenant des environs de Chartres mais qui ne présentent pas un sillon aussi marqué : leur caractère bien net est de présenter des côtes partant toutes directement du faîte de la coquille et faisant avec ce dernier un angle marqué. Dans d'autres formes au contraire, les côtes se séparent de la ligne de faîte suivant une direction tangentielle et quelques-uns suivent même cette ligne sur une longueur plus ou moins grande. C'est à ce type qu'appartient l'*Ostrea serrata*, Defrance, pour laquelle l'auteur renvoie à une excellente figure de Faujas de Saint-Fond représentant la forme bien connue de Maestricht (pl. 24, fig. 1 et 2) : il renvoie également à une autre figure de Knorr (*Pétrif.*, pl. D, VII, fig. 5) assez différente de la précédente, mais qui ne représente qu'un fragment. On est donc autorisé à prendre la première figure comme type de l'espèce. L'*O. serrata* de Brongniart (in Cuvier) ne nous paraît pas différer de l'*O. pectinata*, Lk., malgré l'absence de la rainure que nous avons déjà signalée.

1. *Annales du Museum*, t. VIII, p. 165 et t. XIV (1809), pl. XXVIII, fig. 1.

Une autre espèce de la craie de France a été décrite comme *O. frons* vel *folium* et elle n'a qu'un rapport bien éloigné soit avec l'*O. folium* de Linné, soit avec l'*O. frons* (sub *Mitylus*) du même auteur; elle est du reste définie d'une manière tout à fait insuffisante.

L'*O. serrata* de Goldfuss est pour nous l'*O. pectinata*, Lk., tandis que l'*O. prionota* du même auteur pourrait être une variété de l'*Al. serrata*.

M. Bayle a décrit sous le nom d'*Alectryonia Zeilleri* une espèce du Santonien de Malberchie qui est très voisine de l'*O. serrata*, mais qui s'en distingue par des côtes plus grosses. Comme dans cette dernière espèce on constate que certaines côtes se prolongent sur la ligne de faîte. On constate également que le versant extérieur est beaucoup plus raide que le versant opposé et que les côtes ont une tendance à se couder brusquement et à angle droit au sommet de ce versant. Cette disposition est plus marquée et les côtes sont encore beaucoup plus grosses dans l'*Al. Defrancei*, Fischer de Waldheim, de la craie de Crimée qui est le type du genre.

Si nous nous reportons à l'espèce de Perse (pl. XXXVI, fig. 16) nous voyons qu'elle présente tous les caractères de l'espèce de l'Aquitaine, côtes se prolongeant sur la ligne de faîte et côtes larges sur la région convexe. L'échantillon figuré provient de Aftab.

Pycnodonta vesicularis, Lamk.

Pl. XXXVI, fig. 23.

Nous n'avons rien à ajouter au sujet de cette espèce qui est bien connue et qui se trouve à peu près à tous les niveaux de la craie supérieure; il n'est pas toujours facile de la distinguer des *Pycn. proboscidea* du Santonien et même du *Pycn. Baylei* du Cénomanien supérieur, d'autant plus que les variations individuelles (variétés) produites par l'étendue plus ou moins grande de la surface de fixation sont très marquées dans ces espèces.

Quoi qu'il en soit, ce groupe de formes que Fischer de Waldheim a séparé sous le nom de *Pycnodonta*, a une assez grande importance parce qu'il correspond à un habitat profond; il représente la suite des *Lio-*

gryphea du Jurassique et se prolonge jusqu'à l'époque actuelle avec le *Pycn. cochlear*. Bernard a montré que ce type diffère notablement des *Ostrea* proprement dits pendant les premières périodes de son développement.

Au-dessous de 100 mètres les Pycnodontes se rencontrent seuls ou associés avec les *Eoxgyres* lisses. Mais ils peuvent remonter un peu plus haut et ils s'associent alors avec les *Lopha* et les *Exogyres* plus ou moins costulées.

Localité : En Perse le *Pycn. vesicularis* n'est pas rare dans les couches à Échinides : l'échantillon figuré provient de Aftab, au-dessous des Échinides.

Exogyra Matheroni, d'Orbigny.

Planche XXXVI, fig. 17 à 21.

1846. *Ostrea Matheroniana*, d'Orbigny, *Pal. fr., terr. crétacés*, t. III, p. 737, pl. 485, fig. 1, 2 3 (non 4 à 7).

1891 — — Péron, *Descr. moll. foss. des terrains crétacés de la région sud des hauts plateaux de la Tunisie* (Mission Thomas), 2e partie, p. 184.

M. Péron restreint avec raison cette espèce aux formes à valves très plissées et à valve supérieure fortement carénée qui caractérisent le haut de la craie supérieure (Campanien et Dordonien); la carène est en outre assez éloignée de la commissure. L'ensemble de ces caractères la distingue de l'espèce du Sénonien que M. Péron a séparée sous le nom de *Ex. Langloisi*.

Localités : Awasa, Aftab, Kouh Mapeul (versant oriental).

Exogyra laciniata, Nilsson.

Planche XXXVI, fig. 22.

1827. *Chama laciniata* Nilsson, *Petr. Suec.*, p. 28, pl. 8, fig. 2.

1846. *Ostrea* — d'Orbigny, *Pal. fr. terr. crét.*, t. III, p. 739, pl. 486, fig. 1-3.

Cette espèce se distingue assez facilement par ses grosses côtes plus ou moins développées, d'où partent un peu obliquement des côtes fines et serrées. Quand les grosses côtes sont peu marquées, cette espèce se distingue assez difficilement de l'*Ex. decussata*.

L'échantillon d'Aftab que nous avons figuré est intermédiaire entre ces deux espèces, mais les grosses côtes de l'*Ex. laciniata* sont encore assez bien marquées.

TEREBRATULA BROSSARDI, Thom. et Pér.

Pl. XXXIX, fig. 19 à 24.

1893. *Terebratula Brossardi*, Thomas et Péron, *Description des fossiles des terr. crét. de la région sud de la Tunisie* (Mission Thomas), 3e partie, p. 335, pl. XXX, fig. 3, 4.

Les échantillons de Perse ressemblent par leur petite taille et leur forme générale à l'espèce de la craie supérieure de Tunisie, mais ils sont beaucoup plus épais, la commissure est plus sinueuse, le crochet est plus recourbé, les plis frontaux sont plus serrés ; en somme ils ont un peu l'apparence d'une *Ter. phaseolina* du Cénomanien, plus allongée que le type.

LOCALITÉS : Aftab, Tagh-è-Mowla, Tidar, Meima.

TEREBRATULA TOUCASI, d'Orbigny.

Pl. XXXIX, fig. 25 à 27.

1850. *Terebratula Toucasiana*, d'Orbigny, *Prodrome*, 22e étage, Sénonien, n° 961, p. 258.

Cette espèce qui n'a pas été figurée par d'Orbigny, provient du Beausset et des Martigues. Nous avons pu comparer les échantillons de Perse avec ceux de la première de ces localités ; la forme générale est presque la même. Elle est plus plate que la *Ter. semiglobosa*, et surtout la petite valve ne présente pas de dépression médiane, mais seulement un large bourrelet aplati formé par la réunion des deux plis habituels. Ce bourrelet médian est aussi plus nettement délimité sur les côtés, comme le montre bien la fig. 27 *b*. Le contour est légèrement pentagonal ; dans les formes habituelles (fig. 25 et 26) la longueur ne dépasse guère la largeur que de 1 à 2 dixièmes; la fig. 27 représente une forme un peu exceptionnelle où la longueur dépasse la largeur de 4 dixièmes.

Localités : Aftab, Derré-i-Chahr, Teng-è-Hianan, Todar, Meima.

Rhynchonella Peroni, n. sp.

Pl. XXXIX, fig. 27 à 30.

Coquille d'assez petite taille, ayant de 11 à 12 millimètres de longueur avec une largeur un peu moindre (10,5 à 11,5) et une épaisseur de 7 millimètres. La forme générale est triangulaire, mais très arrondie du côté frontal, l'angle au sommet atteignant 90° ou étant un peu plus petit. La commissure frontale est légèrement relevée en son milieu du côté de la valve dorsale et dessine un sinus assez peu profond, largement évasé et presque toujours un peu anguleux. Le crochet est droit ou légèrement recourbé, assez robuste. Les côtes sont au nombre d'une vingtaine, mais on voit apparaître sur les côtés une ou deux côtes supplémentaires soit par intercalation soit plus rarement par bifurcation des côtes principales; elles sont un peu arrondies.

Cette espèce se rapproche beaucoup à la fois de la *Rh. Cuvieri* du Turonien et de la *Rh. Woodwardi* (Péron, *Descr. des invert. foss. des terrains crétacés du sud de la Tunisie*, p. 331, 1893). Elle est moins renflée, plus triangulaire que la première espèce, elle est aussi moins large, et surtout le crochet est plus volumineux; dans la *Rh. Cuvieri* l'angle au sommet est ordinairement plus grand que 90°, tandis qu'il est plus petit dans notre espèce. Ces mêmes caractères la distinguent de la *Rh. Woodwardi* dont la forme type *(Rh. plicatilis*, var. *Woodwardi*, Davidson, *Brit. Brach.*, vol. VIII, pl. X, fig. 43, 44) est infiniment plus élargie.

MAESTRICHTIEN et DANIEN

COUCHES A CÉRITES

M. de Morgan a observé en plusieurs points à la partie supérieure de la formation crétacée un ensemble de couches renfermant une faune surtout riche en Gastropodes et qui contraste d'une manière complète avec celle des marnes sous-jacentes, caractérisée par l'abondance des Échinides : les conditions du dépôt ont certainement changé et nous passons d'une faune profonde à une faune sublittorale.

Ces couches supérieures sont principalement développées sur le versant oriental du Kouh Mapeul (Map'öl), à 50 kilomètres environ à l'ouest de Khorremabad. Nous rappellerons brièvement la coupe que M. de Morgan a relevée en ce point :

Au sommet, calcaires tertiaires sans fossiles, surmontant des grès friables, tantôt rouges et tantôt verts.

Au-dessous affleure un puissant système d'argiles généralement de couleur foncée, alternant avec des couches gréseuses et des calcaires; l'épaisseur de l'ensemble atteint 1.200 mètres environ et vers la partie supérieure, M. de Morgan signale les assises suivantes, de haut en bas :

M 3. — Argiles grises avec lits de grès, de rognons calcaires et de calcaires; fossiles très nombreux, Crustacés, Gastropodes, Lamellibranches, Échinides (rares), Bryozoaires et Polypiers.

M 4. — Argiles jaunes et noires alternant, nombreux fossiles, *Trochus*, *Cyclolites*, *Orbitolites*.

Ces couches qui plongeaient d'abord au nord-est se relèvent et forment un anticlinal dont le sommet arasé est masqué par un dépôt de transport; c'est en ce point que l'explorateur a trouvé à la surface du sol un tronçon très peu roulé d'un *Hippurites cornucopiæ* qui provenait probablement d'éboulis voisins.

Quel âge doit-on attribuer à ces dépôts? Les Échinides de M 3 sont l'*Ornithaster Douvillei* (*suprà*, p. 48), et ce genre n'a été jusqu'à présent signalé que dans le Danien; l'*Orbitolites* de M 4 est un *Omphalocyclus* qui ne paraît pas différer de l'*O. macropora*, et ce genre caractérise le Maëstrichtien; enfin l'*H. cornucopiæ* est également une espèce spéciale à ce niveau. Nous sommes donc certainement à la partie tout à fait supérieure du terrain crétacé; la base des couches fossilifères appartient au Maëstrichtien et il est possible que leur partie supérieure remonte jusque dans le Danien. Il n'a malheureusement pas été possible de faire de distinction entre les fossiles provenant des couches M 3 et M 4 et de nouvelles recherches seraient nécessaires pour savoir s'il est possible de distinguer plusieurs assises dans ce complexe de couches. Il faut toutefois signaler que les *Ornithaster* sont en oxyde de fer (résultant vraisemblablement de l'oxydation de la pyrite), et que leur mode de conservation est différent de celui des autres fossiles.

Cette faune est très intéressante, parce que bien qu'elle appartienne encore au Crétacé, elle a cependant déjà un faciès tertiaire; on pourrait facilement la confondre à première vue avec une faune éocène de caractère mésogéen. A côté des espèces dont l'âge crétacé est incontestable, la plus grande partie de la faune montre des analogies marquées avec les formes éocènes, mais ce sont des espèces différentes, des précurseurs ou des ancêtres de formes tertiaires. Enfin un petit nombre de types n'ont pu être distingués des espèces de l'Éocène. On voit ainsi que tout au moins dans la partie centrale de la Mésogée, il paraît bien y avoir continuité entre les faunes crétacées et les faunes tertiaires.

A cause de l'intérêt tout particulier que présente cette faune, nous avons cru nécessaire de faire figurer un grand nombre d'échantillons, malgré leur conservation souvent imparfaite et bien qu'ils ne soient pas toujours susceptibles d'une détermination spécifique précise.

Les Cérites sont principalement abondants et donnent à la faune un cachet tout spécial. A côté de formes de la craie de Gosau, *Procer. millegranum*, *Clava Munsteri*, on remarque le *Semivertagus unisulcatus* signalé déjà dans le Montien et qui remonte jusque dans l'Éocène, le *Pyrazus stillans* du Garumnien d'Espagne et une forme très voisine du *P. Suzanna* de l'Yprésien du bassin de Paris.

Les grandes formes du groupe des *Campanile* sont très nombreuses; déjà fréquentes dans le Crétacé inférieur, elles paraissent atteindre ici leur plus grand développement.

L'abondance des *Hantkenia* donne à cette faune un caractère bien crétacé.

Les *Paryphostoma* sont habituellement éocènes, mais ils apparaissent en réalité dans le Crétacé supérieur de l'Inde.

Les *Mesalia* ne se distinguent pas des types éocènes. Quant aux *Turritella* elles présentent des affinités à la fois avec les espèces de la craie supérieure et avec celles de l'Yprésien.

Les *Littorina* sont plus fréquentes qu'elles ne le sont habituellement et indiquent bien que le rivage n'était pas éloigné.

Les Nérites atteignent une taille exceptionnelle; ils appartiennent à un genre spécial, *Desmieria* qui paraît caractéristique de la craie supérieure et se différencie facilement des *Velates*, qui le remplace dans l'Éocène.

L'examen des Lamellibranches conduit à des résultats analogues : à côté de la *Crassatella austriaca* de Gosau, nous rencontrons des formes voisines des espèces de la craie supérieure de l'Inde, tandis que certaines *Cyrena* et *Corbula* présentent des analogies avec les formes de l'Éocène du bassin de Paris. Rappelons que l'*Hipp. cornucopiæ* est une espèce franchement crétacée.

Il faut signaler particulièrement une espèce d'*Ostrea* voisine de l'*O. suessoniensis* et qui serait un des plus anciens représentants du genre *Ostrea* (sensu stricto), restreint au groupe de l'*O. edulis*, dans lequel la valve inférieure est seule plissée.

La présence de la *Cardita Beaumonti* est intéressante, puisque cette espèce caractérise dans l'Inde la craie supérieure; l'ornementation un peu spéciale de cette forme se retrouve du reste dans certaines espèces de l'Éocène de Bracheux, ainsi que dans le Vicentin et l'Alabama.

Il n'est pas douteux que ces couches ne soient en relations de continuité avec celles du Bélouchistan étudiées par Noetling et caractérisées aussi par les *Omphalocyclus*, et avec les couches de l'Inde à *Cardita Beaumonti*. Mais on peut les rapprocher aussi des couches de Rajamandri dans la partie orientale de l'Inde, dont la position était toujours restée un peu incertaine : les faunes des deux dépôts présentent plusieurs formes communes ou très voisines : *Cer. Stoddardi*, *Corbis elliptica*, *Natica* cf. *Stoddardi*, *Cytherea*, *Cyrena*. Mais la contemporanéité des deux dépôts est surtout marquée par le développement du curieux genre *Irania* (confondu d'abord avec les *Vicarya*) qui n'était connu jusqu'à présent que des couches de Rajamandri, et que M. de Morgan a recueilli en abondance dans les couches à Cérites de la Perse.

De l'autre côté, vers l'ouest, ces mêmes couches se relient aux couches à *Orbitoïdes* et *Omphalocyclus macropora* signalées en Asie Mineure en particulier aux environs de Kotanis, et par là au Maestrichien du bassin méditerranéen caractérisé par *Hipp. cornucopiæ* toujours accompagné par les *Orbitoïdes* et les *Omphalocyclus*.

La Mésogée s'étendait ainsi d'une manière continue depuis les bords de l'Atlantique jusqu'à l'Océan Indien en traversant l'Asie Mineure et la Perse ; cette communication établie depuis longtemps déjà, a persisté encore pendant une grande partie des temps tertiaires.

POISSONS

Cœlodus Morgani, Priem.

Pl. XL, fig. 1.

Notre savant confrère, M. Priem a bien voulu étudier le seul débris de poisson rencontré dans les couches supérieures du Louristan, et en donner la description suivante :

« M. de Morgan a recueilli dans le Maëstrichtien du Louristan un fragment de mandibule de Pycnodonte. On distingue quatre dents de la rangée principale (rangée interne), en avant desquelles on remarque l'empreinte d'une autre dent ; de même en arrière de ces quatre dents il y a aussi la trace d'une dent disparue.

« En dehors se trouvent deux dents de la rangée latérale immédiatement voisine, et placées dans les intervalles des dents principales contiguës. A la suite il y a les empreintes de quatre autres dents. Les dents de la rangée interne décroissent régulièrement d'arrière en avant. Elles sont allongées dans le sens transversal; leur extrémité externe est arrondie, leur extrémité interne légèrement amincie; de sorte que, très légèrement concaves en avant, elles sont convexes en arrière. Pour la dent postérieure, qui est la plus grande, le diamètre transversal est 0^m,015 et le diamètre antéro-postérieur est 0^m,005. Pour la dent antérieure qui est la plus petite les deux diamètres sont respectivement : 0^m,01 et 0^m,003.

« Les dents de la rangée externe ont à peu près la forme d'une poire. Leur extrémité externe, est effilée (elle est d'ailleurs légèrement mutilée dans l'échantillon), et leur extrémité interne est arrondie. Le diamètre transversal est 0^m,006 et le diamètre antéro-postérieur dans la partie la plus large est 0^m,003.

« Toutes les dents sont lisses.

« Pour la détermination de ce fragment on peut hésiter d'abord entre les genres *Coelodus* et *Anomoeodus*; mais dans ce dernier la rangée principale est flanquée de rangées de dents beaucoup plus petites par rapport aux dents principales. Il s'agit donc ici du genre *Coelodus*.

« Le rapport des diamètres transversal et longitudinal est 3; le diamètre transversal des dents latérales est environ la moitié de celui des dents principales. Cela rapproche de *Coelodus parallelus* Dixon du Sénonien supérieur de France et d'Angleterre ; mais dans cette espèce beaucoup plus grande, les dents principales sont arrondies aux deux extrémités et régulièrement elliptiques [1].

« Il y a des rapports surtout avec *Coelodus attenuatus* du Turonien de France (Priem, *Bull. Soc. géol.*, 1898, p. 230, pl. II, fig. 1), espèce également plus grande, mais où l'extrémité interne des dents principales est amincie comme dans le Pycnodonte de Perse, et où les dents latérales montrent un étirement marqué.

« Je regarde le Pycnodonte du Crétacé supérieur de la Perse comme une forme intermédiaire entre *Coelodus attenuatus* et *Coelodus parallelus*. On pourrait en faire une espèce nouvelle sous le nom de *Coelodus Morgani* ».

1. Pour *Coelodus parallelus*, voir Dixon, *Geolog. of. Sussex*, pl. XXXIII, fig. 3 et Priem, *Bull. Soc. géol.*, 1896, page 292, pl. IX, fig. 23-25.

FUSIDÉS, BUCCINIDÉS, MURICIDÉS

Même après les importants travaux de Cossmann la distinction de ces diverses familles est souvent bien difficile, cet auteur ayant lui-même varié sur l'attribution de certaines formes qu'il avait attribuées d'abord aux Fusidés (*Lathyrus*) et qu'il place maintenant dans les Buccinidés (*Janiopsis*). On peut même se demander si ces familles, établies surtout d'après les analogies avec les formes vivantes, sont vraiment des groupes naturels. L'étude des formes crétacées et surtout des formes mésogéennes est particulièrement importante à ce point de vue : malheureusement les espèces de Perse sont trop médiocrement conservées pour nous fournir des indications précises ; tout ce qu'il est possible de dire, c'est que les diverses formes qu'on rencontre à ce niveau présentent de grandes analogies entre elles, comme si elles étaient encore peu éloignées d'une souche commune. On avait déjà fait remarquer du reste que dans ces diverses familles les formes anciennes présentaient fréquemment des plis à la columelle.

Mais à côté de ce type un peu banal avec son ornementation constituée par des côtes longitudinales coupées par des filets spiraux, il ne faut pas oublier qu'il en existe d'autres comme les *Pseudoliva* dans les Buccinidés, les *Tudicla* dans les Turbinellidés qui sont déjà bien nettement différenciées.

Lathyrus cf. striatulus, Briart et Cornet.

Pl. XL, fig 2.

1869. *Turbinella striatula*, Briart et Cornet, *Descr. des fossiles du Calc. de Mons* (*Mém. Ac. Bruxelles*, t. XXXVI), p. 10, pl. L, fig. 6.

L'échantillon que nous rapportons à cette espèce rappelle bien, par sa forme générale, l'espèce de Mons, et il présente également deux plis bien marqués à la columelle. La surface est un peu encroûtée, ce qui masque les filets spiraux. Le canal paraît un peu plus court.

Il ressemble beaucoup aussi au *Lathyrus Reussianus* de Stoliczka, mais les côtes sont moins nombreuses, plus fortes et en outre, dans l'espèce de Perse l'ouverture paraît contractée.

On pourrait le rapprocher également du *Streptochetus crassifunis*, Cosm. et Piss., de l'Éocène du Cotentin (figuré sous le nom de *St. crassifilosus*, pl. XI, fig. 17). Mais celui-ci a le canal plus long et plus droit.

GISEMENT : Dans les couches à Cérites (Maëstrichtien).

LATHYRUS, sp.

Pl. XL, fig. 4.

Grande forme à canal droit, assez long et incomplet à son extrémité. La conservation est assez médiocre; il semble cependant qu'il existe deux plis à la columelle. L'ornementation est formée de côtes longitudinales arrondies au nombre de 7 à 10 par tour, croisées par des filets spiraux simples parallèles à la ligne de suture et distants de 1 millimètre environ.

Cette forme se rapproche par son ornementation de *Fusus Renauxi*, d'Orb., d'Uchaux, cité également par Zekeli à Gosau (cette citation est considérée comme douteuse par Stoliczka) Dans l'espèce de Perse les côtes sont tout à fait arrondies, tandis que leur profil est plus anguleux dans les formes du midi de la France.

GISEMENT : Couches à Cérites (Maëstrichtien).

JANIOPSIS sp.

Pl. XL, fig 3.

Par sa forme générale, par l'obliquité de la spire et par son ornementation formée de côtes longitudinales arrondies croisées par des filets spiraux, cet échantillon se rapproche de certains échantillons du *J. parisiensis*, Desh., de l'Éocène parisien; malheureusement la partie antérieure du canal est brisée et les caractères de la columelle ne sont pas visibles.

L'ornementation est du reste peu différente de celle des *Tritonidea* et des *Lathyrus*; il semble cependant que le canal antérieur est moins nettement détaché que dans ce dernier genre.

TRITONIDEA, cf. VAUGHANI, Meek et Hayden.

Pl. XL, fig. 7.

1901. *Cantharulus Vaughani*, in Cossmann, *Ess. de Paléoconchyliologie comparée*, vol. IV, p. 172, pl. VII, fig. 1.

Cette coquille très incomplète rappelle beaucoup par sa forme et son ornementation l'espèce de la craie supérieure d'Amérique; elle se rapproche aussi du *Turbinella fusiopsis* du calcaire de Mons, mais elle ne paraît pas avoir de plis à la columelle. Elle se rapproche également de certains *Melongena* éocènes tels que le *Pugilina interposita*; mais le canal est trop incomplet pour qu'il soit possible de faire aucun rapprochement précis.

GISEMENT : Couches à Cérites.

MURICOPSIS HANNONICA, Briart et Cornet.

Pl. XL, fig. 5, 6.

1869. *Murex Hannonicus*, Briart et Cornet, *Descr. des foss. du calc. de Mons* (*Mém. Ac. Bruxelles*, t. XXXVI), p. 3, pl. I, fig. 1.

La coquille est courte et formée d'un petit nombre de tours, anguleux à la partie inférieure; l'ornementation rappelle celle des *Lathyrus* : elle est formée de côtes longitudinales croisées par des filets spiraux. Les côtes sont arrondies en arrière et quelquefois lamelleuses en avant, comme dans les varices des *Murex*.

Un peu en avant de la suture, les côtes présentent une saillie légèrement anguleuse, en arrière de laquelle on distingue une sorte de bande concave ornée de filets granulés comme dans certains *Cassidula*; cette disposition est bien marquée sur la figure 5. La figure 7 ne représente qu'un fragment, mais plus adulte que le précédent et à tours plus anguleux; il montre bien la très grande analogie de la forme de Perse avec l'espèce du calcaire de Mons.

Le canal paraît avoir été très court.

GISEMENT : Couches à Cérites (Maëstrichtien).

VOLUTIDÈS

Un certain nombre de formes de Perse ont une ornementation rappelant celle des *Tritonidea*, c'est-à-dire constituée par des côtes longitudinales et par des filets spiraux. D'autres au contraire ne présentent que des côtes sans filets spiraux et reproduisent exactement la forme et l'ornementation des *Lyria*.

VOLUTILITHES, cf. CRENULIFER, Bayan.

Pl. XL, fig. 8 et 9.

Voluta crenulata, Lk. 1802, Desh. 1837 et 1865, non Chemnitz.
1870. — *crenulifera*, Bayan, *Études coll. Éc. des Mines*, vol. I, p. 65.

La forme générale est trapue, et l'ornementation est constituée par des côtes longitudinales qui deviennent granuleuses par le croisement de filets spiraux. Les deux filets les plus rapprochés de la suture sont un peu plus espacés que les autres et correspondent à des tubercules plus saillants.

L'échantillon de la figure 9 présente à la columelle un pli saillant en avant, suivi d'un deuxième peu marqué.

L'ornementation est très analogue à celle du *V. crenulifer* de Grignon et du Vicentin, les côtes longitudinales sont seulement un peu moins serrées.

Rappelons que Briart et Cornet ont décrit une forme voisine du calcaire de Mons sous le nom de *V. elevatus*; le *V. radula* de la craie supérieure de Trichinopoly est également peu différent.

GISEMENT : Couches à Cérites (Maëstrichtien).

VOLUTILITHES, sp.

Pl. XL, fig. 10.

Une seconde espèce a des côtes longitudinales beaucoup plus fines, filiformes, distantes de 1 millim. 5, et croisées par des filets spiraux ayant à peu près le même écartement. Elle rappelle le *V. mutatus*, Desh. des sables moyens.

LYRIA, cf. TURGIDULA, Desh.

Pl. XL, fig. 11, 12, 13, 14.

La forme générale et l'ornementation rappellent tout à fait l'espèce de l'Éocène : les échantillons sont plus ou moins renflés, ou plus ou moins allongés, ils sont toujours ornés de côtes longitudinales arrondies et lisses se terminant par une saillie immédiatement en avant de la suture; on distingue à la columelle 3 ou 4 plis dont l'antérieur paraît le plus saillant, tandis que dans l'espèce de l'Éocène c'est le second qui est plus développé que les autres.

CANCELLARIIDÉS

CANCELLARIA (UXIA), cf. ANGUSTA, Watelet.

PL. XL, fig. 15.

Un seul échantillon, rappelant tout à fait les formes de l'Éocène inférieur : spire assez allongée, dernier tour arrondi, présentant en avant un canal très court et peu profond. La surface est ornée de côtes longitudinales, arrondies, peu saillantes et nettement granuleuses. Le labre est épaissi et correspond à une varice externe granuleuse; un peu à droite on distingue une seconde varice distante de la précédente de 3/4 de tour environ; d'autres varices à peu près équidistantes sont visibles sur la spire.

La columelle présente plusieurs plis assez distincts.

L'analogie avec les cancellaires du groupe *angusta-speciosa*, est extrêmement frappante; le labre paraît seulement un peu moins régulièment arrondi, il est comme coudé en arrière près de la suture, mais c'est peut-être le résultat d'une déformation accidentelle.

GISEMENT : Couches à Cérites (Maëstrichtien).

PLEUROTOMIDÉS

Les échantillons recueillis par M. de Morgan, appartiennent tous au même groupe; d'après leur forme générale, leur canal relativement court et la disposition de l'échancrure très large, qui occupe la région comprise entre la suture et la carène, on peut les rapprocher du genre *Drillia*.

DRILLIA MORGANI, n. sp.

Pl. XL, fig. 16.

Spire allongée et canal relativement court; columelle tordue en avant et présentant un fort bourrelet correspondant à cette torsion. On distingue au milieu des tours une carène très saillante et un peu noduleuse; toute la surface de la coquille et la carène elle-même sont couvertes de filets spiraux très réguliers et distants de $0^{mm},3$ environ; la partie saillante de la carène présente deux filets un peu plus accentués que les autres.

Cette espèce ressemble au *Drillya Bouryi*, Cossmann, du Lutécien, mais la carène est bien plus saillante, plus épaisse, ce qui rend la partie supérieure des tours plus concave. En outre, dans l'espèce du bassin de Paris l'ornementation est formée de sillons séparés par des bandes lisses, elle est par suite bien différente de celle des échantillons de Perse dont la surface est couverte de filets saillants; l'échancrure est également placée plus bas dans cette dernière espèce, son sommet correspondant à peu près au milieu de l'intervalle compris entre la suture et la carène.

Cette espèce est très variable : si l'on prend comme type l'échantillon de la figure 16, on peut distinguer les variétés suivantes :

Var. *nodosa* (fig. 17, 18, 19) : ornementation plus accentuée, tubercules de la carène plus distincts et rendant celle-ci discontinue; filets plus épais et plus ou moins granuleux entre la carène et la suture.

Var. *gracilis* (fig. 20) : variété extrême très allongée, à carène peu saillante et dépourvue de tubercules.

Var. *curta* (fig. 21) : autre variété extrême à spire courte, mais présentant la même ornementation que le type. Elle forme passage à l'espèce suivante.

GISEMENT : Louristan, couche à Cérites (Maëstrichtien).

DRILLIA PERSICA, n. sp.

Pl. XL, fig. 22.

Cette forme diffère tellement du type par la brièveté de sa spire que nous la distinguons comme espèce particulière. La carène est très comprimée, très saillante et perlée. En outre on distingue sur le dernier tour une seconde carène correspondant à peu près à la position de la ligne de suture.

GISEMENT : Avec l'espèce précédente.

DRILLIA sp.

Pl. XL, fig. 23 *a*, *b*.

Un dernier échantillon de petite taille appartient encore au même groupe. La carène est plus élargie et placée un peu plus en avant ; elle est également ornée de filets et noduleuse ; un léger bourrelet postérieur est placé immédiatement en avant de la suture; entre ce bourrelet et la carène une dépression peu marquée correspond au sinus du labre.

GISEMENT : Couches à Cérites (Maëstrichtien).

TRITONIDÉS

Cette famille a été séparée par Fischer du grand groupe des Siphonostomes pour être rapprochée des Cassidés et autre formes à varices, et être placée en tête des Tænioglosses, d'après les caractères fournis par la radule. Il semble en effet que ceux-ci sont assez constants dans un même groupe phylogénique, et il faudrait en conclure que les Tritonidés sont plus proches parents des Siphonostomes anciens que les Fusidés. Quoi qu'il en soit et bien que les échantillons du Crétacé de Perse soient trop incomplets pour donner des indications précises, il n'en est pas moins intéressant de retrouver dans ces formes une ornementation bien voisine de celle des Fusidés anciens, et constituée également par des côtes longitudinales, croisées par des filets spiraux. Les varices sont bien nettes et rappellent tout à fait celle des Tritonidés.

Les Tritons ont été cités depuis longtemps par Zekeli dans la craie de Gosau, mais Stoliczka (1865) a fait voir que la plupart de ces espèces appartiennent à d'autres familles : une seule forme, *Trit. gosavicum* lui paraît présenter les caractères de ce genre. Un peu plus tard, le même auteur a décrit quatre espèces de la craie supérieure de l'Inde qu'il attribue aux genres *Hindsia*, *Tritonium* et *Lagena* ; il signale en outre quatre formes dans le Crétacé d'Europe, quatre dans celui de l'Amérique du Nord et cinq espèces douteuses. Enfin Briart et Cornet ont décrit un certain nombre de formes du Calcaire de Mons. Cette famille est donc assez abondamment représentée vers la fin de la période secondaire.

TRITONIUM, cf. MARIÆ, Br. et C.

Pl. XL, fig. 24.

1870. *Triton Mariæ*, Briart et Cornet, *Descr. des foss. du calc. de Mons* (*Mém. Ac. Bruxelles*, t. XXXVI), p. 5, pl. I, fig. 2.

Les échantillons de Perse, quoique bien plus grands que ceux de Belgique, présentent cependant avec ceux-ci une grande analogie de forme et d'ornementation : les côtes longitudinales sont rendues un peu granuleuses par le croisement des filets spiraux. Cependant les côtes sont plus obliques dans notre espèce; elles sont au nombre de douze par tour, tandis que Briart et Cornet indiquent que dans l'espèce de Mons, ce nombre varie de douze à seize. Les filets sont aussi plus espacés : on n'en distingue guère que trois sur les tours autres que le dernier.

La taille de notre échantillon atteint 28 millimètres et devait par suite dépasser 30 millimètres, si l'on tient compte de la cassure de la pointe; elle est donc trois fois environ plus grande que celle du type.

Gisement : Louristan, couches à Cérites.

Tritonium (Sassia), sp.

Pl. XL, fig. 25.

Un second échantillon malheureusement incomplet est beaucoup plus renflé, et sa spire est bien plus déformée par les varices. Celles-ci sont distantes de un peu plus de un demi tour; elles sont donc plus rapprochées que dans l'espèce précédente. Les côtes longitudinales sont au nombre de douze à treize par tour; on compte quatre ou cinq filets spiraux sur les tours autres que le dernier.

L'irrégularité de la spire fait paraître l'échantillon un peu bossu et rappelle tout à fait le genre *Sassia*.

Gisement : Louristan, Couches à Cérites.

CÉRITHIDÉS

On a réuni dans cette famille un grand nombre d'espèces fossiles qui par leur forme générale et leur mode d'ornementation rappellent les Cérites vivants.

M. Cossmann a fait observer avec beaucoup de raison, que la plupart des espèces des terrains secondaires sont dépourvues du canal antérieur caractéristique des *Cerithium* proprement dits (groupe des *C. cerithium* et *C. nodulosum*) et se rapprocheraient plutôt des Diastomidés.

Mais d'un autre côté tout semble indiquer que le canal s'est développé progressivement et que c'est un caractère essentiellement *évolutif*, c'est-à-dire d'autant plus marqué que l'espèce est plus évoluée, plus récente; au point de vue de la classification son importance est donc tout à fait secondaire.

L'ornementation de la coquille qui est dans la dépendance directe de la forme du labre, nous a paru au contraire avoir une importance bien plus grande; c'est un caractère nettement *statif* et qui permet d'établir des séries assez homogènes pour qu'on puisse les considérer comme constituant du rameaux naturels.

Nous arrivons à distinguer ainsi deux groupes principaux, celui des **Cérithidés** dans lequel le labre est peu sinueux, très légèrement concave sur le côté ou quelquefois même presque plan, et celui des **Campanilidés**, dans lequel le labre est beaucoup plus infléchi et en forme d'S inverse; il est très fortement oblique en arrière sur le côté droit, et tantôt il conserve cette obliquité jusqu'à la suture, tantôt il se recourbe un peu en avant dans le voisinage de cette dernière.

M. Cossmann[1] nous a montré que les formes du premier groupe sont représentés dès l'infralias par les deux genres *Paracerithium* et *Procerithium* ayant tous les deux une ouverture dépourvue de canal antérieur; l'ornementation est essentiellement constituée par des cordons spiraux souvent perlés et surélevés de distance en distance par des *varices* donnant lieu à des côtes longitudinales (côtes axiales de M. Cossmann) un peu concaves en avant comme les lignes d'accroissement auxquelles elles correspondent; c'est le caractère du genre *Paracerithium*, tandis que le genre *Procerithium* n'a que des cordons spiraux, croisés par des lignes d'accroissement, avec perles plus ou moins accentuées aux points de croisement. La distinction n'est du reste pas toujours facile, car dans le terrain jurassique les *Procerithium* prennent souvent des côtes transverses mais plus arrondies et moins anguleuses que dans les *Paracerithium*. Normalement l'ouverture est dépourvue de canal, mais exceptionnellement ce dernier apparaît dans quelques espèces, comme le *C. fusiforme* de Montreuil-Bellay.

1. *Bull. Soc. Géol. Fr* [4], t. II, p. 173 (infralias de la Vendée).

Dans le terrain crétacé on observe la disparition des côtes transverses : c'est le cas par exemple pour le *C. Phillipsi* du Néocomien de Gy l'Évêque qui a encore des côtes dans le jeune âge mais qui dans l'adulte n'a plus que des cordons perlés, au nombre de quatre; deux autres généralement continus se distinguent sur le dernier tour, le cordon n° 5 correspondant à la ligne de suture. En outre on observe de fins cordons intercalés par trois dans chaque intervalle des cordons principaux; les derniers tours présentent une ou deux grosses varices bien caractérisées et tout à fait distinctes des côtes variqueuses du jeune âge.

Ce groupe un peu particulier des *Procerithium* est assez largement représenté dans la craie supérieure aussi bien en Perse qu'à Gosau.

Genre Procerithium, Cosmann.

Tours ornés de plusieurs cordons perlés avec intercalation de cordons plus fins et présentant quelques varices.

Procerithium Morgani, n. sp.

Pl. XLI, fig. 1 à 11.

Espèce très nettement caractérisée par ses trois cordons perlés avec fines lignes spirales intercalées en nombre variable, le cordon postérieur s'appuyant sur la ligne de suture. En avant un quatrième cordon très saillant forme carène; il est plus finement perlé que les autres et correspond à la ligne de suture antérieure; un cinquième peu saillant est visible sur le dernier tour.

L'ouverture est insuffisamment conservée; elle paraît cependant présenter un bec ou canal antérieur court, peu profond. Les lignes d'accroissement sont régulièrement concaves en avant; une forte varice à 3/4 de tour de l'ouverture.

On observe dans le mode d'ornementation d'assez grandes variations résultant surtout du développement relatif des perles dans les différents cordons; le type (fig. 7) a les perles du cordon n° 1 assez espacées, celles des cordons 2 et 3 sont un peu plus serrées; la carène (n° 4) a des perles deux fois plus nombreuses et plus petites, le cordon n° 5 est très finement perlé.

L'échantillon de la figure 11 constitue une variété assez distincte : les lignes d'accroissement sont bien plus obliques en avant dans le voisinage de la ligne de suture; le cordon de perles n° 1 est un peu plus écarté de la suture, le cordon n° 2 est plus développé que les autres, la carène antérieure (n° 4) est très saillante.

Cette espèce est voisine du *Cer. pustulosum*, Sow. de Gosau, elle s'en distingue facilement par le plus grand développement de sa carène antérieure, elle se rapprocherait un peu plus du *Cer. distinctum*, Zekeli, qui a quatre cordons de perles subégaux, mais dans cette dernière forme le cordon n°4 est encore moins saillant que dans l'espèce de Perse, les autres lignes de perles sont relativement plus développées et les filets intercalés paraissent moins nombreux.

GISEMENT : Couche à Cérites (Maëstrichtien) du Louristan.

PROCERITHIUM PERSICUM, n. sp.

Pl. XLI, fig. 13, 14, 15.

Tours ronds ornés de cinq cordons de perles subégales, avec filets fins intercalés; les deux cordons médians (nos 3 et 4) généralement un peu plus saillants, le n° 5 moins développé, souvent caché par la suture; un n° 6 visible sur le dernier tour et peu développé; lignes d'accroissement concaves en avant; une forte varice sur le dernier tour.

L'échantillon de la figure 17 a son ouverture assez bien conservée, bordée par un épaississement variciforme; l'extrémité antérieure de la coquille est un peu brisée : elle montre un commencement de canal paraissant infléchi vers la gauche de l'animal.

GISEMENT : Dans les calcaires à Cérites du Louristan.

PH. PERSICUM, var.

Pl. XLI, fig. 16, 17.

Tours plus étroits, plus renflés, les deux cordons médians plus saillants que les autres; varices des derniers tours extrêmement saillantes.

GISEMENT : Avec le précédent.

PROCERITHIUM MILLEGRANUM, Munster in Goldf.

Pl. XLI, fig. 18, 19, 20.

1834-40. *Cerithium millegranum*, Goldfuss (*Petrif. Germ.* 2e partie, p. 36, pl. CLXXIV, fig. 13).

1852. — — Zekeli, *Die Gastrop. der Gosangebilde*, pl. XXI, fig. 4 et 5.

Cette espèce bien figurée par Goldfuss (comme provenant du Tyrol) et ensuite par Zekeli qui en a précisé le gisement, se retrouve en Perse avec les mêmes caractères.

L'ornementation du jeune est bien celle d'un *Procerithium* typique, comme on le voit sur la fig. 19 : les tours sont ornés de cordons spiraux assez nombreux, sur lesquels des perles sont alignées de manière à produire des côtes qui correspondent aux lignes d'accroissement.

Ces côtes s'atténuent bientôt et on observe alors (fig. 18 et 19) trois gros cordons de perles séparées par des cordons plus fins également perlés, certains de ces cordons augmentent ensuite d'importance de telle sorte que le nombre des gros cordons devient plus grand; il est de sept sur le dernier tour qui est tout à fait arrondi en avant; en même temps se développent de grosses varices distantes d'environ 3/4 de tour.

La coquille dans son ensemble est arrondie, légèrement pupiforme mais les tours sont beaucoup plus plats que dans le *Pr. persicum*; les rangées de perles sont aussi plus nombreuses. Ce même caractère le distingue également du *Proc. Morgani*; en outre la forme du dernier tour est bien différente dans les deux espèces, il est quadrangulaire dans celle-ci, tandis qu'il est arrondi dans le *P. millegranum*.

GISEMENT : Dans les calcaires à Cérites (Maëstrichtien) du Louristan.

Procerithium duplex, n. sp.

Pl. XLI, fig. 24, 25, 26.

Nous réunissons sous ce nom trois échantillons de tailles assez différentes mais ayant une ornementation analogue.

Les deux plus petits (fig. 24 et 25) montrent comme le *Potamides crispoides*, trois cordons perlés avec intercalation de cordons plus fins et sur le dernier tour deux autres cordons rapprochés correspondant à la ligne de suture antérieure; mais la spire est beaucoup plus aiguë et il existe des varices, ce qui le distingue des *Potamides*.

Les perles dessinent des lignes d'acroissement légèrement et régulièrement concaves en avant.

L'ouverture assez bien conservée sur un des échantillons (fig. 25) montre en avant un canal court et à peu près droit.

Le gros échantillon de la fig. 26 présente la même ornementation exagérée, au moins quant aux deux cordons perlés, n°s 2 et 3 qui sont subégaux; le n° 1 ou cordon postérieur, encore indiqué en arrière disparaît complètement sur les derniers tours; des varices peu saillantes, mais cependant bien marquées se distinguent sur chaque tour. Toute la surface est couverte de cordons spiraux très fins.

Gisement : Avec les espèces précédentes.

Procerithium lurum, n. sp.

Pl. XLI, fig. 33 *a*, *b*.

Forme voisine du *Procer. duplex*, mais présentant trois cordons de perles réguliers et égaux, en plus de celui de la suture postérieure; un seul cordon non perlé correspondant à la suture antérieure. En outre des cordons très fins couvrent toute la surface.

L'ouverture a la forme habituelle : légèrement concave dans la région latérale du labre, elle présente en avant un canal court et droit. On distingue des varices sur tous les tours.

L'absence de carène antérieure distingue cette espèce du *P. Morgani*;

l'absence de cordons sur la région antérieure, ne permet pas de la confondre ni avec le *P. persicum*, ni avec le *P. millegranum*. Enfin nous avons vu que la disposition des cordons était un peu différente de celle du *P. duplex*; il est possible du reste qu'elle ne soit qu'une variété de cette dernière espèce.

GISEMENT : Dans les couches à Cérites.

Genre POTAMIDES, Brongniart.

Se distingue de *Procerithium* par l'absence de varices.

POTAMIDES CRISPOIDES, n. sp.

Pl. XLI, fig. 22, 23.

Deux petits échantillons dont l'ornementation rappelle beaucoup celle de certaines variétés du *Pot. crispus* du calcaire grossier de Grignon ; mais la taille est plus petite et la spire est moins allongée, moins aiguë. On distingue trois cordons spiraux ornés de perles : le cordon postérieur est à la ligne de suture, les deux autres cordons sont assez rapprochés et un peu antérieurs; les perles sont groupées et dessinent de légères côtes rapprochées, suivant les lignes d'accroissement et concaves en avant; sur le dernier tour on distingue en outre sur la partie antérieure, deux petits cordons très rapprochés correspondant à la ligne de suture.

Toute la surface est ornée de fins cordons spiraux; deux de ces cordons un peu plus gros sont intercalés entre les cordons principaux 1 et 2.

L'ouverture est bordée du côté de la columelle; la région du canal est brisée. Il ne paraît pas exister de varices.

GISEMENT : Couches à Cérites du Louristan (Maëstrichtien).

POTAMIDES, sp.

Pl. XLI, fig. 28, 29, 30.

Nous figurons à titre de simple indication trois petits échantillons dont les tours sont arrondis et ornés de quatre cordons spiraux. Cette ornementation rappelle celle de certaines Turritelles, mais la columelle est massive, ce qui écarte les Turritelles proprement dites, et quoique les échantillons soient brisés en avant, la partie antérieure des tours rappelle plutôt les Cérithidés que les *Mesalia*.

LAMPANIA (?), sp.

Pl. XLI, fig. 27.

Nous avons fait figurer un échantillon très incomplet mais qui montre une assez grande analogie avec les *Lampania* de l'Éocène; son ornementation dérive de celle des *Proçerithium* et en particulier du *Pr. duplex*. Il a comme lui trois cordons perlés dont un sutural, deux autres légèrement antérieurs et deux petits cordons tout à fait en avant entre lesquels vient se placer la suture antérieure. Mais ici le cordon n° 2 est devenu épineux comme dans les *Lampania*, et il est bien probable que si le labre était conservé il présenterait là le sinus caractéristique de ce groupe. Il paraît ne pas y avoir de varices.

GISEMENT : Couches à Cérites.

PIRENELLA, sp.

Pl. XLI, fig. 31 et 32.

Nous avons également fait figurer à titre de renseignement deux échantillons présentant sur chaque tour cinq cordons spiraux fortement perlés et reproduisant presque identiquement la forme et l'ornementation des *Pirenella*.

GISEMENT : Couches à Cérites.

Genre ORTHOCHETUS, Cossmann, 1880.

Ce genre a été proposé (*Cat. coq. éocènes des env. de Paris*, 4e fasc., p. 63) pour des formes à canal droit, assez long, ayant le test treillissé et les tours carénés en avant; le type est le *C. Leufroyi*, de l'Éocène moyen, mais c'est un groupe ancien qui paraît exister déjà dans la craie de Gosau.

ORTHOCHETUS MAPEULENSIS, n. sp.

Pl. XLI, fig. 12.

Dans son ensemble cette espèce rappelle tout à fait le type du genre : l'ornementation est très analogue et se compose de quatre cordons spiraux finement tuberculés, et de côtes longitudinales linéaires et régulièrement espacées. C'est le troisième cordon spiral (en les comptant à partir de la suture postérieure) qui dessine une forte carène saillante et donne aux tours une section trapézoïdale, rétrécie en arrière.

L'ouverture est assez bien conservée, et montre en avant un canal étroit, droit et assez court. Le bord columellaire est constitué par une lame nettement détachée et présente en avant une fissure ombilicale.

La coquille est plus allongée que celle du *C. Leufroyi*, ses tours sont plus étroits et le canal antérieur est plus court; en outre le quatrième cordon, en avant de la carène, qui est simple dans l'espèce de Perse est au contraire double dans celle du bassin de Paris.

Le *C. tectiforme*, Binkhorst de la craie de Maestricht présente une ornementation analogue mais beaucoup plus fine ; les tubercules sont bien plus nombreux.

Le *C. cribriforme*, Zekeli, de Gosau est aussi une forme très voisine; mais dans cette espèce les côtes sont beaucoup plus robustes, moins linéaires, et les tours croissent plus rapidement ; la spire est moins allongée.

GISEMENT : Couches à Cérites (Maëstrichtien).

Genre CERITHIUM.

Nous restreignons ce genre aux formes ornées sur *toute* leur surface de cordons spiraux de grosseur inégale et croisés de grosses côtes longitudinales, en nombre variable. Il comprend non seulement le *Cer. cerithium* et le *Cer. nodulosum*, types du genre, dans lesquels les cordons spiraux ont une largeur un peu anormale, mais d'autres espèces, comme le *C. dialeucum*, qui par l'étroitesse de leurs cordons se rapprochent davantage des formes fossiles.

Ce groupe paraît se rattacher aux *Paracerithium* du Jurassique inférieur de M. Cossmann. Il est représenté dans le crétacé inférieur par le *Cer. Valeriæ* d'Utrillas qui présente dans le jeune âge six à huit grosses côtes souvent alignées plus ou moins obliquement d'un tour à l'autre. Parmi les cordons spiraux on en distingue deux plus saillants que les autres sur le milieu des tours, un troisième à la ligne de suture antérieure et un quatrième en avant. En outre six cordons de second ordre sur la partie latérale des tours, quatre en avant auxquels il faut ajouter un grand nombre de cordons de troisième ordre.

Dans la craie supérieure de Perse ce groupe est bien représenté ; mais il comprend des types assez différents les uns des autres : les *Cerithium* proprement dits à grosses côtes épineuses en leur milieu, rappellent le *Cer. nodulosum* ; d'autres formes ont les tours moins convexes, et des côtes étroites et allongées se correspondant presque toujours sur les différents tours, et présentant une saillie ou tubercule postérieur ; c'est le groupe bien connu du *Cer. angulatum*, que M. Cossmann range dans le genre *Pyrazus*, bien que l'ouverture dans les formes fossiles soit assez nettement différente de celle du type du genre.

Cerithium Stoddardi, Hislop.

Pl. XLII, fig. 1, 2, 3 et 4.

1860. C. Stoddardi, *Hislop, on the tertiary deposits associated with trap-rock, in the East Indies* (*Quart. journ. of the geol. Soc. of London*, vol. XVI, p. 177, pl. VIII, fig. 35, 15 juin 1859).

Les échantillons de Perse correspondent bien par leur forme et leur ornementation générale au type figuré de cette espèce ; le détail de l'ornementation est plus accentué, mais cela provient peut-être du mode de conservation du type ; car nous avons sous les yeux un bon échantillon de l'Inde qui par son ornementation se rapproche beaucoup plus de ceux de la Perse : ce spécimen a une ouverture bien conservée et un canal antérieur droit bien caractérisé.

Le plus gros échantillon de Perse (fig. 1) atteint une largeur de 57 millimètres ; on distingue sur le dernier tour sept grosses côtes qui présentent en leur milieu une saillie anguleuse ou épineuse bien marquée, correspondant à un cordon spiral plus développé que les autres. En avant de ce cordon on en distingue deux autres un peu plus faibles et perlés surtout dans le jeune ; un quatrième de même importance correspond à la ligne de suture antérieure ; un cinquième fortement marqué apparaît sur la partie antérieure du dernier tour. Seize à dix-sept cordons plus petits et alternativement de grosseur différente se montrent dans les intervalles des précédents : deux un peu plus forts que les autres en arrière de la ligne des épines, trois à quatre dans l'intervalle des cordons principaux et treize environ tout à fait en avant. Les lignes d'accroissement et les côtes sont presque planes et à peine concaves en avant. C'est bien le caractère de l'ouverture des *Cerithium*.

Les échantillons des figures 2 et 4 présentent des caractères analogues ; celui de la figure 3 présente sa pointe et montre par suite les caractères du jeune : à l'origine on distingue seulement cinq côtes par tour, alignées obliquement, mais le dernier tour en présente déjà sept. Les trois cordons spiraux les plus importants sont bien marqués et sont perlés comme nous l'avons déjà signalé sur le premier échantillon ; la surface est moins bien conservée que sur les deux premiers et le détail des cordons de troisième ordre n'est pas visible.

Gisement : Couches à Cérites (Maëstrichtien) du Louristan.

Genre Pyrazus, Montfort.

Nous appliquons cette dénomination comme on le fait généralement au groupe du *C. angulatum*, qui présente de grosses côtes longitudinales souvent alignées d'un tour au suivant. Elles sont striées, mais non épineuses, et se terminent plus ou moins brusquement en arrière par une saillie tuberculiforme. Une ornementation analogue se retrouve dans quelques Mélaniens; mais dans ces derniers l'ornementation du jeune est bien différente et tout à fait caractéristique ; elle se compose toujours de côtes simples, droites et obliques en arrière.

PYRAZUS PYRAMIDATUS, Desh.

Pl. XLII, fig. 5, 6.

Il y a tellement peu de différences entre les échantillons de Cuise et ceux de Perse, qu'il nous a paru impossible de les attribuer à des espèces distinctes. Le plus gros de nos spécimens (fig. 5) a la forme d'une pyramide assez régulière dont les six arêtes sont formées par des côtes ou bourrelets droits, étroits et nettement délimités ; ces côtes se terminent en arrière à la suture, par un tubercule arrondi ; sur le dernier tour elles sont un peu plus saillantes au milieu, le tour ayant une tendance à être plus convexe. En avant les côtes s'atténuent et disparaissent dans la partie antérieure des tours.

Les côtes et les lignes d'accroissement sont à peine concaves en avant.

Le dernier tour présente une côte de plus que les précédents.

Les tours sont ornés de sept à huit cordons spiraux légèrement perlés avec quelques cordons plus fins intercalés ; on en compte une quinzaine sur le dernier tour.

Le deuxième échantillon (fig. 6) n'a que cinq côtes au lieu de six.

GISEMENT : Couches à Cérites du Louristan.

PYRAZUS STILLANS, Vidal, race *persica*.

Pl. XLII, fig. 7 à 13.

1874. *Melania stillans*, Vidal, *Datos para el conocimiento del terreno garumnense de Cataluña* (Mem. comm. map. geol. de España), p. 26, pl. II, fig. 10, 11, pl. V, f. 26.

L'ornementation générale est la même que dans l'espèce précédente, mais les tours sont plus étroits, plus convexes, les côtes plus nombreuses, plus arquées, et même quand elles s'alignent, elles sont toujours nettement séparées, tandis que dans l'espèce précédente elles paraissaient se continuer d'un tour au suivant.

Les côtes sont au nombre de six ou de sept par tour; régulièrement convexes dans le plan axial, elles se terminent par un léger tubercule en arrière près de la suture, tandis qu'en avant elles s'atténuent et disparaissent à la ligne suturale. Ces côtes sont croisées par environ huit cordons spiraux, souvent perlés dans l'intervalle des côtes.

Sur le dernier tour les côtes deviennent plus saillantes et donnent naissance à un tubercule bien marqué un peu en avant de la suture; par contre elles sont moins développées dans le sens de la longueur.

Cette espèce est extrêmement voisine de la *Melania stillans*, Vidal, du Garumnien de Catalogne ; les formes jeunes sont identiques, mais dans l'adulte on observe quelques différences : le tubercule en avant de la suture se développe plus tôt dans les échantillons de Catalogne et c'est à lui que se réduisent presque les côtes sur le dernier tour, la côte elle-même s'atténuant beaucoup. Dans les spécimens de Perse au contraire, ce tubercule s'écarte un peu de la ligne suturale et la côte devient beaucoup plus saillante sur le dernier tour et comme bituberculée. Mais cette différence ne nous a pas paru être d'ordre spécifique.

Ces formes de *Pyrazus* ont été quelquefois confondues avec des *Pirena*, c'est-à-dire avec des Mélaniens ; l'ornementation est en effet analogue dans l'adulte, surtout par suite du développement plus ou moins épineux des côtes du dernier tour. Mais la distinction se fait facilement lorsqu'on peut observer l'ornementation de la coquille jeune : dans les *Pirena* les premiers tours sont ornés de côtes droites, linéaires, rapprochées et franchement *obliques*, tandis que dans les Pyrazus, les côtes sont *droites* ou faiblement concaves, relativement plus grosses, en forme de bourrelet, et beaucoup moins nombreuses. C'est ainsi que d'après ces caractères la *Mel. vulcanica* est un Cérite, tandis que la *Mel. Cuvieri* est bien une Pirène.

Gisement : Couches à Cérites (Maëstrichtien).

PYRAZUS ELONGATUS, n. sp.

Pl. XLI, fig. 21, et pl. XLII, fig. 14.

Coquille bien plus allongée que la précédente, à côtes plus grosses, en nombre variable, quatre par tour dans le petit échantillon, sept dans le gros. Les côtes sont croisées par des cordons spiraux beaucoup plus épais que dans les formes précédentes, et quelquefois perlés dans l'intervalle des côtes ; ils sont au nombre de six par tour ; on observe aussi quelques indications d'un cordon de second ordre intercalé par places entre les cordons de premier ordre.

Cette espèce se distingue du *Pyr. pyramidatus* par sa forme plus allongée, par ses côtes beaucoup plus grosses et par ses cordons plus épais.

GISEMENT : Couches à Cérites.

Genre TEREBRALIA, Swainson.

Nous rapportons provisoirement à ce type toute une série de formes crétacées qui présentent bien l'ornementation du *C. palustre*, mais qui en diffèrent par un canal moins tordu et une columelle presque dépourvue de plis. Ce sont en réalité les ancêtres ou les précurseurs des formes actuelles et il est probable qu'on sera amené plus tard à les considérer comme constituant un groupe générique spécial. Cette plus grande simplicité du canal est du reste un caractère habituel dans les formes crétacées.

TEREBRALIA MUNSTERI, Keferst.

Pl. XLIV, fig. 19, 20, 21, 22.

1834-1840. *Cerithium Munsteri*, (Keferstein), Goldfuss *Petrif. Germ.*, vol. II, p. 36, pl. 174, fig. 14.

1852. — — Zekeli, *Gastr. der Gosaugeb* (*Abh. der K. K. Geol. Reichsanst.*, vol. I), p. 105, pl. XXI, fig. 1 et 3.

1865. — — (*Pirenella*) Stoliczka, *Revision der Gastrop. der Gosausch.* (*Sitzber. des K. Akad. d. Wissensch.* Wien, 1875), p. 101.

Les échantillons de Perse ne sont pas très communs, et sont plus ou moins fragmentés, de sorte que nous ne pouvons ni discuter l'espèce, ni affirmer que les quatre échantillons figurés doivent être rapportés au même type : celui de la fig. 20 montre un canal antérieur assez marqué, avec une columelle droite et à peine une indication d'un pli ou plutôt d'un renflement antérieur. L'ornementation essentiellement formée de cordons larges délimités par des sillons est bien celle des Clava (Terebralia). On compte quatre de ces cordons sur la partie visible des tours, ils sont divisés en perles allongées qui s'alignent en côtes dont la concavité est tournée vers l'avant. Sur la partie antérieure du dernier tour on distingue de six à huit cordons spiraux et continus.

Ces formes à larges cordons séparés par des sillons étroits venant croiser des côtes plus ou moins concaves en avant sont représentées dès la craie inférieure et paraissent former un groupe spécial.

Gisement : Maëstrichtien, couches à Cérites.

Genre Semivertagus, Cossmann, 1889.

Dans son catalogue illustré des Coquilles fossiles de l'Éocène des environs de Paris[1], M. Cosmann a distingué sous ce nom la 5e section du genre Cerithium ayant pour type le *C. unisulcatum,* Lk. : « Columelle concave, dénuée de pli; canal court, souvent réduit à une simple et large dépression du contour antérieur, avec une échancrure qui n'existe jamais dans les *Diastoma*; labre incliné et bord columellaire détaché ». Il faut ajouter que ce canal ou plus exactement ce bec est très oblique par rapport à l'axe et fortement infléchi du côté gauche. Ce genre est très intéressant parce que cette forme de canal rappelle tout à fait la disposition que l'on observe dans beaucoup de formes secondaires.

L'ouverture est à peu près plane comme dans le plus grand nombre des formes franchement marines.

Au point de vue de l'ornementation on distingue de nombreux cor-

1. Publié par la Soc. roy. malacologique de Belgique, 4e fascicule, p. 32, décembre 1889.

dons spiraux très fins, un peu inégaux, ce qui rapprocherait ce groupe des Cérites vrais; les lignes d'accroissement sont presque droites ou un peu obliques comme dans les *Vertagus*. Les affinités sont encore plus grandes avec les *Diastoma* qui présentent la même obliquité de l'ouverture et une dépression à l'extrémité de la columelle. En outre l'extrémité postérieure de l'ouverture est également pincée dans les deux genres et présente une tendance plus ou moins accentuée à se détacher du tour précédent. L'ornementation est très analogue mais infiniment moins accentuée dans *Semivertagus*.

SEMIVERTAGUS UNISULCATUS, Lk.

Pl. XLIV, fig. 23 à 28.

Voir Deshayes, *Coq. foss. des environs de Paris*. Pour la synonymie de cette espèce bien connue, nous ajouterons seulement avec M. Cossmann (*loc. cit.*) :

1873. *Cerithium unisulcatum*, Briart et Cornet, *Descr. des fossiles du calc. gr. de Mons*, seconde partie, p. 54, pl. X, fig. 1 et 3 (les fig. 2 et 4 nous paraissent différentes).

Les échantillons de Perse sont plus gros et leur ouverture est en mauvais état, mais on distingue cependant bien nettement l'absence caractéristique de pli à la columelle et le pincement postérieur de l'ouverture; il résulte de cette disposition que la section de la cavité interne devient circulaire à une très faible distance en arrière de ladite ouverture; l'ornementation est nettement caractérisée et on observe même souvent (fig. 23, 26, 27, 28), comme dans les échantillons typiques du calcaire grossier, le sillon spiral qui a fait donner son nom à l'espèce.

La présence de cette forme dans le calcaire grossier de Mons est un rapprochement intéressant; il est probable qu'elle existe également dans la craie supérieure du Brésil où elle nous paraît avoir été décrite et figurée par White[1] sous le nom de *Vicarya Daphne*.

Les échantillons de Perse atteignent une plus grande taille que ceux des autres localités.

GISEMENT : Couches à Cérites (Maëstrichtien).

1. Ch. A. White, *Contribution to the Palaeontology of Bresil* [*Arch. do Museo Nacional de Rio de Janeiro*, vol. VII] pl. XIV, fig. 16, 17, 1888.

CAMPANILIDÉS

La coquille est conique, plus ou moins aiguë, avec canal antérieur généralement bien marqué. Elle se distingue de celle des Cérithidés par la grande obliquité du labre dans la moitié antérieure des tours ; celui-ci se prolonge ensuite suivant la génératrice du cône dans la moitié postérieure et se recourbe brusquement en avant dans le voisinage de la suture. C'est exactement la disposition que présente le *Campanile lœve* de la Nouvelle-Hollande.

Les tours sont presque toujours carénés à la partie antérieure ; ils ont alors une section plus ou moins rectangulaire et on peut distinguer les côtés latéraux du rectangle sous les noms de *labre* et *bord columellaire*, le côté antérieur sous le nom de *plafond* et le côté postérieur sous celui de *plancher* ; extérieurement l'ornementation rappelle celle des *Granocerithium*, elle est constituée par des cordons peu nombreux plus ou moins perlés, en saillie sur un fond finement strié. Un cordon postérieur immédiatement en avant de la suture, est ordinairement formé de tubercules plus gros, et souvent allongés dans le sens de la génératrice du cône.

A l'intérieur, on observe fréquemment des plis spiraux rappelant ceux des Nérinées, ce qui a fait quelquefois confondre ces deux groupes de formes, mais elles se distinguent facilement par la disposition du labre, toujours indiquée par les lignes d'accroissement : on sait que dans les Nérinées il existe une fissure ou échancrure étroite immédiatement en avant de la ligne suturale, tandis que dans les Campaniles, le labre dans cette région se recourbe au contraire en avant.

Généralement on observe deux cordons spiraux autour de la columelle et quelquefois un troisième sur le plancher. En outre, il existe quelquefois aussi des tubercules variqueux soit au plancher soit au plafond des tours. Mais ces caractères bien que fréquents ne sont pas essentiels puisqu'ils font défaut dans le représentant actuel du genre.

La spire est toujours régulièrement conique et ne présente ni côtes, ni varices.

Les Campaniles caractérisés essentiellement par la forme du labre, se rencontrent dans le jurassique inférieur où ils paraissent représentés notamment par le *C. Circe* du Bajocien. Le *C. unitorquatum* du Callovien et de l'Oxfordien appartient au même groupe, de même que le *C. Villanovæ* du Crétacé inférieur d'Utrillas, le *C. trimonile* et le *C. ornatissimum* de l'Albien. Le *C. belgicum* du tourtia de Montignies-sur-Roc présente bien l'ornementation caractéristique, mais il n'a pas encore les cordons spiraux internes; on distingue seulement des varices internes, sous forme de deux gros tubercules placés dans l'angle antérieur interne, l'un sur le plafond et l'autre sur le labre.

C'est dans le Crétacé supérieur de Perse que ce groupe de formes paraît avoir acquis son plus grand développement.

CAMPANILE MORGANI, n. sp.

Pl. XLIII, fig. 1 à 11.

C'est l'espèce de beaucoup la plus fréquente; elle rappelle les Potamides par son ornementation. La spire est allongée; les tours sont plats et carénés à la partie antérieure; ils présentent à la partie postérieure un cordon de gros tubercules arrondis; dans la partie moyenne on distingue normalement deux cordons spiraux composés de perles arrondies et régulières; à la partie antérieure la carène, située immédiatement en arrière de la suture, présente des tubercules assez gros et un peu obliques qui suivent la direction des lignes d'accroissement. Le test lui-même est finement strié. Dans l'adulte le cordon postérieur conserve son importance, tandis que les autres s'atténuent beaucoup tout en restant distincts.

A l'intérieur on distingue deux plis à la columelle et un au milieu du plancher, comme on le voit sur la figure 5 *b*; cette disposition est également visible sur l'échantillon de la figure 4; un spécimen non figuré présente des varices internes sous forme de tubercules placés à l'angle du plafond et du labre rappelant ceux du *C. belgicum*. Un des échantillons (fig. 6) présente trois cordons perlés au lieu de deux. Des traces de ce troisième cordon se rencontrent du reste assez fréquemment.

On pourrait distinguer comme variété *depauperata* ou peut-être comme espèce spéciale, une série d'échantillons (fig. 7 à 11) qui se distinguent par l'absence de cordons perlés ; on n'observe plus alors que le gros cordon de tubercules antésutural et le cordon plus petit qui constitue la carène antérieure.

GISEMENT : Couches à Cérites (Maëstrichtien).

CAMPANILE PERSICUM, n. sp.

Pl. XLIII, fig. 12 et 13.

Espèce à spire plus allongée que le *C. Morgani*, mais ayant une ornementation très voisine de celle de la variété *depauperata* ; elle est constituée par deux rangées seulement de tubercules : la rangée postérieure immédiatement en avant de la ligne de suture comprend des tubercules larges et allongés comme ils le sont si souvent dans les *Campanile*, la seconde correspondant à la carène antérieure est formée de tubercules beaucoup plus petits, allongés suivant les lignes d'accroissement et par suite très obliques. Toute la surface est couverte de fines stries spirales. Les caractères internes ne sont pas connus.

Cette espèce se distingue du *C. Morgani*, var. *depauperata*, par sa spire plus aiguë et surtout par la forme de ses tubercules : les postérieurs sont larges et longs dans le *C. persicum*, tandis qu'ils sont arrondis dans l'espèce précédente, les antérieurs sont également plus allongés et par suite plus manifestement obliques.

GISEMENT : Couches à Cérites (Maëstrichtien).

COMPANILE BREVE, n. sp.

Pl. XLIII, fig. 14 et 15 (?).

Forme plus courte que le *C. Morgani*, mais présentant une ornementation analogue : en arrière immédiatement contre la suture un cordon saillant orné de gros tubercules arrondis, au milieu trois cordons fins et réguliers un peu perlés, en avant une carène en partie recouverte par le cordon postérieur du tour suivant et présentant des bourrelets obliques. Les caractères internes sont très particuliers : la columelle présente en avant un pli très saillant bien visible sur la figure 14; immédiatement en arrière un deuxième pli beaucoup plus petit, se confondant en partie sur la figure avec l'ombre du pli précédent ; sur le plancher au tiers intérieur, un pli continu saillant, un peu en dehors une série de tubercules allongés et discontinus représentant des varices internes. L'extrémité inférieure de l'échantillon qui est cassée, présente sur le plafond, près de l'angle antérieur externe, des varices formées de deux tubercules.

Nous rattachons à la même espèce l'échantillon dont la section est représentée figure 15 ; l'ornementation est la même et il présente également des varices sur le plancher en dehors du pli continu, mais ces varices sont moins séparées du pli lui-même sur lequel elles viennent s'appuyer; des deux plis columellaires, l'antérieur est également un peu plus saillant, mais la différence est moindre que dans l'échantillon de la figure 14.

Cette espèce se distingue des précédentes par sa spire plus courte d'où résulte le recouvrement de la carène antérieure par le cordon postérieur du tour suivant ; elle a sur chaque tour trois cordons spiraux fins, tandis qu'il n'y en a habituellement que deux dans le *C. Morgani* et pas du tout dans la var. *depauperata* et dans le *C. persicum*. Mais le caractère différentiel principal est donné par les varices du plancher qui constituent un second pli spiral discontinu.

Gisement : Dans les calcaires à Cérites (Maëstrichtien).

Campanile robustum, n. sp.

Pl. XLII, fig. 15 et 16.

Cette espèce se distingue par le grand développement des tubercules des deux cordons extrêmes, cordon postérieur immédiatement contre la suture et carène antérieure. Les premiers sont très espacés et beaucoup plus saillants que dans toutes les espèces connues, ce sont de véritables épines ; de même les tubercules de la carène sont gros et espacés. Ce développement du reste n'a lieu que sur les derniers tours et il en résulte que la coquille présente un profil concave sur les côtés ; on distingue dans le jeune âge deux ou trois cordons perlés, fins, entre les cordons antérieur et postérieur. Une section d'un échantillon en assez mauvais état montre deux plis à la columelle, et un pli au plancher situé environ au tiers intérieur, ce qui indique la possibilité d'un deuxième cordon variqueux discontinu.

L'échantillon de la figure 16 montre des tubercules variqueux sur le plafond des tours, disposés par paires.

Gisement : Couches à Cérites (Maëstrichtien).

Campanile curtum, n. sp.

Pl. XLI, fig. 34 à 36.

Espèce à spire courte, et représentée seulement par des échantillons de petite taille. Le type (fig. 34) présente bien nettement les lignes d'accroissement caractéristiques du groupe et seulement trois cordons perlés subégaux, l'un en arrière immédiatement à la suture, l'antérieur correspondant à la carène, et le troisième intermédiaire entre les deux précédents ; les perles des trois cordons s'alignent suivant les lignes d'accroissement, le test est finement strié.

A l'intérieur on distingue un pli sur la columelle et un pli sur le plancher.

Les deux autres échantillons (fig. 32 et 33) ne présentent que les deux cordons externes, le cordon médian fait défaut ; il est possible que cette variété représente en réalité une espèce différente.

La forme courte de la coquille et l'égalité des cordons distinguent cette espèce de toutes les autres.

Gisement : Couches à Cérites (Maëstrichtien).

MÉLANIIDÉS

Les Mélaniens sont presque aussi abondants que les Cérites dans le crétacé supérieur du Louristan et la distinction des deux familles est souvent difficile : beaucoup de Mélaniens (*Melanopsis*, *Pirena*, *Faunus*) ont un canal ou une échancrure antérieure bien caractérisée, tandis que dans certains Cérites le canal antérieur est à peine marqué ; ce caractère très variable dans chaque groupe est nettement *évolutif*, c'est-à-dire en relation avec le degré d'évolution de chaque forme considérée. En général on constate que dans certains Mélaniens l'ornementation varie beaucoup dans les différentes périodes de la vie de l'animal tandis qu'elle reste beaucoup plus constante dans les Cérites : dans le groupe des *Pirena* par exemple, nous verrons que si l'adulte présente souvent une ornementation de Cérite, le jeune au contraire a des caractères tout particuliers.

On peut distinguer dans les couches supérieures du Louristan deux groupes de formes :

1° Celles dans lesquelles le labre est fortement déprimé ou échancré en son milieu ; nous rapprochons les formes à gros tubercules du genre *Pirena* et les espèces lisses du genre *Faunus*, bien que dans les types de ces genres l'échancrure du labre soit placée plus en arrière. Nous distinguerons sous le nom d'*Irania* un petit groupe de formes voisin de certains *Melanopsis* crétacés, dans lequel l'ornementation est très particulière et formée de cordons spiraux plus ou moins tuberculés.

2° Dans un deuxième groupe le labre est presque droit ou légèrement concave et ne s'infléchit en avant que dans le voisinage immédiat de la suture ; il est représenté par le genre *Hantkenia*, à peine canaliculé à la partie antérieure de l'ouverture et par le genre *Melanopsis* nettement canaliculé en avant.

Genre Pirena, Lamk. 1816.

D'après Fischer ce genre a été cité par Lamarck en 1812, sans désignation de type ; mais en 1816 une espèce est figurée dans l'*Encyclopédie méthodique* sous le nom de *Pirena Madagascariensis*, et nous considérons le genre comme dès lors établi, bien qu'il n'ait été complètement défini qu'en 1822. Il nous paraît donc préférable d'adopter ce nom plutôt que celui de *Melanatria*, Bowdich, qui est seulement de 1822. Le type est incontestablement le *Pir. Madagascariensis*, que Lamarck a changé à tort plus tard en *Pir. spinosa*; dans ces conditions il nous paraît sans importance que la première espèce citée soit précisément le type du genre *Faunus* Montf.

Ce genre est très largement représenté dans la craie supérieure et dans l'Éocène. L'ornementation du jeune est très caractéristique, elle est constituée par des côtes nombreuses obliques d'avant à droite, en arrière à gauche; on voit ensuite apparaître sur les côtes, en arrière, un tubercule correspondant à l'échancrure du labre; au-dessous de cette ligne de tubercules qui deviennent souvent épineux, on distingue une bande, ou fasciole, d'ornementation spéciale, montrant des lignes d'accroissement convexes en avant. Enfin les tubercules augmentent souvent d'importance sur le ou les derniers tours et quelquefois cette zone à forte ornementation est précédée par une portion de spire lisse ou peu ornée.

PIRENA ROBUSTA, n. sp.

Pl. XLVI, fig. 1, 2, 3.

Coquille courte, robuste, renflée au milieu. Les tout premiers tours montrent des côtes serrées, droites et parallèles, franchement obliques (fig. 2); les côtes augmentent ensuite d'importance, s'écartent et deviennent légèrement concaves en avant. Toute la surface est ornée de cordons spiraux peu saillants. La fasciole est plus ou moins marquée. Enfin sur les trois derniers tours les côtes deviennent très fortes et présentent une saillie tuberculiforme au deux tiers de la largeur du tour en partant de la suture. Cette dernière phase n'est pas du reste toujours aussi développée, comme le montre l'échantillon de la fig. 3. La partie antérieure de l'ouverture est brisée, on distingue seulement des indices d'un canal antérieur assez peu développé; en arrière l'ouverture est pincée comme dans beaucoup de Cérites.

L'espèce la plus voisine est le *P. vellicata*, Bellardi (sub *Cerithium*) de la Palarea, mais cette coquille est beaucoup plus allongée, et les côtes sont moins robustes: elles sont marquées seulement vers le milieu des tours, où elles présentent un tubercule épineux sur lequ el se prolonge le cordon spiral qui limite la fasciole. Une disposition analogue se retrouve sur le *Pirena auriculata* de Roncà qui présente en outre des cordons saillants sur la partie antérieure des tours.

GISEMENT : Couches à Cérites (Maëstrichtien).

PIRENA cf. SUZANNA, d'Orb.

Pl. XLII, fig. 17 et 18.

On a signalé dans l'Yprésien du bassin de Paris plusieurs formes décrites habituellement comme Cérites et qui doivent être rangées dans les Pirènes, ainsi que Bayle l'avait indiqué depuis longtemps, et comme l'admet aujourd'hui M. Cossmann; l'ornementation du jeune est nettement caractérisée et ne peut laisser aucun doute à cet égard ; mais la coquille est très allongée, l'ornementation se modifie progressivement et celle de l'adulte se montre sur un grand nombre de tours. C'est le cas par exemple pour le *Cer. Suzanna*, d'Orb. (*Cer. spinosum*, Desh., non *Pir. spinosa*, Lamk.), pour le *Cer. pireniforme*, Desh., et pour le *Cer. Caroli*, de Raincourt, dont l'espèce précédente est probablement le jeune. On pourrait penser que ces formes constituent un petit groupe distinct de celui des autres Pirènes de l'Éocène où l'ornementation de l'adulte se développe seulement sur le dernier tour; mais en réalité les espèces de Nice et du Vicentin que nous avons citées un peu plus haut, établissent une liaison entre les deux formes.

Nous rapportons au même groupe deux fragments d'une très grosse espèce qui présentent des analogies marquées avec le *Pir. Suzanna*. Le plus gros (fig. 18) présente par tour six gros tubercules très saillants et épineux qui sont un peu plus allongés et placés tout à fait dans la partie antérieure des tours, tandis qu'ils sont au milieu dans l'espèce du bassin de Paris. Un second fragment plus petit montre le passage des côtes aux tubercules de l'adulte : les côtes deviennent bituberculées, ce qui explique l'allongement qu'elles conservaient encore dans l'échantillon précédent.

Nous avons fait figurer ces deux fragments dont l'identité spécifique n'est pas certaine, pour montrer la grande taille que ce groupe a atteinte à la fin de la période crétacée.

Gisement : Couches à Cérites (Maëstrichtien).

Faunus persicus, n. s p.

Pl. LXVI, fig. 4 et 5.

Par leur forme générale lisse, renflée au milieu, et par la gibbosité qu'ils présentent à 180° de l'ouverture, ces échantillons rappellent assez bien les *Faunus*; cependant ils s'en différencient par la position de l'échancrure du labre, placée en avant comme dans les *Irania*, tandis qu'elle est toujours très en arrière dans les *Faunus*.

La surface est lisse et présente seulement des lignes d'accroissement très obliques d'avant à gauche, en arrière à droite, comme dans les *Irania*. Mais on n'observe aucune trace de cordons spiraux ni sur le côté des tours, ni en avant ; l'extrémité antérieure des échantillons est malheureusement brisée, toutefois la forme de la columelle semble indiquer que le pli si caractéristique des *Irania* n'existe pas ici.

Gisement : Couches à Cérites (Maëstrichtien).

Genre Irania, n. gen.

Nous proposons cette dénomination pour un petit nombre d'espèces qui rappellent tout à fait par leur forme les *Omphalia*[1], Zekeli (*Cassiope*, Coquand) de la craie inférieure et de la craie moyenne, mais qui en diffèrent par un canal antérieur analogue à celui des Cérites, et donnant naissance à un fort pli columellaire. Dans les deux genres on observe la même échancrure latérale du labre rappelant celle des *Pirena* et des *Faunus*.

1. Le nom de *Glauconia* repris par Zittel (*Handb.*) figure bien dans la *Paléozoologie* de Giebel, p. 185 (1852), mais sans indication d'aucune sorte. D'après une communication de M. le professeur Pompeckj, ce nom n'a jamais été défini.

Une espèce de ce genre a été déjà décrite par Hislop, sous le nom de *Vicarya fusiformis*[1]; elle provient de couches saumâtres près de Rajamandri et est associée avec des formes marines *Cerithium Stoddardi*, *Natica Stoddardi*, etc., des formes saumâtres (*Hydrobia*) et des formes d'eau douce (*Corbicula*). Mais ainsi que l'a indiqué Oldham, le nom de *Vicarya* ne peut être conservé, ce genre ayant été proposé pour une forme très différente à ornementation de Cérite et présentant sur le bord columellaire une callosité des plus singulières. D'après Jenkins (*Quart. J.*, 1864, p. 65) le type de ce genre décrit par d'Archiac comme appartenant au Nummulitique, proviendrait en réalité du Miocène.

L'espèce de l'Inde (*Irania fusiformis*) est décrite comme ayant des tours plans, ornés dans le jeune, lisses dans l'adulte et présentant une suture linéaire; une ouverture petite, rectangulaire, subcanaliculée; une columelle repliée et un sinus très profond au labre.

Nous avons sous les yeux de bons échantillons de cette espèce: dans le jeune on distingue quelques côtes longitudinales (axiales) et un ou deux sillons spiraux en avant de la suture, qui persistent pendant quelque temps; dans l'adulte les tours deviennent lisses, mais on observe sur la partie antérieure du dernier tour quelques cordons spiraux (six ou sept) peu saillants. L'échancrure du labre est extrêmement profonde. Les échantillons de Perse ont exactement la même forme, l'ornementation est également formée de cordons spiraux, mais elle est généralement beaucoup plus accentuée. La torsion de la columelle est très marquée, ainsi que l'échancrure du labre. Le genre *Irania* peut donc être défini de la manière suivante :

Coquille pupoïde, allongée, à tours plats ornés de cordons spiraux plus ou moins accentués; en avant un canal court limité par une forte torsion de la columelle; labre profondément échancré sur le côté. Type *I. fusiformis*, de l'Inde.

Ce genre se rapproche surtout des *Campylostylus*, Sandberger (*Melanopsis galloprovincialis* de la craie supérieure de Provence); mais ces derniers sont toujours lisses et le labre est beaucoup moins échancré,

1. *On the tertiary deposits, associated with Traprock in the East Indies, Quart. Journ.* vol. XVI, p. 177, pl. VIII, fig. 36, 15 juin 1859.

la columelle antérieure est moins fortement tordue et on observe une callosité au bord columellaire qui fait défaut dans le genre *Irania*.

IRANIA FUSIFORMIS, Hislop.

Pl. XLIV, fig. 12, 13 et 14.

1859. *Vicarya fusiformis*, Hislop, *loc. cit.* (*Quart. Journ.*, vol. XVI, p. 177, pl. VIII, fig. 36).

Les formes les moins ornées de la Perse (fig. 12) ne diffèrent pas sensiblement de l'espèce de l'Inde, les derniers tours sont lisses, mais un des sillons voisins de la suture peut persister plus longtemps. On observe cinq cordons spiraux sur la partie antérieure du dernier tour.

Les échantillons des figures 13 et 14 *a* et *b* sont également très voisins de cette espèce, dont ils représentent peut-être une variété. Le test est bien lisse, mais les cordons antérieurs au nombre de trois ou quatre sont bien plus saillants et rappellent ceux de l'*Irania persica*. L'ouverture a bien la même forme que dans les échantillons de l'Inde ; elle est nettement indiquée par les lignes d'accroissement en forme de chevrons très accentués.

GISEMENT : Couches à Cérites (Maëstrichtien).

IRANIA PERSICA, n. sp.

Pl. XLIV, fig. 1 à 11

Coquille allongée, renflée au milieu ; ouverture rétrécie, canaliculée en avant et présentant sur le labre une profonde échancrure. Le canal antérieur qui rappelle tout à fait celui de certains Potamides, est bordé par un fort pli, produit par une torsion de la columelle. Les tours sont aplatis et ornés de trois sillons spiraux qui déterminent trois cordons plats dont le plus antérieur correspond à l'échancrure du labre. Ces cordons dans le jeune âge sont divisés en perles, mais celles-ci disparaissent progressivement et d'abord sur les cordons antérieurs, qui deviennent lisses bien avant le cordon postérieur.

Par suite du rétrécissement de l'ouverture et du dernier tour, un quatrième cordon plus étroit que les autres apparaît vers la fin de l'avant-dernier tour, et correspond à la partie antérieure de l'échancrure du labre.

Enfin sur la partie tout à fait antérieure du dernier tour on observe encore de quatre à six cordons spiraux plus ou moins saillants.

Cette espèce se distingue de la précédente par ses cordons spiraux persistants ; ceux-ci restent toujours beaucoup plus plats et moins saillants que dans l'*I. granulata*.

GISEMENT : Cette espèce est abondante dans les couches à Cérites du Louristan.

IRANIA GRANULATA, n. sp.

Pl. XLIV, fig. 15 à 18.

Cette espèce est plus mince que la précédente et beaucoup plus granuleuse. Les cordons plus étroits et beaucoup plus saillants sont perlés jusqu'au dernier tour ; le quatrième cordon est presque toujours visible à la suture. Les cordons antérieurs lisses et très saillants sont au nombre de six ou sept.

Le dernier tour est un peu rétréci. L'ouverture est étroite et la columelle nettement tordue comme dans l'espèce précédente.

GISEMENT : Dans les calcaires à Cérites comme l'espèce précédente.

Genre HANTKENIA, M. Ch. *in* Fischer.

Ce genre a été proposé[1] sans être défini, pour des formes voisines de *Paludomus*, qui sont assez communes à Ajka ; le type serait l'*H. eocenica*, espèce seulement nommée mais non définie, appartenant à l'Éocène inférieur, et différant spécifiquement des autres formes qui abondent dans les couches lacustres du crétacé qui sont au dessous.

C'est en 1885 seulement que le genre a été défini par Fischer (*Man.*

1. Hébert et Munier-Chalmas, *Terrains tertiaires de la Hongrie* (*C. R. Ac. Sc.*, 16 juillet 1877, vol. LXXXV, p. 126).

conc., p. 704) en indiquant comme exemple *H. Pichleri*, Hœrnes[1], et en spécifiant qu'il diffère de *Paludomus* par sa « canalisation basale ». Stoliczka en 1865[2] a rapproché de ce groupe les espèces de Gosau qu'il réduit à deux : 1° *Tanalia acinosa* à laquelle il réunit non seulement les *Turbo Czizeki* et *tenuis* de Zekeli, mais encore le *T. Pichleri* de Hörnes, dont nous venons de parler ; 2° *T. spiniger*, Zekeli.

Il faut encore comprendre dans ce même genre les *Melanopsis lyra* et *rugosa*, de la craie des Martigues et le *M. armata*, du calcaire de Rognac, décrits par Matheron[3] en 1842.

En 1870 Sandberger reprend le nom de *Paludomus Pichleri*, Hörnes, et met les noms de Zekeli en synonymie ; il signale sous le même nom générique les *P. lyra* et *armatus* de Matheron.

Ce groupe de formes est très voisin des *Coptostylus* éocènes, et en particulier des espèces de Cuise ; elles présentent la même inflexion canaliforme à la partie antérieure de l'ouverture, mais elles sont lisses et dépourvues d'ornementation tout au moins dans l'adulte, car dans le jeune comme l'a indiqué Sandberger, on observe des côtes perlées qui rappellent tout à fait l'ornementation habituelle des *Hantkenia* ; on peut en induire que les *Coptostylus* descendent de ce dernier genre. Nous allons voir un passage analogue se produire dans les formes de Perse par l'atténuation progressive de l'ornementation.

HANTKENIA LOURISTANA, n. sp.

Pl. LXV fig. 15 à 23.

Coquille courte, à dernier tour bien développé et à spire conique ;

1. *In* Stoliczka, *Ueber eine der Kreideform. ang. Susswasserbildung..... Sitzb. k. Akad. Wien*, vol. XXXVIII, p. 487, pl. I, fig. 6, 7, 8 et 9) ; cette espèce a été décrite sous le nom de *Tanalia*. Le type de Hörnes (sub *Melanopsis*) est indiqué comme en mauvais état et provenant de Brandenberg. Les localités indiquées par Stoliczka sont Brandenberger Ache, Neualpe im Russbachthal, Abtenau, S.-Gallen ; malheureusement la provenance des échantillons figurés n'est pas indiquée.

2. *Eine Revision der Gastr. d. Gosausch.* (*Sitzungsb. d. k. Akad. der Wissenschaften*, vol LII, 13 juillet 1865).

3. *Catal. des corp. org. foss. du dépt. des Bouches-du-Rhône*, p. 221, 222, pl. XXXVII, fig. 8 à 10, — 11, — 12 à 14.

tours convexes à suture déprimée. Le bord du labre (indiqué par les lignes d'accroissement) descend d'abord un peu obliquement d'avant (à droite) en arrière (à gauche) jusqu'à une faible distance de la suture, puis il se recourbe plus ou moins brusquement en avant.

Les tours sont ornés de côtes nombreuses épaisses, parallèles aux lignes d'accroissement et par conséquent un peu obliques ; elles sont séparées par des intervalles un peu plus larges que l'épaisseur des côtes. Toute la surface est découpée par des sillons spiraux qui rendent les côtes tuberculeuses et qui sont au nombre de 12 à 14. Les côtes droites se terminent en arrière par un tubercule plus saillant que les autres qui correspond au point d'inflexion du labre. Un seul cordon de perles plus ou moins développé occupe la rampe étroite comprise entre ces tubercules et la suture et correspond par suite à l'élément postérieur du labre. Enfin en avant, les côtes s'atténuent peu à peu et disparaissent sur la moitié antérieure du dernier tour où on ne distingue plus que des cordons spiraux peu saillants.

Les perles du cordon sutural sont souvent plus petites et plus nombreuses que les tubercules costaux.

La partie antérieure de la coquille est généralement brisée; toutefois sur l'échantillon de la fig. 18 on observe assez nettement la dépression canaliforme caractéristique du genre. Le bord columellaire est épais et réfléchi à la partie antérieure.

Cette espèce se distingue de celles de Gosau par la largeur des cordons, découpés par des sillons linéaires, tandis que dans ces dernières les cordons sont étroits et plus ou moins filiformes. On peut indiquer en outre que dans les formes de Perse les côtes se terminent brusquement par un tubercule saillant peu éloigné de la suture.

La disposition des côtes rappelle assez bien celle qui caractérise l'*H. lyra* des Martigues ; mais dans cette dernière espèce les côtes sont plus étroites et plus nombreuses ; en outre la forme des cordons est différente.

Enfin dans les échantillons d'Ajka les cordons spiraux sont toujours bien moins larges, plus filiformes; souvent aussi les côtes se terminent par un tubercule bien plus épineux et plus écarté de la suture. Ces formes (fig. 7 et 8 de Stoliczka) pourraient conserver le nom de *Pichleri* dans le cas où les autres (fig. 6 et 9) seraient réellement à rapprocher de *H. acinosa* de Gosau.

GISEMENT : Couches à Cérites (Maëstrichtien).

HANTKENIA LOURISTANA, var. *depauperata*.

Pl. XLV, fig. 7 à 14.

Nous distinguons comme variété toute une série d'échantillons qui diffèrent du type par la disparition presque complète des cordons spiraux, quelquefois encore un peu marqués dans la partie tout à fait antérieure du dernier tour. Les côtes sont encore saillantes mais seulement dans la partie postérieure des tours où elles sont larges, courtes et obtuses. Quelquefois on observe assez nettement en arrière le cordon de tubercules qui se montre habituellement sur la rampe dans les formes précédentes ; les figures 11 et 15 présentent cette disposition bien nettement marquée. Dans la figure 12 les côtes sont beaucoup moins accentuées que d'ordinaire, ce qui semble établir le passage avec la forme suivante.

GISEMENT : Dans les couches à Cérites du Louristan (Maëstrichtien).

HANTKENIA LOURISTANA, var. *lævis*.

Pl. XLV, fig. 3 à 6.

La forme générale est exactement la même que dans les variétés précédentes : la spire est courte, conique, le dernier tour très volumineux est renflé surtout en arrière. Le test est épais, l'ouverture arrondie, avec une dépression étroite, canaliculée en avant. Les lignes d'accroissement sont un peu obliques d'avant en arrière, dans la plus grande partie du tour, puis se recourbent en avant dans le voisinage de la suture. Quelquefois on observe des traces indistinctes de côtes, parallèles aux lignes d'accroissement.

Cette variété est caractérisée par la disparition à peu près complète de toute ornementation, elle diffère donc de la précédente par la disparition des côtes, de même que celle-ci se distinguait de la forme type par la disparition des sillons et des cordons spiraux. Les nombreux échantillons que nous avons fait figurer montrent le passage insensible entre les types extrêmes, les uns complètement lisses, les autres ornés de grosses côtes tuberculeuses.

GISEMENT : Avec l'espèce précédente.

HANTKENIA STRIATA, n. sp.

Pl. XLV, fig. 1, 2.

La forme générale est plus allongée que celle de l'espèce précédente et le dernier tour est relativement moins renflé, la spire a ainsi plus d'importance relative que dans le *H. louristana*. L'ouverture est plus allongée en avant et la dépression antérieure en forme de bec un peu plus large.

En outre l'ornementation est bien différente, puisqu'elle se compose de nombreux cordons spiraux, subégaux, au nombre de huit environ par tour, avec quelques cordons plus fins intercalés; on n'aperçoit aucune indication de côtes, même dans l'âge moyen (la pointe extrême manque). Une ornementation analogue se retrouve dans certains échantillons de *H. armata* de la Provence[1], mais il existe généralement un ou deux cordons saillants formant carène vers la partie postérieure des tours, et des indications de tubercules qui manquent dans l'espèce de Perse. L'ornementation rappellerait celle du *Melanopsis marticensis*[2], mais dans cette dernière espèce la spire est encore plus longue et les tours plus plats et beaucoup moins convexes.

GISEMENT : Couches à Cérites du Louristan (Maëstrichtien).

1. Voir Matheron, *Catal.*, pl. XXXVII, fig. 12, 13.
2. *Id.*, pl. XXXVII, fig. 7, p. 220.

Hantkenia proboscidea, n. sp.

Pl. XLVI, fig. 6.

Coquille à spire courte conique et à dernier tour renflé et présentant une ornementation extrêmement saillante. Ouverture arrondie en avant, avec indication d'une dépression canaliculée.

Dès le jeune on distingue des côtes tuberculées, avec saillie postérieure. Ces tubercules sont alignés en cordons spiraux et sur le dernier tour on voit qu'il existe un sillon médian séparant en arrière deux rangées de gros tubercules, tandis qu'on distingue en avant une troisième rangée de gros tubercules, puis quatre ou cinq cordons tuberculés, beaucoup moins saillants. Mais ce que l'échantillon de Perse présente de très particulier, c'est que les côtes antérieures ne se continuent pas régulièrement en arrière du sillon : les côtes postérieures sont un peu moins nombreuses que les côtes antérieures, et les tubercules sont plus gros et plus saillants, surtout le dernier. Nous ne connaissons rien qui ressemble à cette forme très exceptionnelle; la conservation n'est pas assez bonne pour qu'on soit absolument certain de l'attribution générique.

Gisement : Couches à Cérites du Louristan (Maëstrichtien).

Genre Melanopsis.

Coquille franchement échancrée en avant, à l'extrémité de la columelle.

Melanopsis costellata, n. sp.

Pl. XLVI, fig. 7 à 11.

Coquille fusiforme à spire courte et à dernier tour allongé, renflé au milieu et rétréci en avant. Ouverture échancrée en avant et pincée en arrière où elle est en outre rétrécie par une callosité du bord columellaire ; la columelle est terminée en avant par une sorte de pli ou de troncature. Les lignes d'accroissement sont presque toujours un peu obliques d'avant à droite, en arrière à gauche, ce qui est, comme nous l'avons déjà indiqué plusieurs fois, la forme typique pour les Mélaniens.

Mais tandis que dans toutes les autres formes de *Melanopsis* de la craie supérieure (*M. avellana*, Sandb. d'Auzas) ou de l'Éocène inférieur (*M. sodalis*, Desh., de Jonchery) le test est lisse, ici au contraire il présente des côtes ou renflements, obliques comme les lignes d'accroissement, au nombre d'une dizaine par tour et se correspondant quelquefois d'un tour au suivant. Cette ornementation distingue facilement cette espèce des autres formes de la craie supérieure ou de l'Éocène ; dans le *M. serchensis,* Vidal signale seulement quelques plis grossiers et irréguliers. Le *Mel. costellata* rappelle les *Canthidomus* beaucoup plus récents ; mais ceux-ci présentent ordinairement en avant de la suture une rampe qui fait défaut ici.

PSEUDOMÉLANIIDÉS

Nous réunissons provisoirement sous ce nom toutes les coquilles marines allongées et à ouverture entière, dont la forme rappelle celle des Mélaniens.

PARYPHOSTOMA MORGANI, n. sp.

Pl. XLVI, fig. 12 à 17.

Coquille allongée, régulièrement conique ayant bien la forme des *Pseudomelania* des terrains secondaires. Tours nombreux coniques et non renflés, suture nettement canaliculée. Ouverture arrondie en avant, très rétrécie et aiguë en arrière, le sommet de l'angle étant rapidement comblé par les couches internes du test. Sur nos échantillons le labre est brisé, mais un fragment conservé près de la suture sur l'échantillon de la figure 12 montre l'épaississement si caractéristique du labre et fait voir que nous avons affaire ici très vraisemblablement au genre

Paryphostoma, déjà signalé par Stoliczka dans le crétacé supérieur de l'Inde ; cette assimilation s'appuie en outre sur la disposition identique de la ligne suturale et sur l'ornementation formée de cordons spiraux peu saillants. Ces cordons bien marqués sur la figure 12, s'atténuent beaucoup sur les autres échantillons, mais persistent toujours sur la partie antérieure des tours.

Les formes tertiaires sont beaucoup plus petites, l'ouverture paraît plus oblique et l'encroûtement du bord columellaire est beaucoup plus développé, bien qu'il existe nettement dans les formes de Perse (fig. 14 et 16). Les lignes d'accroissement sont droites ou un peu concaves, tandis qu'elles sont légèrement convexes dans le *Par. turricula* du calcaire grossier : ces différences paraissent en relation avec la plus grande obliquité de l'ouverture.

Gisement : Couches à Cérites du Louristan (Maëstrichtien).

Genre Mesalia, Gray.

On place habituellement à côté des Turritelles, toute une série de formes plus ou moins analogues au *Mesal* d'Adanson qui ont la spire plus courte, les tours plus arrondis et qui sont toujours ornés de filets spiraux réguliers, continus, non perlés ni tuberculés. L'ouverture diffère un peu de celle des Turritelles : elle est assez fortement déprimée en avant comme dans certains Cérites anciens, la columelle est également tordue en avant, et enfin le labre présente un sinus médian large et profond. L'analogie avec les Turritelles nous paraît très problématique surtout à cause de la dépression du labre en avant et de la torsion de la columelle. La formule de la radule est bien celle des Turritelles, mais on peut tout au aussi bien la rapprocher de celle des Cérites.

Mesalia fasciata, Lamk.

Pl. XLVII, fig. 23 à 27.

Coquille courte, régulièrement conique, à tours régulièrement ornés de deux filets réguliers assez rapprochés et placés vers le milieu, quelquefois il existe un troisième filet un peu plus petit et plein en arrière ; sur le dernier tour on distingue en outre deux et rarement trois autres filets placés à la partie antérieure ; l'intervalle des filets est très finement strié.

L'ouverture est bien visible sur l'échantillon de la fig. 24 ; on distingue très bien le pli terminal de la columelle, la dépression canaliforme de la partie antérieure (24 *c*) et le large sinus latéral (24 *b*).

Nous ne voyons pas de caractère précis permettant de distinguer cette forme de certaines variétés de l'espèce bien connue du calcaire grossier.

On pourrait indiquer cependant la plus grande fixité de l'ornementation dans les échantillons de Perse ; le bord de l'ouverture est également plus détaché dans la région columellaire.

GISEMENT : Couches à Cérites du Louristan.

SCALIDÉS

Les formes de Perse, assez rares, appartiennent au groupe le plus répandu dans la formation crétacée et qui est caractérisé par un disque antérieur presque aussi large que la coquille elle-même ; tantôt les côtes s'abaissent en traversant ce disque et se fondent dans sa surface générale, tantôt au contraire elles se relèvent un peu et forment une série d'ailettes triangulaires, imbriquées les unes sur les autres.

SCALA PROXIMA, n. sp.

Pl. XLVI, fig. 18, 19.

Forme assez allongée, à tours ronds et à suture profonde ; chaque tour est orné de côtes au nombre de douze à quatorze ; l'altération du test met en évidence la structure de ces dernières et montre que ce sont de vraies varices. Le versant postérieur de chacune d'elles est de structure homogène, tandis que le versant antérieur est divisé en deux, la partie inférieure distincte de la portion plus saillante, s'affaisse légèrement puis se relève à une certaine distance pour former la saillie de la côte suivante; c'est une disposition analogue à celle qui a été figurée par Binkhorst pour la *Sc. Haidingeri*[1], de la craie de Maëstricht.

En outre la coquille est ornée de côtes spirales peu saillantes; il est assez difficile de se rendre un compte exact de la nature de ces côtes, elles nous paraissent être assez larges, tectiformes et costulées; elles se prolongent sur les varices qui sont ainsi très légèrement gaufrées. Cette ornementation se rapproche beaucoup de celle des *Sc. subturbinata*, d'Orbigny (*in* Stoliczka, *Pal. ind*, pl. XVIII, f. 2, 3) et *Sc. striatocostata* Muller (*in* Stoliczka). Nous avions rapporté tout d'abord nos échantillons à la première de ces espèces, qui présente exactement le même nombre de côtes, mais dans l'espèce de l'Inde le disque antérieur est notablement moins large. D'un autre côté d'après Holzapfel, le *Sc. striatocostata* serait subcanaliculé en avant (genre *Mesostoma*), tandis que l'ouverture est tout à fait arrondie dans notre espèce et dans celle de l'Inde. L'échantillon de Maëstricht figuré par Binkhorst (*Sc. Haidingeri*) est aussi bien voisin, mais cette coquille est bien plus courte et l'ouverture serait moins arrondie si la figure est exacte.

Nous avons sous les yeux un échantillon de l'Éocène inférieur de Jonchery, figuré par Desh. (Pl. XII, fig. 3) et rapproché par lui du *Sc. Bowerbanki*, Morris; il nous paraît assez voisin de l'espèce de Perse, et beaucoup plus qu'on ne pourrait le croire d'après la figure donnée par Deshayes, l'échantillon nous paraissant presque partout dépouillé de ses lames externes; mais dans l'espèce du bassin de Paris la spire est plus longue, les tours sont plus arrondis, la suture plus déprimée et le disque antérieur moins aplati.

GISEMENT : Couches à Cérites du Louristan (Maëstrichtien).

SCALA PERSICA, n. sp.

Pl. XLVI, fig. 20 et 21.

Espèce plus petite que la précédente et à ornementation plus fine,

1. *Mon. des Gastr. et des Céph. de la craie sup. du Limbourg*, p. 36, pl. II, fig. 4 *b*.

ayant de dix-huit à vingt et une côtes par tour, naturellement moins robustes que dans l'espèce précédente ; tout le test est orné de fines lignes spirales, les côtes sont nettement variqueuses, lamelleuses et légèrement gaufrées sur le versant antérieur. Le bouclier antérieur est très large, et à chaque côte correspond une lame ou ailette triangulaire qui occupe l'espace intercostal et se termine en saillie à l'aplomb de la côte suivante. Ce dernier caractère la distingue de l'espèce précédente dans laquelle le disque antérieur présente une surface continue ; les côtes sont aussi beaucoup plus nombreuses et plus fines.

Les lignes spirales sont bien moins fines et moins nombreuses que dans le *Sc.* cf. *decorata*, Rœmer, du Lusberg tel qu'il a été figuré par Holzapfel (*Pal.*, pl. XIX, fig. 1).

La *Sc. Tournoueri* (Briart et Corn., *Foss. du calc. gr. de Mons.*, p. 69, Pl. XVIII, fig. 1) est bien voisine de notre espèce, mais la différence de taille est telle que la comparaison est dificile.

Gisement : Couches à Cérites du Louristan (Maëstrichtien).

TURRITELLIDÉS

Les vrais Turritelles ont une columelle virtuelle et toujours dépourvue de pli. Le labre est concave en avant et présente vers son milieu une dépression large et arrondie ; cette disposition se reproduit sur les lignes d'accroissement.

Turritella (Torcula) Morgani, n. sp.

Pl. XLVII, fig. 1 à 14.

Cette espèce présente une assez grande variabilité, mais il nous a paru impossible d'établir dans la série des échantillons des subdivisions nettement délimitées.

L'un des échantillons les mieux caractérisés ou plus exactement les plus ornés, est celui qui est représenté par la fig. 1. La coquille est très allongée et les tours sont un peu convexes ; ils sont ornés de cordons spiraux disposés de la manière suivante : immédiatement en avant de la ligne de suture un large cordon peu saillant présentant une certaine tendance à se subdiviser, puis trois cordons étroits et saillants (nos 2, 3 et 4) assez rapprochés et légèrement perlés, un cinquième un peu plus éloigné et de même grosseur, un sixième plus gros et plus important, un septième petit et un huitième correspondant à la ligne de suture antérieure.

Les lignes d'accroissement présentent une dépression médiane large et très profonde, correspondant aux cordons 2, 3, 4 et 5; elles coupent obliquement le cordon antérieur principal n° 6, et se redressent suivant la génératrice du cône dans la région du cordon n° 7; le cordon postérieur 1 est coupé lui aussi très obliquement mais en sens contraire d'avant à gauche en arrière à droite.

Les échantillons des figures 2, 3, 4 et 13 diffèrent un peu par la plus grande saillie du cordon postérieur 1 qui est fortement tuberculeux ; il en résulte que les tours sont plus franchement coniques et ne paraissent plus renflés en avant ; on observe toujours les cordons médians (nos 2, 3, 4 et 5), et deux cordons antérieurs 6 et 7 dont l'avant-dernier est toujours un peu plus gros que les autres. Sur l'échantillon de la fig. 5, on distingue un cordon supplémentaire 5 *bis* et le cordon médian 4 est presque aussi saillant que les cordons 1 et 6.

Dans les échantillons plus grands (fig. 6) les cordons principaux 1 et 6 prennent de l'importance, tandis que les autres diminuent et finissent même par disparaître complètement, toute la surface étant alors couverte de filets nombreux et très serrés. Dans cet état l'espèce de Perse ressemble d'une manière frappante à la *Tur. hybrida* de l'Yprésien. Elle s'en distingue par ses filets infiniment plus fins et plus nombreux et par son bourrelet postérieur (cordon n° 1) un peu plus important et plus nettement découpé par les lignes d'accroissement. En outre le sinus latéral est plus profond et moins évasé.

L'analogie est également très grande avec certains échantillons adultes de la *T. funiculosa*, Matheron, de la craie supérieure de Provence (Plan d'Aups); dans ces échantillons les lignes d'accroissement ont bien la même disposition que dans ceux de Perse, mais ils diffèrent tout à fait de ceux qui sont indiqués sur la figure donnée par Matheron. En outre ce nom de *funiculosa* tombe devant le même nom plus ancien de Deshayes (*Descr. des coq. foss. des env. de Paris*, vol. II, p. 176, 1824). La *Tur. nodosa*, Roemer (*in* Holzapfel, *Paleontographica*, pl. XVI) paraît avoir des cordons moins nombreux; le cordon n° 1 est aussi généralement moins développé.

Noetling a décrit sous le nom de *Nerinea quettensis* (Fauna of Balou-chistan, *in* Pal. ind., pl. XIV, fig. 12, 13) une espèce qui d'après ses lignes d'accroissement est incontestablement une *Turritella* : le labre des Nérinées est en effet totalement différent et présente tout à fait en arrière une fente caractéristique. Cette forme est très voisine de l'espèce de Perse mais elle est lisse et dépourvue de cordons spiraux.

L'espèce de Perse ressemble également beaucoup à certaines formes crétacées plus anciennes telles que le *T. granulata* de Blackdown qui présente le même bourrelet postérieur (cordon n° 1). Mais les autres cordons sont plus larges et moins saillants, et les tours sont plus arrondis en avant. Même observation pour la *T. Verneuilli* d'Uchaux.

Enfin elle se distingue de la *T. Neptuni* par son ornementation un peu différente et surtout par le plus grand développement du cordon postérieur.

Parmi les variétés on peut signaler les suivantes :

Fig. 9. Le cordon 5 presque aussi saillant que 6; 2, 3 et 4 très faibles;

Fig. 10. Cordons en nombre à peu près normal; ceux du milieu très peu saillants et formés de perles espacées;

Fig. 11. Le cordon 4 presque aussi saillant que le cordon 6;

Fig. 12. Cordons peu nombreux, trois saillants et subégaux, probablement 1, 4 et 6; le cordon 2 plus petit, les autres atrophiés.

Gisement : Couches à Cérites du Louristan (Maëstrichtien).

TURRITELLA QUADRICINCTA, Goldf.

Pl. XLVII, fig. 14 et 15.

1834-40. *Turritella quadricincta*, Goldfuss, *Petref. Germ.*, p. 106, pl. 196, fig. 16 *a*, *b*, 17 *c*.

Deux fragments ressemblant beaucoup au type de la craie supérieure d'Aix-la-Chapelle et de Haldem; toutefois les tours sont moins régulièrement arrondis et surtout le filet antérieur est un peu plus saillant.

GISEMENT : Couches à Cérites.

TURRITELLA sp.

Pl. XLVII, fig. 16.

La spire est plus allongée et les filets un peu plus nombreux et inégaux.

GISEMENT : Couches à Cérites.

TURRITELLE, sp.

Pl. XLII, fig. 17.

Un seul fragment présentant une ornementation assez particulière et formée de deux filets dans la partie moyenne des tours; toute la surface est finement striée et les tours ont une section franchement arrondie, tout en présentant la spire aiguë des Turritelles.

GISEMENT : Couches à Cérites.

TURRITELLA PRÆCARINATA, n. sp.

Pl. XLVII, fig. 18 à 22.

Nous avons déjà signalé une tendance au développement du filet antérieur dans la *T. quadricincta*; ici ce filet est devenu tout à fait saillant, le suivant est encore bien marqué, les autres en arrière au nombre de 1 ou 2 sont à peine visibles. Il en résulte que les tours deviennent franchement trapézoïdaux. C'est le commencement du groupe de la *T. carinifera* si développé dans l'Éocène, non seulement dans le bassin de Paris, mais encore dans l'Amérique du Nord (*claibornensis, carinata*). De ces trois espèces la première a des filets plus nombreux, la seconde a ordinairement quatre à cinq filets bien marqués et les tours sont moins resserrés en arrière ; certaines variétés de la dernière sont par contre extrêmement voisines de l'espèce de Perse, mais dans celle-ci le second filet est toujours relativement plus développé.

L'analogie de cette espèce avec la *T. quadricincta* semble bien indiquer que le groupe de la *T. carinifera* doit être rattaché aux *Turritella* proprement dits.

Gisement : Couches à Cérites du Louristan (Maëstrichtien).

NATICIDÆ

Les formes jurassiques ont des caractères particuliers qui avaient frappé Deslongchamps dès 1859 ; elles ont été attribuées par Morris et Lycett au genre *Euspira*, Agassiz, et par Cossmann au genre *Ampullina*, Lamk. L'ombilic est tantôt fermé, tantôt plus ou moins ouvert; dans le premier cas l'ouverture est à peu près plane et peu oblique sur l'axe ; c'est seulement en arrière et dans le voisinage de la suture que les lignes d'accroissement s'infléchissent d'avant à gauche, en arrière à droite. L'obliquité devient de plus en plus grande à mesure que l'ombilic s'élargit, mais dans tous les cas on constate que le bord columellaire s'évase un peu en forme de pavillon, et se déverse de manière à venir se raccorder tangentiellement à la surface de la coquille; il en résulte, dès que l'ombilic s'ouvre un peu, une sorte de carène ou limbe correspondant à la courbe enveloppe des ouvertures successives. Ce limbe se réduit à l'axe columellaire lui-même quand l'ombilic est nul et à une ligne spirale plus ou moins éloignée de l'axe d'enroulement suivant la quantité dont la partie antérieure de l'ouverture s'écarte de l'axe, et dans ce cas on constate que celle-ci le dépasse, tandis qu'elle ne l'atteint pas dans les vrais Natices. Ce sont du reste ces formes ombiliquées à limbe écarté de l'axe qui doivent plus particulièrement porter le nom d'*Ampullina* (type *A. sigaretina*, d'après Cossmann), tandis qu'on pourrait peut-être réserver le nom d'*Euspira*[1] aux formes à ombilic très petit et à ouverture droite.

Ces deux groupes sont représentés dans le Danien de la Perse.

EUSPIRA, cf. STODDARDI, Hislop.

Pl. XLVIII, fig. 1, 2, 3 et 4.

1859. *Natica Stoddardi*, Hislop, *Tertiary deposits in the East Indies* (*Quart. Journ.*, 15 juin 1859), p. 176 pl. VIII, fig. 31.

Nous attribuons à cette espèce, dont nous avons un bon exemplaire sous les yeux, plusieurs échantillons du versant oriental du Kouh Mapeul qui se distinguent pour leur spire allongée et leur suture très peu enfoncée. Elle diffère pourtant des formes de l'Inde par un ombilic un peu plus ouvert, dans lequel s'enfonce une carène ou limbe, presque toujours bien marqué et peu éloigné de l'axe de la coquille.

L'échantillon de la figure 5 a sa spire encore plus longue et ne montre aucune ouverture ombilicale.

GISEMENT : Dans les couches à Cérites du Louristan (Maëstrichtien).

EUSPIRA, sp.

Pl. XLVIII, fig. 8.

Cet échantillon à ouverture un peu déformée se distingue des précédents par sa suture nettement scalariforme et accompagnée en avant par

1. Agassiz a proposé le genre *Euspira* (in *Sow. Min. Conch.*, traduction française par Desor, 1845, p. 14) pour les Natices qui ont la spire plus ou moins élevée et les tours distincts ; il ne cite dans ce premier passage qu'une seule espèce, *N. glaucinoides*, Sow. (= *N. labellata*, Lk., Desh., Cossm.), qui doit dès lors être considérée comme le type du genre. Plus loin, p. 321, à propos des *Ampullaria acuta* et *patula*, Agassiz ajoute : « J'ai insisté ailleurs sur la nécessité de réunir ces espèces en un genre à part, sous le nom d'*Euspira*. Schumacher paraît en avoir fait un genre *Globulus*. » (Renseignement communiqué par M. de Loriol.)

un méplat bien marqué; limbe très net et s'enfonçant dans l'ombilic tout en s'écartant peu de l'axe.

GISEMENT : Avec l'espèce précédente.

AMPULLINA, sp.

Pl. XLVIII, fig. 7

Un échantillon à ouverture bien conservée montre nettement les caractères des Ampullines typiques; ouverture assez oblique déversée en avant; ombilic bien ouvert et bordé par un limbe qui contourne l'ombilic; spire assez longue mais un peu scalariforme; tours régulièment arrondis et non renflés vers le bas comme dans l'*A. intermedia* des sables de Cuise, dont elle se rapproche un peu par sa forme générale. Du reste cette dernière espèce par suite de l'absence de limbe périombilical viendrait plutôt se placer dans les *Euspira*.

GISEMENT : Couches à Cérites du Louristan (Maëstrichtien).

NATICA (AMAUROPSINA) CANALICULATA, Lk.

Pl. XLVIII, fig. 10, *a*, *b*.

Bayle a proposé pour cette petite espèce le genre *Amauropsina*, qui a été admis par Cossmann; mais ce dernier a fait observer avec juste raison que la présence d'un funicule indiquait que cette forme était très voisine des *Natica*; il nous semble difficile de ne pas la comprendre dans ce dernier genre.

L'échantillon de Perse est petit, mais il montre cependant très nettement un léger funicule tout à fait analogue à celui de certains échantillons du calcaire grossier; la forme générale est aussi la même, de sorte qu'il ne nous paraît pas possible de séparer la forme de Perse de celles du bassin parisien.

GISEMENT : Couches à Cérites.

NATICA.

Pl. XLVIII, fig. 9.

Échantillon un peu plus grand que le précédent, et à ombilic plus petit, mais présentant à peu près la même forme générale. En l'examinant avec attention on distingue une légère trace de funicule placé un peu plus en avant que dans la *N. canaliculata*; on pourrait le considérer comme formant un passage entre celui-ci et le limbe des *Euspira*. Il est regrettable que cette forme soit insuffisamment représentée comme nombre d'échantillons.

GISEMENT : Couches à Cérites.

NATICINA? sp.

Pl. XLVIII, fig. 6 *a*, *b*.

Cet échantillon se rapproche à première vue de l'*Euspira Stoddardi*, mais l'ombilic assez largement ouvert ne montre pas trace de limbe, ni de funicule. Malheureusement l'ouverture est très incomplète en avant et il est impossible de s'assurer si l'échantillon ne doit pas être rapporté au groupe des *Naticina*.

GISEMENT : Couches à Cérites du Louristan (Maëstrichtien).

CAPULIDÆ

HIPPONYX DILATATUS, Lk.

Pl. XLVIII, fig. 34.

Coquille capuloïde, brisée au sommet. Le bord est très déprimé en arrière comme on l'observe dans certains échantillons de l'*H. cornucopiæ*; mais dans son ensemble l'espèce est beaucoup moins allongée et moins courbée.

Le test est manifestement lamelleux et les lamelles sont ornées de côtes arrondies (cinq environ par millimètre), égales et séparées par des sillons étroits, presque linéaires. Cette ornementation rappelle beaucoup celle de l'*H. dilatatus*, dont nous rapprochons provisoirement notre échantillon, bien que les côtes soient plus inégales et les sillons un peu plus larges. La forme générale est à peu près la même.

Gisement : Dans les calcaires à Cérites (Maëstrichtien).

LITTORINIDÆ

On sait combien ces formes sont difficiles à distinguer des Trochidés, lorsque le test a perdu sa constitution primitive. Toutefois la forme générale de la coquille et la disposition de la columelle avec son méplat caractéristique permettent le plus souvent une détermination précise.

Littorina Morgani, n. sp.

Pl. XLVIII, fig. 11 à 15.

Coquille courte, conique, présentant environ six tours de spire un peu convexes, le dernier tour occupant environ la moitié de la longueur totale; ombilic à peine indiqué. Ouverture toujours incomplète paraissant régulièrement arrondie en avant et anguleuse en arrière. La partie du bord de l'ouverture correspondant à l'extrémité de la columelle paraît bien présenter l'épaississement et le méplat caractéristiques des Littorines. Dans son ensemble la coquille rappelle la forme du *L. squalida*, vivant actuellement sur les côtes de la Nouvelle-Zélande.

Par contre l'ornementation est beaucoup plus accentuée; au lieu d'être formée de simples bandes spirales à peine saillantes, distinctes surtout par suite de leur coloration brune, elle présente ici des cordons spiraux bien caractérisés et souvent perlés au nombre de dix-sept environ sur le dernier tour; entre ceux-ci sont intercalés des filets plus fins inégaux et plus ou moins nombreux. Ils sont croisés par des lignes d'accroissement obliques d'avant à gauche, en arrière à droite, et par des côtes variciformes, au nombre de cinq par tour, parallèles aux lignes d'accroissement.

Gisement : Couches à Cérites du Louristan (Maëstrichtien).

LITTORINA PERCOSTATA, n. sp.

Pl. XLVIII, fig. 16, 17.

Forme plus courte que la précédente et présentant des tours plus étroits et plus convexes. Les cordons spiraux sont plus forts, un peu moins nombreux (douze sur le dernier tour); les côtes sont beaucoup plus nombreuses (seize par tour) et plus saillantes.

On pourrait penser qu'il s'agit ici d'un *Turbo*, mais nous avons été conduit à rapporter à cette espèce un fragment (fig. 17 *a*, *b*) presque réduit au dernier tour et bien caractérisé par la grosseur de ses cordons spiraux séparés par de fines stries, et par ses côtes fortes rapprochées ; ce fragment a son ouverture assez bien conservée et présentant tous les caractères de celle de Littorines.

GISEMENT : Couches à Cérites du Louristan (Maëstrichtien).

LITTORINA PERSICA, n. sp.

Pl. XLVIII, fig. 18 à 24.

Coquille conique à tours anguleux de section trapézoïdale au nombre de sept. La face antérieure plate est fortement ombiliquée (fig. 23).

L'ornemention se compose de cordons spiraux perlés, assez peu nombreux (trois à cinq), inégaux, le plus supérieur formant carène et étant plutôt tuberculé. Ces cordons sont croisés par des lignes d'accroissement rapprochées, saillantes et obliques ; les tubercules et les perles des cordons spiraux correspondent souvent à plusieurs de ces lignes.

Ces lignes d'accroissement sont également bien marquées sur la région antérieure de la coquille ; elles sont croisées par un ou deux cordons perlés et viennent former une couronne de tubercules autour de l'ombilic.

Cette espèce rappelle tout à fait par sa forme le *Littorina thouetensis*, Heb. et Desl. (sub *Trochus*) du Callovien de Montreuil-Bellay. Elle s'en distingue facilement par son ornementation et par la disposition différente de ses cordons spiraux, ces derniers dans l'espèce du Callovien formant une double carène à la partie antérieure des tours.

Elle présente aussi des analogies incontestables avec certaines Littorines de Tahiti, appartenant au groupe des *Nina* (*Cumingii*).

Gisement : Couches à Cérites du Louristan (Maëstrichtien).

Littorina anceps, n. sp.

Pl. XLVIII, fig. 25.

Coquille conique, un peu plus allongée que le *L. persica*, et s'en distinguant facilement par l'absence d'ombilic. Les tours ont une section trapézoïdale ; l'ouverture est entière et présente un épaississement columellaire sur lequel on distingue en avant une légère saillie dentiforme.

L'ornementation est formée de nombreuses côtes obliques parallèles aux lignes d'accroissement (vingt-six sur le dernier tour), croisées par quatre cordons spiraux, avec perles aux points de rencontre. On distingue un cordon postérieur (n° 1) peu saillant un peu en avant de la suture, et trois cordons antérieurs dont celui du milieu (n° 3) plus important que les autres, forme une carène bien marquée ; le n° 2 a la même importance que le n° 1. Enfin le plus antérieur (n° 4), constitue une deuxième carène, moins développée que la précédente (n° 3) et correspondant à la ligne de suture.

Par sa forme générale cette espèce ressemble beaucoup à un *Zizyphinus*; et la petite saillie dentiforme du bord columellaire se retrouve aussi bien dans les Trochidés que dans les Littorinidés ; mais l'ornementation avec ses nombreuses côtes obliques rappelle davantage celle de certaines Littorines secondaires et en particulier des *L. bitorquata* et *L. triarmata*, qui, quoique décrites à l'origine comme des *Trochus* nous paraissent se rapprocher davantage des Littorines ; la première de ces espèces présente également une saillie dentiforme au bord columellaire. Certaines *Risella* actuelles ont une forme analogue, mais avec des lignes d'accroissement bien plus obliques (*R. melanastoma*, d'Australie).

Gisement : Couches à Cérites du Louristan (Maëstrichtien).

LITTORINA ?

Pl. **XLVIII**, fig. **26, 27, 28**.

Nous mentionnons sous ce nom trois coquilles que nous ne savons où placer dans l'état de conservation très imparfait où elles se trouvent et qui pourraient tout aussi bien être rapprochées des Trochidés.

Fig. 26. Coquille conique peu allongée, multispirée, ombiliquée comme le *L. persica* et relevée autour de l'ombilic comme certaines formes du Callovien ; l'ombilic se trouve ainsi limité par une sorte de carène saillante.

Tours étroits, coniques, ornés de sept cordons spiraux perlés, dont le plus antérieur correspond à une carène bien marquée. Les lignes d'accroissement sont peu distinctes, mais cependant paraissent légèrement concaves en avant.

Fig. 27. Coquille analogue à la précédente, également ombiliquée et présentant une crête saillante autour de l'ombilic.

Tours étroits, concaves, limités par deux cordons perlés, le cordon postérieur immédiatement à la suture, l'antérieur formant carène comme dans la forme précédente ; le reste des tours couvert de filets fins.

Fig. 28. Coquille plus allongée, également multispirée et à tours concaves, nettement carénés en avant ; toute la surface des tours est ornée de stries spirales.

Ces diverses formes présentent une certaine analogie avec les *Limnotrochus* qui vivent actuellement dans le lac Tanganyka et sont associés à des mollusques voisins des *Hantkenia* ; ces formes actuelles sont moins allongées, mais la forme des tours et l'ornementation sont bien analogues.

GISEMENT : Couches à Cérites (Maëstrichtien).

AURICULIDÆ

AURICULA, sp.

Pl. XLVIII, fig. 33.

Nous rapprochons avec doute des *Auriculidæ*, une coquille qui rappelle un peu les *Pythiopsis* de l'Éocène, mais qui n'a qu'un seul pli à la columelle, très analogue comme position et comme forme au pli antérieur du *Pyth. ovata* de Jaignes; nous n'avons pas trouvé trace du second pli, bien développé dans les formes de l'Éocène, ni du tubercule qui existe ordinairement en arrière. Si ces caractères différentiels se vérifiaient sur d'autres échantillons, il faudrait les rapporter à un type générique nouveau.

La coquille est également plus élargie en avant et la spire est plus courte.

GISEMENT : Couches à Cérites du Louristan (Maëstrichtien).

NERITIDÆ

Genre DESMIERIA, Bayle mss.

Les couches à Gastropodes du Louristan sont tout à fait remarquables par le grand développement qu'y prennent les Nérites. Ces formes appartiennent au groupe particulier qui commence dans le Cénomanien avec la *Ner. nodosa*, Geinitz, et se distingue par une columelle présentant des dents fortes, égales et assez nombreuses; en même temps l'ornementation est plus saillante que d'ordinaire et se compose de lignes spirales de tubercules venant croiser des lignes d'accroissement presque toujours saillantes.

Les espèces de la craie supérieure ont été étudiées dès 1859 par d'Archiac[1] qui a créé pour elles le genre *Otostoma*; mais comme en

1. *Bull. Soc. géol. Fr.*, 2e série t. XVI, p. 871, pl. XIX ; 4 juill. 1859.

France et à Maëstricht, les couches internes ont presque toujours disparu, la disposition du bord columellaire lui a échappé. M. Péron a repris en 1883[1] l'étude de ce groupe, et a montré que le bord columellaire présentait une callosité bien développée et des dents fortes et égales qui les rapprochent incontestablement des *Nerita*.

Il est difficile de conserver le genre *Otostoma*, puisqu'il existe déjà un genre *Otostomus*, Beck, plus ancien (1837).

Mais il n'en est pas moins certain que ces formes crétacées sont bien distinctes des vraies *Nerita*, le type de ce genre, *N. dunar*, Adanson, ou *N. senegalensis*, Gm., n'ayant que deux petites dents au bord columellaire; il en résulte que la coupure générique proposée par d'Archiac doit être conservée et Bayle a proposé de lui donner le nom de *Desmieria*[2]; on peut prendre pour type l'espèce la plus connue, *Desm. rugosa*, de la craie de Maëstricht. On distingue dans ce genre deux groupes qui diffèrent par l'ornementation : dans le premier, correspondant au type du genre, la coquille adulte ne présente que des côtes rapprochées, assez peu saillantes, et à peu près parallèles aux lignes d'accroissement, elle est ainsi dans son ensemble régulièrement arrondie; dans le jeune âge, les côtes sont découpées dans leur partie antérieure, en perles plus ou moins allongées qui se disposent en rangées spirales.

Les *D. pontica* et *Tchihatcheffi*, d'Archiac, paraissent bien voisines de l'espèce précédente; une ornementation analogue se retrouve dans le *D. Fourneli* de l'Algérie, et même dans le *D. Valenciennesi*, d'Archiac, où la zone ornée de perles s'étend presque à toute la coquille. Ce même groupe est encore représenté dans l'Éocène (*D. angystoma*, Desh.); enfin le genre *Velates* paraît dériver directement des formes peu ornées de la craie supérieure.

Le second groupe est beaucoup plus orné : il commence par les formes du Cénomanien (*nodosa*, Geinitz) qui présentent une rangée spirale de gros tubercules formant carène en arrière, vers les deux tiers du dernier tour ; il comprend également le *N. Pouechi*, d'Archiac, de l'Ariège où les

1. *Association française*, 1883, Congrès de Rouen, p. 461.
2. D'après le premier nom de famille de d'Archiac.

cordons spiraux de perles ou de tubercules couvrent toute la surface: dans cette espèce on distingue d'abord trois cordons plus gros que les autres, un (n° 1) immédiatement en avant de la suture, un autre plus en avant (n° 3) correspondant à peu près à la carène de l'espèce du Cénomanien, et un troisième (n° 6) vers la partie antérieure; entre ces cordons on en distingue d'autres formés de perles plus petites, n°s 2, 4 et 5 et un ou deux en avant du cordon n° 6. Cette disposition ne se rencontre que dans certaines variétés, les formes types d'après d'Archiac sont moins ornées et ne présentent guère que les cordons tuberculeux 3 et 6 avec les deux lignes de perles intercalées.

Ce groupe se prolonge également dans l'Éocène inférieur où il est représenté par *D. bicoronata*, Desh., présentant deux rangées de tubercules dans la partie postérieure des tours et plusieurs cordons perlés dans la partie antérieure.

Signalons enfin comme se rattachant peut être au même groupe la *N. Malmi*, Lundgren, du Campanien de la Scanie qui présente également des cordons spiraux de gros tubercules, mais dont les caractères du bord columellaire ne sont pas indiqués; cette espèce est remarquable par sa taille qui dépasse 8 centimètres.

Les formes de Perse bien caractérisées par leur ornementation très accentuée font partie de ce second groupe.

On peut définir ce nouveau genre de la manière suivante :

Genre Desmieria, Bayle mss. — Coquille à forme de Nérite ayant le bord columellaire garni de dents grosses, assez nombreuses et subégales; ornementation formée de côtes parallèles aux lignes d'accroissement, plus ou moins découpées par des sillons spiraux et se résolvant alors, principalement du côté antérieur, en cordon spiraux de perles ou de tubercules; type *D. rugosa* de Maëstricht.

DESMIERIA PERSICA, n. sp.

Pl. XLIX, fig. 1 à 12.

Les formes de Perse sont très remarquables par leur taille et le développement de leur ornementation. Les formes jeunes rappellent tout à fait le *D. Pouechi* mais elles sont encore plus ornées : on distingue ordinairement trois cordons spiraux de gros tubercules, postérieur, médian et antérieur, avec des rangées de perles plus nombreuses, quatre en arrière du cordon postérieur, trois entre celui-ci et le médian, trois ou quatre entre le médian et l'antérieur et encore deux ou trois tout à fait en avant. Cette disposition se retrouve sur les échantillons des figures 1, 2 et 3. Sur celui de la figure 4 les cordons de premier ordre sont moins développés, et les perles de ceux de second ordre plus grosses. Sur l'échantillon de la fig. 5, le cordon médian prend au contraire une plus grande importance; il en est de même dans l'âge moyen de l'échantillon de la figure 6, mais brusquement les cordons moyen et antérieur disparaissent et à la fin du dernier tour, le cordon postérieur de tubercule persiste seul et en avant on n'observe plus que des cordons perlés subégaux au nombre de treize ou quatorze.

Dans les échantillons de plus grande taille, l'ornementation change beaucoup et on pourrait croire tout d'abord qu'on se trouve en présence d'une espèce différente ; mais si l'on examine l'échantillon de la figure 7 vers le commencement du dernier tour, on voit que son ornementation est exactement celle de la figure 5, puis les cordons de second ordre s'atténuent tandis que ceux de premier ordre présentent des tubercules augmentant rapidement d'importance, surtout dans le cordon postérieur; dans les autres échantillons de grande taille, l'ornementation se réduit de même aux trois cordons principaux formés de très gros tubercules et ils diffèrent entre eux par la grandeur relative et le développement des tubercules ; celui-ci est rarement le même dans les trois rangées, et presque toujours le cordon antérieur diminue d'importance avant les deux autres.

Les caractères de l'ouverture sont à peu près les mêmes à tous les âges : dans les échantillons jeunes (fig. 12) le test est déjà très épais, l'ouverture est petite, demi-circulaire. La callosité columellaire est très large et occupe presque toute la face terminale de la coquille ; mais au lieu d'être régulièrement convexe, elle présente une dépression bien limitée qui complète à peu près le demi cercle de l'ouverture, tandis que la partie centrale se renfle et présente des bourrelets transverses correspondant aux dents columellaires au nombre de cinq ou six. Dans l'adulte (fig. 10 *c* et fig. 11) la disposition reste la même : le bord columellaire est droit, avec quatre dents égales au milieu et deux plus petites à chaque extrémité ; ces dents se prolongent par des bourrelets légèrement divergents qui s'arrêtent à une dépression demi circulaire symétrique du labre, enfin au delà, l'encroûtement columellaire forme encore un demi anneau bien délimité du côté interne.

On voit d'après ce qui précède que l'ornementation dans le jeune est très voisine de celle des variétés très ornées du *D. Pouechi*; elle est seulement un peu plus accentuée; mais l'espèce de Perse atteint une taille bien plus considérable et l'ornementation de l'adulte est tout à fait distincte.

On pourrait comparer aussi notre espèce avec les *N. exuberata* et *N. rinctus* de la côte du Brésil (Maria Farinha), décrits pas White, mais ici le bord columellaire est figuré comme dépourvu de dents ; le genre *Desmieria* paraît représenté dans les mêmes couches par la *Nerita limata* dont la surface est couverte de cordons spiraux perlés tous égaux entre eux.

Gisement : Couches à Cérites du Louristan (Maëstrichtien).

OPISTHOBRANCHES : RINGICULIDÆ

Ce groupe comprend des formes voisines des *Acteon*, dans lesquelles les bords de l'ouverture sont épaissis et fréquemment garnis de plis saillants du côté de la columelle. Dans les formes anciennes (*Avellana*) le pli columellaire antérieur est placé assez en arrière pour que l'ouverture soit franchement entière en avant ; au contraire, dans les formes récentes (*Ringicula*) ce même pli s'avance de manière à faire saillie sur le bord antérieur et à donner naissance à une sorte d'échancrure, comprise dans la callosité marginale. C'est à ce dernier groupe qu'appartiennent les espèces de Perse ; mais elles ont encore conservé la forme courte des *Avellana* et des *Euptycha* (*in* Stoliczka, *Pal. ind.*, pl. XXVI) ainsi que la callosité postérieure si caractéristique de ce dernier genre ; elles en diffèrent par le pli antérieur placé bien plus en avant et par l'apparition d'un second pli comme dans les *Ringicula*. Ces coquilles ont donc ainsi une ouverture du *Ringicula* avec une forme d'*Avellana*.

Ringicula Morgani, n. sp.

Pl. XLVIII, fig. 29, 30, 31.

Coquille courte, globuleuse, ayant de 14 à 15 millimètres de longueur sur 9,5 à 12 de largeur ; le dernier tour occupant les deux tiers de la longueur totale. Le bord columellaire présente sur toute son étendue une callosité continue qui forme d'abord une dent antérieure placée très en avant, et délimitant une sorte d'échancrure ou de canal ; un peu en arrière on distingue une forte dent transversale, puis, dans la partie postérieure une callosité saillante qui s'allonge parallèlement au bord de l'ouverture, dont elle est séparée par un canal de 1 millimètre environ de largeur. Le labre est épaissi et nettement strié ou denticulé. Le test lui-même est orné de filets spiraux très réguliers (quatre environ par millimètre).

La forme générale et l'ornementation de cette coquille rappellent tout à fait celle des formes anciennes, *Avellana, Euptycha*, *Cinulia*.

La disposition des dents collumellaires est bien différente, le pli antérieur étant placé bien plus en avant ; elle se rapproche au contraire beaucoup de celle des *Ringicula*, surtout en ce qui touche l'échancrure antérieure. Toutefois il ne paraît pas exister de dent postérieure transversale comme dans ce dernier genre, mais une grande callosité allongée rappellant celle des *Euptycha*.

Le même test strié se retrouve dans plusieurs Ringicules de l'Éocène, tandis que les formes plus récentes sont ordinairement lisses. Mais dans les premières la spire est toujours bien plus allongée et la dent postérieure est bien différente de la forte callosité que l'on retrouve dans toutes les formes de Perse ; enfin la taille est beaucoup plus petite.

Cette espèce paraît assez variable, l'échantillon de la fig. 29 étant notablement plus large que celui de la fig. 31 ; mais le troisième échantillon figuré (fig. 30) est intermédiaire entre les deux précédents.

Gisement : Couches à Cérites (Maëstrichtien).

Ringicula reducta, n. sp.

Pl. XLVIII, fig. 32.

Cette espèce ressemble tout à fait à la précédente par l'ensemble de ses caractères, par sa forme genérale, par l'ornementation de son test et par la disposition des dents et callosités columellaires ; on dirait que c'est une simple réduction du *R. Morgani*, car sa taille est environ moitié moindre. Toutefois la callosité du labre paraît plus développée et celui-ci est orné de dents transversales relativement plus importantes que celles de l'espèce précédente.

Gisement : Couches à Cérites.

SCAPHOPODES

Dentalium alternans, Mull.

Pl. XLVIII, fig. 35, 36, 37, 38.

Aucun des fragments que nous avons sous les yeux n'a la pointe conservée. D'après l'ornementation formée de côtes inégales et assez fines, ils nous paraissent se rapprocher beaucoup du *D. alternans* de la craie supérieure ; sur notre plus petit échantillon, déjà d'une taille plus grande que celui qui a été figuré par Holzapfel (*Pal.*, XXXIV, pl. XX, fig. 7) on observe de fines côtes assez régulièrement intercalées entre les grosses ; mais celles-ci paraissent un peu moins développées que dans l'échantillon d'Aix-la-Chapelle. Dans l'échantillon de la figure 36 les côtes ont une tendance à s'égaliser, mais l'alternance persiste encore sur certains points; dans celui de la figure 37, les côtes s'atténuent beaucoup et disparaissent presque en avant, tandis que sur l'échantillon de la figure 38 elles sont encore bien marquées. Le test est toujours épais et quelquefois plus sur le côté concave que sur le côté convexe.

Le *D. æquale* de l'Éocène inférieur est aussi bien analogue et les deux espèces paraissent extrêmement difficiles à séparer, si l'on fait abstraction de l'état plus ou moins parfait de conservation des échantillons. Dans cette forme aussi les côtes sont fréquemment inégales et alternent, comme dans l'espèce de la craie.

Gisement : Couches à Cérites du Louristan (Maëstrichtien).

CLASSE DES **LAMELLIBRANCHES** : ORDRE DES **HÉTÉRODONTES**

Cytherea (Caryatis) abbreviata, n. sp.

Pl. L, fig. 1.

Cette espèce régulièrement arrondie atteint environ 20 millimètres de longueur sur 17 millimètres de largeur; les valves sont peu profondes (5 mm.). L'ornementation extérieure est formée de fines côtes d'accroissement, un peu inégales. Le bord de la coquille paraît gonflé en avant et en arrière du crochet. La charnière rappelle tout à fait celle de la *C. sulcataria* qui apparaît dès la base de l'Éocène et que M. Cossmann range dans la section *Caryatis*; elle est seulement dans son ensemble moins longue et plus triangulaire. Sur la valve droite les deux dents antérieures 3 *a* et 1 sont plus inclinées en avant et la troisième, 3 *b*, est moins redressée. Sur la valve gauche la latérale antérieure (AII) est saillante et triangulaire comme dans l'espèce éocène et la dent 2 *a* est inclinée en avant, tandis qu'elle est inclinée en arrière dans la *C. sulcataria*. L'impression palléale n'est pas connue.

D'après les dimensions générales, l'espèce de Perse ressemble beaucoup à la *C. orbicularis* de Rajamandri, dans l'Inde, qui est aussi longue que large. Mais dans cette dernière forme le plancher cardinal est encore plus triangulaire et le crochet plus saillant; en outre le bord de la coquille est moins renflé en avant et en arrière du crochet et la dent latérale antérieure est beaucoup moins développée.

Nous avons déjà indiqué les différences avec la *C. sulcataria* au point de vue de la charnière; cette espèce atteint en outre une plus grande taille, est plus allongée et plus renflée.

La *C. ovalis* des sables crétacés d'Aix-la-Chapelle appartient aussi au même groupe; mais la forme générale est plus allongée; le plancher cardinal est relativement plus étroit et la dent 2 *a* encore un peu inclinée vers le côté postérieur; la taille est aussi plus grande.

GISEMENT : Couches à Cérites.

CYRENA, cf. GRAVESI, Desh.

Pl. L, fig. 2.

Grande espèce représentée par une seule valve gauche, montrant la plus grande partie de l'appareil cardinal. Elle rappelle tout à fait l'espèce de l'Yprésien, mais elle est notablement plus plate. Elle se rapproche aussi beaucoup de la *Corbicula ingens*, Hislop, de Rajamandri (Inde) qu'il nous paraît bien difficile de séparer de l'espèce du bassin de Paris.

GISEMENT : Couches à Cérites.

LŒVICARDIUM, sp.

Espèce orbiculaire, un peu oblique, ayant environ 27 millimètres de longueur sur 25 de largeur. La surface est presque lisse, présentant seulement de larges côtes à peine indiquées, ayant un peu plus de $0^{mm},5$ de largeur et séparées par des sillons linéaires qui présentent de distance en distance des dépressions punctiformes. C'est l'ornementation des *C. gratum* et *C. tenuisulcatum* mais extrêmement atténuée.

GISEMENT : Couches à Cérites.

CORBIS ELLIPTICA, Hislop.

Pl. L, fig. 6.

1859. *Corbis elliptica*, Hislop, *Foss. shells from Rajamandri* (*Quart. Journ.*, vol. XVI, p. 179, pl. IX, fig. 49).

Un gros fragment reproduit presque identiquement l'ornementation d'un échantillon de Kateru (Inde) que nous avons sous les yeux, la taille de l'échantillon recueilli par M. de Morgan est seulement presque double de celle de l'échantillon de l'Inde. La forme générale paraît à peu près la même, mais bien que l'échantillon de Perse soit un peu incomplet du côté postérieur il semble être en réalité plus court de ce côté.

D'autres échantillons (pl. L, fig. 6) voisins des précédents par leurs lamelles épaisses et serrées (douze par 10 millimètres) ont au contraire une forme plus allongée et paraissent presque équilatéraux.

GISEMENT : Couches à Cérites du Louristan.

CORBIS MEDARUM, n. sp.

Pl. 4, fig. 7.

Les échantillons recueillis en Perse appartiennent au groupe bien connu du *C. subpectunculus* ; mais l'ornementation rappelle plutôt celle du *C. Davidsoni* de l'Éocène inférieur : les lames d'accroissement sont moins larges et plus redressées, elles sont moins fines que celles du *C. lamellosa*. Par contre, les côtes rayonnantes dans la région du crochet paraissent sub-égales et ne présentent pas les côtes espacées plus fortes que les autres, qui caractérisent le *C. Davidsoni*. La taille et le renflement des valves sont à peu près les mêmes que dans cette dernière espèce, mais le crochet est presque médian, tandis que dans l'espèce du bassin parisien il est notablement plus rapproché du côté postérieur ; enfin lorsqu'on regarde la coquille du côté dorsal on voit que les ellipses dessinées par les lamelles d'accroissement sont bien plus obliques par rapport au plan de la commissure dans la *C. Davidsoni* que dans l'espèce de Perse.

Il en résulte que tout en reconnaissant les analogies très grandes des deux formes, il ne nous a pas paru possible de les réunir spécifiquement.

Certaines variétés un peu plus plates, rappellent le *C. lamellosa*, par la minceur de leurs lamelles, mais la lunule est toujours plus allongée que dans cette dernière espèce.

GISEMENT : Couches à Cérites.

LUCINA (DENTILUCINA) LOURISTANA, n. sp.

Pl. L, fig. 8 et 9.

Assez grande espèce orbiculaire atteignant 36 millim. (diam. dorso-ventral) sur 37 millim. (diam. antéro-postérieur) ; elle est aplatie et son épaisseur est seulement de 11 millim. Toute la surface est ornée de lamelles d'accroissement concentriques séparées par des intervalles de 0,5 millim. environ, quelquefois on observe de distance en distance des lamelles un peu plus fortes. Le crochet est petit, quoique bien détaché ; la lunule est assez développée. Dans la région des siphons on distingue une aréa un peu déprimée et nettement séparée du reste de la coquille.

Cette espèce ressemble beaucoup à certaines formes de l'Éocène inférieur, notamment à la *L. grata*, elle s'en différencie par les lamelles d'accroissement égales, peut-être un peu plus espacées, et surtout par son aréa postérieure très distincte dans l'espèce de Perse, à peine marquée dans la *L. grata*.

GISEMENT : Couches à Cérites.

LUCINA cf. CONTORTA, Defr.

Quelques échantillons insuffisamment conservés rappellent par leur forme générale cette espèce de l'Éocène inférieur ; leur taille est beaucoup plus petite, et elle n'atteint que 25 millimètres environ.

GISEMENT : Couches à Cérites.

CRASSATELLA AUSTRIACA, Zittel.

Pl. L, fig. 3, 4 et 5.

1864. *Crassatella austriaca*, Zittel, *Die Bivalven der Gosaugeb.* (*Denksch. d. k. Ak. d. Wissensch.*, vol. XXIV), p. 151, pl. VIII, fig. 1.

Espèce ressemblant beaucoup à la *Cr. plumbea*, du calcaire grossier, mais s'en différenciant par la position du sommet qui est rejeté bien plus en avant ; il en résulte que la partie antérieure de la coquille est bien plus courte, et la lunule moins longue. On distingue, dans le jeune, cinq ou six côtes parallèles, correspondant à des lamelles d'accroissement saillantes et très espacées ; ces côtes s'atténuent rapidement, en même temps que se développent entre elles des côtes plus petites et plus serrées, toujours bien distinctes en avant et s'atténuant beaucoup dans le reste de la coquille.

On observe d'assez grandes variations dans les dimensions relatives des échantillons, qui sont plus ou moins larges pour la même longueur comme le montrent les figures ; ainsi tandis que la figure 5 est très voisine du type de l'espèce, au contraire l'échantillon de la fig. 4 se rapporte presque rigoureusement à celui que Zittel a figuré sous le non de *Cr. macrodonta*, var. *sulcifera*. Cette dernière forme même paraît bien plus éloignée du type de Sowerby que de la première espèce et nous préférons la considérer comme une variété de cette dernière.

Du reste ces formes crétacées paraissent s'être perpétuées pendant l'Éocène et nous avons sous les yeux un échantillon de *Cr. neglecta*, Mich., de San Gonini qu'il nous paraît bien difficile de séparer spécifiquement de ceux de Perse et de Gosau.

Les échantillons de Perse sont un peu moins grands que ceux de Gosau.

GISEMENT : Louristan, couches à Cérites.

VENERICARDIA BEAUMONTI, Edw. et Haime.

Pl. L, fig. 11 à 15.

1850. *Venericardia Beaumonti*, d'Archiac, *Hist. des progrès de la géologie*, vol. III, p. 263.

1853. *Cardita Beaumonti*, d'Archiac et Haime, *Descr. des an. foss. du groupe nummulitique de l'Inde*, p. 253, pl. XXI, fig. 14.

1897. *Cardita* (Venericardia) *Beaumonti*, Noetling, *Fauna of Balouchistan* (*Pal. indica*, série XVI, vol. I, part. 3), p. 45, pl. XII, fig. 2.

Nous avons sous les yeux un assez grand nombre d'échantillons d'une Cardite dont l'ornementation est assez particulière : dans la moitié antérieure de la coquille les côtes sont triples et formées chacune d'un cordon médian assez saillant et de deux cordons latéraux. Ces trois cordons sont ornés dans le jeune de perles ou de tubercules saillants assez espacés et qui s'atténuent dans l'adulte. L'ensemble de ces trois cordons constitue des côtes larges qui sont séparées les unes des autres par des sillons rectangulaires étroits et assez profonds. Vers la partie postérieure de la coquille, la distinction des trois cordons s'efface progressivement et de plus en plus tôt, de sorte que dans la région des ouvertures anale et respiratoire, les côtes paraissent simples presque dès l'origine.

La forme générale de la coquille est arrondie, à peu près aussi longue que large (30 millim.), l'épaisseur est assez forte et atteint 12 millimètres pour chaque valve. Le crochet est recourbé en avant, mais pas très fortement, la lunule est petite, peu profonde et la partie postérieure de la coquille est comme tronquée, dans la région qui doit correspondre aux ouvertures du manteau : une première portion (ouverture respiratoire) est marquée par une dépression où les côtes paraissent moins saillantes et moins larges ; immédiatement après (ouverture anale), la coquille se renfle au contraire et les côtes s'élargissent. Les côtes sont nettement arquées et nous avons déjà indiqué l'ornementation particulière qu'elles présentent.

Ces caractères sont bien ceux de l'espèce établie par d'Archiac. Des caractères analogues se retrouvent dans la *Cardita Jaquinoti*, d'Orb.

(*in* Stoliczka, *Pal. ind.*, pl. X) de la craie supérieure de Pondichéry et nous avions tout d'abord identifié les deux espèces. Mais dans cette dernière forme le crochet est infiniment plus recourbé du côté antérieur.

Il est intéressant de retrouver également des formes voisines dans les couches les plus inférieures de l'Éocène parisien, les *Venericardia multicostata* et *pectuncularis* présentent dans le jeune âge presque exactement l'ornementation de l'espèce de Perse, mais celle-ci s'efface assez rapidement dans les espèces de France et ne persiste guère que dans la partie tout à fait antérieure de la coquille. En outre ces diverses formes sont beaucoup moins renflées et la région des ouvertures du manteau est beaucoup moins différenciée.

Ajoutons qu'une ornementation analogue se retrouve dans une espèce de Castel Gomberto et dans le *C. transversa* de l'Alabama.

Nous distinguons à titre de variété (pl. L, fig. 14) des échantillons moins renflés, dans lesquels les trois cordons constitutifs des côtes sont plus distincts et plus épineux; dans la région de l'ouverture respiratoire les côtes sont encore formées de deux cordons et elles ne deviennent simples qu'un peu après. Quelquefois (pl. L, fig. 15) cette transformation se fait un peu plus tôt.

Gisement : On sait que cette espèce caractérise le Crétacé supérieur dans l'Inde extra-péninsulaire. Sa présence dans les couches à Cérites du Louristan présente donc un intérêt considérable; la faune de ces couches établit ainsi une corrélation des plus nettes d'un côté avec le Maëstrichtien européen à *Hippurites cornucopiæ*, *Orbitoïdes* et *Omphalocyclus* et de l'autre avec les couches du nord-ouest de l'Inde à *Cardita Beaumonti*, *Orbitoïdes* et *Omphalocyclus*, et celles du sud-est à *Irania.*

Venericardia imbricatoïdes, n. sp.

Pl. L, fig. 16.

Nous distinguons sous ce nom des échantillons d'assez petite taille dont l'ornementation rappelle tout à fait celle du *V. imbricata* du calcaire grossier; ce sont les mêmes côtes rectangulaires et fortement crénelées, séparées par des intervalles déprimés et également rectangulaires. Mais les échantillons de Perse sont plus arrondis et le crochet est beaucoup moins volumineux; il en résulte que les valves sont plus plates. En outre la dépression correspondant à l'ouverture respiratoire est bien plus marquée.

GISEMENT : Couches à Cérites.

VENERICARDIA cf. SUBCOMPLANATA, d'Arch. et Haime.

Pl. L, fig. 17.

1850. *Cardita subcomplanata*, d'Archiac, *Hist. progrès de la géologie*, vol. III, p. 263.
1853. — — d'Archiac et Haime, *Descr. des an. foss. du groupe nummulitique de l'Inde*, p. 252, pl. XXI, fig. 10, 11.
1897. — (*Venericardia*) —, Noetling, *Fauna of Balouchistan* (*Pal. ind.*, série XVI, vol. I, part. 3), p. 46, pl. XII, fig. 3.

L'échantillon de Perse ressemble beaucoup par sa forme générale et son ornementation au type de d'Archiac, ce sont les mêmes côtes carrées, ornées de crêtes transverses, et à peu près de même largeur que l'intervalle qui les sépare. Toutefois il est moins arrondi, comme tronqué dans la région postérieure où la zone triangulaire correspondant à l'ouverture respiratoire est nettement déprimée. Mais il se peut que cette disposition soit accidentelle.

L'échantillon du Bélouchistan figuré par Noetling est également dépourvu de cette dépression et les côtes paraissent un peu plus serrées.

Enfin l'échantillon de Perse ressemble également beaucoup au *V. Conradi*, Desh., de l'Éocène inférieur de Laon; il est un peu plus plat et les côtes sont un peu moins nombreuses.

GISEMENT : Couches à Cérites.

CHAMA, cf CALLOSA, Noetling.

Pl. L, fig. 10.

1892. *Chama callosa*, Noetling, *Fauna of Balouchistan* (*Pal. ind.*, série XVI, vol. I, part. 3), p. 50, pl. XII, fig. 9, 10.

La présence de ce genre est intéressante à signaler; il est représenté par deux valves supérieures de taille médiocre, orbiculaires, assez plates ; le sommet fortement enroulé est à l'intérieur du contour de la valve et cette disposition éloigne l'espèce de Perse des formes de Gosau (*Chama Haueri*, Zitt.) et de celles de la craie supérieure des Pyrénées (*Ch. vulgaris*, Leymerie) pour la rapprocher des formes éocènes. La surface est ornée de lamelles concentriques assez rapprochées sur un des échantillons, beaucoup plus écartées sur l'autre, mais trop mal conservées pour qu'on puisse se rendre compte de leur ornementation, ce qui rend toute détermination spécifique impossible.

Elle ressemble beaucoup à la *Chama callosa*, Noetling, de la craie supérieure du Bélouchistan.

GISEMENT : Couches à Cérites.

HIPPURITES CORNUCOPIÆ, Defr.

Pl. XXXIX, fig. 1.

1897. *Hippurites cornucopiæ*, Defrance, *in* Douvillé, *Mém. Soc. géol. France, Paléont.*, t. V, p. 223, pl. XXXII, fig. 11 et 12.

Le seul échantillon trouvé par M. de Morgan présente incontestablement les mêmes caractères que le type de cette espèce, qui provient comme on le sait des couches à *Orbitoïdes gensacica* du cap Passaro en Sicile, c'est-à-dire du Maëstrichtien. L'absence complète de tout bourrelet cardinal, la forme et la position des deux piliers ne peuvent laisser aucun doute à cet égard. Nous avons du reste déjà fait figurer cet échantillon intéressant dans notre Monographie des Hippurites (*Mém. Soc. géol. Fr.*, pl. XXXII, fig. 12).

GISEMENT : L'échantillon a été trouvé à la surface du sol dans le voisinage des affleurements si riches des couches à Cérites du versant oriental du Kouh Mapeul ; il est à peu près certain qu'il provient de ces couches où l'on trouve du reste l'*Omphalocyclus macropora*, caractéristique du Maëstrichtien.

ORDRE DES **DESMODONTES**

Ce groupe comprend les Hétérodontes profondément modifiés par leur habitat dans une cavité creusée soit dans la vase, soit dans les rochers. Quelques-uns commé les Corbules ont changé ensuite de manière de vivre, et sont devenus pleuroconques; mais ils conserveront encore des vestiges bien nets des modifications caractéristiques des Desmodontes. Une branche dérivée des Corbules, celles des Myes, a repris l'habitat primitif et la coquille est redevenue orthoconque au moins en apparence, mais elle a conservé dans la disposition si singulière des cuillerons ligamentaires, le souvenir de ses ancêtres pleuroconques.

CORBULA LOURISTANA, n. sp.

Pl. L, fig. 18.

Espèce du groupe de la *Corbula sulcata*, ayant un corselet bien marqué et séparé, sur les deux valves, du reste de la coquille par une carène. Les *C. Beisseli*, Holzapfeld, et *lineata*, Mull., de la craie supérieure d'Aix-la-Chapelle, ne sont pas très éloignées comme forme générale, mais elles sont beaucoup plus petites et moins nettement rostrées.

Les échantillons de Perse ont les deux valves renflées et subégales, la valve droite étant toujours un peu plus développée; elles sont nettement triangulaires, avec un rostre étroit bien détaché du reste de la coquille et tronqué obliquement. La forme générale est ainsi à peu près celle de l'espèce vivante citée plus haut, mais le corselet est beaucoup moins large. L'ornementation est aussi moins accentuée, et les fortes costules suivant les lignes d'accroissement n'apparaissent que près du bord des valves.

La *Corbula carinata* du Miocène a aussi le rostre moins détaché et le corselet beaucoup plus large.

GISEMENT : Couches à Cérites

BICORBULA, cf. EXARATA, Desh.

Pl. L, fig. 19, 20.

Cette forme est très voisine de la *Corbula exarata* du calcaire grossier; comme dans cette espèce, la valve inférieure est ornée de fortes costules d'accroissement, tandis que la valve supérieure est lisse. Elle est seulement de taille plus petite et un peu plus courte, ainsi tandis que les échantillons de Chaussy atteignent de 37 à 38 millim. de largeur pour une longueur de 45 à 42 millim., les deux échantillons de Perse que nous figurons ont seulement 21 millim. sur 21 à 25 millim. Les deux valves sont rostrées et largement tronquées du côté postérieur; elles sont bombées, mais le crochet de la valve droite est toujours plus développé que celui de la valve supérieure gauche.

Certains échantillons très adultes de la *Corbula trigonata* de l'Yprésien présentent une forme analogue, mais leur taille reste bien plus petite.

Gisement : Couches à Cérites.

ORDRE DES **DYSODONTES**

Ce groupe comprend les Hétéromyaires et les Monomyaires, c'est-à-dire les Lamellibranches dans lesquels la fixation par un byssus a amené l'atrophie progressive du muscle antérieur; ils se rattachent aux Taxodontes.

Ostrea, cf. suessoniensis, Desh.

Pl. L, fig. 21 à 23.

On rencontre assez fréquemment une Huître de petite taille à valve inférieure plus ou moins triangulaire et ornée de côtes irrégulières, augmentant en nombre par intercalation de côtes nouvelles. La valve supérieure est aplatie, présente seulement des lamelles d'accroissement et est ornée de fortes granulations sur tout le pourtour de la surface interne. Cette Huître appartient au groupe de l'*O. multicostata* de Cuise Lamotte, et se rapproche par ses granulations marginales de l'*O. suessoniensis*. Celle-ci se différencie facilement par sa surface d'attache plus développée d'où résulte une forme générale plus courte et moins triangulaire; mais la valeur de ce caractère paraît bien douteuse.

L'aréa ligamentaire présente une dépression médiane assez étroite, ce qui la rapproche également de l'*O. suessoniensis* et la distingue de l'*O. multicostata*.

GISEMENT : Couches à Cérites (Maëstrichtien).

ORDRE DES **TAXODONTES**

Ce groupe comprend les Lamellibranches homomyaires et équivalves, dont la charnière est constituée par un grand nombre de dents (Multidentés) ; le test est tantôt nacré, tantôt porcelané. Ils représentent le type primitif de la classe.

ARCA MORGANI, n. sp.

Pl. L, fig. 24.

Cette espèce du groupe de l'*A. barbata* est fortement inéquilatérale, le crochet étant deux fois plus rapproché du côté antérieur que du côté postérieur; le milieu de la coquille est assez fortement déprimé, mais cette dépression paraît accidentellement exagérée.

L'ornementation se compose de côtes rayonnantes peu saillantes et un peu irrégulières; leur largeur augmente plus lentement que la coquille ne s'accroît, de telle sorte que l'intervalle qui les sépare augmente en se rapprochant du bord ventral. Ces côtes s'élargissent un peu du côté postérieur, puis disparaissent complètement, de telle sorte que la coquille devient tout à fait lisse dans la région correspondant à l'extrémité postérieure.

L'aréa ligamentaire est triangulaire, étroite et marquée de chevrons qui paraissent simples. La partie antérieure de la charnière est courte et présente quelques dents en chevrons; elle se termine deux ou trois millimètres en arrière du sommet de la coquille. La partie postérieure de la charnière manque.

Sur un second échantillon un peu plus grand que le précédent (fig. 24) cette partie postérieure montre d'abord des dents petites et nombreuses, puis une dizaine de dents assez grosses, convergeant vers le centre de la coquille.

Cette espèce ressemble beaucoup à l'*A. striatularis* des sables de Jonchery et de Châlons-sur-Vesle, mais sa taille est double. En outre dans l'espèce de l'Éocène inférieur le sommet est encore plus porté en avant et surtout la zone postérieure paraît faiblement costulée dans les échantillons non usés, tandis que dans l'espèce de Perse, le triangle entièrement dépourvu de côtes est large et bien marqué.

L'*A. planicosta* de l'Éocène moyen en diffère davantage : la forme générale est plus quadrangulaire, le sommet est beaucoup moins rejeté en avant, et toute la région postérieure est costulée.

Gisement : Couches à Cérites.

Latiarca.

Pl. L, fig. 25.

Un petit échantillon assez intéressant rappelle en petit la forme de l'*A. crassatina* de l'Éocène inférieur : charnière droite reliée à la coquille par deux ailes bien détachées de la partie centrale; crochets épais un peu rejetés en avant. Le côté postérieur de la coquille toujours plus développé que le côté antérieur. La plus grande partie de la surface est couverte de côtes peu saillantes et légèrement triangulaires, qui se subdivisent dans la région postérieure et se transforment ainsi en côtes beaucoup plus nombreuses et plus étroites; l'aile antérieure présente seulement des lignes d'accroissement. L'échantillon est bivalve et ne permet pas de voir la charnière.

L'*Arca crassatina* est de taille beaucoup plus grande et les côtes sont plates au lieu d'être triangulaires.

Gisement : Couches à Cérites du Louristan (Maëstrichtien).

BRACHIOPODES

TEREBRATULINA GRACILIS, Schlotheim, 1873.

Pl. L, fig. 26 à 28.

1866. *Terebratulina gracilis*, Schloenbach, *Kritische Studien über Kreide Brachiopoden*, 2e partie (*Palaeontographica*, vol. XIII), p. 21 (287), pl. I (XXXVIII), fig. 18, 19, 20.

1874. — — Davidson, *Suppl. to the brit. cret. brachiopoda* (*Palaeontographical Soc.*, vol. for 1873) p. 21.

D'après les travaux de Schloenbach, cette espèce ne se rencontre que dans les couches supérieures de la craie à Bélemnites, tandis que *Ter. rigida*, Sow., aurait une extension beaucoup plus grande et serait surtout développée dans les couches plus anciennes, depuis le Cénomanien. La *Ter. gracilis* se distingue, d'après Schloenbach, par sa taille plus grande, atteignant 11 millim. dans les deux dimensions, tandis qu'elle ne dépasse pas 8 millim. dans la *Ter. gracilis* et n'est ordinairement que de 5 millim.; en outre le crochet est moins développé, plus aigu et sans fausse aréa. Davidson dans son Supplément a adopté cette manière de voir, et indique que la *Ter. gracilis* est plus grande, plus large, plus arrondie que la *Ter. rigida*. Les échantillons de Perse se rapportent tout à fait aux figures données par Schloenbach et Davidson (*Brit. cret. Brach.*, fig. 14); le plus grand des trois échantillons figurés à 11 millim. en longueur sur 10 en largeur et le crochet est relativement peu développé. La valve supérieure paraît aplatie par écrasement.

GISEMENT : Il est intéressant de retrouver dans les couches à Cérites du Louristan cette espèce qui est bien franchement crétacée.

CRINOÏDES

BALANOCRINUS, cf. DIABOLI, Bayan.

Pl. L, fig. 31

1870. *Pentacrinus diaboli*, Bayan, *Sur les terrains tertiaires de la Vénétie* (*B. S. G. Fr.*, [2], t. XXVII, p. 485).

Tronçon de tige de section pentagonale avec les angles arrondis, ressemblant un peu aux variétés lisses du *Balanocrinus didactylus* de Biarritz. Les articles sont plus longs, ayant environ 3 millim. de hauteur. Leur surface extérieure est lisse, cylindrique, sans renflement médian et présente seulement une légère dépression longitudinale sur le milieu de chaque face. On sait que M. de Loriol a proposé d'appliquer le nom de *Balanocrinus* aux tiges dont la section est pentagonale en réservant celui de *Pentacrinus* à celles dont la section est étoilée.

D'Archiac cite une forme analogue (*P. subbasaltiformis*) dans le London clay du bassin de Londres et Bayan a signalé sous le nom de *Pentacrinus diaboli* une forme pentagonale des couches les plus inférieures de l'Éocène du Vicentin. Cette forme est indiquée comme ayant la surface lisse et dépourvue des ornements habituels de l'espèce de Biarritz; elle se rapproche donc beaucoup de celle de Perse,

FORAMINIFÈRES

OMPHALOCYCLUS MACROPORA, Lamk.

Pl. L, fig. 29, 30.

1816. *Orbulites macropora*, Lk., *A. s. v.*, t. II, p. 197.
1823. *Orbitolites* — Defrance, *Dict. s. nat.* t. XXXVI, p. 295.
1826. *Orbitulites* — Goldf., *Petref.* I, p. 41, pl. CXXV, fig. 8.
1838. — — Bronn, *Leth. geogn.*, p. 597.
1853. *Omphalocyclus macropora*, Bronn, *Leth. geogn.*, éd. 3, 2e vol., partie V, p. 95.
1856. *Orbitolites macropora*, Carpenter, *Monogr. of the genus Orbitolites* (*Phil. Trans.*), p. 225.
1902. *Omphalocyclus macropora*, Douvillé, *Bull. Soc. géol. Fr.*, [4], t. II, p. 307.

L'histoire de ce fossile présente un certain intérêt: assez commun dans la craie de Maëstricht il paraît avoir été nommé pour la première fois par Lamarck en 1816; ce naturaliste l'a placé dans le genre *Orbulites* avec l'*Orbitolites complanata* et les *Orbitolina lenticulata* et *concava*. Defrance a fait observer que ce nom *d'Orbulites* avait été mis par erreur à la place de celui *d'Orbitolites* proposé par Lamarck en 1801[1].

1. Ce nom devait du reste être connu antérieurement, car il est cité par Faujas de Saint-Fond en 1799 sous la forme *Orbitulites*, mais également attribué à Lamarck.

Goldfuss adopte la dénomination d'*Orbitulites macropora*; jusqu'à ce moment cet organisme avait toujours été placé dans les Polypiers. En 1838, dans la première édition de la *Lethaea geognostica*, Bronn adopte la dénomination de Goldfuss et place ce fossile dans les « Zellen-Polyparien ». En 1850, d'Orbigny[1] le range dans les Bryozoaires sous le non générique de *Cupulites* attribué à Lamouroux, tandis que ce dernier avait écrit *Cupularia*. Bronn dans la 3e édition de la *Lethaea* adopte cette manière de voir mais trouvant que *Cupulites* faisait double emploi avec *Cupulita*, Quoy et Gaymard, il le change en *Omphalocyclus*, qu'il place à côté des *Lunulites*.

C'est Carpenter en 1856 qui a définitivement replacé ce fossile dans les Foraminifères ; jugeant d'après la figure de Goldfuss, il estime que ce doit être une *Orbitolite du type simple*, les ouvertures des loges indiquées sur la figure devant provenir, dit-il, de l'usure de l'échantillon. Cette manière de voir a été généralement suivie jusqu'à présent, et probablement parce que personne n'avait examiné ce fossile de près; toutefois Munier-Chalmas nous avait dit plusieurs fois que ce n'était pas une Orbitolite, et en effet il suffit de faire une coupe axiale dans cet organisme, ou même seulement de regarder avec soin la tranche du disque pour reconnaître qu'il présente plusieurs couches de cellules superposées et que la structure est tout à fait différente de celle des Orbitolites.

En étudiant des coupes pratiquées dans les échantillons de Maëstricht, il nous a paru en outre que les parois des loges étaient *perforées* exactement comme celles des *Orbitoïdes*, et que c'était en réalité dans le voisinage de ce dernier genre qu'il fallait placer les *Omphalocyclus*. Les couches latérales font ici défaut, et l'organisme est réduit à la couche équatoriale, mais celle-ci qui à l'origine était formé d'une seule assise de cellules, se complique progressivement, de sorte que sur la tranche on distingue plusieurs assises de cellules superposées.

L'espèce de Perse ressemble tout à fait à la forme de Maëstricht; il

1. Cet auteur comme Goldfuss du reste, place à tort ce fossile dans le calcaire grossier de Paris.

est difficile du reste de savoir si l'*O. disculus* proposé par Leymerie pour les échantillons du Maëstrichtien de la Haute-Garonne représente une espèce distincte ou simplement une race.

GISEMENT : Dans les couches à Cérites. Ce genre est très nettement cantonné en Europe dans la craie supérieure à *Orbitoïdes*. Il a été signalé par d'Archiac dans l'Asie Mineure avec des *Orbitoïdes* aux environ de Kotanis, et il a été retrouvé par Noetling dans la craie supérieure du Bélouchistan, également associé des *Orbitoïdes*. Cette forme paraît tout à fait caractéristique du Maëstrichtien.

LOFTUSIA MORGANI, n. sp.

Pl. L, fig. 31 à 35.

Cette seconde espèce beaucoup moins volumineuse et beaucoup plus grêle que la *L. persica*, se présente sous la forme d'un mince fuseau qui peut atteindre 45 millimètres de longueur avec un diamètre de 8 millim. Elle ressemble ainsi beaucoup à l'*Alveolina larva*, Defr. (= *Alv. elongata*, d'Orb.) ; mais elle atteint une taille au moins double. La surface extérieure est lisse et présente une vingtaine de bandes longitudinales, légèrement convexes, correspondant aux loges internes.

Une section transversale montre que la coquille a un enroulement spiral comme les Alvéolines ; une préparation en lame mince examinée au microscope montre que le test est sableux et que par conséquent ce fossile appartient bien au genre *Loftusia*. Mais ici les éléments sableux agglutinés sont bien plus grossiers que dans la *L. persica*, de telle sorte que les caractères internes sont moins distincts; en particulier les détails du réseau superficiel sont difficiles à préciser.

L'écartement des tours de spire est en moyenne de 1/3 de millimètre et chacun d'eux est subdivisé en loges dont le nombre varie de 12 à 20. Les cloisons se détachent tangentiellement de la surface externe et se dirigent obliquement en avant, mais avec une obliquité bien moindre que dans *L. persica*. Nous avons vu que cette dernière espèce présentait un grand nombre d'ouvertures disposées sur plusieurs rangées ; dans la *L. Morgani* au contraire il paraît n'exister qu'une seule rangée d'ouvertures placées tout contre la spire précédente.

Les dimensions des loges augmentent un peu quand on passe d'une spire à la suivante, mais leur nombre augmente également.

La *L. Morgani* se rapproche beaucoup plus des Alvéolines de l'Éocène que la *L. persica*, et l'on pourrait même penser qu'elle forme une transition entre les deux genres. C'est ainsi que certains échantillons dont le test est un peu altéré présentent des traces assez nettes des cloisons perpendiculaires à l'axe si caractéristiques des Alvéolines. Il en résulte que cette espèce se présente comme une Alvéoline à test sableux; elle habite la partie profonde de la zone côtière avec des Crinoïdes et des Brachiopodes, tandis que les Alvéolines proprement dites paraissent être toujours littorales.

La forme générale beaucoup plus grêle et les dimensions du *L. Morgani* la distinguent facilement du *L. persica*, ainsi que nous l'avons indiqué.

GISEMENT : Couches à Cérites du Louristan (Maëstrichtien).

TABLE DES GENRES ET DES ESPÈCES

PALÉONTOLOGIE

TABLE GÉNÉRALE

PREMIÈRE PARTIE

ÉCHINIDES FOSSILES

Par G. Cotteau et V. Gauthier.

SUPPLÉMENT

Par V. Gauthier.

DEUXIÈME PARTIE

MOLLUSQUES FOSSILES

Par H. Douvillé.

I. — NORD DE LA PERSE.

II. — SUD DE LA PERSE.

ANGERS. — IMPRIMERIE A. BURDIN ET Cie, 4, RUE GARNIER

ERNEST LEROUX, ÉDITEUR
28, RUE BONAPARTE, VIe

MINISTÈRE DE L'INSTRUCTION PUBLIQUE ET DES BEAUX-ARTS

MÉMOIRES DE LA DÉLÉGATION EN PERSE

Publiés sous la direction de J. **DE MORGAN**, Délégué Général

Tome I. **Fouilles à Suze** en 1897-98 et 1898-99, par J. de Morgan, G. Lampre et G. Jéquier. In-4°, planches en héliogravure et en chromotypographie Prix . . . . 50 fr.

Tome II. **Textes Elamites-Sémitiques**, par V. Scheil, O. P. 1re Série. In-4°, 24 pl. en héliogravure. Prix . . . . 50 fr.

Tome III. **Textes Elamites-Anzanités**, par V. Scheil, O. P. 1re Série. In-4°, 33 pl. en héliogravure. Prix . . . . 50 fr.

Tome IV. **Textes Elamites-Sémitiques**, par V. Scheil, O. P. 2e Série. In-4°, planches hors texte . . . . 50 fr.

Tome V. **Textes Elamites-Anzanites**, par V. Scheil, O. P. In-4 avec planches hors texte (*en préparation*).

Tome VI. **Études Archéologiques**. In-4° avec planches hors texte (*en préparation*).

J. **DE MORGAN**

MISSION SCIENTIFIQUE EN PERSE 1889-91

Vol. I et II. **Études géographiques**, par J. de Morgan.

Tome I. In-4°, nombreuses planches et figures. Prix. . . . . . . 40 fr.

Tome II. In-4°, 130 pl. hors texte. Prix . . . . 60 fr.

Vol. III. **Études géologiques et paléontologiques**.

Ire partie. **Géologie**, par J. de Morgan, et **Paléontologie**, par H. Douvillé. (*Sous presse.*)

IIe partie : **Échinides**, par G. Cotteau et V. Gauthier. In-4°, pl. Prix. 15 fr.

IIIe partie : **Échinides**. Supplément, par V. Gauthier. In-4°, pl. Prix. 12 fr.

Vol. IV. **Archéologie**, par J. de Morgan. In-4°, nombreuses planches et figures. Prix . . . . 60 fr.

Vol. V. **Études linguistiques**, par J. de Morgan. (*Sous presse.*)

Atlas des cartes. Rives Méridionales de la mer Caspienne, Kurdistan Central, Elam. En un carton in-folio. Prix . . . . 15 fr.

J. **DE MORGAN**

LA DÉLÉGATION EN PERSE

DU MINISTÈRE DE L'INSTRUCTION PUBLIQUE
1897 À 1902

Un volume in-18, illustré . . . . 2 fr. 50

Angers. — Imp. A. Burdin et Cie, 4, rue Garnier

www.ingramcontent.com/pod-product-compliance
Ingram Content Group UK Ltd.
Pitfield, Milton Keynes, MK11 3LW, UK
UKHW012002240726
13965UKWH00001B/114